iOS 포렌식 분석

아이폰, 아이패드, 아이팟 터치에 대한 과학수사 기법

iOS Forensic Analysis
for iPhone, iPad and iPod touch

Sean Morrissey 지음

허영일, 박기남, 권혁찬 옮김

iOS Forensic Analysis
for iPhone, iPad and iPod touch

by Sean Morrissey

차례

■ 차례

머리말

가끔 비행기를 탈 때, 소비자들이 어떤 장비들을 사용하는지 살펴볼 기회가 생긴다. 최근에 여행을 했을 때, 비행기에서 많은 사람들이 iPad를 사용하는 것에 대해 무척 놀랐다. 한 좌석 열에 최소한 한 명은 Apple사의 iPad를 사용하고 있었다. Apple사의 iPhone은 보이지 않았지만 물론 많은 사람들이 매일 iPhone을 사용하고 있었다는 것을 알고 있었다. 친구들 중 적어도 절반은 Apple사의 iPhone을 사용하고 있다. 친척을 포함하여 내 가족은 모두 iPhone을 소유하고 있다. Apple사의 모바일 기기는 확실히 시장을 지배하고 있다.

Apple 기기를 사용하는 모든 사람들은 컴퓨터보다 각자의 모바일 기기에 매일의 습관들에 관한 세부적인 정보를 더 많이 저장하고 있다. 그 기기들은 휴대성이 좋고 유저들은 그것을 항상 소지하고 있기 때문에 가능한 일일 것이다. 그 결과, 수사 중에 이러한 기기들에서 복구할 수 있는 데이터의 양은 오늘날과 미래의 작업에서 굉장히 중요해졌다.

기업들이 그들의 인프라에 Apple 기기를 채택하여 직원들에게 나눠주기 시작함에 따라, 이러한 모바일 기기들에서 세부적인 증거를 조사하고 복구하는 적절한 방법을 숙지하는 것은 법 집행 요구 사항을 넘어서 굉장히 중요해질 것이다.

이러한 기기들에서 각각 실행하는 것은 iOS라고 불리는 Mac OS X 기반의 독점적인 운영체제이다. 그리고 이 책은 최신의 iOS 분석 기술을 이해하고 배우려는 수사관들을 위한 것이다. 법 집행과 IT 보안은 이러한 기기들의 데이터를 적절하게 수집 및 분석할 수 있는 지식을 가지고 있어야 할 것이다. 이제 iOS 포렌식 분석은 필수적인 기술이 되었다. 이 책은 많은 포렌식 전문가들과의 지식 격차를 좁힐 수 있는 다리를 놓아드릴 것이다. 이러한 훌륭한 책을 집필하고 지역 사회와 자신의 자산을 지속적으로 공유하는 Sean에게 감사드린다.

Rob Lee
SANS Institute

지은이에 대하여

 Sean Morrissey은 현재 연방 기관에서 컴퓨터 및 모바일 포렌식 분석가로 활동하고 있으며, Digital Forensics 매거진의 편집자로도 기여하고 있다. Sean은 아내인 Dawn과 23년간 결혼생활을 해오고 있고, 미군인 아들 Robert를 두고 있다. Sean은 Creighton 대학교를 졸업했고, 이후의 칼리지에서는 미군 장교였다. 병역 생활 후에, Sean은 그가 Maryland에서 경찰관과 보안관보였을 때 맡았던 법 집행 분야로 직장을 옮겼다. 법 집행관으로서의 생활 후에 교육은 Sean의 발진에 중요한 부분이 되었다. Sean은 아프리카에서 군사 교육자였으며, Defense Cyber Crime Center에서 강사를 했다. 이 때 Sean은 Certified Digital Media Colletor(CDMC)와 Certified Digital Forensic Examiner(CDFE)에서 인증서를 받았으며, Mac OS X, iPod, and iPhone Forensic Analysis (Syngress, 2008)라는 책의 주요 필자로 참여했다.

Sean은 또한 고가의 툴들에 대한 접근 권한이 없었던 부서들의 법 집행 책임자로서 Katana Forensics를 설립했다. Katana는 법 집행의 모든 단계에서 사용할 수 있는 포렌식 툴들을 만들어 내기 위해 만들어졌다.

기술적 검토관에 대하여

 Tony Campbell은 보안 아키텍처 개발, 보안 정책 집필, 그리고 정부와 민간 부문 클라이언트에 대한 낮은 수준의 보안 엔지니어링 시행을 전문적으로 하는 독립적인 보안 컨설턴트이자, 작가, 연설자, 그리고 출판인이다. 그는 또한 전 세계적으로 30개 이상의 국가에 걸친 컴퓨터 포렌식 커뮤니티를 타겟으로 하는 독립적인 출판사인 TR Media의 Digital Forensics Magazine (www.digitalforensicsmagazine.com)을 책임지고 있다. Tony는 그의 길고 다양한 IT 경력 이전에, Apress에서 Windows와 연관된 세 권의 책을 작업한 후에 Apress 편집부에서 출판 업무를 담당했고, 추가적으로 여섯 권의 독립적인 기술 도서들을 작업했으며, Windows XP Answers, Windows XP: The Official Magazine, Windows Vista: The Official Magazine와 같은 다양한 컴퓨터 잡지에 200개 이상의 기사를 썼다. 오래 전에 Tony는 British Meteorological Office에서 기상 통보관으로 일했다. 하지만 의무적인 스크린 테스트를 떨어지고 나서, 자신에게 더 잘 맞는 IT 관련 직업을 선택했다.

Tony는 지금 영국 Berkshire의 Reading에 거주하고 있으며, Digital Forensics Magazine 웹사이트에서 만나볼 수 있다.

감사말

첫째로 큰 기여를 한 Chris Cook과 Alex Levinson에게 감사를 표한다.

Chris Cook은 변호사이자 컴퓨터 포렌식 분석가이다. 그는 컴퓨터 포렌식, 사이버 범죄, e-discovery 의 분야에서 광범위한 교육을 받고 경험을 쌓았다. Chris는 Texas와 Columbia 특별구의 법조계 에서 중요한 인물이다. 그는 미국의 Catholic University의 Columbus 법학교에서 법학 학사를 지냈으며, Austin의 Texas University에서 우수한 성적으로 학사 학위를 취득했다. Chris는 현 재 연방 정부 기관에 직접 법률 및 컴퓨터 포렌식 지원을 하고 있다. Chris는 최근에 국제 컴퓨터 포렌식 및 e-discovery 컨설팅 회사에서 검색 관리자로 일했다. 또한 Washington DC에 있는, 증권 거래 위원회(SEC)나 다른 연방 기관들로부터의 민감한 법률 문제들을 포함한 기업 고객들의 항의에 도움을 주는 전 지구적 증권 법률 사무소에서 직원 변호사로 근무했다.

Alex Levinson은 Rochester 기술 연구소에서 정보 보안과 포렌식을 전공으로 하고 있는 학부생 이다. Alex는 Indiana에 있는 고등학교에서 San Francisco로 이사했고, 네트워크 보안에 중점을 두고 San Francisco의 Heald College에 다녔다. 그리고 2009년 봄에 Rochester 기술 연구소로 전학했다. Alex는 공격적이고 방어적인 사이버 보안, 포렌식, 그리고 소프트웨어 개발에 걸친 다양 한 경험을 가지고 있다. Alex는 2010 US 사이버 챌린지에서 우승했고, 모바일 포렌식에 대한 그의 업적으로 인해 IEEE에 이름이 오르기도 했다. Alex는 2010년 봄에 Katana Forensics의 수석 엔 지니어로서 Sean과 합류했다.

둘째로, 데모 소프트웨어를 기부해주신 다음의 회사들에 감사를 표한다. Access Data, Guidance Software, Paraben, Oxygen, Susteen, Alwin Troost. 이들이 없이 이 책은 쓰여지지 못했을 것이다. iDevice 하드웨어 이미지를 제공해준 TechInsights와 Semiconductor Insights에게도 감사의 말씀을 전한다.

또한 이 책의 출판을 도와준 Apress와 Tony Campbell에 감사드린다. 마지막으로, 이 책을 쓰는 동안 힘을 주었던 나의 아내, Dawn에게 고맙다고 전하고 싶다.

서문

이 책은 2007년 1월 iPhone 2G의 출시와 함께 시작되었다. 이 매력적인 엔지니어링 작품은 휴대폰 마켓에서 대성공을 거두었다. 그 이후 제조업체들은 스마트폰 시장에서 Apple을 꺾기 위해 할 수 있는 모든 것을 시도했다. Android가 선전하긴 했지만 Apple에 비해서 부족했던 것은 사실이다. Apple은 iPod으로 멀티미디어를 소비하는 방식을 변화시켰다. iPhone으로는 소통하고 휴대폰을 사용하는 방식을 변화시켰다. iPad는 또다른 변수가 될 수 있다. iPad는 넷북 판매량을 짓눌러버릴지도 모른다. 이러한 기기들의 인기가 상승하면서, 그것들은 점점 범죄 사건들에서 빠질 수 없는 항목이 되었다.

이 책은 이러한 기기들을 검사하는 방법을 하드웨어에서 소프트웨어까지에 걸쳐서 알려줄 것이다. 이러한 기기들에 대한 사건 대응에서부터 iDevice(iPhone, iPad, 또는 iPod)를 검사하는 데 도움을 주는 툴들까지, 또한 GPS에서부터 property lists까지의 포렌식의 모든 측면을 검사해볼 것이다. iPhone과 탈옥을 포함한 몇 가지의 법적인 의미를 알아볼 것이다. 이 책에서 볼 수 있듯이, 포렌식 규범은 유지되어야 하고, 언더그라운드 소스에서 파생된 방법들은 알고 있더라도 마지막 수단으로 사용해야 한다. 대부분의 침입에 대한 최소한의 침입 과정은 모바일 포렌식에서 중요하다는 것을 배울 것이다. 수사관들은 꼭 전통적인 포렌식에 얽매이지 않고도 휴대폰을 더 신속하게 검사하기 위해 끊임없이 노력하고 있다. 이 책은 논리적 공간에 거대한 양의 artifacts가 있을 수도 있다는 것을 보여줄 것이다. 즉시 휴대폰을 탈옥하는 것은 좋은 방법이 아니다. 곧 이러한 방법들이 파괴적이므로 사건 해결에 부정적일 수 있다는 것을 알 수 있을 것이다. 현재 이 기기들과 관련된 애플리케이션은 서드파티 Cydia 스토어의 애플리케이션을 제외하고 300,000개 이상이 존재한다. 이러한 애플리케이션 중 몇몇은 그렇게 보이지 않지만 매우 위험할 수도 있다. 수사관들은 서드파티 애플리케이션을 간과하는 경향이 있다. 이 책은 범죄를 해결하는 데에 도움을 줄 수 있는 aritifacts를 찾기 위한 적절한 애플리케이션을 알려줄 것이다.

이 책은 또한 artifact 검색이나 분석을 위한 전 형성에 도움을 줄 것이다. 분석을 위해 당신에게 한 개의 iPhone이 주어졌다면 어떻게 하겠는가? 이 책은 전략을 공식화 하는 데에 도움을 줄 것이고, 이러한 기기들에서 발견할 수 있는 데이터를 최대화시킬 것이다. 당신은 논리적 포렌직 틀들을 사용하고 있으며, 또한 당신은 저 수준의 장치에 접근하기 위해 아이폰을 해킹하거나 분석하고 있는가? 이러한 질문은 포렌식 분석가로서 증거에 대한 훼손으로부터 발생할 수 있는 다양한 가능성을 최소화 할 수 있도록 조언을 받아야 한다.

미래에 Apple이 어떤 제품을 내놓을 것인지밖에 추측할 수 없지만, 향후의 iDevice는 내부적으로 데이터 구조가 많이 달라지지는 않을 것이란 것은 확실하다. 그래서 iOS 포렌식에 대한 기초는 미래에 Apple에서 출시할 기기들을 분석하는 것에 도움이 된다. 이 책은 그러한 기초를 제공하여 당신이 어떠한 iDevice라도 분석하고 artifacts를 보고할 수 있게 할 것이다.

옮긴이의 글

이 책은 스마트폰 포렌식 분석에 관심이 있거나, 관련 분야의 업무 수행을 시작하려는 분들에게는 좋은 참고 서적이 될 것이다. 특별히 스마트폰 기기 중 많은 사용자들이 사용하고 있는 iPhone이나, iPad 등에 대한 분석 시 실질적인 도움이 되는 기술이나 방법에 대해서 소개하고 있다.

그간, 역자가 iOS 포렌식 서비스나, 스마트폰 모의 해킹 및 악성코드 분석 등의 업무를 수행하면서, 사용하던 방법과 툴들이 이 책에서는 아주 상세히 기록되어 있다. 특별히 해당 분야를 시작하는 사람들에게 스마트폰 포렌식 분야에 어떻게 접근해야 하는지 고민하는 사람들에게 적극 추천한다. 이 책을 읽고 해당 기술을 바탕으로 실무를 하게 된다면 훌륭한 포렌식 전문가가 될 수 있을 것이다.

끝으로 이 책을 번역하는 데 많은 도움을 주신 도서출판 ITC와 고광노 실장님께 감사의 말씀을 드리고, 포렌식과 관련된 종래 기술을 이해하는 데 많은 힘이 되어주고, 감수를 해주신 (주)이스턴 웨어의 김태현 대표님께 감사의 말씀을 전하고 싶다. 항상 든든한 지원자가 되어주는 NSHC의 임직원들과, 일에 대한 욕심으로 책을 번역하는 동안 큰 인내로 지켜봐주신 NSHC 고객분들과 주주분들에게도 큰 감사의 말과 죄송한 마음을 전하고 싶다.

항상 집에서는 부족한 남편, 아빠로 가슴 한 켠을 시큰하게 하는 아내 나새롬과, 주은, 채은, 그리고 주영이에게 사랑한다는 말을 전한다.

허영일
전) TSONNET 정보 보안 기업 기술연구원
현) 정보 보안 전문 업체 NSHC 대표이사
현) 스마트폰 포렌식 솔루션 및 서비스 사업 부분 진행
현) 서강대 금융 CIO 과정 정보 보안 부분 강사
현) 싱가포르 CBIS의 기술 고문

옮긴이의 글

IT 혁명의 선두주자인 애플의 iPhone이 2009년 말 국내에 도입되었다. 그 후로 약 2년이 지난 지금 iPhone 포렌식을 주제로 한 도서를 국내 독자들을 위해 번역하게 되었다.

하지만 그 기쁨을 누리기에 앞서 독자들에게 최대한의 배려를 드리고 싶었던 욕심이 채워지지 못해 조심스럽고 미안한 마음이 앞선다. 어색한 문장들을 너그러운 마음으로 읽어주시기를 부탁드린다.

범죄수사를 위한 증거물 수색에 있어 IT 기기에 대한 중요성은 더 이상 강조할 필요가 없을 만큼 그 자리를 확고히 했음이 분명하다. 그 대상 중 스마트폰 문화를 이끌고 있는 iPhone에 대한 포렌식 연구는 분명 iOS 관련 엔지니어들과 수사담당자들에게 그 의미를 채워드리고 갈증을 풀어드릴 것이라 믿어 의심치 않는다.

독자분들이 헤쳐나가시는 탐구와 지식의 모험길에 조그마한 이정표가 될 수 있기를 간절히 바라며, 마지막으로 지면을 통해 사랑하는 가족에게(선희, 사빈, 하루) 다시 한 번 고맙다는 이야기를 전하고자 한다.

박기남
경기대학교 법학전공
전) 네트워크 침입탐지 시스템 개발
전) 서울종합예술대학 전산실장 역임
현) 스마트 폰 금융보안솔루션 개발 - (주)NSHC 소속
현) 지니랩 운영

옮긴이의 글

대학교 생활을 하며 Apple에 대한 관심도가 높아지던 차에 마침 기회가 닿아 iPhone 포렌식에 관한 책을 번역하게 되었다. 부족한 역량으로 번역에 참여했기 때문에 선뜻 결과물에 대해서 스스로 100% 만족한다고는 말할 수 없지만, 이 책의 내용이 관련업계의 전문가분들에게 분명히 도움이 될 것이라고 확신한다.

함께 작업하며 저를 위한 조언을 아끼지 않으셨던 박기남 형님, 허영일 형님께 감사드린다.

마지막으로 소중한 가족인 할머니, 아버지, 어머니, 혁주, 아라에게 감사를 표한다.

권혁찬
NSHC 스마트 폰 포렌식 연구소 연구원
아주대학교 정보 및 컴퓨터 공학부 재학중

CHAPTER 1

Apple 휴대 기기의 역사

애플 기기들에 대한 정보 분석에 들어가기에 앞서 Apple 휴대 기기의 역사를 살펴보자. 실제로 휴대전화 게임 영역을 뒤흔든 iPhone이 출시되기 전까지 Apple은 시도와 실패의 역사를 반복하고 있었다. 예를 들자면 Apple은 PDA(personal digital assistant) 태블릿의 초기 버전인 Newton(그림 1-1 참조)을 개발했었다. 첫 Newton 프로젝트는 1993년 8월에 출시된 Message Pad 100을 시작으로 하여 1997년 11월에 출시된 MessagePad 2100으로 끝을 맺었다. Newton 라인의 제품들은 1997년 스티브 잡스(Steve Jobs)가 Apple사에 돌아온 이후에 단종되었다.

그림 1-1 Apple Message Pad vs.오늘날 Apple의 제품(Apple 제공)

Newton 제품은 6가지 모델이 있었으며, 모든 모델은 20MHz~162MHz의 클럭 속도를 지닌 ARM 프로세서를 장착하고 있었다. 또한 Message Pad는 NewtonOS라고 부르는 고유한 운영 체제를 가지고 있었다. 해당 플랫폼은 터치 스크린, 필기 인식, 그리고 Soup에서 정보를 공유할 수 있는 애플리케이션들을 탑재하고 있었다. Soup^{역주1}는 iPhone의 데이터베이스와 다르게 애플리케이션 간에 데이터 참조를 할 수 없었다. 애플리케이션 간 데이터 참조의 예를 들자면 어떠한 전화 번호로 문자가 왔을 때, 주소록 데이터베이스에서 해당 전화번호와 일치하는 인물의 이름을 참조하여 표시해주는 것이다.

Newton 제품은 당시 보통의 PDA가 가지고 있던 일정 기능, 연락처 기능, 그리고 노트 필기 기능을 가지고 있었다. 그럼에도 불구하고 이 기기는 일반 대중의 주목을 끌지 못했다. 대신에 Palm과 같은 기기들이 PDA 시장을 주도하고 있었다.

Newton의 실패에도 불구하고 CEO로서 Apple에 막 돌아온 스티브 잡스는 신기술 개발에 여념이 없었다. 실제로 스티브 잡스는 개발한 신기술로 Apple을 성장시켰다. iPhone이 탄생하기 전에 스티브 잡스는 Apple을 변화시킬 기기인 iPod에 초점을 옮겼다. iPod과 iTunes는 iPhone과 iPad의 출시를 위한 발판이었다.

iPod

Apple사의 iPod은 자사의 PDA의 특징들을 반영하였다. iPod은 일정을 저장하고, 정보에 접근하는 기술을 탑재했었다. 그리고 후세대의 iPod 기기들은 사진과 영상 기능이 추가되었다. 원래 iPod은 FireWire^{역주2}만을 이용하여 컴퓨터와 연결할 수 있었기 때문에 오직 Mac에서만 동기화를 할 수 있었다. Windows의 사용자들이 이에 대해 불만을 토로하자 Apple사는 Windows컴퓨터에서도 USB를 이용하여 iPod의 동기화를 할 수 있게 해주었다.

iPod은 판매량이 치솟아 전세계에 3억대 이상이 팔렸으며, 소비자가 듣고, 보고, 멀티미디어를 구입하는 풍경을 바꾸어버렸다. Newton의 실패와는 달리 iPod은 많은 경쟁자들과 겨루어 성공했다. iPod과 Mac 라인 컴퓨터들의 최종적인 성공은 Apple을 보는 소비자들의 시선을 변화시켰다. 소비자들은 Apple이 미래에 혁신을 가져올 것이며 다시 한 번 세계를 변화시킬 기기를 출시할 것이라고 기대하기 시작했다.

역주1   Soup : Newton의 객체지향 데이터베이스. 현재의 iPhone에서와 같이 데이터베이스 간의 참조가 이루어지는 것이 아닌, 데이터를 여러가지 애플리케이션에서 참조할 수 있도록 공유 풀에 놓는다.

역주2   FireWire : 미국 애플 컴퓨터 회사와 텍사스 인스트루먼트(Texas Instruments)사가 공동으로 제창한 고속 직렬 데이터 버스 규격. USB와 같은 기능을 가진다.

iPhone의 진화

iPod은 Apple사의 제품으로서 경쟁력을 인정받게 된다. 그러나 최종적으로 그것을 이루어낸 것은 iPhone이었다. Apple은 iPod의 성공에서 배운 것을 참고하여 이동 통신의 세계에 접목시켰다.

ROCKR

Apple은 최종적으로 자사의 휴대폰을 발매하기에 앞서 2005년 그림 1-2에 보이는 ROCKR로 Motorola와 합작 투자를 단행하였다.

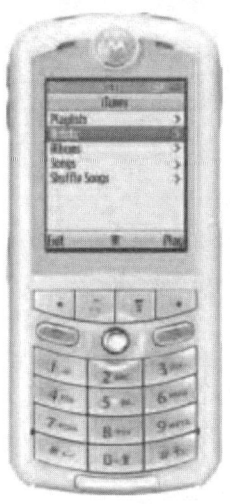

그림 1-2 The ROCKR(Motorola 제공)

ROCKR는 iTunes의 버전을 탑재한 최초의 휴대폰이었다. 하지만 2006년에 Apple은 ROCKR에 iTunes를 지원하는 것을 중단했다. 그것은 대중들에게 애플이 휴대폰을 만들어내는 데에 관심이 없는 것처럼 보여졌다. 그렇기 때문에 스티브 잡스와 애플이 업계에 혁명을 가져온 휴대폰을 출시했다는 사실은 더욱 놀라운 것이었다. ROCKR는 애플사의 실패 중의 하나였지만, 결국 이 휴대폰은 iPhone을 위한 시험용이었던 셈이다.

이런 이유로 2007년 1월에 스티브 잡스는 세계에 iPhone을 발표했다. iPhone은 자사의 운영체제인 iPhone OS를 가진 멀티터치 기기였다. Newton PDA의 특징과 ROCKR의 iTunes를 접목시킴으로서, iPhone은 휴대폰 시장의 판도를 바꾸어 놓았다.

iPhone 2G

첫번째 iPhone은 2G부터 시작했다(그림 1-3).

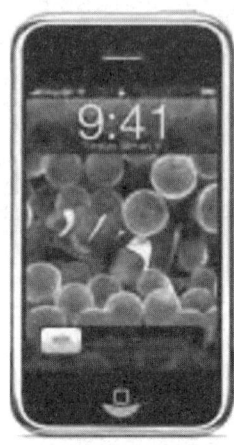

그림 1-3 iPhone 2G(Apple 제공)

iPhone은 2세대 cellular network edge를 사용했다. 또한 iPhone 2G는 802.11 technology와 소통할 수 있는 기술을 탑재했고, 핸즈프리 헤드셋과 같은 액세서리를 이용한 Bluetooth기능을 갖고 있었다. Apple 2G iPhone은 첫 출시에 4GB의 내부 기억장치를 탑재했고, 2007년 9월에는 8GB와 16GB 버전으로 출시되었다. 사용자 인터페이스의 멀티터치 입력 방식과 같은 신기술은 Apple과 일반 휴대폰에 획기적인 진전을 가져왔다. iPhone의 주요 기능은 단지 이동 통신이 아니라 web access, e-mail, 그리고 PDA 기능이었다. 또한 iPhone은 iTunes와 Youtube에 연결되었다.

확실히 iPhone은 단지 휴대폰이 아닌 다중 애플리케이션 기기로서 설계되었다. 당시에 아직은 App Store가 존재하지 않았기 때문에 iPhone에는 웹 애플리케이션만 설치할 수 있었다. 이러한 웹 애플리케이션은 오늘날 iPhone에서 볼 수 있는 애플리케이션의 기원이다(웹 애플리케이션은 특정 웹사이트와의 연결고리였다).

Web Apps

App Store의 등장 이전, iPhone OS의 버전이 1.0일 때, Apple은 Mac 플랫폼의 위젯과 비슷한 웹 애플리케이션들을 만들었다. 이 애플리케이션들은 계산, 엔터테인먼트, 게임, 생산성, 검색 도구, 스포츠, 여행, 유틸리티, 날씨와 관련된 기능을 수행하는 작은 애플리케이션들이었다. 그 애플리케이션들은 그림 1-4에서 볼 수 있듯이 Safari와 iPhone 홈스크린에서 접근이 가능했다. 이 애플리케이션들은 iPhone에 아이콘과 하이퍼링크를 제외한 어떠한 데이터도 만들어내지 않았다.

이러한 웹 애플리케이션들은 아직까지도 존재하며 그 중에는 개발되고 있는 것도 있다. 그것들의 규모는 App Store만큼 되지는 않지만, App Store의 큰 성공에 대한 밑거름이었다.

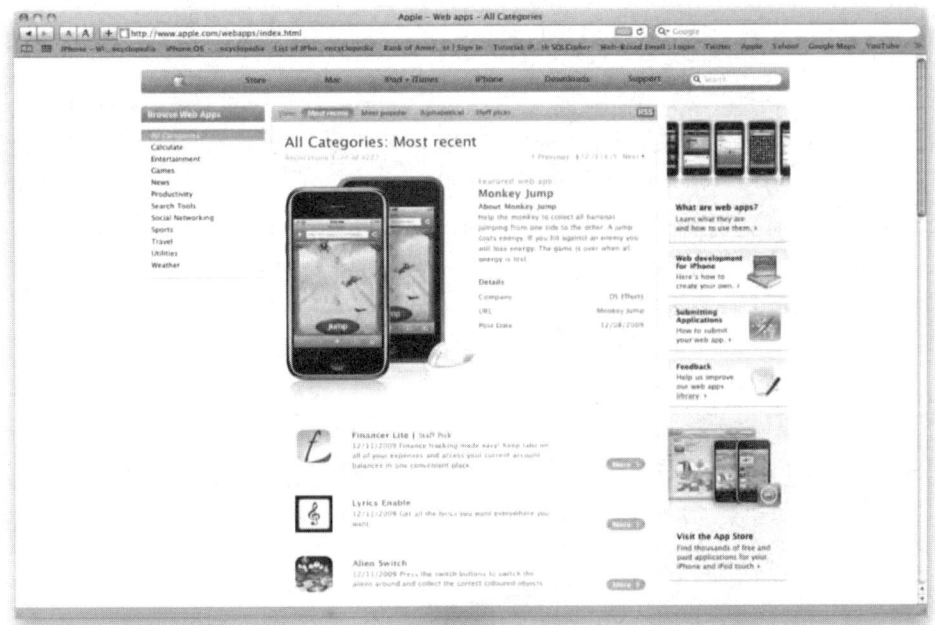

그림 1-4 iTunes App Store의 선발주자인 Apple 웹 애플리케이션

경쟁 우위

iPhone은 사람들을 연결해주었고 iPhone 카메라의 통합은 디지털 카메라의 필요성을 제거하고 iPhone을 이용해 각자의 삶을 촬영하게 하려는 목표를 위한 첫 걸음이었다.

또한 Apple은 하나의 이동 통신사와만 교류하는 것이 기기의 판매를 증가시킨다는 것을 보여주었고 경쟁사들은 그 전략을 모방했다. Research in Motion(RIM)에서 개발한 Blackberry Storm은 Verizon과, Palm의 Palm's Pre는 Sprint와, 그리고 Google의 Nexus는 T-Mobile과 각각 제휴되었다. 결국 위 기기들의 대부분은 독점적인 이동 통신사에서 벗어나 다른 통신사로 뻗어갔다. 그러나 Apple은 아니었다. 서비스에 대한 불만에도 불구하고 Apple은 오직 AT&T와만 제휴했다. 그리고 iPhone은 Apple과 AT&T에서 고수익 상품으로 자리매김하여 왔다.

iPhone의 출시 이후에 다른 제조사들은 경쟁 스마트폰을 생산하여 Apple에 대적하기 위해 재빨리 움직였다. Research in Motion은 Storm과 Storm 2를 개발하여 Apple로부터 그들의 점유를 지키려했다. Palm은 Palm Pre를 개발했지만 Pre는 최종적으로 실패를 했고 Palm사의 몰락을 가져왔다. HTC는 수많은 Android 기반의 기기들을 개발하였고, Motorola는 Droid를 개발하였다. 모든 경쟁 기기들은 하나같이 iPhone에 대항할 수 있냐는 질문을 받았다. 모든 기기들이 iPhone의 능력에 대항할 수 없을 것처럼 보였다. 또한 Apple은 그때까지 모든 것을 보여주지 않았고, '새로운 iPhone'의 신비로움은 다시 iPhone의 판매와 영향력을 넓혀갔다.

Motorola의 Droid도 역시 iPhone출시 시기만큼의 이슈를 만들지 못했다. Google의 Nexus 1은 놀라운 하드웨어 성능을 가졌음에도 불구하고 기기 내 몇몇 문제점들로 인해 질타를 받았다. 그리고 HTC의 경우에 휴대폰에서 발생하는 모든 문제가 휴대폰의 생산사에 직접적으로 영향을 미쳤다. Nexus는 시장에서 고요하게 사라졌다. 그리고 HTC의 다른 세대들과 Motorola 휴대폰들은 iPhone과 직접적으로 경쟁을 시도했다. 그러나 아직 Apple은 하드웨어뿐만이 아니라 운영체제까지 지원함으로써 나머지 경쟁사들에게 우위를 점하고 있다.

iPhone 3G

2세대 iPhone은 보통 3G라 부르는데 이것은 Edge network에서 더 빠른 3G network로 전환되었기 때문이다. 그림 1-5는 업데이트된 iPhone 3G를 볼 수 있다.

그림 1-5 Apple iPhone 3G(Apple 제공)

Apple은 2008년 6월에 iPhone 3G를 출시했고 2009년 6월까지 8GB와 16GB 모델을 내놓았다. 16GB iPhone은 최초로 검정색과 흰색 중 선택이 가능했다. 3G iPhone의 가장 큰 특징은 보조

GPS를 장착한 것이었다. 이것은 유저가 Google Maps 애플리케이션을 간단한 GPS turn-by-turn road map[역주3]으로 사용할 수 있게 하며 더 많은 기능성을 제공하였다. GPS는 그렇게 정확하진 않지만 다가올 펌웨어 업데이트를 통해 성능은 더 좋아질 것이다. 또한 3GS의 GPS 기능은 이전에 하이 엔드 디지털카메라에서나 볼 수 있었던 기능인 이미지의 위치 정보 태그 지정 기능을 제공했다. 이 기능은 수사관들이 용의자가 위치했던 지점과 그 시간을 알아내는 것을 가능하게 해 주었다.

펌웨어 버전 2.0은 또한 App Store의 탄생을 가져왔다. App Store는 iPhone 사용자에게 애플리케이션들을 제공하는 시장이다. 아무도 App Store가 다른 제조사들을 뒤따르게 할 줄 몰랐다. 예를 들어 Android는 Android Market을 쇼케이스에 출시하고 애플리케이션을 판매했고, Palm Pre는 App 카탈로그를 내놓았고, RIM은 app store의 자사 버전을 내놓았다. 지금까지 Apple은 App Store에 300,000개 이상의 애플리케이션을 보유하고 있다. 경쟁사들은 하나같이 App Store를 모방했지만 현재까지는 그 규모가 App Store에 비해 너무나 작다. Software development kit(SDK)를 이용하는 개발자들의 애플리케이션들은 휴대폰의 가속도계, GPS, video, audio 그리고 PDA 기능들을 이용할 수 있다.

The 3G[S] iPhone

2009년 6월 Apple은 새로운 iPhone 모델인 iPhone 3G[S]를 출시했다(그림 1-6).

그림 1-6 Apple iPhone 3G[S](Apple 제공)

역주3 GPS turn-by-turn road map : 지도 상에 사용자의 위치 또는 방향이 표시되며 사용자의 위치/방향의 변화를 지속적으로 업데이트하여 지도에 표시하여 주는 GPS 방식.

3G[S]는 또한 새로운 3.0 소프트웨어를 탑재하여 출시되었다. 3G[S]는 나침반 기능과 비디오를 촬영/수정을 가능하게 하는 새로운 3.0 메가 픽셀 카메라를 내장하였다. 3.0 소프트웨어는 또한 USB 포트나 Bluetooth를 통하여 third-party 하드웨어들에 접근이 가능했기 때문에 개발자들에게 붐을 일으켰다. 3GS는 휴대폰에 두 가지 새로운 기술을 추가하며 시장의 판도를 바꾸었다. 비디오 기능으로 촬영하고 수정이 가능하며 원본이 지워지기 전까지는 휴대폰에 저장되었기 때문에 Apple과 수사관들에게 좋은 효과를 가져왔다. 또한 3.0 소프트웨어는 수사관들이 증거를 찾는 데 도움이 될 수 있는 음성 녹음 기능을 탑재했다. 휴대폰의 GPS는 정확성이 높아졌다. 나침반은 위치 정보 태그 지정 기능에 방향 측정을 추가하여 사용자는 위도, 경도, 고도와 나침반 방향을 포함한 이미지를 얻을 수 있게 되었다. 당시까지만 하더라도 아이폰은 아직 AT&T와의 관계를 유지하고 있었다.

iPhone 4

iPhone 4(그림 1-7)는 논란의 중심이었다. iPhone 4에 대한 루머는 출시 전까지 점점 커져만갔다.

그림 1-7 Apple iPhone 4G(Apple 제공)

2010년 6월에 스티브 잡스는 세계 개발자 회의(Worldwide Developrs Conference)에서 새로운 iPhone 4를 발표했다. iPhone 4는 Apple에서 산업 디자인 팀을 이끄는 조나단 아이브(Jonathan Ive)가 다시 완벽하게 디자인하였다. 새로운 안테나 시스템과 함께 케이스도 스테인레스 스틸로 바뀌었다. iPhone 4는 새로운 프로세서와 용량이 더 커진 배터리에 초점이 맞추어졌다. Apple의 Face Time 기술을 이용하는 전면 카메라는 iPhone과 다른 기기, 다른 통신 사업자와의 화상 회의를 위한 모드였다. 새로운 5-megapixel 카메라와 LED 플래쉬 또한 선보여졌다.

iPhone 4의 출시는 새롭고 더 강력해진 운영체제인 iOS 4의 출시이기도 했다. iOS 4는 iPhone에서 다중 작업(멀티태스킹)을 하기 위한 5개의 API를 개발 커뮤니티에 제공했다. 또한 사용자는 배경화면과 잠금화면의 이미지를 교체할 수 있게 되었다. iMovie와 같은 애플리케이션을 통해 iOS3에서 그저 잘라내는 것이 아닌 비디오를 실질적으로 편집하는 것이 가능해졌다. Wi-Fi를 통해 비디오 채팅을 가능하게 한 새로운 애플리케이션인 Face Time은 처음에는 3G 네트워크 상에서 이용이 불가능했다.

The Apple iPad

Apple iPad는 2010년 1월 26일에 발표되었다(그림 1-8).

그림 1-8 The Apple iPad(Apple 제공)

스티브 잡스가 이 기기를 발표했을 때, Apple은 점점 삶의 방식에 변화를 주려고 했다는 것을 느낄 수 있다. iPod이 우리의 미디어 소비 방식을 변화시키고 iPhone이 휴대폰이 생산되고 사용되는 방식을 바꾸었듯이, iPad도 우리가 읽는 방식을 변화시킬 수 있는 것이다. iPod이나 iPhone을 대체한다는 것이 아니라 그것들을 완성시켜 준다는 뜻이다.

또한 이전까지는 애플 기기들에서 쉽게 접근할 수 없었던 다양한 종류의 문서 파일, 스프레드시트 그리고 PDF 등을 애플 기기들에서 활용할 수 있게 되었다. 이 장점은 생산적 작업을 하는 데에 큰 변화를 가져올 것이다. 많은 개발자들이 컴퓨터로부터 iPad에 여러 항목들을 연동시켜서 이점을 얻을 수 있을 것이다. iDevice 상에서도 기존에 컴퓨터에서 하던 작업들을 완벽하게 수행할 수 있는 날이 올 것이다. 첫 번째 iPad는 iPhone OS 3.2를 사용하였다. 그것은 iPhone과 iPod touch에서 했던 모든 것을 iPad에도 적용할 수 있다는 것을 의미했다. 2010년에는 몇 가지 변경 사항을 위한 iOS4 업그레이드가 되었다. iPad는 mini-SIM card를 꽂을 수 있지만 3G network로 통화를 사용할 수는 없게 되어 있다. iPad는 iPod touch보다 크게 제작되어서 휴대용으로는 적합하지 않다. iPad는 iPhone 4와 같은 프로세서를 탑재하고 있으며 16GB, 32GB, 64GB의 제품으로 출시되었다.

iPhone과 iPad 하드웨어

IPhone 2G, 3G 그리고 3GS의 인터페이스는 몇 해 동안 변화가 거의 없었다. iPhone 2G에서 iPhone 3G로의 주요한 외적 변화는 스테인레스 스틸 하우징에서 하드 플라스틱 하우징으로 교체되었다는 것이다. 그리고 나서 iPhone 4는 iPhone의 디자인을 급격히 변화시켰다. 2G, 3G, 3GS iPhone은 SIM card를 위한 슬롯이 꼭대기에 위치해 있었고 그밖에 볼륨 컨트롤, 벨소리 on/off 버튼 그리고 두 개의 스피커와 하나의 마이크를 가지고 있었다. iPhone은 2-megapixel 카메라로 시작하여, iPhone 3G/3GS에서 3-megapixel 카메라로 변화했다. 이 챕터의 다음 부문에서는 iDevice의 적용, 사용, 내부를 살펴보겠다.

2G iPhone의 내부

그림 1-9와 1-10은 iPhone 2G의 내부를 보여준다. 개발 과정에서 부품에 대한 크기를 소형화 하였는지 알 수 있다. iPhone 4에서 더 큰 배터리를 위한 공간을 위해 부품이 얼마나 작아졌는지를 눈으로 확인할 수 있다.

2G의 외부는 모든 iPhone 버전과 비교하여 독특하다. 휴대폰의 전면은 은색 테두리를 지닌 iconic 검정색을 띄고 있다. 후면은 알루미늄이며 하단 부분은 검정색이다. iPhone 2G는 착탈식 배터리가 아닌 일체형 배터리였기 때문에 배터리의 수명이 길지 않아 문제가 되었다.

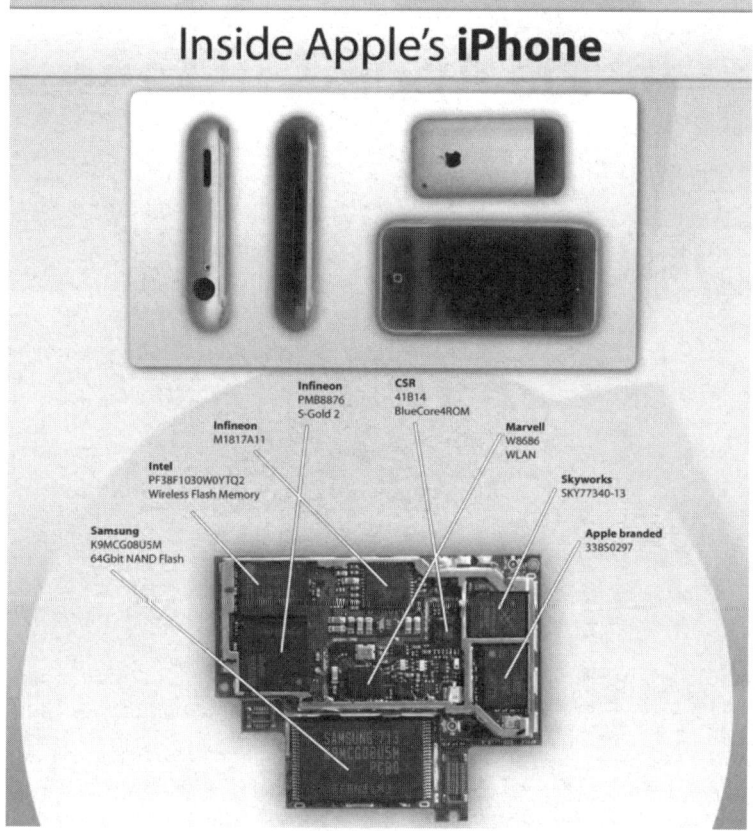

그림 1-9 Apple iPhone 2G의 내부(Semiconductor Insights 제공)

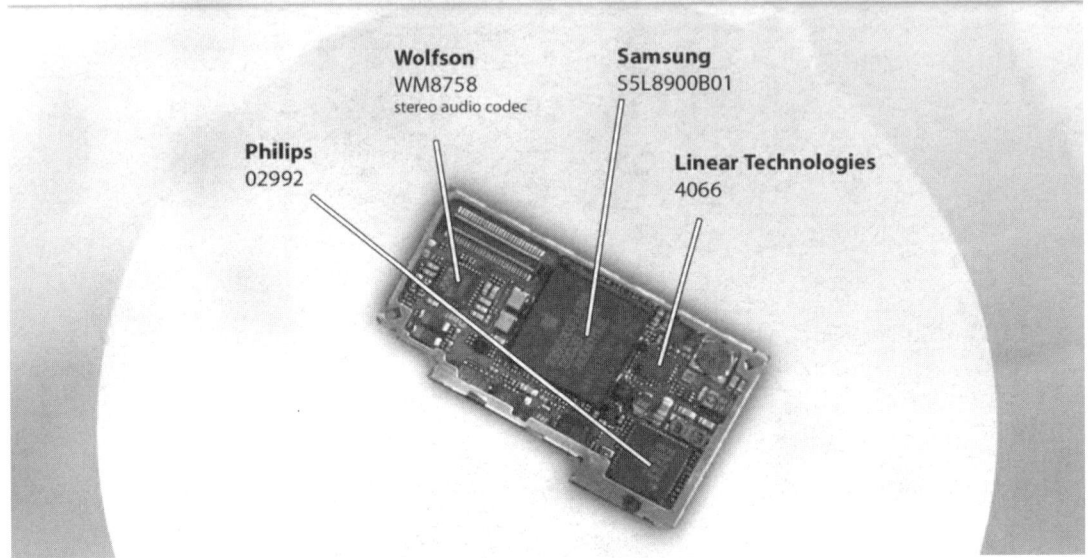

그림 1-10 다른 시각에서의 Apple iPhone 2G 내부(Semiconductor Insights 제공)

iPhone 2G는 2007년 6월에 출시되어 2008년 7월에 생산이 중단되었다. 2G와 함께 출시된 OS는 OS 1.0이었으며, 현재까지도 2G iPhone의 소유자들은 최근 버전인 3.x버전의 운영체제로 업그레이드가 가능하다. 이 휴대폰의 하드웨어는 무선 연결과 2G Edge network를 통해 전례 없는 인터넷 접근을 제공하였다. 그리고 스크린은 같은 시기에 만들어진 다른 휴대폰들보다 인터넷을 더 쉽게 이용할 수 있도록 해주었다. 웹 페이지들을 전체 렌더링 해줌으로써, 손가락으로 집거나 확대시키는 것이 웹 페이지를 이동하는 데에 동시기의 타 휴대폰들보다 더 좋았다. 또한, 2G는 음악을 듣고 비디오를 보며 e-mail을 수신/발신하는 기능을 제공해주었다. 표 1-2는 2G의 하드웨어를 나타낸다.

표 1-1 2G의 하드웨어

2G 하드웨어	제조사	설 명
Application processor	Samsung	SSI8900B01. ARM11766JZF-S CPU core와 16KB L1 cache를 장착한 칩이다. 이 칩은 또한 eight-stage integer pipeline, ARM Trust Zone, MBX Lite 3D graphics co-processor at 60MHz, a vector floating-point coprocessor 그리고 128MB DDR integrated SDRAM을 장착하고 있다. Samsung SS18900B01은 667MHz의 최대 클럭 스피드를 자랑한다.
Baseband processor	Infineon	PMB8876 S-Gold Quad Band GSM/GPRS/Edge 850/900/1800/1900MHz.
Connectivity	Marvell	W8686 802.11 b/g.
	CSR	41B14 Blucore4ROM (Bluetooth).
Graphics	PowerVR	MBX Lite 3D graphics co-processor at 60MHz.
Memory		128MB DRAM.
	Phillips	LPCC2221/02992 Touchscreen controller.
		24-bit RGB display interface.
Display	National Semiconductor	320×480의 해상도, 흠집 방지, 정전식 멀티터치이 유리 소재 스크린. 멀티터치 센서는 스타일러스 펜이 필요 없으며 손가락 사이의 멀티터치도 구별 가능. 스타일러스 펜은 멀티터치 센서에 감지될 만한 충분한 전기를 전달하지 못함.
Audio	Wolfson	WM8758 Stereo audio codec.
Storage	Samsung	4GB, 8GB, 16GB의 K9MCG08USM64Gb NAND flash memory chip.
USB	Apple	30 pin USB proprietary connection.
Camera		2.0 Megapixel.
Sensors		Ambient Light, Proximity, Moisture.

3G iPhone의 내부

마찬가지로, Apple은 iPhone의 외관을 크게 변화시키고 성능을 몇가지 업그레이드했다. 가장 눈에 띄는 것은 GPS 기능의 추가였다. GPS 기능은 개발자들이 애플리케이션에 또 다른 기능을 구현할 수 있게 해주었다. 또한 iPhone 3G는 Edge network에서 개선된 네트워크인 3G network로 변화되었다.

이 모델은 2008년 7월에 대대적인 광고와 함께 출시되었다. 하드웨어는 더 빨라졌으며, 용량은 더 커졌고 검정색 케이스와 흰색 케이스 중 사용자의 선택이 가능하게 되었다. 전력과 속도에서의 업그레이드는 App Store의 소개와 함께 중요한 부분이 되었다. iPhone 3G는 애플리케이션으로 무엇이든지 할 수 있게 만들어주는 완벽한 패키지 상품이 되었다. 그림 1-11은 iPhone 3G의 내부를 보여주고 있다. daughterboard(DB)는 사라졌고 모든 것이 하나의 circuit board에 위치하고 있다. 표 1-11은 하드웨어를 보여준다.

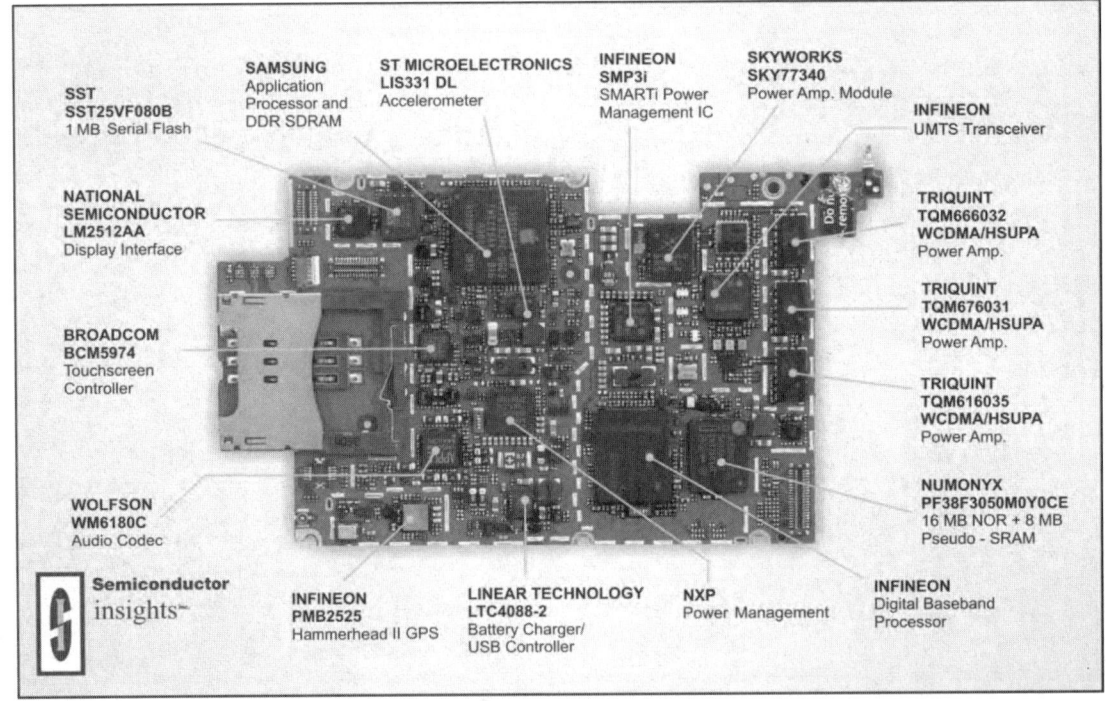

그림 1-11 Apple iPhone 3G의 내부(Semiconductor Insights 제공)

표 1-2 3G의 하드웨어

3G의 하드웨어	제조사	설명
Application processor	Samsung	SSI8900B01. 이 칩은 ARM11766JZF-S CPU core와 16KB L1 cache를 장착했다. 또한 8-stage integer pipeline, ARM Trust Zone, a vector floating-point coprocessor 그리고 128MB DDR integrated SDRAM을 장착했다. Samsung SS18900B01은 667MHz의 최대 클럭 스피드를 자랑한다
Baseband processor	Infineon	PMB8878 X-Gold Tri-Band UMTS/HSDPA 850/1900/2100MHz.
Connectivity	Marvell	W8686 802.11 b/g.
	CSR	41B14 Blucore4ROM (Bluetooth).
Graphics	PowerVR	MBX Lite 3D graphics co-processor at 60MHz.
GPS	Infineon	Hammerhead II AGPS는 iPhone 위치 서비스를 제공하는 GPS를 보조한다.
Memory		128MB DRAM.
	Broadcom	BCM5974 Touchscreen Controller.
	National Semiconductor	LM2512AA 24-bit RGB display.
Display		320×480의 해상도, 흠집 방지, 정전식 멀티터치의 유리 소재 스크린. 멀티터치 센서는 스타일러스 펜이 필요 없으며 손가락 사이의 멀티터치도 구별 가능. 스타일러스 펜은 멀티터치 센서에 감지될 만한 충분한 전기를 전달하지 못함.
Audio	Wolfson	WM8758 Stereo audio codec.
Storage	Samsung	K9MCG08USM 64Gbit NAND flash memory chip in 8GB and 16GB.
USB	Apple	30-pin USB proprietary connection.
Camera		2.0 megapixel.
Sensors		Ambient Light, Proximity, Moisture.

iPhone 3G[S]의 내부

iPhone 3GS는 업그레이드 된 프로세서와 볼륨 컨트롤 그리고 비디오 촬영이 가능한 개선된 카메라와 같은 개선과 함께 극적인 변화를 가져왔다.

3G[S]는 2009년 6월 3일에 출시되었다. iOS 3은 이 iPhone과 함께 출시되었다. 3GS는 iPhone 카메라로부터 비디오를 만들 수 있는 기능을 제공했고, 이전 모델인 iPhone 3G보다 더 빨라진 프로세서와 더 빠른 플랫폼으로 출시되었다. iPhone 3GS는 3G를 성능면에서 앞섰지만 아직 수신 상태에서 문제를 가지고 있었다. 혹자는 미국에서 선보여지지 않은 테더링을 희망하기도 했다. 그러

나 연이은 설문조사는 서비스 제공자인 AT&T가 열등한 성능 때문에 끊임없이 비난을 받음에도 불구하고 iPhone 3GS의 소유자들이 일반적으로 만족하는 것을 보여주었다. 그림 1-12는 iPhone 3G의 내부를 보여준다. 표 1-3은 하드웨어를 보여준다.

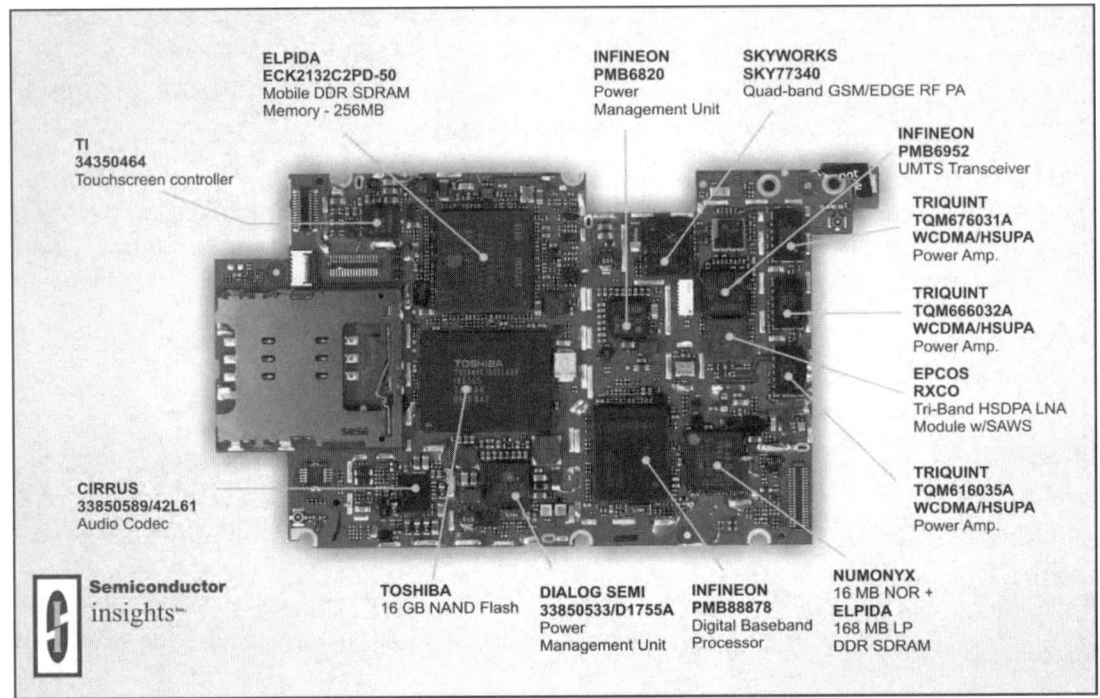

그림 1-12 다른 시각에서의 Apple iPhone 3G 내부(Semiconductor Insights 제공)

표 1-3 3GS의 하드웨어

3GS의 하드웨어	제조사	설명
Application processor	Samsung	Samsung S5PC100는 32-bit ARM Cortex A8 RISC microprocessor 와 64/32-bit internal bus architecture를 장착했으며, 최대 833MHz 의 클럭 스피드를 낼 수 있다. The iPhone 3G[S]에서는 배터리 수 명을 늘리기 위해 600MHz까지만 클럭 스피드를 제한하였다.
Baseband processor	Infineon	PMB8878 X-Gold Tri-Band UMTS/HSDPA 850,1900, 2100MHz.
Connectivity	Broadcom	BCM4325 802.11a/b/g.
		Bluetooth2.1+EDR.
Graphics	PowerVR	200MHz SGX.
GPS	Infineon	Hammerhead II AGPS. Gave the iPhone geotagging capabilities.
Memory		256MB DRAM.
Display	TI	34350464 touchscreen controller.
		320×480의 해상도, 흠집과 지문 방지가 되어 있는 Glass oelophobic technology Multi-Touch touchscreen
Audio	Cirrus	33850589/12L61 Audio Codec.
Storage	Toshiba	TH58NVG702 NAND flash memory chip 16GB and 32GB.
USB	Apple	30-pin USB proprietary connection.
Camera		3.0-megapixel with video with a rate of 30fps.
Sensors		Ambient Light, Proximity, Moisture.

iPhone 4의 내부

iPhone 4는 이전 모델에 비해 디자인이 급격히 변화했다. Helicopter(Gorilla) 글래스와 스테인 리스 스틸로 만들어졌기 때문에 iPhone 4는 iPhone 3GS와 비교하여 더욱 휴대폰다운 모습으로 출시되었다. 그 투박함은 iPhone 2G의 기억을 되살리지만 고전적이며 실질적인 휴대폰의 모습을 보여주고 있다. iPhone 4는 전면에 카메라 하나와 후면에 카메라 하나를 가지고 있어 총 두 개의 카메라를 탑재하였다. Face Time이라고 부르는 새로운 기능은 통신을 더 높은 레벨로 끌어올렸다. 이제 우리는 iChat AV에서 그렇듯이 통화하고 있는 상대방을 볼 수 있다. 불운하게도 이것은 무선 네트워크를 통해서만 사용 가능하다. 또한 iPhone 4는 화려한 high-def(Retina) 화면, 새로운 A4 processor를 통해 더 빨라진 속도, 그동안 어느 iDevice에 탑재되었던 것보다 더 커진 RAM, 그 리고 더 길어진 배터리 수명으로 무장하였다. 표 1-4는 하드웨어를 보여준다.

표 1-4 iPhone 4의 하드웨어

iPhone 4의 하드웨어	제조사	설명
Baseband	Skyworks	SKY77541GSM/GPRS front-end module
Power amp	Triqunt	TQM666092 & TQM666901 power amp
Radio/amplifier	Skyworks	SKY77452 W-CDMA FEM
Radio/transmit and receiver	Apple/Infineon	338S0626GSM/CDMA transceiver
Radio/amplifier	Skyworks	SKY777469 Tx-Rx FEM for Quad-Band GSM/GPRS/Edge
Gyroscope	Apple	AGD1 STMicro three-axis gyroscope
Processor	Apple	ARM Cortex A4 processor
Connectivity/80211 and GPS	Broadcom	BCM4329KUGB 802.11n and Bluetooth 2.1 + EDR antennae
Connectivity	Broadcom	BCM4750IUB8 single-chip receiver
Memory	Samsung	K9DG08USM-LCB0
DRAM memory	Samsung	K4XKG6432GB
Display	Wintek	Capacitive glass
Camera		5MP autofocus

iPad의 내부

Apple iPad는 iPhone을 업그레이드한 기기였다. 시기상으로는 iPhone 3GS과 iPhone 4의 출시 시기 사이에 iPad가 출시되었다. iPad는 iOS 3.2를 기반으로 했으며, 기존의 애플 기기들 사이의 틈새를 보충해주었던 기기이다.

iPad는 iOS를 기반으로 하였으며, 몇몇 다른 점을 지닌 거대화된 iPod touch이다. 이 기기는 수많은 기능을 7시간 이상 이용할 수 있는 거대한 배터리를 가지고 있다. 게임과 비디오에 대한 가능성은 엄청나며 출판사들뿐만 아니라 상업적 텔레비전 관련 회사들이 iPad가 그들의 사업을 진전시킬 해결책이라고 보고 있다. iPad는 수많은 정기 간행물, TV 쇼 그리고 뉴스를 볼 수 있는 대형 스크린을 가지고 있다. iPad는 사용자가 문서와 프레젠테이션을 수정하기 위한 기능을 지닌 Pages를 자체적으로 탑재하고 있다. iPad는 3주만에 300만 대가 팔릴 정도로 큰 히트를 쳤다. 그림 1-13의 iPad의 내부를 보면 iPad가 어떻게 그렇게 긴 배터리 시간을 자랑하는지 알 수 있다. 표 1-5는 하드웨어를 보여준다.

우리는 Apple이 출시한 모바일 기기들을 살펴보았다. 하지만 애플 기기들에 익숙하지 않은 이들이 어떤 애플 기기를 보고 2G, 3G, 3GS, iPhone, iPod touch 중에 도대체 이것이 무엇인지 구분지을 수 있을까? 애플 기기들 중 몇몇 세대는 2G의 알루미늄 뒷판 처리, 3G의 플라스틱 뒷판 처리, iPhone 4의 글래스 하우징 같은 디자인 차이 때문에 시각적으로 구분이 가능할 것이다.

그러나 몇몇은 그렇게 쉽지 않다. iPhone 3G와 3GS를 구분하는 것은 어렵다. iPod touch의 세대를 구분하는 것은 더 어려울 것이다. Apple은 기기의 뒷면에 모델 넘버를 각인해놓았고, 표 1-6은 iDevice의 세대와 관련된 모델 넘버를 보여준다. 이것은 초보자들이 iDevice를 올바르게 구분해내는 것을 도와줄 것이다.

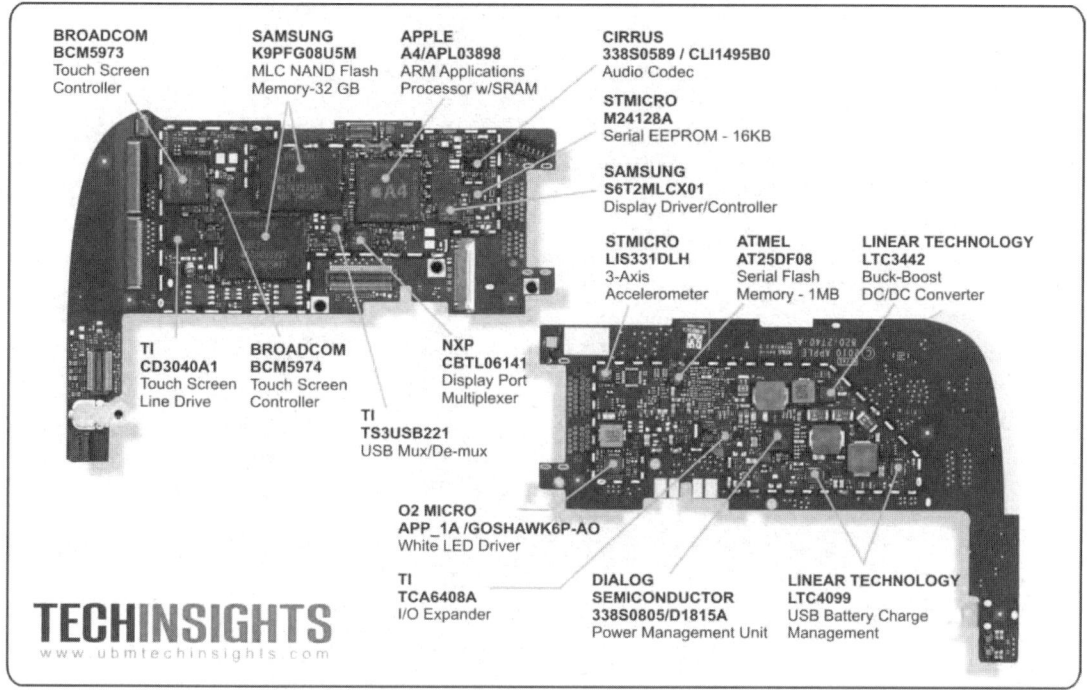

그림 1-13 Apple iPad의 내부(TECHINSIGHTS 제공)

표 1-5 Apple iPad의 하드웨어

iPad의 하드웨어	제조사	설명
Processor	Apple	A4
Touchscreen	Broadcom	BCM5973, BCM5974
Memory	Samsung	K-PFG8U5M Nand Flash
Audio	Cirrus	338S0589/CLI1495B0
LED Driver	02 Micro	APP_1A/GOSHAWK6P-AO
Accelerometer	STMicro	LIS331DLH 3 Axis
RAM	Samsung	K4X1G323PE DDR SRAM
DC Regulator	Linear Technologies	3442N7667LT9L
Audio Processor	Cirrus	338S0589 BO YFSAB0BY1001 SGP
Bluetooth	Broadcom	802.11n BCM4329XKUBG
Display	LG	SW0627B

표 1-6 iDevice의 변천 과정

iOS 기기	모델 번호
iPhone 2G iPhone 2G	A1203
iPhone 3G iPhone 3G	A1241
iPhone 3GSiPhone 3GS iOS device	A1303
iPhone 4iPhone 4 iOS device	A1332
iPod touch 1GiPod Touch 1G iOS device	A1213
iPod touch 2GiPod Touch 2G iOS device	A1288
iPod touch 3GiPod Touch 3G iOS device	A1318
IPod Touch 4GIPod Touch 4G iOS device	A1367
iPad WiFiiPad WiFi iOS device	A1219
iPad 3G+ WiFiiPad 3G+ WiFi iOS device	A1337
AppleTV 2GAppleTV 2G iOS device	A1378

The Apple App Store

Apple iPhone의 가장 큰 성공 중 하나는 실질적으로 Apple App Store였다. iPhone이 처음 발표되었을 때, App Store는 새로운 iPhone iOS와 iPhone 3G와 함께 출시되길 기다리며 공개되지 않았었다. iPhone 3G의 이전에 iPhone에서 사용가능했던 애플리케이션은 달력/일정, 카메라, 날씨, 지도, 노트, 시계, 설정, 그리고 Dock에는 전화, 메일, Safari, iPod등 밖에 없어 매우 제한적이었다. 그리고 2008년 3월에 Apple은 iPhone SDK를 출시했다. 이것의 출시는 새로 나올 iPhone OS 2.0에서 애플리케이션을 만들기 위해 필요한 도구를 개발자들에게 제공하기 위함이었다. iPhone 3G와 iPhone OS 2.0의 출시와 더불어 500개의 유/무료 애플리케이션과 함께 iTunes에 App Store가 등장했다.

Apple App Store는 2008년 7월 10일에 열렸다. 이 애플리케이션들을 퍼뜨린 매개체는 iTunes였다. 개발자가 Apple Store에서 애플리케이션을 판매할 때, 개발자는 수익의 70퍼센트를 가져가며 Apple은 30퍼센트를 가져갔다. iPhone 3G는 Apple Store를 지원하는 iPhone OS 2.0이 탑재된 재로 출시되었다. iPhone 2G는 iTunes에서 업네이트된 iOS를 나운받을 수 있었다. 오늘닐 Apple App Store에서 300,000개 이상의 애플리케이션을 이용할 수 있다.

애플리케이션을 구입하기 위해서는 iTunes를 통해 계정을 등록해야 한다. 애플리케이션은 두 가지 방법으로 iPhone에 옮길 수 있는데, iTunes에서 기기로 전송하는 방법이 있으며 iPhone, iPod touch 또는 iPad에서 직접 App Store 애플리케이션에 들어가 다운 받는 방법이 있다. iTunes를 통할 때는 iPhone, iPod touch 또는 iPad를 Mac이나 Windows 컴퓨터에 연결해야 한다. 사용자는 온라인을 통해 App Store에 접속하여 유/무료 애플리케이션을 구입할 수 있다. 그림 1-14는 iTunes의 App Store를 보여준다.

그림 1-14 iTunes와 App Store

iTunes에 애플리케이션을 다운 받으면, 사용자는 기기를 컴퓨터에 연결하여 애플리케이션을 기기에 저장할 수 있다. iTunes의 애플리케이션 부문의 주요한 개선점은, 기기의 바탕화면을 iTunes에 띄워주어 iTunes 상에서 기기 속에 애플리케이션을 추가하고, 제거하며, 이동시킬 수 있다는 점이다. iPhone이 연결되었을 때, 모든 변경 사항은 다음 번 동기화 때 업데이트 된다. iTunes의 애플리케이션 부문의 인터페이스는 그림 1-15에서 보여주고 있다.

그림 1-15 iTunes 애플리케이션 부분의 인터페이스

iPhone에 애플리케이션을 추가시키는 두 번째 방법은, 그림 1-16에 묘사된 것과 같이 iPhone 자체에서 그것을 수행하는 것이다. iPhone에는 웹 상의 App Store에 바로 접속하는 App Store 애플리케이션이 있다. 여기에서 유/무료 애플리케이션을 구입할 수 있다. 한 가지 제한 사항이 있는데, 20MB 이상의 애플리케이션들은 3G 네트워크 상에서 받을 수 없으며 Wi-Fi 연결이 된 상태에서만 다운로드 받을 수 있다. App Store 애플리케이션은 웹 상의 App Store와 비슷하다. 애플리케이션은 이름, 카테고리, 인기도를 이용하여 검색할 수 있다.

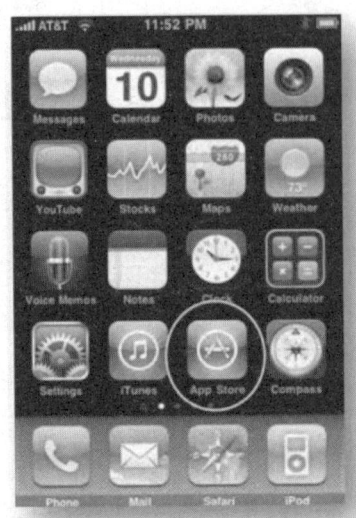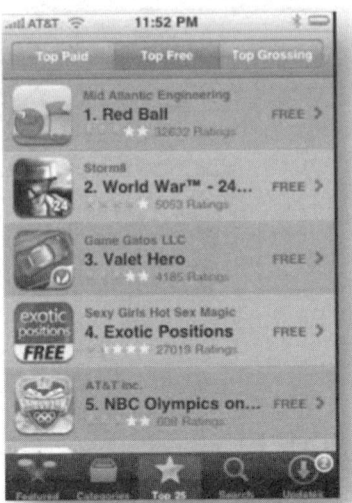

그림 1-16 iPhone을 통한 App Store 접속

iPhone 동기화를 위해 MAC 또는 Windows 컴퓨터에 연결시켰을 때, 애플리케이션은 미래에 필요할지도 모르는 복구를 대비하여 iTunes에 전송된다.

증가하는 iPhone 해커들

iPhone 출시 이후 몇몇 해커들은 iPhone을 다른 이동 통신사에서도 사용을 할 수 있게, 또한 Apple의 애플리케이션 검토 과정을 거치지 않은 애플리케이션을 사용할 수 있게 하려고 iPhone 을 공격했다. 해킹 커뮤니티의 이데올로기는 iPhone이 한 이동 통신사에 발묶여 있는 것은 바람직 하지 않다는 것이었다.

처음 iPhone 해킹 프로그램들은 완벽히 작동되지 않아 종종 '벽돌화된' 전화기를 만들었다. iPhone을 벽돌처럼 쓸모 없게 만들었다는 것이다. 연이은 해킹 프로그램의 등장은 Apple과 해커 들의 쫓고 쫓기는 상황을 연출했다. Apple은 OS 버전 1.1.1의 출시 후에 iPhone이 해킹 당하는 일은 없을 것이라고 발표했다. 그러나 그것은 iPhone dev team이 1.1.1버전 OS를 크랙한 핵을 출시하기 전까지의 이야기였다. 그리고 iPhone의 보안 문제는 모두 탈옥된 iPhone에서만 생기기 시작했다. 해커들은 탈옥된 iPhone이 보안에 있어서 취약할 것이라고 예상하지 못했다.

2010년 6월에 한 해커는 AT&T 네트워크를 해킹하는 데에 성공해서 대통령 버락 오바마(Barack Obama)의 비서실장을 포함한 미국 내의 저명한 인사들의 정보를 획득할 수 있었다. 또한 해커들은 Apple의 App Store를 통해 iPhone에 악성 코드가 자리잡을 수 있다고 발표했다. 그것은 바로 Apple의 애플리케이션 검수 과정때문이었다. Spyware는 오직 탈옥된 iPhone을 위해 개발되었다. 이 모든 것들에 대한 해결책은 무엇일까? 간단하다. iPhone의 원본 운영체제를 설치하는 것이다.

2010년 7월 26일 미국, 저작권 사무소는 탈옥된 모바일 기기가 저작권 법을 위반하지 않는다고 규정지었다. 이 판결은 iPhone과 다른 휴대폰의 소유주들이 애플리케이션의 합법적 이용을 위해 설치된 핸드폰 내의 보안 장치를 교묘하게 회피하는 것을 공식적으로 허락해주었다. 또한 휴대폰이 다른 네트워크 상에서도 사용되는 것도 허용하였다. 어떤 의미에서는 이 사건이 탈옥을 허용하고 휴대폰에 대한 독점을 깨버렸다고 할 수 있다. 그러나 이 판결은 Apple과 AT&T 그리고 수많은 탈옥된 기기에 걷잡을 수 없는 네트워크 보안 문제가 터질 것을 고려하지 않은 것이었다.

요약

Apple은 모든 사람을 도울 수 있게 설계된 놀라운 기기들을 창조해냈다. Apple의 모바일 기기들은 강력하고 아름답다. 하지만 훌륭하고 멋진 것들을 악의적이고 나쁜 일에 쓰려는 사람은 꼭 있게 마련이다.

Apple 기기들과 그 기기들이 과학 수사에 미치는 영향을 완벽히 이해해야 iOS 과학 수사를 완벽하게 이해할 수 있다. 이러한 기기들은 사회적 현상 그 자체이고 성장하고 있는 휴대폰의 풍경을 보여주며 수사관들은 이러한 기기들을 점점 더 많이 접할 것이다. 우리는 이제까지 iDevice의 전체적인 기능과 능력을 살펴보았다. 이제 당신은 그것들이 뒤에 남기는 각종 증거물들을 예상해볼 수 있을 것이다. 이 책은 그러한 증거물들에 대해 알아볼 것이고, 그 증거물을 추출해내는 법과 검사하는 법 또한 알아볼 것이다.

CHAPTER **2**

iOS 운영 시스템과
파일 시스템 분석

제1장에서 우리는 Apple사의 기기의 발전 과정을 살펴보았다. 이번 장에서는 우리는 운영체제의 변화를 살펴볼 것이다. 그리고 APP Store로부터 추가되는 파일에서부터 iOS의 환경, 그리고 마지막으로, 증거 자료를 제공하기 위해 Apple 기기의 상세한 파일 시스템 정보를 심도 있게 분석할 것이다.

iOS 기능의 변화

iOS는 iPhone, iPod 그리고 iPad의 운영체제이다. iOS 초기 버전은 2008년 6월에 1세대 iPhone의 운영체제로 시작되었으며, 이 시작은 휴대폰 시장에 있어서는 새로운 판도를 열게 되었다. 이후 iOS의 견제를 위한 HTC, 모토롤라 그리고 구글사는 안드로이드 폰을 통해 스마트폰 시장에 뛰어 들었으며, 리서치인모션(RIM, Research in Motion)은 블랙베리 폰을 내놓았다. 자 그러면, 다음으로 iOS 개발의 변천사를 함께 살펴보자.

iOS 버전 1

1세대 iPhone은 iOS 버전 1.0을 사용하였으며, 다음과 같은 응용 프로그램을 제공함으로써 사용자들에게 색다른 경험을 제공하였다.

- 문자메세지 SMS
- 캘린더 Calendar
- 사진 Photos
- 카메라 Camera
- 유투브 YouTube
- 주가정보 Stocks
- 지도 서비스 Maps
- 날씨 Weather
- 메모장 Notes
- 시계 Clock
- 계산기 Calculator
- 설정 Settings
- 아이튠즈 iTunes
- 전화 기능 Phone
- 메일 Mail
- 사파리 웹 브라우저 Safari
- 음악 듣기 iPod

사용자 인터페이스의 최상단에는 네트워크 정보 및 접속 상태 그리고 현재 시간, 블루투스 아이콘 마지막으로 배터리의 상태를 보여줬으며, 최상단 바로 하단에는 메인 화면을(home screens)을 보여주었다. 메인 화면에는 16개의 애플리케이션 아이콘들로 구성되어 있으며, 첫 번째 버전에서는 Apple로부터 다운로드 받은 웹 애플리케이션이나 사파리의 북마크들을 홈 스크린에 추가할 수 있었다. 사용자는 화면을 터치한 상태로 오른쪽 또는 왼쪽으로 움직여서 지시하는 방향을 통해 화면 전환이 가능하다. 맨 하단은 네 개의 아이콘을 배치할 수 있다. 첫번째 버전에서는 이 네 개의 아이콘을 변경하지 못하였다. 하지만, 운영체제가 업그레이드 되면서 사용자 임의의 애플리케이션 선택이 가능하게 되었다(그림 2-1).

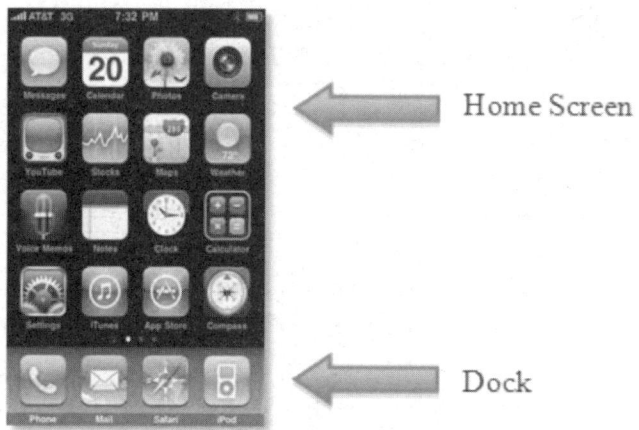

그림 2-1 iPhone의 Home Screen 및 네 개의 아이콘으로 구성된 Dock

iPhone 2세대까지 iOS 버전 1.0을 사용하였으며, 해당 버전에서도 운영체제는 많은 개선이 있었다.

최상위 버전의 변화는(예, iOS ver 1.0에서 ver 2.0으로 업데이트) 몇몇 핵심적인 기능이나 전반적인 구조에 상당한 변화가 있을 때 적용하였고, 대부분 새로운 기기의 출시와 함께 적용되었다. 하위버전의 변화는(예, iOS ver 1.1에서 iOS ver 1.2로 업데이트) 프로그램의 버그가 수정되거나, 보안 이슈에 대한 개선시 적용되었다. 예를 들어, iOS 1.1.3, 버전은 2009년 1월에 개정되었으며, 다음과 같은 부분에 있어서 업데이트 되었다.

- iPod 터치의 일부 애플리케이션 추가
- 메인 화면의 아이콘을 정렬할 수 있는 기능과 최대 9가지의 스크린을 제공함
- 구글 지도 서비스 업데이트
- iPhone을 통해 iTunes gift cards 상품권을 사용할 수 있는 기능
- 동시에 다수의 사용자에게 문자 메시지 전송 기능
- 문자 메시지 공간 증가

iOS 버전 2

iOS 2.0는 iPhone 3G에서 처음 적용되었으며, Apple사의 iOS 운영체제의 첫 번째 최상위 버전 업데이트가 적용되었다. 첫 번째 가장 주요한 변화로 iPhone에서 실행할 수 있는 응용 프로그램을 제공하는 App Store 서비스가 추가되었다. Apple사는 또한 iPhone 응용 애플리케이션 개발 도구를 제공하였으며, 개발자들이 스스로 App Store에 자신들이 개발한 프로그램을 배포할 수 있도

록 지원하였다. 이러한 시도는 Apple사의 가장 큰 경쟁력이 되었다(최근 App Store를 통한 애플리케이션 다운로드 횟수가 2,000,000을 넘었다). 개발 도구인 SDK는 2009년 3월에 출시되었으며, iOS 2.0은 2008년 7월부터 다운로드가 가능하였다. 이전 버전과 마찬가지로 먼저 출시한 기존의 Apple 제품과 완벽하게 호환이 되었으며, 제공되는 대부분의 애플리케이션은 Apple사의 검수를 거쳤다. 다만, 일부 애플리케이션의 경우 미국 정부 기관의 승인 유보로 시간이 걸리게 되었다. 대표적인 예로 구글 보이스[역주1]가 한 예이다.

두 번째 가장 주요한 변화로 GPS(Global Positioning System, 위성 항법 장치) 서비스 기능이다. 해당 기능은 수많은 응용 프로그램들이 GPS API를 통한 개발 및 서비스가 가능하게 하였다. GPS 기능을 처음으로 iPhone에서 사용하게 되었을 때, 정확성은 매우 떨어졌다. 그리고 사진들은 GPS 정보를 포함하고 있지 않았다. 몇 차례의 펌웨어 업데이트와 iPhone 3GS의 출현을 통해서 GPS의 정확성은 향상되었다. GPS 기능을 사용하는 대표적인 두 가지 애플리케이션은 구글 맵스와 카메라(사진 촬영 시 카메라로 촬영된 이미지 정보에 위치 정보가 포함되어 있음)가 있다. 하지만 사진에 저장되어 있는 위치 정보 태그의 정확성은 실제 데이터와 차이가 있다.

iOS 1.0과 마찬가지로 iOS 2 또한 다수의 업데이트가 있었다. 특별히 iOS 2.0 에서 2.2.1까지 운영 체제의 많은 부분이 향상되었다. 다음 항목은 그 중 가장 주목할 만한 몇 가지 업데이트 내역이다.

- 에어플레인 모드가 켜져 있을 때, Wi-Fi 사용 가능함
- SVG 지원(Scalable Vector Graphics)[역주2]
- 메일 프로그램의 사진 저장 기능
- App Store 서비스 추가
- iPhone 기능 차단 서비스
- 위치 정보 서비스를 허용 여부를 세 번에 걸쳐서 확인
- Microsoft Exchange 지원
- Apple사의 MobileMe 서비스 지원
- e-mail 푸시 기능
- 이메일 다중 삭제 기능
- MS-Word 문서 보기 기능

역주1 20009년 봄 Apple과 Google은 Google의 인터넷 전화 서비스인 Google Voice를 두고 신경전을 벌였다. 승인을 받아 무료로 제공되던 Google Voice app이 갑자기 퇴출되면서 양사의 갈등이 표면화되었으며, 관련 이슈로 인한 정부 기관에서도 많은 갈등이 있었다.

역주2 http://ko.wikipedia.org/wiki/SVG 참조

- 비디오 가로/세로 모드 보기 지원
- 카메라 기능 차단 기능
- 폰으로부터 전송되어진 이미지의 EXIF 정보 유지

iOS 버전3

2009년 6월 Apple은 iOS 3.0을 출시하였다. 이 버전은 이전 버전에서 누락되어 있는 다양한 새 기능들이 포함되었으며, 세부 사항은 아래와 같다.

- 오려두기, 복사하기, 붙이기 가능
- Turn-by-turn 내비게이션[역주3]
- YouTube 사용자 정보 저장 가능
- 통화 시간과 같은 세부 내용 통화 내역에 저장
- 전화 설정 기능에서 전화번호 변경 가능
- 비디오 캡치 기능에(iPhone 3GS 해당), 폰 내에서 간단한 동영상 편집 가능
- 원본 사진에 썸네일(thumbnail) 이미지를 포함하며, 기존의 사진 프로그램에서만 수행 가능한 사진 확인 및 삭제 기능을 카메라 응용 프로그램 내에서도 가능하게 수정.
- 카메라 자동 초점 기능(iPhone 3GS 해당)
- 메시지 서비스에서 MMS 가능한 SMS 애플리케이션으로 이름 변경(미국의 경우 iOS 3.0 부터)
- MobileMe 서비스 사용을 위해 핸드폰 위치 찾기 기능을 MobileMe 계정이 있는 경우 iPhone에서 설정 가능. 해당 기능은 원격 삭제 및 원격 암호 설정 기능이 가능하며 원격의 기기 화면에 특정 메시지를 삽입할 수 있음.
- CalDAV과 LDAP 지원
- Spotlight 검색 기능
- 개인용 핫스팟 기능(특정 통신사에 한함, 미국의 경우 불가함)
- 음성 메모
- 백업 시 암호화
- 하드웨어 암호화 기능(iPhone 3GS 해당)
- 음성 제어

역주3 http://en.wikipedia.org/wiki/Turn-by-turn_navigation 참조

- 개발자가 USB 포트를 추가 가능

iOS 3.0은 아래와 같은 기능이 추가되었다.

- 위조된 웹 사이트 방문시 경고 기능
- Safari 웹 초기 페이지 설정 가능
- Exchange 지원 기능 향상
- Push 알림기능

iOS 버전 4

2010년 4월 7일 Apple사는 iOS 4.0을 출시하였다. 가장 눈에 띄는 업데이트 부분으로는 iOS 4.0에서 선택적으로 멀티태스킹이 허용되었다. 이전에는, 동시 실행이 가능한 응용 프로그램은 iPod가 유일하였다. Apple사는 개발자들을 위해 1,500가지의 새로운 API를 출시하였는데, 그 중 7가지의 API의 경우에 한하여 백그라운드 실행이 가능하도록 허용하였다. 7가지의 API는 다음과 같다.

- 오디오 서비스
- 인터넷 전화(VoIP)
- 위치 정보 서비스 Background location(GPS)
- 정보 알림
- 내부 통지
- 작업 완료 기능
- 빠른 응용 프로그램 전환 기능

다음은 iOS 4.0의 업데이트 사항 중 주목할 만한 부분이다.

- 다중 작업
- 애플리케이션 아이콘 폴더 정리 기능
- 배경화면 및 홈 스크린 사용자 임의 변경 가능
- 메일 기능 향상(아래 항목 포함):
  - 통합 메일함
  - 다중 Exchange 메일함 지원
  - 받은 편지함으로 빠른 전환
  - 스레딩
  - 다양한 응용 프로그램을 통한 첨부 파일 열람

- 아이북스(iBooks) 서비스
- 기업용 기능 추가, 세부 항목 다음과 같음:
  - 비밀번호를 통한 메일 암호화
  - 모바일 기기 관리 서비스(MDM: Mobile Device Management)
  - 무선 응용 프로그램 배포
  - 다중 Exchange 계정 사용
  - SSL-VPN 기능 지원
- 게임센터 기능 추가, 세부 항목 다음과 같음:
  - 소셜 게임 네트워크
  - 게임 상대 찾기
  - 게임 순위 보드
  - 성과 알림
- Apple의 독자 광고 솔루션, iAd
- 사진 및 비디오 5배 화대 서비스
- iPhone-created media 를 통해 사진의 정보 확인 서비스(얼굴 및 위치 정보)
- 맞춤법 검사
- 무선 블루투스 키보드 지원

iOS는 규모가 작은 OS X 운영체제이다. iOS 운영체제는 Mac OS X 커널을 변형한 형태이며, Xcode와 Cocoa를 기반으로 개발되었다.

다음은 iOS를 구성하는 네 가지의 주요 요소로서 개발자들이 응용 프로그램을 개발할 수 있도록 제공하였다.

- Cocoa는 다음의 요소를 포함한다.
  - 실행과 제어를 위한 멀티터치 서비스
  - 가속도계
  - 카메라 기능
- Media는 다음의 요소를 포함한다.
  - 오픈에이엘 OpenAL [역주4]
  - 비디오 재생

역주4 http://ko.wikipedia.org/wiki/OpenAL 참조

- 이미지 파일 포맷
- Quartz 그래픽 엔진
- 코어 애니메이션
- 오픈지엘 OpenGL [역주5]
- Core 서비스는 다음의 요소를 포함한다:
    - 네트워킹
    - SQLite 데이터 베이스
    - 위치 정보 시스템
    - 스레드
- OS X 커널은 다음의 요소를 포함한다:
    - 인터넷 통신
    - 소켓 통신
    - 파워 관리 시스템
    - 파일 시스템
    - 보안

애플리케이션 개발

iOS 2.0 버전 출시와 함께 Apple사는 App Store의 애플리케이션의 개발을 허용했다. Apple사는 iPhone 개발 도구인 SDK를 개발자들에게 제공하고, 그들이 해당 도구를 통해 응용 프로그램을 개발할수 있도록 지원하여 App Store를 이용한 배포가 가능하도록 하였다. iPhone 응용 프로그램 개발자는 iPhone 개발자 프로그램에 등록해야 하며, iPhone 개발자 프로그램 초기 화면은 그림 2-2와 같다. 일반 프로그램의 경우 99달러, 엔터프라이즈 프로그램의 경우에 299달러의 비용을 Apple사에 등록비로 지불해야 한다. 또한 개발자는 Apple사에서 개발 및 배포를 위한 광범의한 계약에 동의하는 서명을 해야 한다. Apple사는 정밀한 자사의 엄격한 검증을 통해서 응용 프로그램을 검증하였다. 다만, 시간이 지나면서, Apple은 차츰 자사의 엄격한 검증 과정을 다소 완화하였으며, 구글 보이스나 Adobe Flash로 제작된 애플리케이션을 일부 수용하였다.

역주5 http://ko.wikipedia.org/wiki/OpenGL 참조

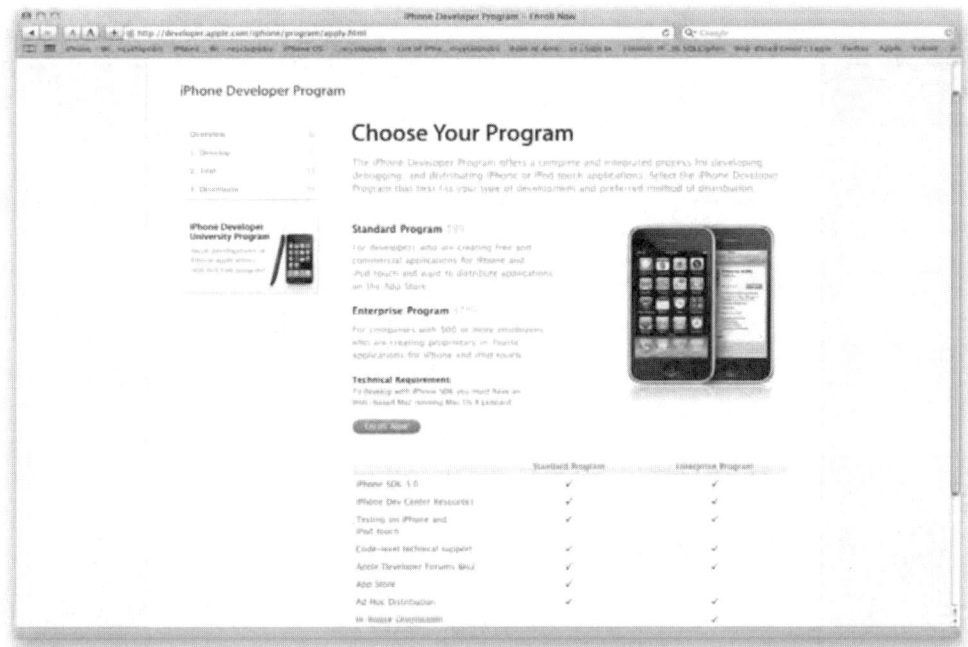

그림 2-2 iPhone 개발자 프로그램

HACKING

Apple사가 직면한 가장 큰 도전은 바로 iPhone에 대한 해커들의 공격이다. iPhone과 iOS를 통해서 제공받는 APP Store 서비스를 이용하는 경우에는 문제가 없지만, 해커들은 자신들이 원하는 임의의 작업이나 애플리케이션(예: MMS, 개인용 핫스팟)을 설치하였다. 또한 해커들은 iPhone이 안전하지 않고, Apple사의 제품 등에서 발생하는 여러 가지 보안 이슈들을 증명하였다. 그중에서 가장 많이 알려져 있는 해커 그룹으로 iPhone Dev팀과 the Chronic Dev팀이 있다. 그리고 자신의 명성과 야망을 위해 iPhone 해킹 프로그램을 만든 개성이 강한 해커들도 있었다. 이러한 해커들의 시도를 통해 그들은 명성을 얻게 되었다. 이러한 일련의 과정은 바로 강한 동기가 되었고, 2009년 말에 또다른 해커는 탈옥폰을 공격하는 바이러스를 개발하였다. 이 공격은 같은 네트워크에서 존재하는 다른 탈옥폰을 찾아 공격하기도 하였다.

이것은 Apple의 향후 행보에 있어서 숙제가 되었다. 디지털 인권 기관인 전자자유재단(EFF, Electronic Freedom Foundation)은 iPhone 탈옥은 합법적인 행위로 디지털 밀레니엄 저작권법(DMCA, Digital Media Copyright Act)에 위배되지 않는다고 판결했다. 미 의회에서는 당신의 폰을 탈옥하는 행위는 예외로 판결하였다. 하지만, 이 정책은 AT&T와 Apple 제품에서 발생할 보안 위협의 증가에 대한 부분은 고려되지 않았다. 그래서 Apple과 AT&T는 그들의 네트워크와 운영체제에 대해서 보호해야 한다.

Apple사의 첫 번째 모바일 장치 출시 이후, Apple과 해커들 사이에는 고양이와 쥐 게임이 시작되었다. 첫 번째 해킹은 조잡하였고, 종종 iPhone이 재시작하였다. 그리고 어떠한 기능도 동작하지 않는 벽돌 상태로 만들기도 하였다. 해킹과 언락(unlock)을 지원한 프로그램명은 다음과 같다.

- Pwnage
- Qwkpwn
- RedSn0w
- Yellowsn0w
- iLiberty
- Purplera1n
- Blackra1n
- Greenpois0n

iPhone의 보안 장치를 우회할 수 있는 유일한 방법은 사용자가 생성한 펌웨어를 이용하거나, 커널과 부트롬에 대한 조작을 통해서만 가능하다. 이러한 우회 방법을 통해서 서명되지 않은 코드가 실행되도록 허용된다.

The iOS 파일 시스템

HFS+ 파일 시스템

1996년 Apple사는 대용량 데이터를 효율적으로 처리할 수 있는 파일 시스템을 개발하였다. 사용자의 저장 공간이 급격하게 증가됨에 따라서, 파일 시스템은 이러한 변화를 수용하고 효율적인 파일 처리가 가능한 파일 시스템을 개발해야 했으며, 드디어 계층 파일 시스템인 HFS(Hierarchical File System)를 개발하였다. HFS의 구조는 이해하기가 복잡하였다. 물리적인 수준에서 디스크는 HFS를 통해 포맷 되었으며, 512 바이트 블록 형태이다. 여기에는 윈도우 기반 환경의 섹터와 유사한 부분이 있다. HFS 시스템은 논리 블록과, 할당 블록 이렇게 두 종류의 형식이 있다. 논리 블록은 처음부터 마지막 볼륨까지 주소가 지정되어 있다. 각각은 같은 512 바이트의 사이즈를 가지고 있다. 할당 블록은 HFS 파일 시스템을 통해 효율적으로 데이터가 할당된 블록이다. 단편화된 조각을 줄이기 위해서 할당 블록을 그룹화 하고 통합화 하는 작업이 필요하다. 이러한 구성은 그림 2-3과 같다.

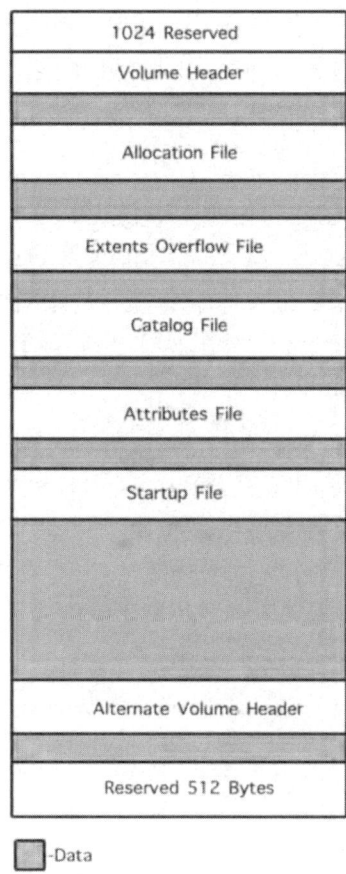

1024 Reserved
Volume Header
Allocation File
Extents Overflow File
Catalog File
Attributes File
Startup File
Alternate Volume Header
Reserved 512 Bytes

▢ -Data

그림 2-3 HFS+ 파일 시스템의 구조

날짜와 시간에 대한 정보를 처리하기 위해 Apple사는 절대 시간이나 현지 시간을 사용했다. 또한 Unix Time을 사용한다. iOS 시스템은 이러한 날짜 및 시간 정보 양식을 모두 활용하였다. 시간대의 차이에 대한 부분은 고려하지 않았기 때문에 하나는 반드시 위치에 실제 날짜와 시간을 인지할 수 있는 위치 정보를 식별하였다.

HFS 파일 시스템 내부의 데이터는 Catalog 파일 시스템이나 B*tree(balanced tree)로 구성되어 있는 파일을 사용한다. 이러한 balanced tree는 catalog file을 사용하고 B-Tree에서 넘친 값을 Extents Overflow File에 저장한다. B*trees구조는 여러 개의 노드들로 이루어져 있으며, 각각의 노드들은 선형 방식(linear fashion)으로 그룹화 되어 있어서 데이터 접근이 빠르다. 데이터가 추가되거나 삭제될 때, extents는 지속적이고 효율적으로 균형을 유지한다. 각 파일이 HFS 파일 시스템에 생성될 때, 독립적인 번호(Catalog ID 번호)가 주어진다.

HFS 볼륨 헤더는 Catalog ID의 번호를 탐색하고, 파일이 추가되면 번호를 증가시킨다. 이 번호는 재사용이 가능하다. 하지만, HFS 볼륨 헤더를 통해서 관리된다. 일반적으로 catalog ID번호의 재사용은 주로 서버 환경(생성 파일이 많음)에서 볼 수 있다. 이 번호는 일관되게 각각의 노드들이 함께 묶여서 사용된다.

- 첫번째 1024 바이트는 boot 블록으로 예약되어 있다.
- Volume header: 1024 오프셋에서부터 볼륨 헤더가 시작되는 것을 알 수 있다. 볼륨 헤더는 볼륨에 대한 구조에 관한 정보를 포함하고 있는 볼륨 헤더 블록이 나온다. HFS 볼륨의 마지막 1024 바이트에는 볼륨 헤더의 백업 본이 있다. 또한 이곳은 볼륨 헤더의 서명이 포함되어 있다. HFS+의 볼륨 헤더 서명은 'H+.'이며, HFSX의 경우에는 'HX'를 사용한다.
- Allocation file: 해당 부분은 단순히 파일 시스템에서 사용하고 있는 할당 영역을 나타낸다.
- Extents overflow file: 이것은 파일의 데이터 포크에 속하는 모든 할당 블록을 추적한다. 파일과 적절한 순서로 연결된 블록에 의해 사용된 모든 범위의 목록을 포함한다.
- Catalog file: HFS+ 파일 시스템은 볼륨 내부의 파일 및 디렉터리의 위치 및 크기 등에 대한 정보를 포함하고 있다. 카탈로그 파일은 B-Tree구조로 이루어져 있다. B-Tree구조는 다음과 같은 노드(node)들로 이루어져 있다.
  - 헤더 노드(Header node)
  - 인덱스 노드(Index node)
  - 리프 모드(Leaf nodes)
  - 맵 노드(Map nodes)

헤더 노드의 위치는 볼륨 헤더에 표시된다. catalog ID 번호는 잘 저장된다. 이 번호는 catalog file에 의해 할당된다. 볼륨 헤더의 다음 번호는 마지막 번호를 참조한다. catalog file은 하나의 파일이 추가될 때마다 번호를 증가시킨다. 그리고 헤더 노드에 저장시킨다.

- Attributes file: 이 파일은 데이터 포크 시 사용하기 위해 예약되어 있다.
- Startup file: 이 파일은 시스템의 부팅(ROM 지원을 통하지 않고)을 지원하기 위해 설계되었다.
- startup file 이후에는 파일 시스템으로부터 데이터에 대한 저장 및 추적을 위한 데이터가 존재하게 된다.
- Alternate volume header: 볼륨 헤더의 백업으로 디스크 수리 시 사용된다.
- 마지막 512 바이트는 예약되어 있다.

HFSX

모든 Apple사의 모바일 장치는 HFSX 파일 시스템을 사용한다. HFSX는 HFS+로부터 변형된 주요 파일 시스템이며, 파일 시스템의 두 개의 파일들은 동일한 파일명을 가질 수 있다. 대소문자의 구문으로 파일명이 같은 두 파일을 구분한다.

Case sensitive.doc
Case Sensitive.doc

대소문자명이 다른 두 파일은 HFSX 파일 시스템 내에서는 존재할 수 있다. OS X 기반의 데스크톱과 노트북 PC에서는 위 상황 같이 대소문자가 동일한 파일을 생성할 경우 에러가 나타난다(그림 2-4).

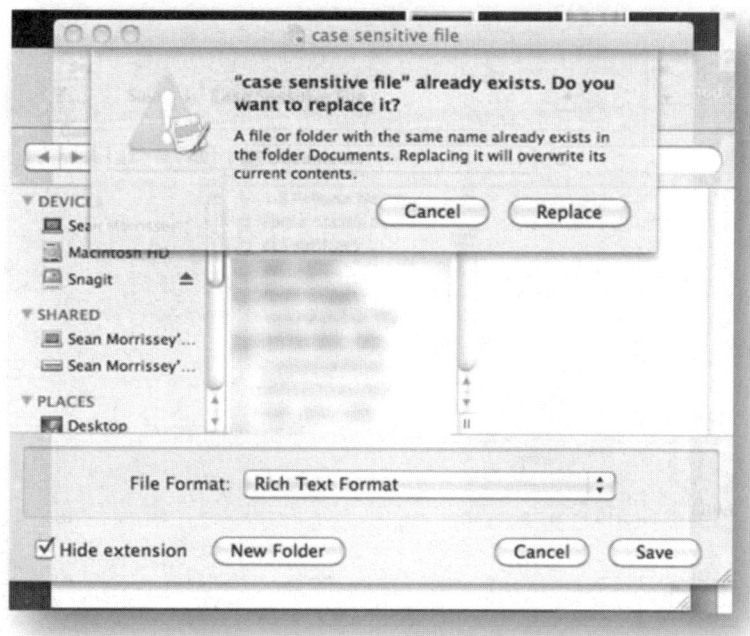

그림 2-4 HFS+ 파일 시스템에서의 저장 시 발생하는 에러 메시지

iPhone 파티션과 볼륨 정보

iPhone의 파티션과 볼륨에 대한 발전사가 있다. Apple사에서 생산한 Apple TV 또한 OS X 환경을 축소한 버전으로 출시되었다. 이것은 단지 한 명의 유저와 운영체제, 데이터 파티션으로 되어 있다. iPhone과 같이, Apple TV도 멀티미디어와 인터넷과 아이튠즈에 접속할 수 있도록 고안되었다. Apple TV는 HFSX를 검증하기 위해, 그리고 안전성을 확인하기 위한 시도였다. 오늘날 최신의 Apple TV는 HFSX를 사용하고 iOS 4 버전의 운영체제를 사용한다. 그림 2-5는 iPhone과 Apple TV 사이의 유사성을 나타낸다.

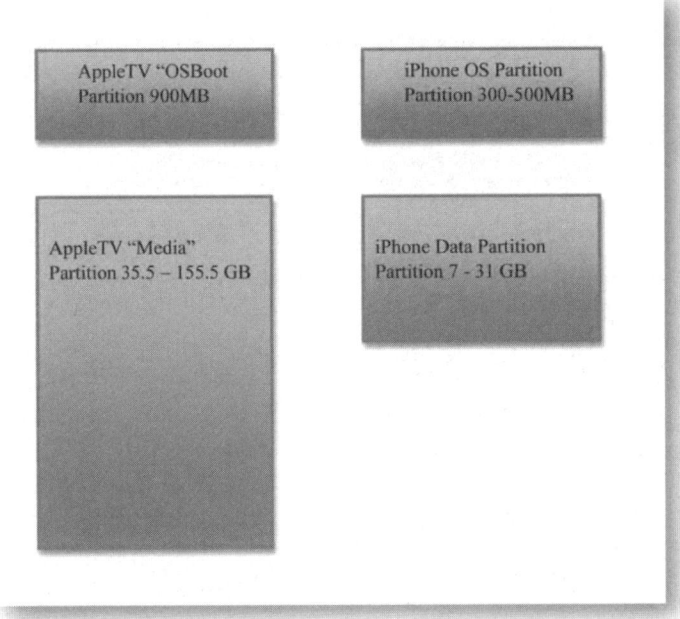

그림 2-5 iPhone과 Apple TV의 유사점

두 종류의 도구를 이용하여 매킨토시의 명령어 입력을 통해 iPhone의 파티션 구조를 확인할 수 있다. Hdiutil 실행 파일은 명령어 입력을 통해 실행이 가능한 매킨토시에 설치되어 있는 일반 파일이다. 그리고, h 다음에 iPhone의 사진을 줄 수 있는 pump와 imageinfo 같은 스위치가 있다. Hdiutil은 iOS 시스템의 구조를 파악하기 위한 훌륭한 프로그램이다. Hdiutil 실행 시 pmap 옵션

을 통해서 기기의 파티션 정보를 전체적으로 확인할 수 있다. 또한 imageinfo 옵션을 통해서 주어진 각각의 파티션에 대한 정보를 확인할 수 있다.

다음은 iPhone의 파티션 정보를 확인하는 방법이다.

1. 터미널 애플리케이션을 실행한다.

2. 터미널 애플리케이션의 위치는 '/Applications/Utilities/Terminal'이다. 터미널을 실행 후 입력창에 hdiutil pmap이라고 입력한 후, 탐색창에서 iPhone의 이미지를 붙여넣기하여 그림 2-6처럼 입력하게 되면, 그림 2-7과 같은 출력 화면을 확인할 수 있다.

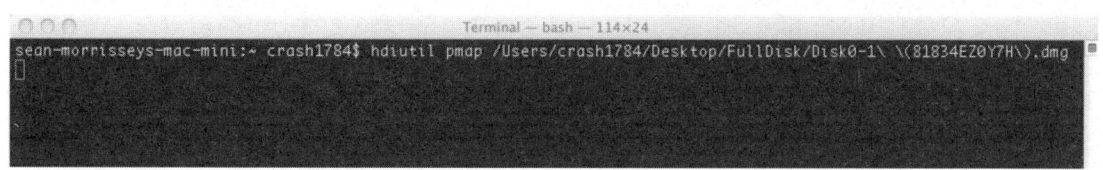

그림 2-6 iPhone의 파티션 정보를 확인하는 명령어

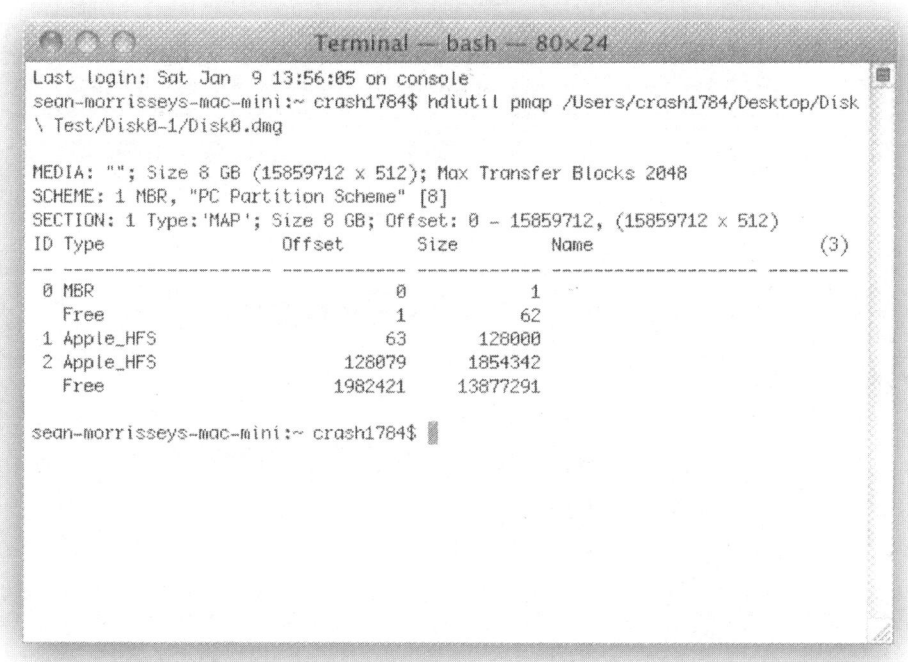

그림 2-7 파티션 정보 현황 출력

3. 다음으로 터미널 창에서 hdiutil imageinfo 명령어를 입력 후 그림 2-8과 같이 iPhone의
디스크 이미지를 끌어다 놓는다.

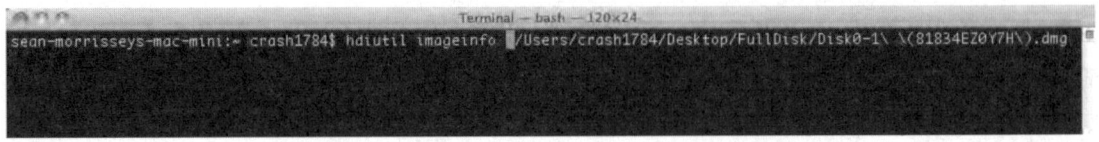

그림 2-8 hdiutil imageinfo 명령어 입력 화면

그림 2-9와 같은 결과를 확인할 수 있다.

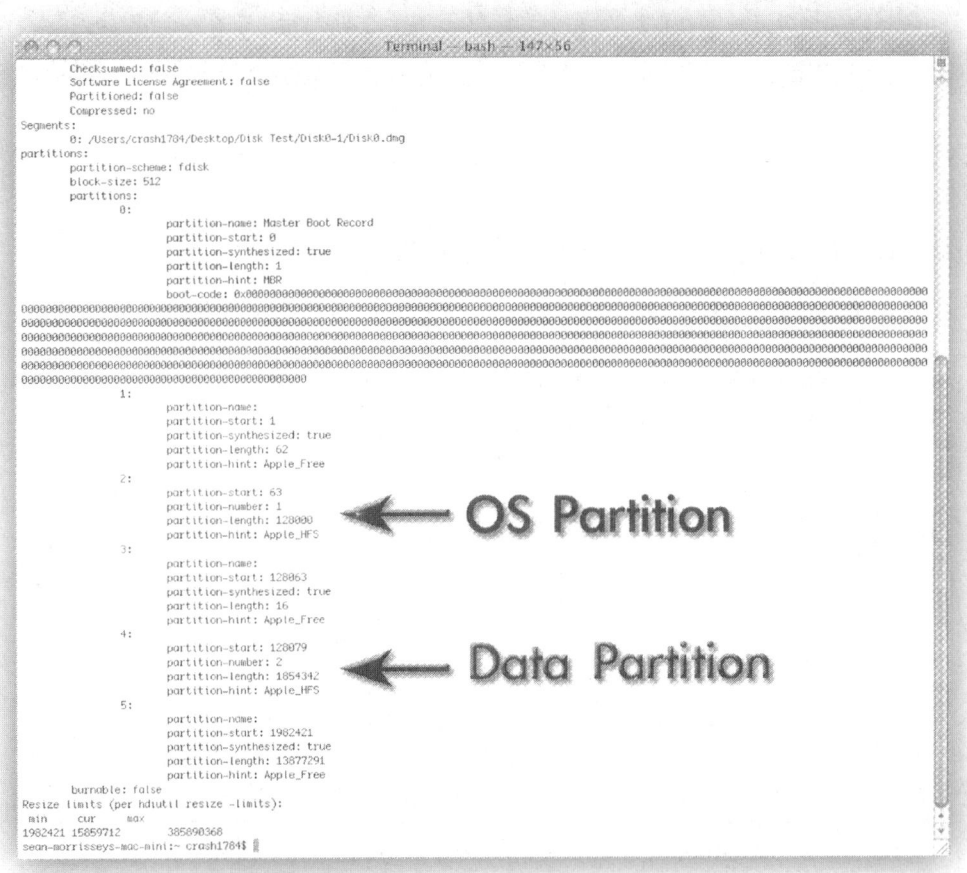

그림 2-9 운영체제 파티션 및 데이터 파티션 정보

그림 2-9처럼 Apple iPhone의 두 개의 이미지를 확인할 수 있다. 하지만, `hdiutil` 명령어를 통한 정보가 정확하다. 이미지가 정상적이면, 매킨토시 운영체제는 iPhone 이미지를 마운트시킬 수 있다. 만약 그림 2-10과 같이 각 파티션의 시작 위치를 확인할 수 있다면, 모든 준비가 끝난것이다.

```
ID Type            Offset        Size        Name              (3)
-- ------------    ------------  ----------  --------------------  -------
 0 MBR                      0             1
   Free                     1            62
 1 Apple_HFS              63        128000
 2 Apple_HFS          128079       1854342
   Free              1982421      13877291
```

그림 2-10 Hduitil 결과는 각 파티션의 시작 위치를 나타낸다.

OS X은 해당 볼륨의 디스크를 마운트 하기 위해 HFS 파일 시스템의 시작 위치를 참조한다. 그림 2-10과 같이 첫 번째 Apple_HFS는 63 섹터에, 그리고 두 번째 Apple_HFS는 128079에서 시작한다. 실제 시작되는 섹터는 다음과 같다. 운영체제 파일 시스템의 볼륨의 앞 부분으로 504 섹터에서 시작하고, 데이터 파티션의 경우 1024632 섹터에서부터 시작한다. 이러한 이유는 운영체제에서 마운트 할 수 없는 Disk0(물리적 디스크의 완전한 raw 이미지) 파티션의 공간 때문이다. 디스크 도구는 운영체제 파티션(Disk0s1)과 데이터 파티션(Disk0s2)을 특별한 에러가 없이 마운트 할 수 있으며, 원시 디스크 이미지인 Disk0를 마운트 하기 시도하면 그림 2-11과 같은 에러 메시지가 발생한다. 원시 디스크 이미지 마운트에 대한 부분은 미디어 추출을 다루는 8장에서 살펴보자.

그림 2-11 Disk0 마운트 시 발생하는 에러 메시지

하지만, 복사된 전체 Raw 디스크의 .dmg 파일이 있으며, 시작 위치가 정확하다면, 디스크 이미지에 대한 마운트가 가능하다. MacFUSE를 위한 플러그인 생성은 Mac 운영체제가 정상적으로 Disk0를 마운트 할 수 있도록 지원한다. 플러그인 생성에 관련된 자료는 http://code.google.com/p/macfuse. 주소에서 확인할 수 있다

운영체제 파티션

운영체제 파티션은 읽기 전용 영역이다. 이러한 권한 정보는 /etc/fstab에서 확인할 수 있다. /etc/fstab 파일을 텍스트 편집기로 열어 보면, 그림 2-12 그림과 같은 정보를 확인할 수 있다.

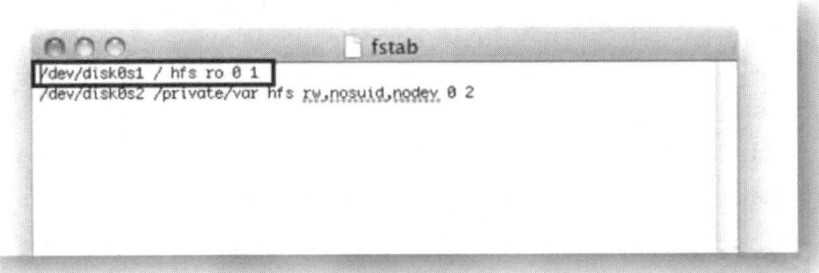

그림 2-12 /etc/fstab 파일의 내용

모든 Mac 운영 시스템의 파티션은 디스크들과 슬라이드들로 나누어져 있다. RAW 디스크는 'Disk0'로 나타낸다. iPhone에는 단 하나의 Disk0 물리적 저장장치가 존재한다. Disk0는 또 다시 운영체제 파티션인 'Disk0s1'과, 데이터 파티션인 'Disk0s2'로 나눠진다. 그림 2-12와 같이 해당 정보가 나누어져 있음을 확인할 수 있다. 그리고 '/dev/disk0s1 / hfs'는 / 디렉터리가 HFS 영역으로 마운트 되어 있음을 나타내고, 다음 단어인 'ro'의 의미는 readonly의 축약어로 읽기 전용 영역임을 의미한다. 데이터 파티션인 '/dev/Disk0s2'은 'rw'로서 읽기/쓰기가 가능한 HFS 영역임을 나타낸다. 시스템 파티션의 영역이 읽기 전용이라는 사실은 해당 볼륨의 모든 데이터는 일반적으로 증거 수집 대상으로 의미가 없다는 것이다. /etc/fstab의 내용에서 시스템 파티션인 /dev/disk0s1 부분이 rw로 표시되어 있다면, 그 시스템은 탈옥된 상태이다. 이것은 Apple사의 장치 시스템의 위/변조 유무를 확인할 수 있는 중요한 정보이다.

iOS 시스템 파티션

그림 2-13은 iOS 시스템 파티션에 대한 디렉터리 구성이며, 각 디렉터리는 표 2-1과 같은 용도로 사용된다. 파티션의 정보들은 때때로 상세한 증거 분석을 위한 대상 요소로 포함된다.

그림 2-13 The iOS 시스템 파티션

표 2-1 iOS 장치의 디렉터리 정보

디렉터리	설 명
Application	/var/stacsh 디렉토리에 심볼릭 링크
Etc	/private/etc에 심볼릭 링크
Tmp	심볼릭 링크
User	심볼릭 링크
Var	/private/var에 심볼릭 링크
Damaged files	이전 jailbreak의 산물을 포함
Bin	하나의 바이너리 커맨드 라인을 포함, launchctl
Cores	Empty
Dev	Empty
Developer	Empty
Library	다른 OS X 시스템과 마찬가지로, 시스템 플러그인과 설정 포함: **Application support**: Bluetooth 모델과 PIN 코드 **Audio**: audio plug-in 정보 **Caches**: Empty **File systems**: Empty **Internet Plug-Ins**: Empty **LaunchAgents**: Empty

디렉터리	설 명
	LaunchDaemons: Empty Managed Preferences: Mobile에 심볼릭 링크 Printers: Empty Ringtones: 시스템 설치 벨소리 Updates: Empty Wallpaper: 여러 개의 PNG 파일과 섬네일(미리보기) (불확실함)
private	Etc와 Var 폴더: Etc: fstab, master.passwd, passwd 파일들 포함 (master와 passwd: 동일) Var: Empty
sbin	바이너리 커맨드 라인
System	시스템 환경설정과 세팅을 포함하고 있는 라이브러리 폴더 /System/Library/CoreServices/SystemVersion.plist와 펌웨어 버전 포함
Usr	더 많은 바이너리 커맨드 라인과 표준 시간대 자료 포함

/etc/passwd 파일은 운영체제의 사용자의 패스워드 파일이다. 암호 해독과 관련 도구로 유명한 'John the Ripper' 도구를 통하여 root 및 mobile 계정의 패스워드를 확인할 수 있다. 해당 프로그램은 'www.openwall.com/john/'에서 다운로드 하여 설치할 수 있다. 해당 파일의 패스워드는 DES 알고리듬을 통하여 암호화 되어 있다. 암호 해독을 위해서 두 종류의 값이 필요하다. 하나는 두 자리의 Salt Key와 8자리의 패스워드이다. 탈옥된 iPhone의 경우, 숙련된 사용자는 암호를 변경한다. root(최상위 권한) 패스워드의 경우 'Alpine'이다. 그림 2-14.

그림 2-14 1세대 iPhone부터 Alpine 이라는 패스워드가 계속 사용 되었다.

iPhone의 이러한 특성으로 인하여, iPhone 이미지를 얻기 위해서는 보안조치를 우회하는 저작권 소프트웨어를 사용하거나 iPhone을 부수는 절차밖에 없다. 이 책에서 논의되는 정보들은, 증거들에 대한 무결성을 유지하고, 가치 있는 증거 자료들을 수집하기 위한 다양한 영역에 대해서 다루고 있다. 운영체제 파티션의 각 업데이트 버전에 대한 구분을 위해 iOS 버전에 따라서 볼륨 명이 주어진다. 표 2-2는 iOS 버전과 각 버전에 주어진 볼륨 명 목록이다.

표 2-2 iOS 버전 및 볼륨 명

iOS Version	Volume Name
1.00	Alpine 1A420
1.0.0	Heavenly 1A543a
1.0.1	Heavenly 1C25
1.0.2	Heavenly 1C28
1.1.1	Snowbird 3A109a
1.1.2	Oktoberfest 3B48b
1.1.3	Little Bear 4A93
1.1.4	Little Bear 4A102
2	Big Bear 5A347
2.0.1	Big Bear 5B108
2.0.2	Big Bear 5C1
2.1	Sugar Bowl 5F136
2.2	Timberline 5G77
2.2.1	SUTimberline 5H11
3	Kirkwood 7A341
3.0.1	Kirkwood 7A400
3.1	Northstar 7C144
3.1.2	Northstar 7D11
3.1.3	SUNorthstarTwo 7E18
2.00	Big Bear 5A345
2.00	Big Bear 5A347
2.0.1	Big Bear 5B108
2.0.2	Big Bear 5C1
2.1	Sugar Bowl 5F136
2.2	Timberline 5G77
2.2.1	SUTimberline 5H11

iOS Version	Volume Name
3.00	Kirkwood 7A341
3.0.1	Kirkwood 7A400
3.1	Northstar 7C144
3.1.2	Northstar 7D11
3.1.3	SUNorthstarTwo 7E18
3.2	Wildcat7B367
4.0	Apex8A306
4.1	Baker8B117

iOS 데이터 파티션

iOS 데이터 파티션은 몇 년에 걸쳐 작은 변화가 있었다. 점검 대상으로부터 몇몇 파일 시스템의 변화를 확인할 수 있다. 증거의 대부분은 그림 2-15와 같이 읽기/ 쓰기가 가능한 데이터 파티션으로부터 획득할 수 있다.

그림 2-15 데이터 파티션의 디렉터리 구조

표 2-3은 디렉터리와 각 디렉터리에서 포함하고 있는 내용을 나타낸다.

표 2-3 디렉터리명 및 해당 정보

디렉터리	관련 항목
CommCenter	정보 없음
Dhcpclient	디바이스의 마지막 IP 주소와 라우터 정보를 포함하고 있는 plist
db	Empty
Ea	Empty
Folders	Empty
Keychains	다양한 어플리케이션의 사용자 패스워드를 포함하고 있는 Keychain.db
Log	Empty
Logs	General.log: OS 버전과 시리얼 번호 Lockdownd.log: 잠금 데몬 로그
Managed Preferences	Empty
Mobile	대량의 사용자 데이터(다른 Chapter에 자세히 설명되어 있음)
MobileDevice	Empty
Preferences	시스템 구성: 네트워크 상태 백업
Root	Caches: GPS 위치 정보 Lockdown: 페어링 인증서 Preferences: 정보 없음
Run	시스템 로그
tmp	Manifest.plist: plist 백업
Vm	Empty

데이터 파티션은 조사에 도움이 되는 다양한 자료들로 가득하다. Apple사의 장치가 iTunes로부터 백업 되었을 때, 그것은 mobile 디렉터리로부터 정보를 수집한다. 표 2-4는 Chapter 5장에서 설명한 방법으로 논리적으로 획득한 모든 증거 자료를 보여준다. 그리고, 각각의 증거 자료들은 매킨토시나 PC등에 백업되어 저장된다.

표 2-4 디렉터리와 백업되는 정보는 다음과 같이 구성되어 있다.

디렉터리	백업여부	정보
Mobile/Application	V	Plists, SQLite 데이터베이스
Library/AddressBook	V	연락처와 이미지
Library/Caches		SQLite 데이터베이스: 지도 캐시파일
Library/Calendar	V	SQLite 데이터베이스: 이벤트
Library/CallHistory	V	SQLite 데이터베이스: 통화 로그
Library/Carrier Bundles		정보 캐리어
Library/Caches/Com.apple.itunesstored		iTunes 구매 정보
Library/ConfigurationProfiles	V	Plist 패스워드 기록
Library/Cookies	V	Plist: 인터넷 쿠키
Library/DataAccess	V	E-mail 계정 정보
Library/Keyboard	V	**.dat** 파일: 동적 텍스트
Library/Logs	V	로그 파일
Library/Mail	V	논리 데이터, 정보 없음
Library/Maps	V	Plist: Bookmarks, directions, history
Library/Mobileinstallation	V	위치정보를 사용하는 애플리케이션
Library/Notes	V	SQLite 데이터베이스: 메모장
Library/Preferences	V	Plist: 시스템과 사용자 설정
Library/RemoteNotification	V	Plist: push notification을 가진 어플
Library/Safari	V	Plist: Bookmarks, history
Library/SafeHarbor		어플 데이터가 저장된 위치
Library/SMS	V	SMS 와 MMS 데이터
Library/Voicemail	V	**.amr** 파일: 음성 메시지
Library/Webclips		
Library/WebKit	V	SQLite 데이터베이스: Gmail 계정 정보, e-mail 메시지 캐쉬
Media/DCIM	V	iPhone 카메라 사진
Media/PhotoData	V	추가적인 사진 정보와 섬네일(미리보기)
Media /iTunes_Control		iTunes에서 받은 음악과 비디오
Media/Books		iBookstore 에서 받은 책과 동기화 된 PDF

5장에서는 데이터 파티션에서 추출한 증거 자료에 대해서 심도있게 논의할 것이다.

SQLite 데이터 베이스

Apple사의 iOS 운영체제는 SQLite 데이터 베이스 형식을 통해 다양한 정보를 스마트폰에 저장한다. 논리적 추출을 통한 분석은 다양한 SQLite 데이터 베이스를 보여준다. 해당 데이터 베이스는 스마트폰의 운영 시스템과 응용 프로그램에서 사용한다. iPhone은 또한 하나 혹은 다수의 데이터 베이스로부터 정보를 참조하여 필요한 정보를 사용자 인터페이스에 표시한다. 각각의 데이터 베이스는 사용자에 유용한 정보를 제공하기 위해 상호 작용한다. 대표적인 세 개의 데이터 베이스는 전화번호부, 문자 메시지 그리고 통화 목록과 관련된 부분이다.

전화번호부 데이터베이스

해당 데이터베이스는 18개의 테이블을 가지고 있다. 표 2-5와 같이 각 테이블은 수사에 참고가 될 수 있는 정보를 제공한다.

표 2-5 전화번호부 데이터베이스

목 록	관련 데이터
AB Group	그룹 정보
ABGroupChanges	정보 없음
ABGroupMembers	각 그룹과 관련된 연락처
ABMultiValue	연락처가 다양한 값, 전화 번호, e-mail 주소록, 회사 URL 등을 가질 때
ABMultiValueEntry	연락처를 위한 주소
ABMultiValueEntryKey	정보 없음
ABMultiValueLabel	정보 없음
ABPerson	이름, 조직, 부서, 메모 등
ABPersonChanges	정보 없음
ABPersonMultiValueDeletes	정보 없음
ABPersonSearchKey	정보 없음
ABPhoneLastFour	정보 없음
ABRecent	최근 사용한 e-mail 주소
ABStore	정보 없음
FirstSortSectionCount	정보 없음
FirstSortSectionCount	정보 없음
_SqliteDatabaseProperties	정보 없음
Sqlite_sequence	정보 없음(데이터베이스를 구성하는 좋은 정보들이 포함)

문자 메세지 데이타베이스

문자 메세지 데이터베이스는 송/수신 문자 정보에 대한 기록을 포함하고 있다. 표 2-6은 이러한 데이터베이스를 구성하는 목록들을 보여준다.

표 2-6 문자 메세지 데이터베이스

목록	관련데이터
_SqliteDataBaseProperties	데이터베이스 속성 (정보 없음)
Group_member	iPhone 소유자와 상대방의 대화로부터 모든 텍스트 메시지를 끌어와 들어오는 텍스트와 그룹 ID 할당.
Message	메시지의 내용, 날짜 및 시간, 보내거나 받은 메시지가 있는지 여부를 포함 또한 연관된 그룹 ID 나열
Msg_group	그 그룹에 속한 마지막 메시지의 ID와 그룹 ID 제공
Msg_Pieces	모든 MMS 메시지 기록
Sqlite_sequence	데이터베이스에 있는 모든 테이블의 순차목록을 제공

그림 2-16에서는, ROWID 정보를 확인할 수 있고, 그것은 메시지를 위한 식별 번호, 주소(발신자 번호) 그리고 텍스트 생성 날짜와 시간에 대한 정보이다. 날짜와 시간 수치는 Unix time 형식으로 되어 있으며 몇몇 무료 툴을 통해 변환이 가능하다. flags 행은 텍스트 메시지 송/수신 여부를 체크한다.

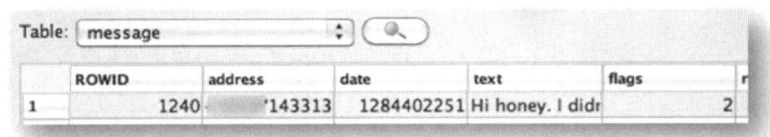

그림 2-16 The ROWID, address, date, text, and flags

통화 목록 데이타베이스

통화 목록 데이터 베이스는 매우 단순한 구조로 되어 있다. 통화목록 데이터베이스는 단지 100개의 통화 내역만 저장이 가능하다는 제한점이 있다. 전화번호부 데이터베이스의 경우 다양한 별도의 애플리케이션에서 사용할 수 있다. 데이터베이스와 다른 많은 것들 사이에서 상호작용을 한다. 예를 들면, 통화 목록 데이터베이스는 사용자가 연락을 하였거나 전화를 받았던 번호를 저장한다. 해당 번호는 자동으로 주소록 데이터 베이스의 번호와 비교하여 저장된 전화번호의 경우 저장되어 있는 이름으로 표시되게 된다. 표 2-7은 각 테이블과 테이블에서 포함한 정보를 나타낸다.

표 2-7 테이블 및 테이블의 포함 정보를 나타냄

목 록	관련 데이터
SqliteDatabaseProperties	
Call	전화 번호, 날짜 및 시간 정보, 통화시간을 포함 또한 수신, 발신, 부재 중 전화, 음성 메일 전화를 표시
Data	iPhone에서 주고 받은 바이트의 수 기록
Sqlite_sequence	데이터베이스에 있는 테이블의 순차적인 목록 포함

데이터베이스의 구동

우리는 앞 장을 통해 데이터베이스에 대한 부분과 각 데이터베이스가 각각 어떻게 상호작용하는지 살펴보았다. 그림 2-17은 각각의 데이터베이스가 상호 연동하는 방식을 가시적으로 표현한 그림이다. 이러한 데이터베이스의 상호 관계는 당신이 iPhone을 조금 더 편리하게 이용할 수 있도록 제작되었다. 예를 들어, 사용자는 통화 기록 정보에서 전화번호부가 아닌 저장되어 있는 해당 번호에 해당하는 사람의 이름을 확인할 수 있다. 통화 목록 데이터 베이스는 전화번호 목록에서 해당 번호로 저장되어 있는 사용자 정보를 전화번호부에서 확인하여 그 전화번호에 해당하는 사람의 이름을 손쉽게 확인할수 있다. 그림 2-17은 전화번호부와 통화 목록, 그리고 문자 메시지 데이터베이스의 상관 관계를 보여주고 있다.

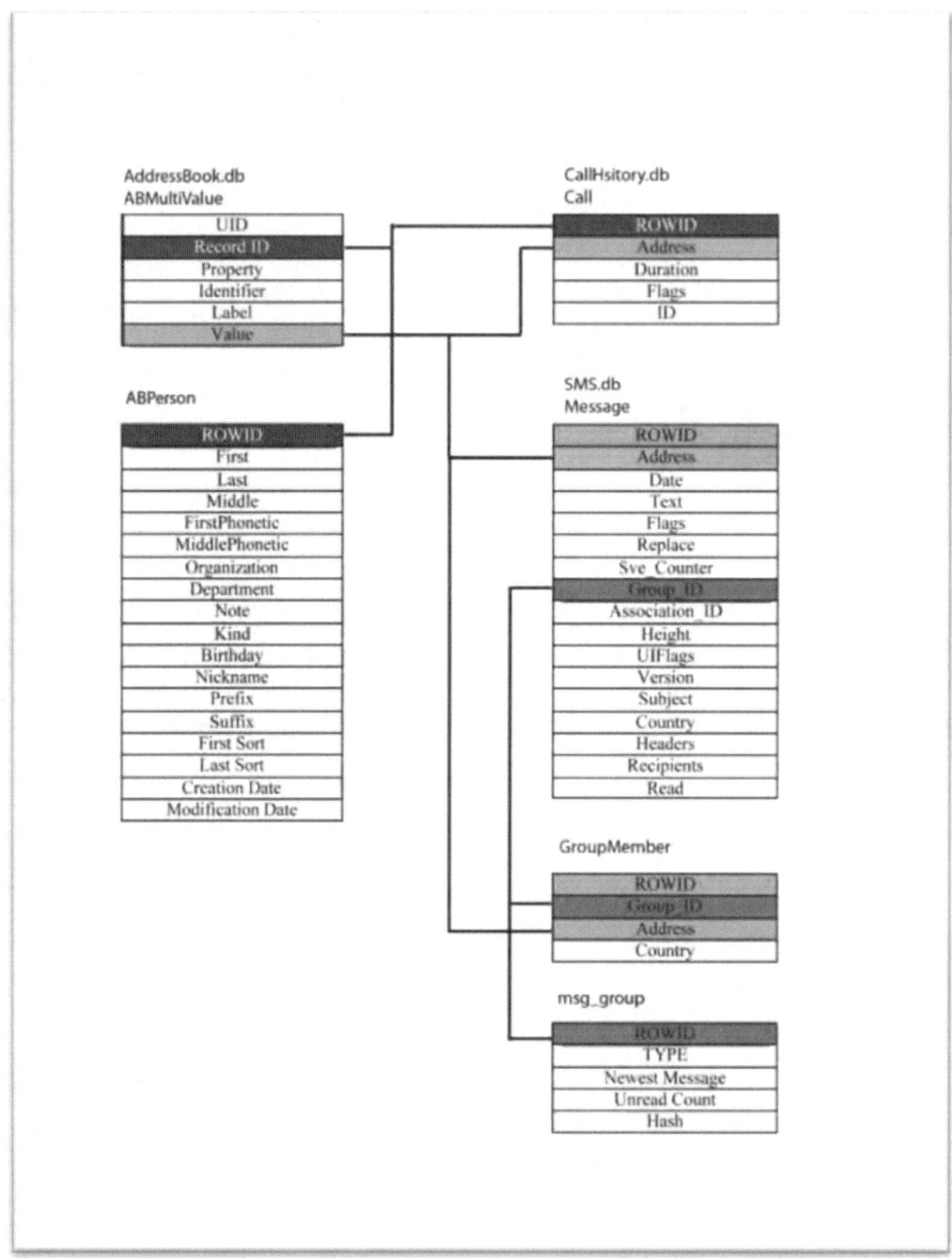

그림 2-17 전화번호부, 통화목록, 문자메시지 데이터베이스의 상관 관계도

SQLite 데이터베이스 검색

SQLite 데이터베이스로부터 정보를 추출하는 용도로 사용하는 애플리케이션과 도구들 가운데 SQLite Database Browser라는 프로그램이 있다. 사용자 주요 화면은 그림 2-18과 같다.

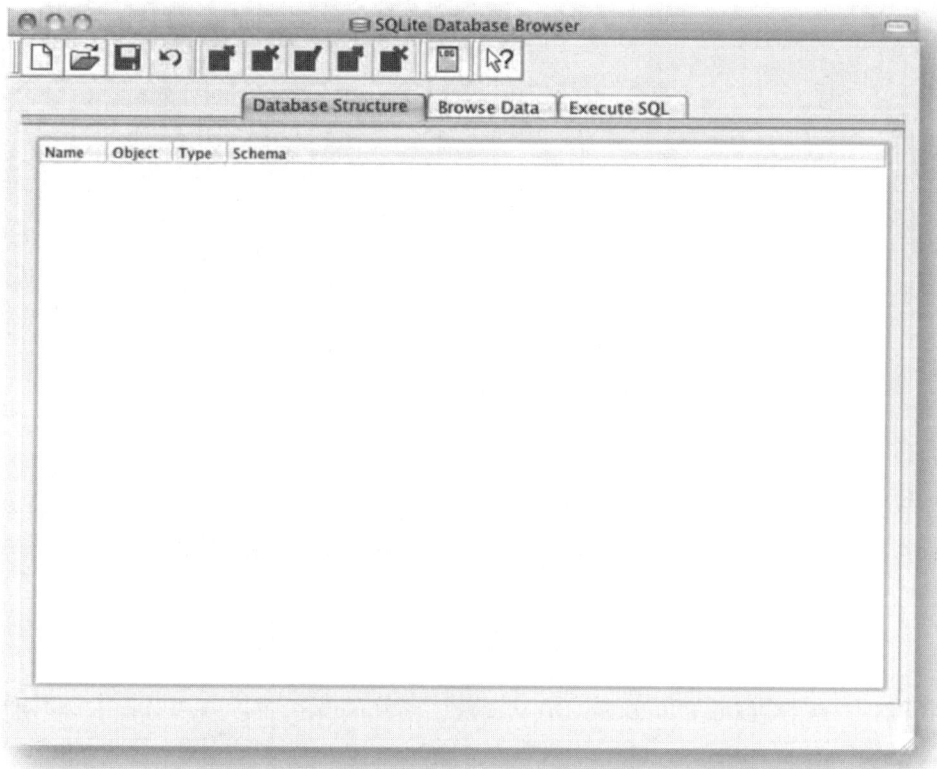

그림 2-18 SQLite Database Browser 프로그램 주요 화면

SQLite Database Browser 설치 및 실행한 후 파일 열기 아이콘을 클릭 한 이후 그림 2-19와 같이 불러올 데이터베이스 파일을 선택할 수 있다.

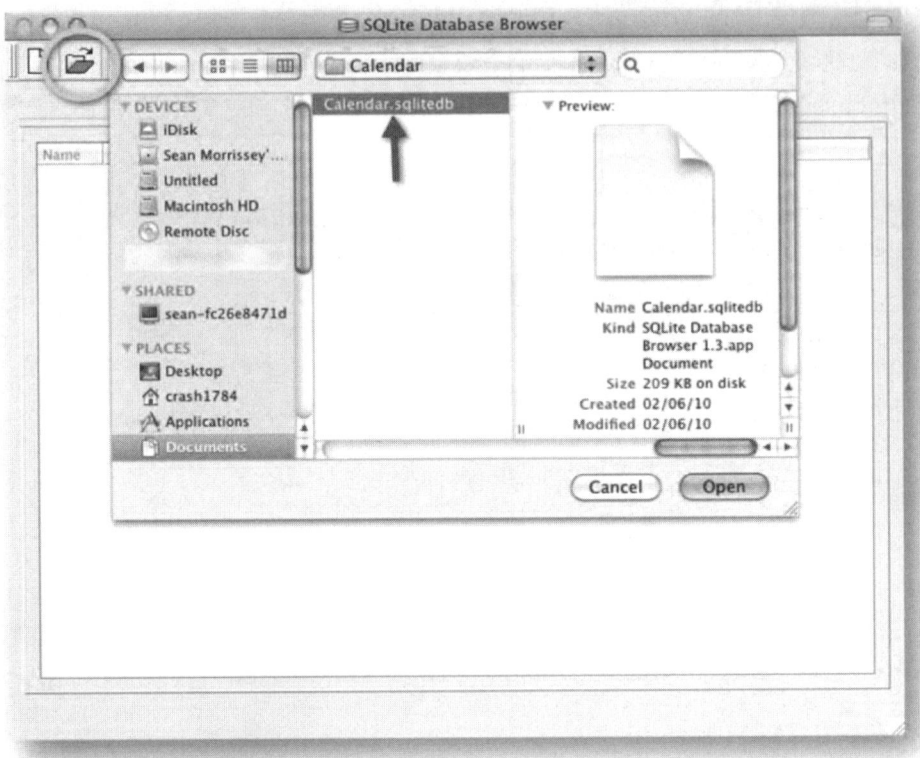

그림 2-19 SQLite Database Browser로 파일 불러오기

관련 데이터베이스를 SQLite Database Browser를 통해 불러온 이후 데이터베이스의 테이블을 탐색할 수 있다. 먼저, 'Browse Data' 탭으로 이동하여 하나의 테이블을 선택하여 보자(그림 2-20).

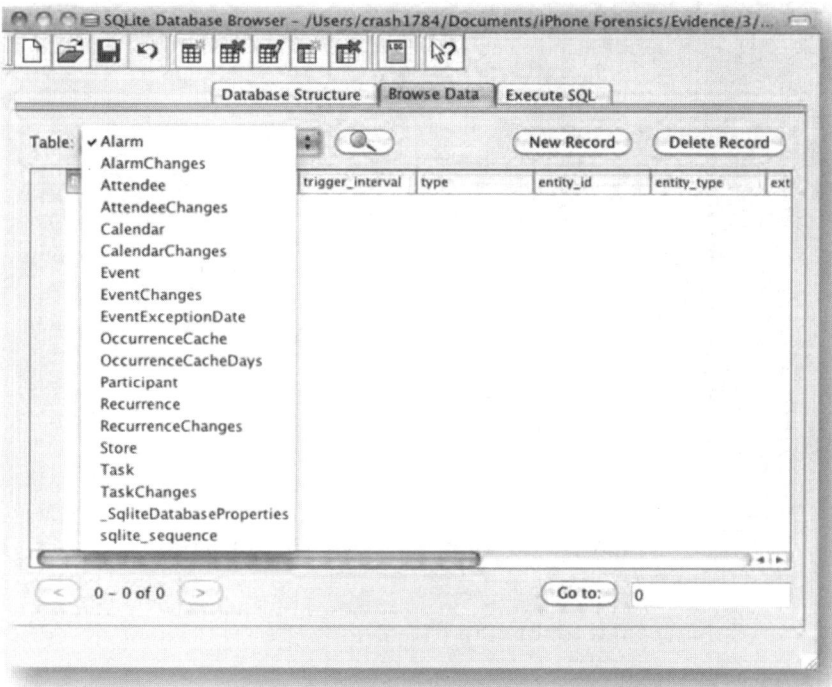

그림 2-20 Browse Data 탭으로 이동 후 검토할 테이블을 선택

SQLite Database Browser를 통해서 확인할 수 있는 모든 데이터베이스 정보는 엑셀과 같은 프로그램에서 불러올 수 있도록 CSV(comma-separated value) 형식의 파일로 저장할 수 있다(그림 2-21).

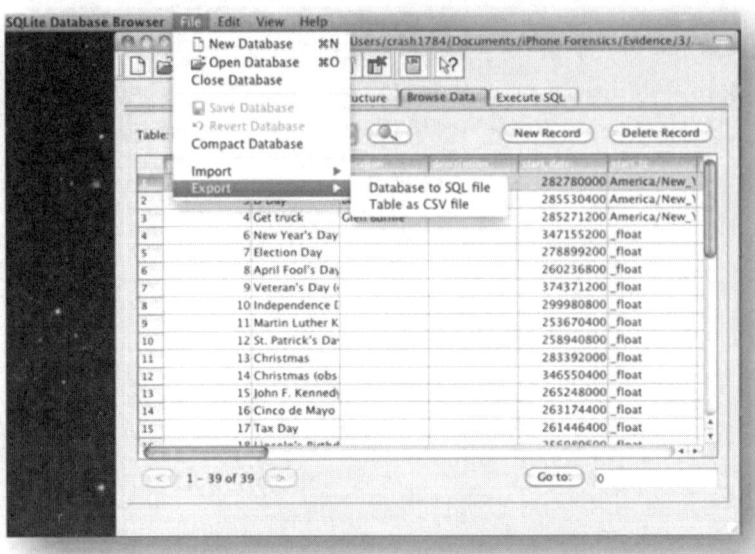

그림 2-21 CSV 파일 형식으로 내보내기

또 다른 애플리케이션으로 Froq가 있다. 이 프로그램은 Alwin Troost가 개발하였으며, 해당 솔루션은 상용 솔루션으로 www.alwintroost.nl/?id=82에서 구매하여 내려받기가 가능하다. Froq는 다양한 기능을 제공하고 있으며, 데이터베이스의 테이블 정보를 확인하기에도 부족함이 없다. Froq의 주요 실행 화면은 그림 2-22와 같다.

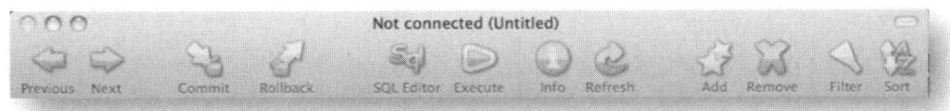

그림 2-22 Froq 프로그램의 메인 화면

데이터베이스 분석 시 다음과 같은 과정을 통해서 확인이 가능하다.

1. Froq 메뉴 바에서 connect를 실행한다.

2. 다음 창에서 당신은 새로운 연결이나, 기존 연결을 선택할 수 있다. 새로운 연결을 위해, 그림 2-23과 같이 등록 버튼을 클릭한다.

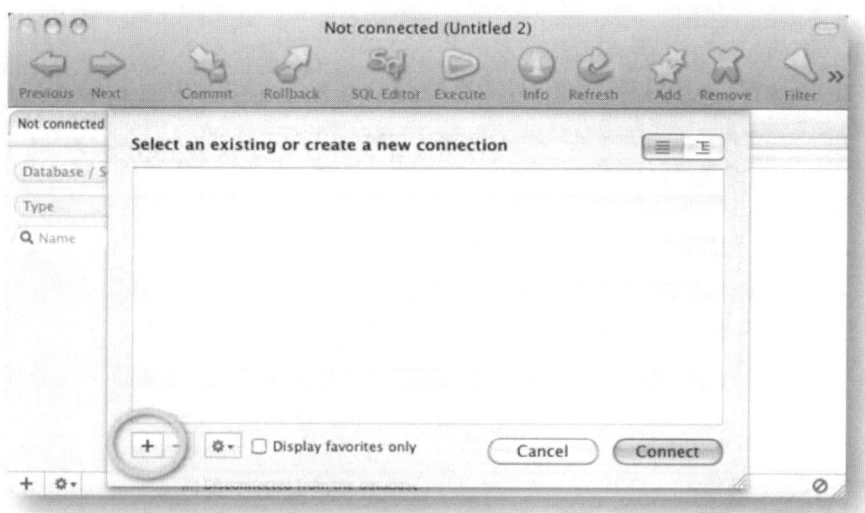

그림 2-23 새로운 연결을 생성함.

3. 새로운 창이 열리면, 연결 정보에 대한 이름을 입력한다. 예)Calendar.

4. 데이터베이스 종류로 SQLite를 선택한다.

5. Browse tab에서 점검 대상을 선택한다(그림 2-24).

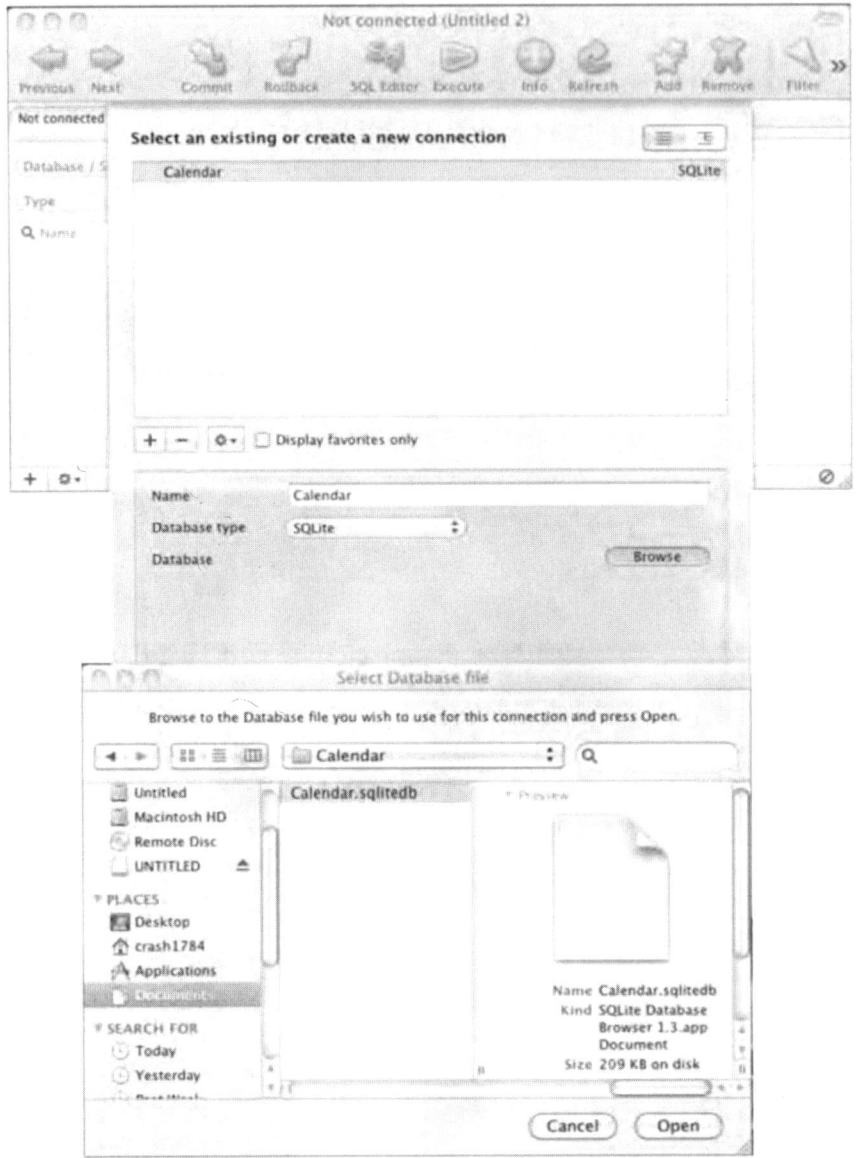

그림 2-24 SQLite 데이터베이스 종류 설정, 분석 대상 DB 파일을 선택한다.

6. 다음, 데이터베이스에 대한 분석이 시작된다. 테이블은 왼쪽 창에서 선택할 수 있으며, 해당 테이블에 대한 정보는 오른쪽 창에서 확인할 수 있다(그림 2-25).

그림 2-25 Froq를 통한 데이터베이스 분석.

해당 프로그램에서 데이터를 내보내기 위한 작업을 수행한다.

7. 상단의 툴바에서 Resultset을 선택해서, Export를 실행한다.

8. 데이터를 내보내기 위한 방식으로 세 가지의 기능 선택이 가능하다.
   - 사용자 임의 설정으로 내보내기
   - 엑셀 형식으로 내보내기
   - SQL 구문 형식으로 내보내기

9. 당신은 필요에 따라서 내보내는 데이터를 열단위로 세분화 할 수 있다. 예를 들어 마이크로소프트웨어 엑셀 문서로 내보내기를 선택한 후 선택적으로 데이터베이스 열을 지정할 수 있다.

10. 다음 'Export.' 버튼을 클릭하면 그림 2-26과 같이 결과를 확인할 수 있다.

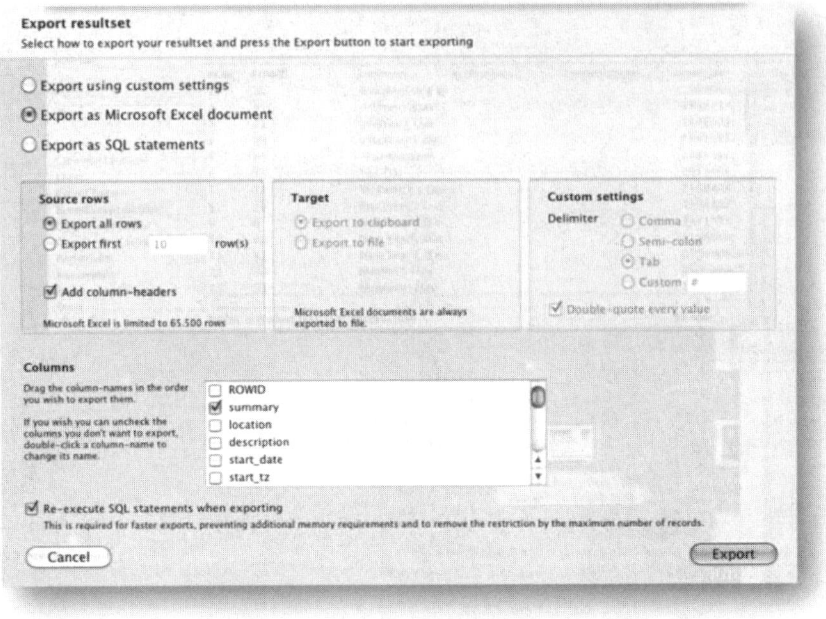

그림 2-26 내보내기 결과 화면

데이터를 내보낸 후, 그림 2-27과 같이 엑셀을 이용하여 불러올 수 있다.

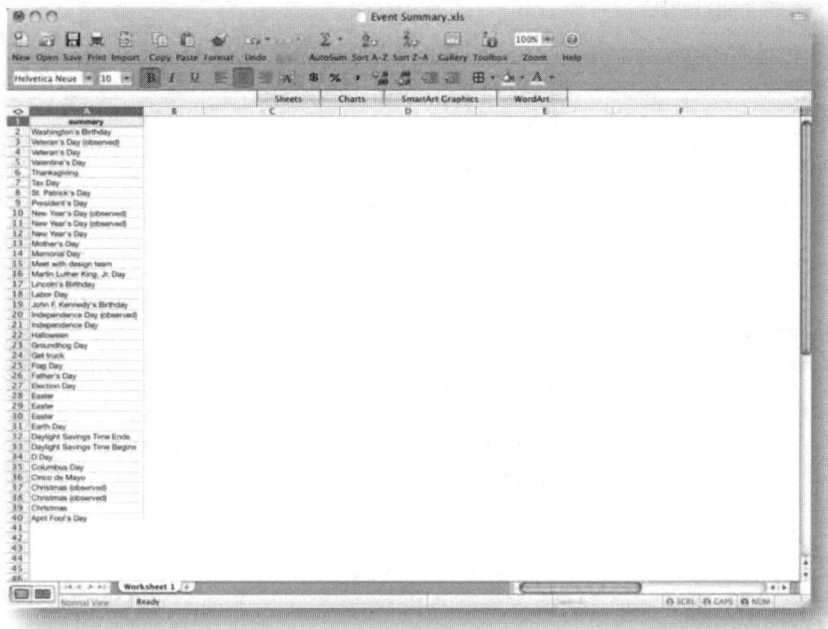

그림 2-27 엑셀로 불러오기

속성 목록

속성 목록은 표준 OS X 시스템에서 일반적으로 사용되는 형식을 가지고 있다. iOS 운영체제는 OS X 시스템이 변형된 것이기 때문에 우리는 디렉터리 구조로부터 속성 목록 파일을 확인할 수 있다. iOS 데이터 파티션은 중요한 정보를 포함한 속성 목록들로 가득 차 있다. 표 2-8은 속성 목록이 포함하는 데이터 정보이다.

표 2-8 속성 목록과 관련 데이터

Directory	Property Lists and Artifacts
Db	
Keychain	
Managed preferences	Com.apple.springboard.plist: artifact 추가
Mobile/library/Cookies	Cookies.plist: 웹과 관련된 artifacts
Mobile/Library/Mail	Accounts.plist: E-mail 계정 Metadata.plist: E-mail을 가져온 날짜와 시간
Mobile/Library.Maps	Bookmarks.plist: 사용자가 만든 북마크 맵 History.plist: 모든 경로 및 검색
Mobile/Library/Preferences	Com,apple.BTserver,airplane.plist: 블루투스를 위해 기기에 비행기 모드가 시작되었음을 보여줌 Com.apple.commcenter,plist: ICCID와 IMSI 번호 저장 Com.apple.maps.plist: 최근 검색한 지도, 마지막 위도, 마지막 지도 타일에 보여지는 경도 Com.apple.mobilehpone.settings.plist: 전화 전달 번호 Com.apple.mobilephone.speeddial.plist: 단축 다이얼을 위한 모든 즐겨찾기 연락처 Com.apple.mobilesafari.plist: 최근 Safari 검색 Com.apple.MobileSMS.plist: 모든 보내지 않은 SMS 메시지 Com.apple.mobiletimer.plist: 사용한 세계시간 목록 Com.apple.preference.plist: 마지막으로 사용한 키보드 언어 Com.apple.springboard.plist: 인터페이스에 보여진 어플 목록, 암호 보호 플래그, 활성화 설정 지우기, 마지막 시스템 버전 Com.apple.weather.plist: 날씨 보고를 위한 도시, 마지막 업데이트 날짜 및 시간 Com.apple.youtube.plist: 모든 동영상 북마크의 URL, 모든 동영상 시청 기록, 사용자에 의해 검색된 동영상
Library/Safari	Bookmarks.plist: 모든 인터넷 북마크—만든 것과 기본적인 것 History.plist: 웹 브라우징 기록 Suspendedstate.plist: 사용자가 한 페이지에서 다른 페이지로 쉽게 이동할 수 있도록 백그라운드에서 열리는 모든 보류된 웹페이지의 제목과 URL(한 번에 최대 8페이지까지 저장될 수 있다)

속성 목록 정보 보기

Apple은 속성 목록의 정보를 확인할 수 있는 무료 도구를 제공한다(plist라고 알려져 있다). 속성 목록 편집기는 개발자를 위한 툴 중에 하나이다. 그리고 OS X 설치 디스크에 선택 설치 항목이다. 가장 최근의 버전은 Apple 개발자 웹사이트를 통해 다운로드 받을 수 있다. 주소는 `http://developer.apple.com/technologies/tools`이다. 속성 목록 편집기는 XML 포맷 형식으로 해당 파일을 간편히 확인할 수 있도록 정보를 표시한다. 속성 목록 편집기는 OS X 디스크나 웹사이트의 다운로드를 통해서 손쉽게 설치할 수 있다. 아래의 순서와 같이 속성 목록의 정보를 확인할 수 있다.

1. 디렉터리의 `/Developer/Applications/Utilities/Property List Editor` 실행 파일 확인

2. 응용 프로그램 더블 클릭

3. 파일 메뉴의 Open 버튼 선택

4. 다음으로 열람을 원하는 속성 목록 파일(plist)을 확인

5. 해당 파일을 선택

6. 파일 열기 버튼 선택

7. 속성 목록 에디터를 통하여 해당 정보 확인

무료 툴의 가치를 손상시키는 하나의 방법은 그것을 증거물로 보고하는 것이다. 하나는 증거 자료가 포함된 적절한 화면을 캡쳐한 후, 해당 자료를 보고서에 추가하는 것이다. 또 다른 속성 목록 편집 응용 프로그램을 소개한다면, OmniOutliner 3가 있다. 그것은 OS X 1.4(Tiger) 버전에서 번들로 제공되었다. 그 프로그램은 유료이며, 그것은 `www.omnigroup.com/products/omnioutliner`에서 내려받을 수 있다. 당신은 속성 목록 파일에 대한 정보를 확인하고 당신의 보고서를 더욱 흥미롭게 만들 수 있다. 다음은 OmniOutliner 3를 이용하여 어떻게 속성 목록 파일에 대한 내용을 열람하고 보고할 수 있는지에 대한 내용이다.

먼저, 당신은 Mac에서 OmniOutliner를 통해 plists 파일을 자동으로 열람할 수 있도록 설정해야 한다.

1. Mac의 Finder를 이용하여 당신의 디스크에 있는 모든 plist 파일을 확인할 수 있다(`Library/Preferences` 디렉터리는 좋은 선택이다).

2. plist 파일은 선택 후 오른쪽 클릭

3. 그림 2-28과 같이 오른쪽 드롭 메뉴에서 Get Info 선택

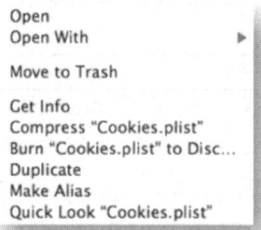

그림 2-28 드롭 다운 메뉴에서 Get Info 선택

4. Get Info 선택 후 대화 창에서 'Open with'를 선택 후, 확장 목록에서 그림 2-29와 같이 Property List Editor.app를 선택.

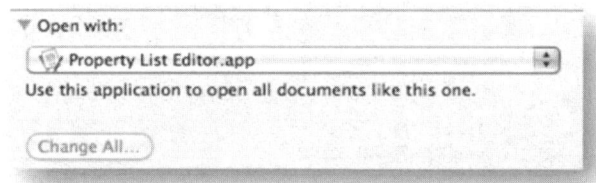

그림 2-29 파일 열기 시에 Property List Editor.app이 실행되도록 설정

5. 그림 2-30처럼 Open With 드롭 다운 리스트에서 Property List Editor.app이 선택된 것을 확인할 수 있음.

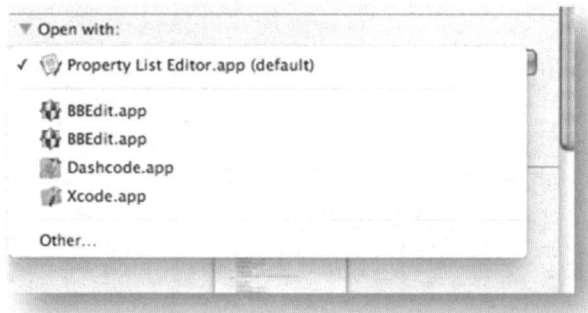

그림 2-30 Property List Editor.app을 기본으로 선택.

6. 다음은 애플리케이션 디렉터리에서 다른 찾기 창이다. 그림 2-31과 같이 Recommended Applications 에서 All Applications 항목을 선택한다.

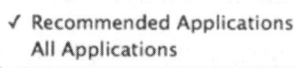

그림 **2-31** Recommended Applications을 All Applications 변경.

7. 다음으로 OmniOutliner.app을 선택한다.

8. 다음으로, 해당 프로그램으로 항상 실행하고자 할 경우에 Always Open With를 선택하면 된다(그림 2-32).

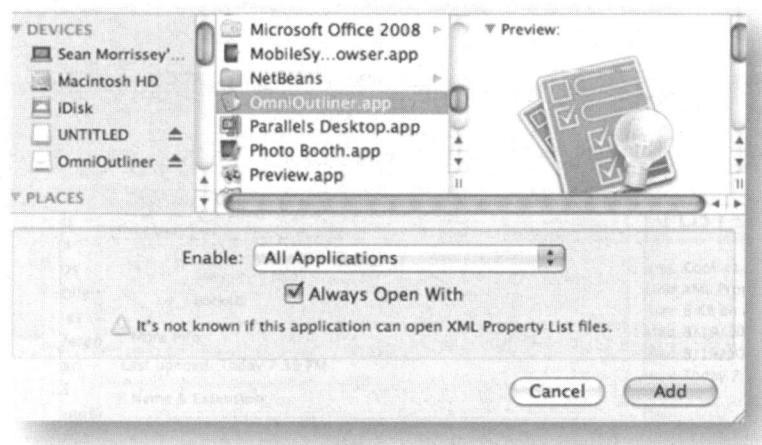

그림 **2-32** Always Open With 선택.

모든 속성 목록 파일은 실행 시 Property List Editor를 대신해서, 자동으로 OmniOutliner을 통해 열리게 된다. 만약 당신이 Property List Editor를 다시 전환하고자 하는 경우에는 위의 과정을 반복하면 된다. 단, 실행 프로그램으로 Property List Editor를 선택해야 한다. 다음으로 당신이 OmniOutliner를 실행한 이후 과정에 대해서 살펴보자.

9. 속성 목록 검사를 선택한 후 파일을 더블 클릭한다. OmniOutliner를 이용하여 자동으로 plist 파일을 열람할 수 있다.

10. 그림 2-33와 같이 주요 값은 Key, Value로 구분된다.

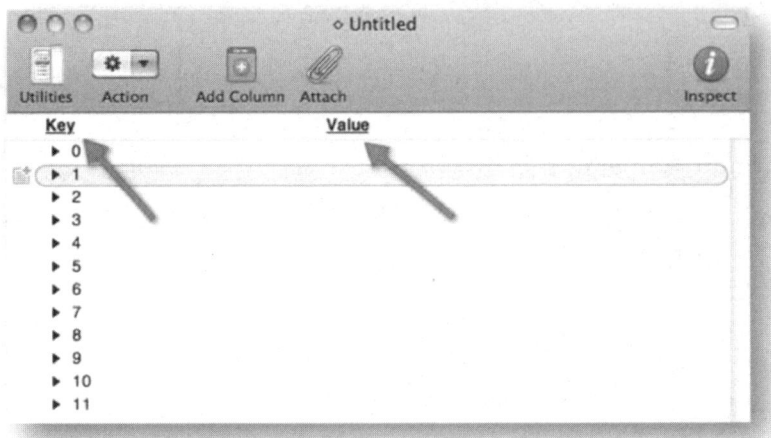

그림 2-33 Key와 Value 행으로 구분된다.

11. Key를 확장한다. 메뉴바를 선택한 후 View | Expand All을 선택할 수 있다. 이제 당신은 키와 키값에 대한 정보를 확인할 수 있다.

12. Omni Outliner를 통해 데이터 확인하기

 a. 전체 확장을 하거나, 특정 아이템을 확장할 수 있다.

 b. 다음 메뉴 바에서 File | Export를 선택한다.

 c. 파일명을 입력한 후, 저장할 곳의 위치를 지정한다. 그리고 그림 2-34와 같이 출력 형식을 선택할 수 있다.

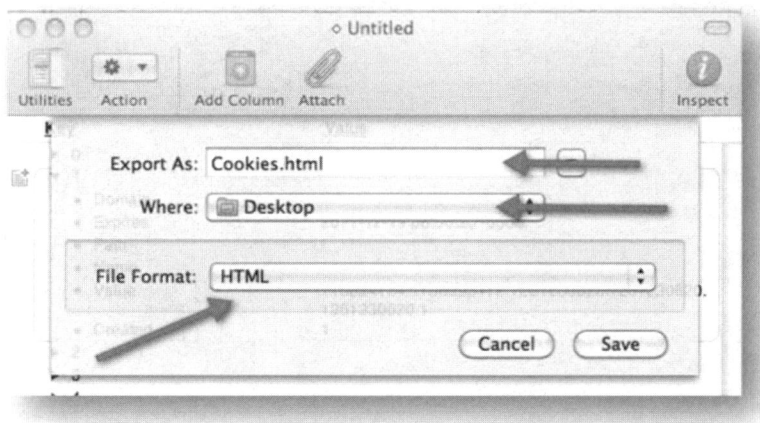

그림 2-34 파일명 선택, 저장 위치 선택, 출력 파일 형식 설정

요약

iPhone의 운영체제와 파일 시스템은 2007년 출시 이후 변경되었다. 2007년 이후부터 Apple의 iOS 제품군은 더욱 발전하고 소통하는 방식과 연산 방식에 변화가 있었다. 증거 수집을 정확하고 효율적으로 하기 위해서 먼저 Apple의 제품의 내부적인 구동 방식을 이해하는 것은 중요하다. 이로써 증거를 수집하는 것이 조금 더 수월해질 수 있다. 본 장에서 우리가 학습하였듯이, 기기로부터 추출할 수 있는 데이터가 매우 방대하다는 것을 확인할 수 있었다. 또한 iOS 운영체제와 파일 시스템의 발전사와 더불어 데이터 파티션 및 시스템으로 추출 가능한 증거 자료에 대해서도 학습하였다. 우리는 또한 기기로부터 추출한 자료들을 검사하는 도구들에 대해서도 살펴 보았다. 우리가 본대로 Apple사의 기기의 대부분의 자료는 SQLite 데이터베이스에 저장되어 있는 것을 확인했었다. 다음 챕터는 iDevices와 증거 자료에 대한 상세한 정보에 대해서 알아볼 것이다.

CHAPTER **3**

수색, 압류 및 사건 대응

경찰이 당신의 차를 멈춰 세우고 과속으로 당신을 붙잡으려는 순간을 상상해 보아라. 그가 당신의 자동차에 접근하고 주위를 서성거리며 당신의 iPhone을 수색할 것을 요구한다. 당신은 어떻게 할 것인가? 거부할 수 있는 권리가 있는가? 미 헌법의 제 4 수정안은 불합리한 수색과 압류로부터 당신을 보호해준다. 이러한 헌법이 실제로 iPhone의 불법 수색과 압류로부터 당신을 보호할 수 있을까? 헌법에는 보호가 명시되어 있지만 실제로는 일어나는 상황과 사건에 따라 다르다.

이러한 양상에서, 미국 헌법의 제 4 수정안은 합법적인 체포를 위한 수색과 같은 것을 제외하고 비합리적인 수색과 압류로부터 개인을 보호한다. 그러나 판례법이 전자 기기의 비합리적인 수색과 압류로부터 개인을 해석하고 보호하는 것보다 기술이 더 빠르게 진보하고 있다. 오늘날 팔려 나가는 무선 기기들에는 단지 전화 정보만이 아닌 주소록, 이메일, 그리고 심지어 인터넷 브라우저 히스토리를 포함한 많은 양의 데이터를 저장할 수 있다.

2000년까지 109,000,000대 이상의 휴대폰 가입자가 생겼다. 휴대폰은 점점 소형화 되었으며 사용에 실용적이게끔 바뀌었다. 휴대폰에 들어가는 기술은 끊임없이 변화되고 있다. 그래서 사용자들은 단지 전화만 하는 것이 아닌 더 많은 기능을 활용할 수 있게 되었다.

기술이 진보하면서 휴대폰에서 멀티미디어 응용 프로그램을 사용할 수 있게 되었으며, 휴대폰 내에 주소, 전화번호, 통화 목록, 문자 등의 개인 정보를 저장할 수 있게 되었다. 오늘날 휴대폰 사용자들이 단지 전화 기능만 이용하는 것이 아니라 Internet과 e-mail을 통해 소통하고, 거대한 양의 데이터를 저장하고, 보통 데스크톱 컴퓨터에 있는 기능을 활용하고 있기 때문에 휴대폰은 가히 들고다니는 컴퓨터가 되었다고 해도 무방하다.

현재는 경찰이 쉽게 개인의 휴대폰을 수색할 수 있다(Stillwagon, 2008: 법전). 그러나 체포 후 적용하는 표준법인 bright-line 법^{역주}은 제 4조 수정안에 의거해서 개인의 권리를 보장하는 데에 충분하지 않은 경우가 발생할 수 있다. 예를 들자면, 16GB의 저장된 데이터를 가진 iPhone 같은, 일반적인 폰이 아닌 스마트폰의 경우에도 경찰이 휴대폰의 모든 내용을 수색할 권한이 있을까? 결국 기술의 진보는 휴대폰을 수색하는 것만으로도 한 사람에 관한 모든 정보를 알아낼 수 있게 한 것이다.

미 헌법의 입안자들은 오늘날의 기술 진보를 예상할 수 없었고 입법자들은 진보하는 기술에 상응하는 법을 만들기 위해 끊임없이 분투하고 있다. 당신이 범죄를 저질러 체포 당하고 휴대폰을 압류, 수색받는 것을 상상해 보아라. 그리고 경찰이 휴대폰을 수색하는 동안에 당신과 연류된 범죄와는 아무 상관 없는 개인적인 정보를 찾았다고 해보자. 이러한 시나리오에서 경찰이 당신의 개인 정보에 접근하여 그 정보를 오용, 남용해도 당신이 어찌할 도리가 없는 상황이 되어버린다.

현재 법정은 경찰들이 개인을 체포한 후 휴대폰을 압류하여 수색하는 것을 허용한다(Stillwagon, 2008). 여기서 휴대폰에 저장된 개인 정보에 대한 개인의 권리는 보장되지 않는다. 왜냐하면 법정이 기술적으로 진보된 휴대폰에 올바른 법을 해석하고 적용하려고 분투해왔지만 개인의 권리까지 보장해줄 수 있도록 법을 제정할 수는 없었기 때문이다. 4번째 수정안은 아래에서 더 깊숙히 들어가볼 것이다.

미 헌법 제 4 수정안

미 헌법 제 4 수정안의 바탕이 되는 기본적 권리는 '비합리적 수색과 압류'를 금지하는 것이다 (Henderson, 2006 : 법전). 그러나 판례들과 헨더슨(Henderson)에서 강조된 바와 같이, 미 대법원은 경찰이 당신의 재정 기록 또는 전화, E-mail, 웹사이트 거래 기록을 찾는 것을 허용한다고 해석하고 있다.

수색을 허용하지 않는 상황에서 경찰이 수색을 하기 위해서는 개인의 제 4 수정안 권리가 인정됨을 보장하는 영장이 있어야 한다. 그러나, 영장이 요구되는 상황에도 예외가 있을 수 있다. 상황에 따라 영장이 없음에도 개인의 프라이버시에 대한 합리적 요구가 묵살될 수 있으며, 그것이 합법적이라고 간주된다(Stillwagon, 2008). 영장 요구에 대한 예외는 동의, 공개, 위급 상황 및 체포를 위한 수색 등이 있다.

역주 bright-line rule, 법 집행 과정에서 확실하고 빠른 결정을 위해 제정된 법칙

일반적으로 프라이버시에 대한 합리적인 요구를 하기 위해서 개인은 '실질적인 프라이버시에 대한 요구'를 해야 하고, 그 요구는 '사회가 합리적으로 인식할 수 있을만한 것'이어야만 한다(Stillwagon, 2008). 연방 법원과 미 법무부는 무선 전자 기기들을 합법적 분석의 목적으로 '폐쇄된 물건'으로서 다루고 있다. 또한 그것들은 다른 폐쇄된 물건들이 그렇듯 합법적인 체포를 위한 수색이 이행될 때 '수색가능한' 것으로 간주되고 있다.

이전에 말했듯이 경찰은 특정 상황하에 영장 없이 수색을 할 수도 있다. 경찰이 영장 없이 수색을 하고 그 수색이 프라이버시에 대한 개인의 요구를 위반했다면, 법원은 틀림없이 비합법적인 수색의 결과로서 얻어진 모든 증거를 배제할 것이다(Stillwagon, 2008). 여러 법원들은 무선 기기에서 얻은 증거를 허용하느냐의 여부에 대해 의견이 각각 다르다. 왜냐하면 다른 법원은 이러한 종류의 수색이 비합리적이라고 생각하는 반면에 몇몇 법원은 휴대폰을 호출기와 기술적으로 유사하므로 합리적이라고 보기 때문이다.

그러나 체포를 위한 수색은 법원이 휴대폰 수색을 허용하는 기본적인 예외이다(Stillwagon, 2008). 이러한 종류의 수색은 합법적인 체포시에 일어날 수 있고 수색은 체포되는 사람의 통제하에 있는 물건에서만 가능하다. 경찰이 합법적 체포를 한 후 수색할 시에 그 사람의 통제 영역에 있는 휴대폰을 포함한 모든 물건을 살펴볼 수 있게 된다.

두 번의 중요한 사건이었던 Olmstead 대 United States(277 U.S. 438, 1928)의 소송건과 Katz 대 United States(389 U.S. 347, 1967)의 소송건은 제 4 수정안의 해석 범위를 좁혔다 (Henderson, 2006). Olmstead 소송건의 경우에는, 법원은 정부가 전화 대화 내용을 확인한 것은 제 4 수정안을 위반하지 않은 것이라고 결론지었다. 게다가 Katz 소송건의 경우에, 법원은 제 4 수정안은 장소가 아닌 사람을 보호한다고 명확히 밝혔다. 동시에 일어난 이 두 가지 사건은 제 4 수정안이 휴대폰을 사용하는 개인의 프라이버시에 대한 합리적인 요구를 허용하지 않는다는 것을 보여준다.

휴대폰을 통한 개인 추적

법 집행 위원들에게, 휴대폰 고유의 장점은 어떠한 주어진 시간에도 특정한 휴대폰의 위치를 추적할 수 있다는 것이다(Henderson, 2006). 그래서 경찰이 휴대폰을 추적하는 능력으로 개인을 추적할 수 있는 것이다. 경찰은 휴대폰 기록을 추적함으로써 개인과 범죄를 연관지을 수 있었다(Walsh, D., & Finz, S., 2004). 예를 들어 스캇 피터슨(Scott Peterson)의 살인 사건의 경우에, 경찰은 스캇 피터슨의 휴대폰 위치 정보를 확인했고, 그 정보는 검찰이 그를 범죄 현장에 연관짓게 해주어 그의 아내를 살인한 혐의로 유죄를 선고할 수 있었던 것에서 확인할 수 있다.

2001년에 연방통신위원회(The Federal Communications Commission)는 휴대폰 통신사들이 전화를 건 휴대폰의 위치를 알아내는 기술을 내놓길 권고했다(Fletcher, F., & Mow, L., 2002). 휴대폰 위치 추적 기술은 비상 조직들에 의해 추진된 것으로써 긴급한 위치로의 신속한 대응을 목적으로 만들어졌다. 후에 경찰과 국가 공무원들은 용의자 추적, 행위 조사, 범죄 해결 및 기소 같은 이 기술의 또다른 사용 방법을 발견해냈다(Henderson, 2006). 따라서 당신이 추적당하고 싶지 않다면, 오직 하나의 방법은 휴대폰을 휴대하지 않는 것이다.

합리적인 체포를 위한 휴대폰 수색

미국 헌법 제 4 수정안의 영장 요구에 대한 예외인 합리적인 체포를 위한 수색의 근본은 1914년 배제의 원칙에서 시작되었다(Gershowitz, 2008). 1914년에 미국 대법원은 정부가 범죄의 증거를 찾아내기 위해 수색할 권리가 있다고 주장했다. Gershowitz는 Chimel 대 California(395 U.S. 752, 1969) 소송건의 사례가 이러한 예외에 대한 선례를 만들어냈다고 주장한다. Chimel 소송건에서 경찰은 용의자를 자택에서 체포했고 용의자가 주거 침입 당시 훔쳤을 것으로 생각되는 물건들을 찾기 위해 차고와 다락방을 포함한 집 전체를 수색했다. 법원은 수색 영역을 경찰에 대항하거나 증거 보존을 위해 사용하였던 무기들로 제한하였다.

United States 대 Robinson(414 U.S. 218, 235, 1973) 소송건의 사례를 통해 확립된 바와 같이 체포를 위한 수색의 신조는 bright-line 규칙을 따른다. 또한 경찰이 먼저 확실한 증거를 보여주지 않고도 체포를 한다는 가정 하에 개인을 수색할 수 있다(Gershowitz, 2008). 기술은 개인이 가지고 있는 법률적인 수색 대항 권한보다 빠르게 진보하고 있다. 법률은 휴대폰과 같은 기술적 기기와 그것들을 수색하는 권한을 어떻게 바라볼지 결정하는 데에 있어 모호한 입장을 가지고 있다. 만약 당신이 어떠한 기기, 휴대폰 또는 iPhone을 '폐쇄된 물건'이라고 간주한다면 법률은 거리낌없이 수색 대상으로 지정할 수 있다. 이러한 정당화는 지난 40년간 따라온 '체포를 위한 수색' 신조의 영향을 받은 것이다.

미국 대법원은 United States 대 Robinson 소송건의 8년 후에 일어난 New York 대 Belton 소송건에서 bright-line 법을 명시했다(Gershowitz, 2008). New York 대 Belton 소송건에서 경찰은 과속 차량을 세웠고, 대마초 냄새가 나자 차 안의 모든 인원을 체포했다. 이 사례는 경찰이 합법적인 체포 차량의 전체 승객을 수색할 수 있다는 것을 명시하고 있다. 법원은 이 사례에서 특별히 경찰에게 승객의 개방되거나 폐쇄된 모든 물건을 수색할 수 있도록 허용하였고 후에는 휴대폰 또한 수색을 할 수 있도록 해주었다.

최근에 가장 중요했던 미국 대법원의 입장은 Thomton 대 United States 소송건에서 확인할 수 있다(Gershowitz, 2008). 이 사건의 경우에, 운전자가 경찰이 도착하기 전에 이미 차량에서 나와서 걸어가버렸다. 법원은 Belton 소송건을 확대 해석하여, 경찰이 그 차량에 '최근에' 있던 탑승자를 체포 후에 차량을 수색하는 것을 허용했다.

이러한 소송건들은 bright-line 법률이 합법적인 체포 후 운전자의 차량을 수색할 경우를 어떻게 해석하고 있는지 보여준다. 이어서 동일한 신조 하에 법원이 휴대폰을 포함한 전자 기기에서 발견된 디지털 증거들을 인정하는지, 하지 않는지에 대한 여부를 결정해야 했던 사례가 있었다(Gershowitz, 2008). 이러한 사례들에서 알 수 있는 것은 미국 대법원이 경찰들의 편의를 위해 합리적인 체포 시 수색이 불가능한 물품들을 광범위하게 해석했다는 것이다.

2007년에 제 5 순회 재판은 휴대폰 수색에 초점이 맞춰진 United States 대 Finley 소송건이었다(Gershowitz, 2008). 이 경우에 경찰은 Finley가 마약 판매상을 개설한 후에 그를 체포하였고, 체포 하에 휴대폰을 압류하였다. 경찰 중 한 명은 Finley의 휴대폰을 수색했고, 유죄를 의심케 하는 문자를 발견하였다. 그리고 그 문자는 후에 그에게 유죄를 선고하는 데에 증거로써 사용되었다. Finley 소송건은 경찰의 휴대폰에 대한 수색 권한을 확대시켜주었다. 왜냐하면 수색이 합리적인 체포 하에 이행되었을 때는 경찰들이 체포한 개인에게서 발견한 물건을 수색할 수 있었기 때문이다. 개인의 권리에 앞서서 경찰관들은 체포를 할 때 휴대폰의 내용물을 수색할 수 있다. 그것은 개인이 고의로 증거를 지워버리는 것이 종이 한 장을 찢어버리는 것과 같이 쉽다는 것에서 정당화된다.

변화되는 기술과 Apple iPhone

휴대폰은 기술을 계속 수용하고 매년 점점 진보하고 있다. 2002년의 휴대폰은 2010년 휴대폰에 비해 아무것도 아니다. 2007년에 Apple은 1 세대의 iPhone을 출시했다. iPhone은 전화, 카메라, PDA, iPod 그리고 모바일 브라우저를 통한 Internet 기능을 합쳐놓은 무선 스마트폰이다(Hafner, 2007). 출시 첫 3일동안 1세대 iPhone이 250,000대 이상 판매되었다.

그 이후로 Apple은 iPhone 업데이트 버전을 출시했고 스마트폰 시장을 계속 주도했다. 고객 만족은 놀라울 정도였다.

iPhone의 저장 용량은 현재 8GB에서 32GB까지이다. 그러므로 법 집행 위원들이 수색 시에 이 큰 저장 용량 안에 들어 있는 문자, e-mail, 연락처, 통화 목록, 사진, 음악, 비디오 등의 모든 정보를 얻어낼 수 있는 것이다. 게다가 iPhone은 보통 컴퓨터와 비슷하게 웹 브라우저를 사용하여 Internet에 접근한다. 경찰은 Internet 북마크나 브라우저 목록 및 삭제된 데이터의 과학수사를 통하여 용의자가 접속한 웹사이트를 역추적할 수 있다.

현재 제 4 수정안과 체포를 위한 수색의 신조는 일반 휴대폰과 iPhone에서 찾아낸 데이터를 구별하지 않는다(Gershowitz, 2008). 또한 Gershowitz는 시장의 휴대폰 종류를 구별하여 적용하게끔 brihgt-line 법을 변경하는 것은 어렵다고 설명한다. 왜냐하면 그 법은 경찰관들이 제 4 수정안의 범주에서 판단하기 쉽게 정해진 것이기 때문이라고 한다. 만약 법원이 휴대폰의 종류를 구분하는 법을 제정하려고 한다면, 법원도 기술 진보가 어떻게 될지 예측할 수 없기 때문에 학자들은 그러한 법을 만드는 것은 불가능하다고 주장하였다(Kerr, 2004).

iPhone의 진보된 기술과 대용량 저장 공간을 감안할 때, 기술은 너무나 진보하여 bright-line 법칙을 다양한 무선 기기 수색에 적용하는 것이 불가능한 시점에 도달했다. Gershowitz(2008)는 iPhone을 위해 brihgt-line test에 변화를 주는 것은 제 4 수정안의 신조를 어기는 일이라고 주장한다. 예를 들어, 휴대폰 과학 기술은 개인을 위한 것이지, 경찰관들을 위해서 만든 것이 아니기 때문에 경찰들이 iPhone을 조사하는 것이 아주 제한된 영역에서만 가능해야 한다는 것이다.

개인의 권리를 보호하면서 iPhone의 기술에 대응하는 또 다른 방법은 실행 중인 애플리케이션만을 수색하는 것과 같이 경찰의 수색 내용을 제한할 수 있는 새로운 법을 적용하는 것이다(Gershowitz, 2008). 그러나 확실한 증거를 찾아내기 위해서는 휴대폰 내의 모든 것을 수색하는 것이 가장 좋은 방법이다. 확실한 증거뿐만이 아니라 용의자가 관심있어 하는 응용 프로그램의 종류와 자주 접속하는 사이트까지 알려준다는 의미에서 iPhone이나 BlackBerry 기기는 법의 집행에 용의자로 향하는 지름길을 제공한다. 이러한 정보는 범죄에는 직접적으로 관련이 없지만 배심이나 재판에서 가치가 있을 수 있는 성격이나 습관 정보이다.

iPhone과 마찬가지로 무선 기기의 과학 기술은 지속적으로 변화하고 있다. 법원과 경찰 모두 기술의 변화를 따라잡을 수는 없다. 경찰이 iPhone과 같은 휴대폰을 수색할 시 과도한 자유를 누릴 수 없도록 bright-line 법은 재검토되어야 한다. 현재까지 제 4 수정안에서 iPhone에 관한 것은 주요한 변경 사항이 없었다(Gershowitz, 2008). 하지만 iPhone 같은 진보된 기기들에 대한 bright-line 법이 새로 쓰여진다 하더라도, 기술의 진보는 이 법을 다시 한 번 쓸모없게 만들 것이다. 휴대폰을 수색 당하고 추적 당하지 않기 위한 유일한 방법이 있다면 휴대폰, iPhone 또는 미래의 휴대폰을 가지고 다니지 않는 것이다.

Apple Device에 대한 대응

iPhone을 수색/압류하는 합법적 권한에 대해 알아보았고, 이제 압류하는 과정에 대해서 논의해볼 것이다. 수사관, 조사관 또는 다른 사건 대응 임원이 iPhone, iPod touch 또는 iPad를 접했을 때 데이터의 손실을 최소화하고 기기에 접근하기 위해 아래의 절차들이 필요하다. iPhone과 iPad 는 소유주가 폰의 물리적인 소유를 하지 않아도 기기의 모든 데이터를 삭제하고 공장 상태의 설정 으로 복구해버리는 원격 삭제 기능을 가지고 있다. 이 기능은 해당 기기에 설정된 MobileMe 계정 을 소유한 소유주나 그의 동료가 사용할 수 있다.

> **노트**
> Apple은 이러한 계정을 통제하고, 법원은 조사자가 MobileMe 데이터를 수집하는 것을 허용한다.

MobileMe 계정에서의 Find My iPhone 서비스를 이용하기 위해서는 웹에서 접속하거나 3G 네 트워크에서 MobileMe 계정으로 접속해야 한다. 먼저 사용자기 iDevice를 원격 삭제하는 데에 필 요한 것을 살펴보자. 첫째로 MobileMe 계정에서 Find My iPhone 서비스가 활성화 되어 있어야 한다. 둘째로, 기기에 MobileMe 계정이 추가되어야 한다. 그림 3-1과 3-2와 같이 Find My iPhone 서비스가 활성화 되어 있어야 한다.

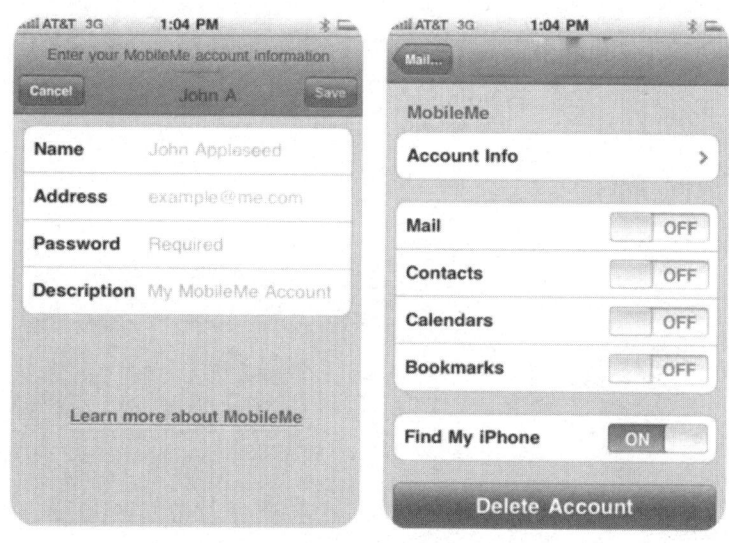

그림 3-1 Find My iPhone 기능 활성화

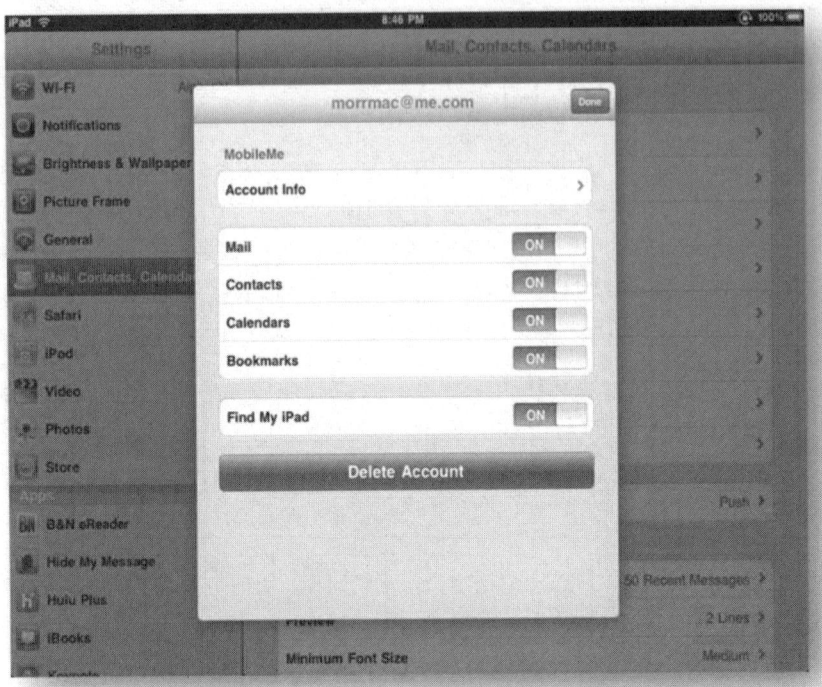

그림 3-2 Find My iPad 기능 활성화

이 단계가 완료되면, 웹 기반의 MobileMe 계정을 가진 누구나 기기의 정보를 지우거나 기기를 잠글 수 있다. 그림 3-3은 이것을 보여준다.

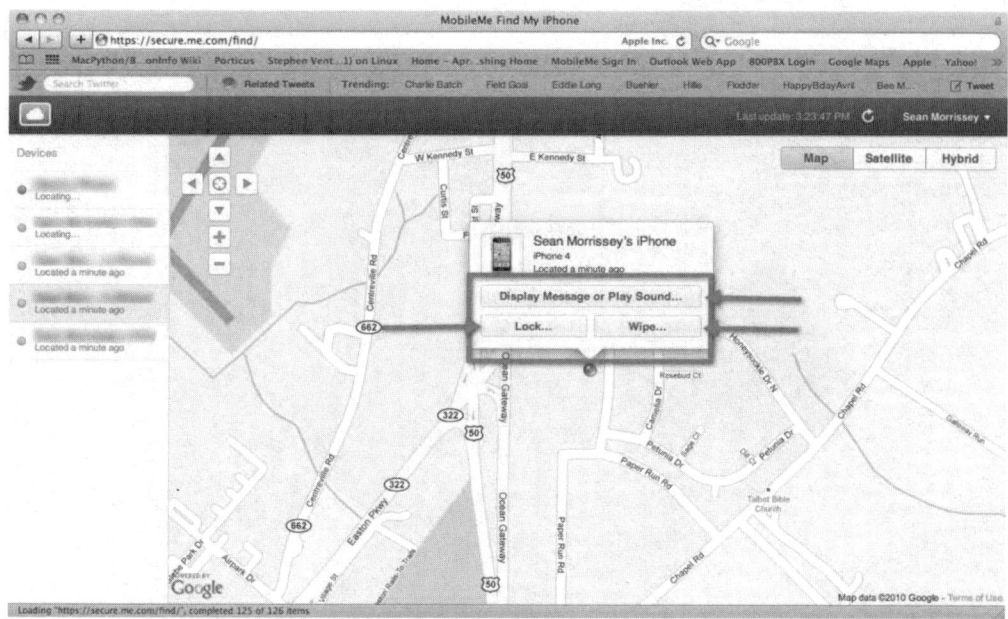

그림 3-3 기기 잠금 및 정보 삭제

원격 사용자를 위한 두 가지 기능:

- 기기에 비밀번호 설정(그림 3-4 참조).
- 기기의 정보를 원격 삭제.

원격 패스코드 설정 과정:

1. MobileMe 접속.
2. Find My iPhone으로 이동.
3. 기기를 선택.
4. Lock을 선택.
5. 새로운 패스코드를 두 번 입력 후 Lock 선택.

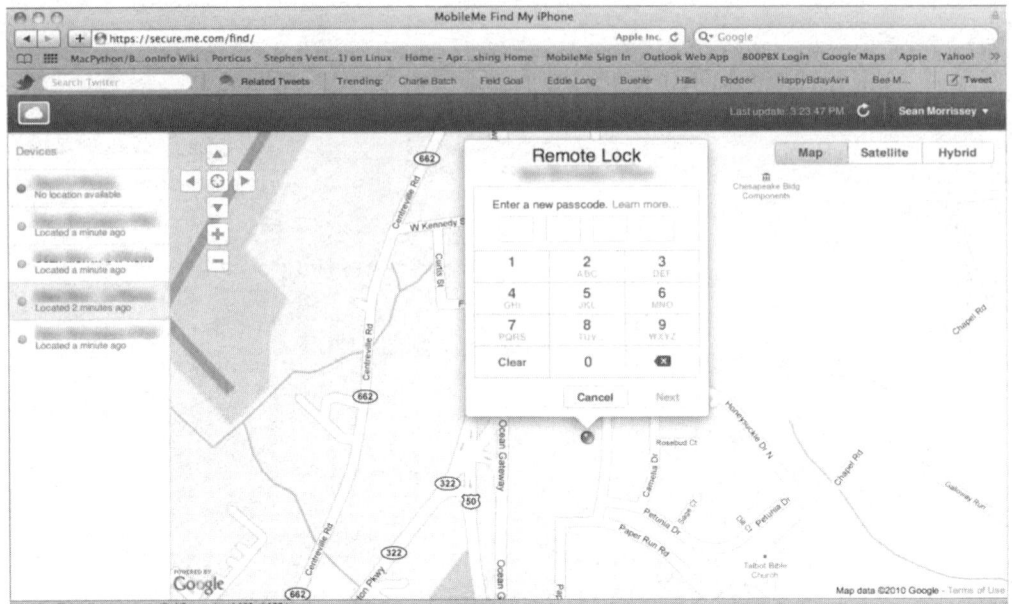

그림 3-4 원격 잠금 비밀번호 입력

기기 정보의 원격 삭제를 위하여 개인이나 공모자는 아래의 단계들을 수행하여야 한다:

1. 잠금과 마찬가지로 MobileMe 계정에 접속.

2. Find My iPhone 선택.

3. 적절한 기기 선택.

4. Wipe(원격 삭제) 선택.

5. 경고가 뜬 후, 허용할 시에 기기의 정보는 삭제됨.

 {Forensic Analysis}

기기 격리

비밀번호가 활성화 되지 않은 iPhone을 획득하였다면 데이터 손실을 가능한 최소화 하기 위해 전화와 무선 네트워크로부터 휴대폰을 격리시키는 아래의 단계를 밟아야 한다.

1. 설정 아이콘을 탭한다.

2. 맨 꼭대기의 설정인 에어플레인 모드(Airplane Mode)를 탭한다.

3. off에서 on으로 바꾼다.

4. 때때로 에어플레인 모드가 활성화 되어 있음에도 Wi-Fi가 여전히 활성화 되어 있을 것이다. Wi-Fi 설정을 탭한 후 Wi-Fi를 off로 바꾸어 비활성화시킬 수 있다.

5. iPod touch와 Wi-fi iPad에서는 Wi-Fi만 꺼버리면 된다.

Apple 기기에 암호가 설정되어 있고 잠겨 있는 상태라면 Faraday Bag^{역주2}을 이용해 기기를 격리시킨다. iPad의 경우에는 large paint^{역주2}가 도움이 될 것이다.

이 단계들은 그림 3-5와 3-6에 묘사되어 있다.

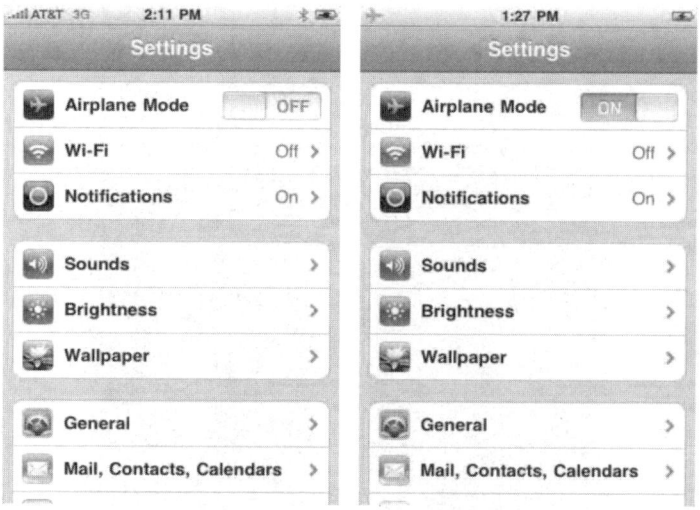

그림 3-5 Airplane Mode 활성화

___

역주2   Faraday Bag, large paint. 무선 전자 기기에 수신되는 네트워크를 모두 차단해버리는 물리적인 상자.

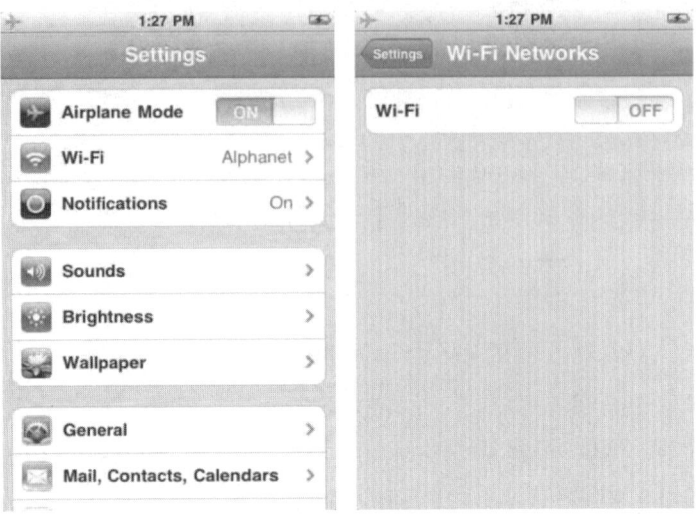

그림 3-6 Wi-Fi 비활성화

추가적인 단계는 iPhone이나 iPad에서 SIM 카드 또는 mini-SIM 카드를 제거하는 것이다. 종이 클립이나 기기와 동봉된 SIM 카드 제거도구를 이용하여 그림 3-7과 같이 Apple 기기의 윗꼭대기나 옆면에서 SIM 카드를 빼낼 수 있다. 이 과정은 iPhone 4나 iPad에서도 비슷하다. SIM은 iPhone 4의 오른쪽 면에 있고 iPad의 왼쪽 면에 있다.

그림 3-7 iPhone 2G, 3G와 3GS로부터 SIM 분리

이 과정은 휴대폰을 오직 셀룰러 네트워크로부터만 격리시킬 것이다.

비밀번호 잠금

다음으로 비밀번호 잠금이 활성화 되어 있는지 확인할 필요가 있다. 이것을 확인하려면 다음 단계를 수행한다.

1. 만약 비밀번호 입력 화면(그림 3-8 참조)이 나타나지 않는다면, 비밀번호가 설정되지 않은 것이다.

그림 3-8 iPhone 상에서의 비밀번호 입력 화면

2. 비밀번호가 설정되어 있고, 오토락 기능이 활성화된 iPhone을 접하게 되면.

3. 설정 아이콘을 탭한다.

4. '일반'으로 들어간다.

5. 그림 3-9의 화면이 나온다면 폰은 비밀번호를 가지고 있는 것이다.

그림 3-9 iPhone에서 패스코드 잠금

6. 이 화면에서 하나의 추가적인 설정이 필요하다. 이 과정에서는 iPhone 충전기를 구비해놓는 것이 중요하다.

7. 자동 잠금 설정으로 들어간다.

8. 그림 3-10과 같이 3 Minutes 설정에서 Never로 바꾼다.

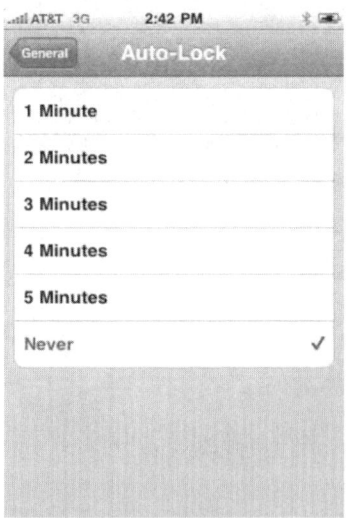

그림 3-10 Auto-Lock에서 Never로 설정 변경

9. 해당 기기를 포렌식 단말기에 접촉시키고 iTunes을 이용한 수동적 방법이나 5장에서 언급할 도구들을 이용하여 논리적 추출을 한다.

10. 해당 기기가 비밀번호 입력 화면에 맞닥뜨렸다면 이전에 설명된 것과 같이 휴대폰에서 SIM 카드나 mini-SIM 카드를 분리해야 하고 해당 기기를 Faraday Bag에 넣어야 한다. SIM card와 기기를 Faraday Bag에 넣는다.

11. 만약 비밀번호 활성화 화면에서 off가 표시되어 있다면, 비밀번호가 활성화되지 않은 것이다. 기기를 Faraday Bag에 넣는다.

탈옥된 iPhone 식별

iPhone을 탈옥한 유저들의 실제적인 숫자는 Apple 기기의 총 판매량에 비교했을 때 아주 적다. iPhone을 탈옥하는 가장 큰 이유는 iPhone을 다른 통신사에서 사용하고, 배경화면을 커스텀 하거나, 또는 App Store에서 찾을 수 없는 응용 프로그램을 사용하기 위해서이다. 자신의 폰을 탈옥한 대부분의 유저들은 기기의 성능 저하를 보고했고, 뉴스 기사들은 해커들이 탈옥된 기기들을 공격했다고 진술했다. 그러한 현상은 이러한 기기들이 자체의 보안 기능을 회피하기 때문이다. 그리고 해커들이 보안 기능을 회피하는 iPhone에서 개인 정보를 쉽게 얻어낼 수 있다. 사용자들은 blackra1n, Qwkpwn, Pwnage 또는 다른 탈옥 프로그램을 이용하여 iPhone을 탈옥시킨다.

탈옥된 폰을 구별하는 시각적 방법들이 있다. 하지만 iOS4가 나오고 그것들을 시각적으로 구분하는 것은 더욱 힘들어졌다. 정상적으로 탈옥하지 않은 폰에서는 일반적으로 볼 수 없는 아이콘들이 배경화면에 있을 수 있다. 그림 3-11은 의심되는 아이콘과 배경화면 커스텀을 보여준다. 그리고 이러한 것은 그 기기가 탈옥되었다는 것의 지표가 될 수 있다.

그림 3-11 탈옥된 iPhone의 식별

이러한 기기들에 대한 대응은 탈옥되지 않은 폰들과 다르지 않다. iPhone에서 자료를 수집하기 위해 이전의 절차를 따라한다.

iPhone의 정보 수집

iPhone에서 효과적으로 시스템 정보를 수집하려면 다음 단계를 거쳐야 한다.

1. 홈 화면이나 잠금 화면에서 시스템 날짜와 시간을 기록한다.
2. Mail, 연락처, 달력 메뉴에서 e-mail 계정을 기록한다.
3. 전화 메뉴에서 전화번호를 기록한다.
4. **일반 ▶ 정보** 메뉴에서 아래의 정보를 기록한다(그림 3-12 참조).

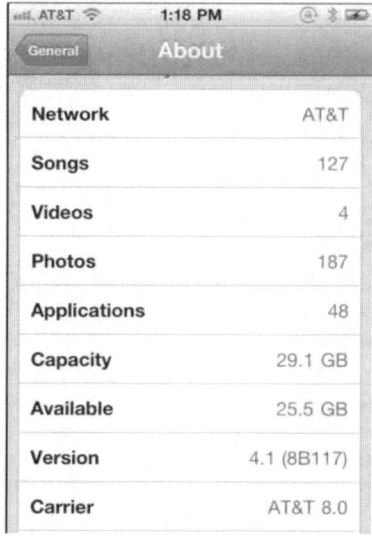

그림 3-12 특정한 iPhone의 일반적 정보

- iPhone의 사이즈
- OS 버전
- 통신사
- iPhone의 시리얼 번호
- 모델
- Wi-Fi와 Bluetooth MAC addresses
- IEMI
- ICCID
- Modem firmware

그림 3-13, 3-14, 3-15, 3-16에서 묘사된 바와 같이 위의 목록은 기록되어 있어야 한다.

그림 3-13 날짜와 시간의 사진 자료

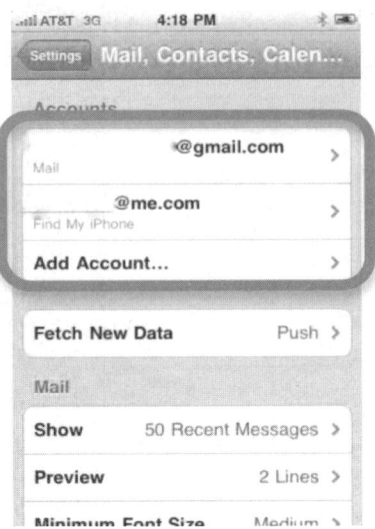

그림 3-14 폰과 연결된 e-mail의 사진 자료

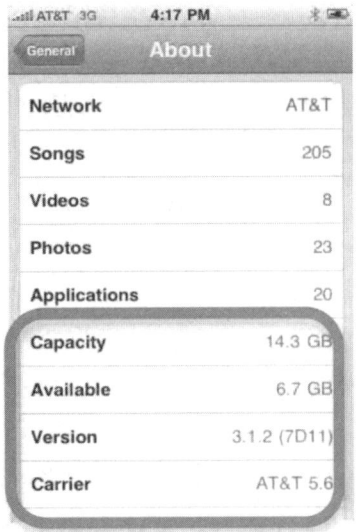

그림 3-15 시스템 정보의 사진 자료

그림 3-16 일반적 정보의 사진 자료

iPhone이 연결된 Mac/Windows에 대한 대응

Mac과 Windows 운영체제의 컴퓨터에도 증거가 될 만한 항목이 있다는 것을 꼭 알아야 한다. 그러므로, 당신이 수색 영장을 가지고 있다면 Mac/Windows 컴퓨터에서 잠금 인증서를 얻어낼 수 있다. 잠금 인증서는 압류당한 폰이 화면 잠금이 되어 있고, 네 자리의 비밀번호나 어려운 암호가 설정되어 있을 시 그 문제를 해결해준다. iOS4는 현재 어려운 암호를 추가할 수 있는 기능이 있다.

연결되어 있는 Mac/Windows 장치들 역시 압류 당했다면, 당신은 후에 잠금 인증서를 회수해올 수 있다. 만약 Mac/Windows 컴퓨터에서 인증서를 얻어내는 것이 정당한 상황이라면, 아래에 다양한 운영체제에 대한 방법이 있다.

- OS X: /Private/var/db/Lockdown
- XP:

  C:\Documents and Settings\username\Local Settings\Application Data\Apple Computer\Lockdown
- Vista: C:\Users\username\AppData\Roaming\Apple Computer\Lockdown
- Windows 7: C:\ProgramData\Apple\Lockdown

모든 운영 체제에서 Lockdown 폴더를 복사한다. 이것을 필요에 따라 사용할 수 있도록 외부 기기에 저장한다. property lists(plists)는 인증 키를 포함하고 있어서 압류된 기기가 비밀번호를 가지고 있다면 검사관이 휴대폰 내부에 접근하는 데에 이 plists가 도움을 줄 수 있다. 이 파일들의 위치를 기억하고 모든 범죄 현장 대응 시에 잊어버리면 안 된다. 그림 3-17은 Mac에서 잠금 인증서를 복사하는 것을 보여주고 있다.

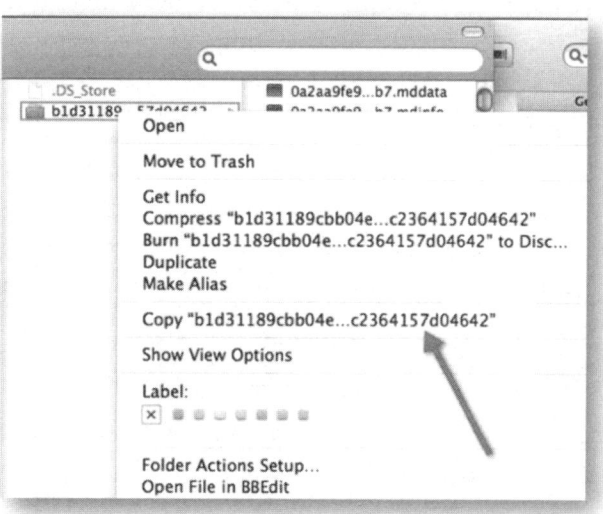

그림 3-17 Mac에서 잠금 증명서를 복사

요약

이 챕터에서 배웠듯이, iDevice에 대응한다는 것은 기기를 네트워크로부터 격리시키고 현장에서 기기의 정보를 얻어내는 것이다. 모든 증거물이 삭제되거나 조작되기 전에, 기기를 압류했다면 즉시 이러한 대응을 하는 것이 좋을 것이다. 수색 영장이 완성되자 마자 iDevice를 분석하기 위해 모든 방법이 동원되어야 하며 기기를 격리시켜야 한다. 또한 기기의 압류뿐만이 아니라 다른 종류의 미디어로부터의 증거물 수색을 허용하는 수색 영장을 작성해 놓는 것을 잊으면 안 된다.

출처

Elmer-Dewitt, P. (2008, May, 16). iPhone Rollout: 42 Countries, 575 million potential customers. Fortune. Retrieved March 30, 2009 from http://apple20.blogs.fortune.cnn.com/2008/05/16/iphone-rollout-42-countries-575-million-potential-customers/

Farley, T. (2007). The Cell-Phone Revolution. American Heritage of Invention and Technology. Retrieved March 24, 2009, from www.americanheritage.com/events/articles/web/20070110-cell-phone-att-mobile-phone-motorola-federal-communications-commission-cdma-tdma-gsm.shtml.

Fletcher, F. E., & Mow, L. C. (2002). What's happening with E-911? The Voice of Technology. Retrieved April 2, 2009, from www.drinkerbiddle.com/files/Publication/d6e48706-e421-411c-ab6f-b4fa132be026/Presentation/Publication Attachment/fdb0980a-7abf-40bf-a9cd-1b7f9c64f3c7 /WhatHappeningWithE911.pdf

Gershowitz, A. (2008). The iPhone meets the Fourth Amendment. UCLA Law Review, 56, 28.

Hafner, K. (2007, July 6). iPhone futures turn out to be a risky investment. The New York Times, p. C3.

Henderson, S. (2006). Learning from all fifty states: how to apply the fourth amendment and its state analogs to protect third party information from unreasonable search. The Catholic University Law Review, 55, 373.

Kerr, O. (2004). The fourth amendment and new technologies: constitutional myths and the case for caution. Michigan Law Review, 102, 801.

Krazit, T. (2009). Apple ready for third generation iPhone. Retrieved March 30, 2009, from http://news.cent.com/apple-ready-for-third-generation-of-iphone/

Roberts, M. (2007, July 25). AT&T profit soars: iPhone gives cell provider a boost. Augusta Chronicle, p. B11.

Stillwagon, B. (2008). Bringing an end to warrantless cell phone searches. Georgia Law Review, 42, 1165.

Walsh, D., & Finz, S. (2004, August 26). The Peterson trial: defendant lied often, recorded calls show, supporters mislead about whereabouts. San Francisco Chronicle, p. B1.

iPhone 데이터 수집

iPhone과 iTunes는 장치의 예상치 못한 재해에 대비하여 기존의 정보들을 분실하지 않도록 하는 백업 기능을 가지고 있다. GUI 툴과 커맨드라인의 툴들은 기기로부터 데이터를 분석할 수 있도록 도와준다. 물론 이러한 툴이 존재하지 않더라도 논리적 데이터들을 분석하고 수집해낼 수는 있지만 툴의 사용은 기기를 조사하는 데에 많은 편의를 제공한다.

iPhone, iPod, iPad로부터 데이터 수집

이전 장에서 우리는 기기의 데이터를 분석해 보았다. 이번 장에서는 iPhone, iPod, iPad 등의 기기로부터 데이터를 빼내오는 부분에 집중할 것이다. 이 과정은 락이 걸린 또는 걸리지 않은 폰에 대해서 모두 가능하다. 락이 걸린 폰에서 데이터를 빼내오는 방법은 두 가지가 존재한다. 첫 번째 방법은 해당 기기와 동기화(Sync) 되어 있는 Mac이나 Windows 컴퓨터를 이용하는 것이다. 두 번째 방법은 Apple사에 락이 걸린 폰을 보내어 조사를 위하여 해당 폰의 락을 풀어달라 요청하는 것이다. 이 방법은 오직 법적인 집행 과정에 의해 수행할 수 있을 것이며, Apple은 패스코드를 제거하는 과정에서 워런티를 필요하게 할 것이다.

언락폰에 대해서는 위의 첫번째 방법에서 언급한 대로 조사관이 기기와 싱크된 컴퓨터를 준비한 후, 그 컴퓨터로부터 '동기화 프로퍼티 파일(동기화에 필요한 인증서파일)'을 빼낼 필요가 있는데, 해당 파일이 존재하는 경로는 아래 표 4-1에 나타내었다.

표 **4-1** 운영체제 유형과 인증서 파일의 경로

운영체제 유형	인증서 파일의 경로
OS X	/private/var/db/lockdown
Windows XP	C:\Documents and Settings\[username]\Application Data\Apple Computer\Lockdown
Windows Vista	C:\Users\[username]\AppData\roaming\Apple Computer\Lockdown
Windows 7	C:\ProgramData\Apple\Lockdown

이 'plist' (이것은 동기화 인증서 파일이다) 파일을 찾은 후에 조사관 자신의 컴퓨터에 동일한 경로를 찾아 해당 파일을 카피해 주어야 한다. Windows 운영체제에서도 그와 대응되는 폴더를 찾아 카피해 주도록 한다. 그리고 나서 iTunes를 실행하고 [File]-[Preferences]-[Devices]로 이동한다. 주의해야 할 점은 '기기 연결 시 자동 동기화 하지 않음' 항목이 선택되어 있는지 확인하는 것이다.

이제, USB 컨넥터를 이용하여 컴퓨터에 iPhone을 연결한다. 이 과정을 수행하면 아래 그림처럼 iTunes의 왼쪽 사이드바 부분에 연결된 기기의 아이콘이 나타나게 된다.

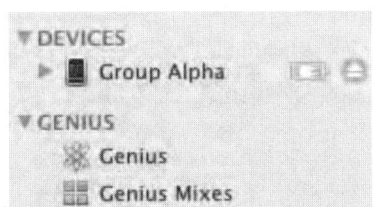

그림 **4-1** 맥(Mac)컴퓨터에 iPhone 연결하기

Mdhelper를 이용한 iPhone의 데이터 수집

아래 내용은 'mdhelper' 툴을 이용하여 iPhone으로부터 데이터를 수집하는 단계에 대해 설명하고 있다. 'mdhelper' 툴은 무료 커맨드라인 유틸리티이며, iOS4 운영체제 기기에서 작동한다. 그것은 데이터를 분석하고 수집하는 기능을 가지고 있으며, 해당 툴은 'Erica Sadun'에 의해 제작되었다. http://ericasadun.com/ftp/Macintosh로부터 다운로드 받을 수 있다.

이 과정은 사용자 자의적으로 수행할 수 있으나, Mac 컴퓨터의 시간 정보를 손상시킬 수 있다. 이 유틸리티는 Mac이나 Windows 컴퓨터로부터 iPhone의 백업데이터를 수집한다. 즉, 백업데이터가 존재해야만 한다.

1. iTunes 애플리케이션을 실행한다.

2. 아래 그림 4-2와 같이 메뉴 상단의 [Preferences]로 이동한다.

그림 4-2 [Preferences] 메뉴선택

3. [Preferences] 메뉴에서 [Devices]로 이동 후 'Prevent iPods and iPhones from syncing automatically' 항목을 선택한다. 아래 그림 4-3 참고.

그림 4-3 'Prevent iPods and iPhones from syncing automatically' 항목 선택

4. iPhone을 컴퓨터에 연결시키는 데 앞서, 'mdhelper' 툴은 이미 설치되어 있어야 한다.

5. 'mdhelper' 바이너리를 다운로드 한 후, 'usr/usr/sbin/bin'과 같은 $PATH 환경 변수에 등록된 경로에 저장한다.

6. 이제 iTunes로 돌아와서 iPhone을 연결한다.

7. iTunes의 사이드바에 기기가 연결되었음을 알리는 아이콘이 나타나면, 해당 아이콘을 마우스 오른쪽 클릭을 하고 'Back Up'을 선택한다. 그림 4-4 참고.

그림 4-4 사용자의 iPhone 기기의 아이콘을 오른쪽 클릭한 후 'Back up' 항목 선택

8. 백업 수행이 완료되면 'terminal'을 실행한다.

9. 디렉터리를 '~/library/ApplicationSupport/MobileSync/Backup/[backup GUID]'으로 변경한다.

10. 디렉터리를 변경하였으면 'mdhelper -extract'를 입력하고 'Enter' 키를 누른다.

작업이 완료되면 수집된 데이터는 바탕화면의 'Recovered iPhone Files' 폴더 안에 자리하게 된다.

그림 4-5는 'mdhelper'의 작업 결과를 보여준다. 장치의 디렉터리 구조는 나타나지 않지만 상세한 정보를 제공하고 있다. 이것은 조사관에게 빠른 데이터 접근과 작업 효율성을 제공한다.

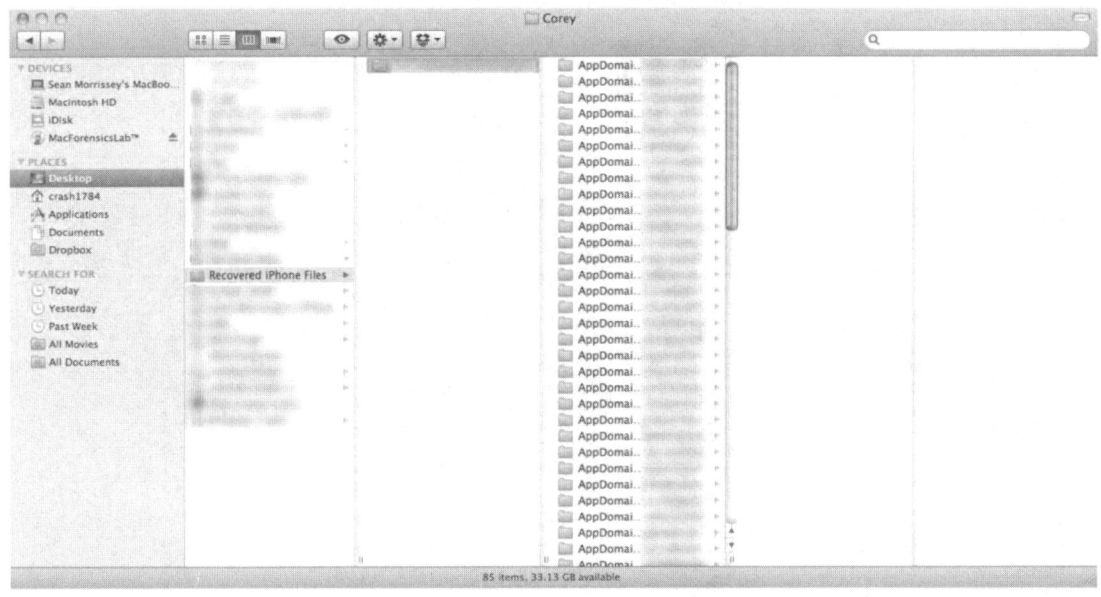

그림 4-5 'mdhelper'의 작업 결과물

사용 가능한 툴과 소프트웨어

iPhone의 이미지를 수집하는 여러 툴들이 있다. 이 장의 남은 부분은 이러한 툴들을 소개하는 데 할애하였다.

Lantern

첫 번째로 소개할 애플리케이션은 'Lantern'이다. 이 툴은 'Katana Forensics'에 의해 만들어졌으며 Mac OS X 전용이다. 'Katana'는 법 집행관의 사용을 위해서는 $399의 비용을 지불해야 하며, 기관 조사관의 경우에는 $499의 비용을 지불해야 한다. 이 애플리케이션은 www.katanaforensics.com 을 통해 다운로드 받을 수 있으며, 간단하게 다운로드 된 .dmg 파일을 실행시킴으로써 설치가 진행되며, Mac 컴퓨터의 Application 폴더 안에 설치된 파일이 존재하게 된다. 'Lantern'은 모든 iOS 기기들(iPhone, iPod touch, iPad)의 데이터들을 수집할 수 있다. 그림 4-6은 해당 어플의 단순하고 직관적인 인터페이스를 부여주고 있다.

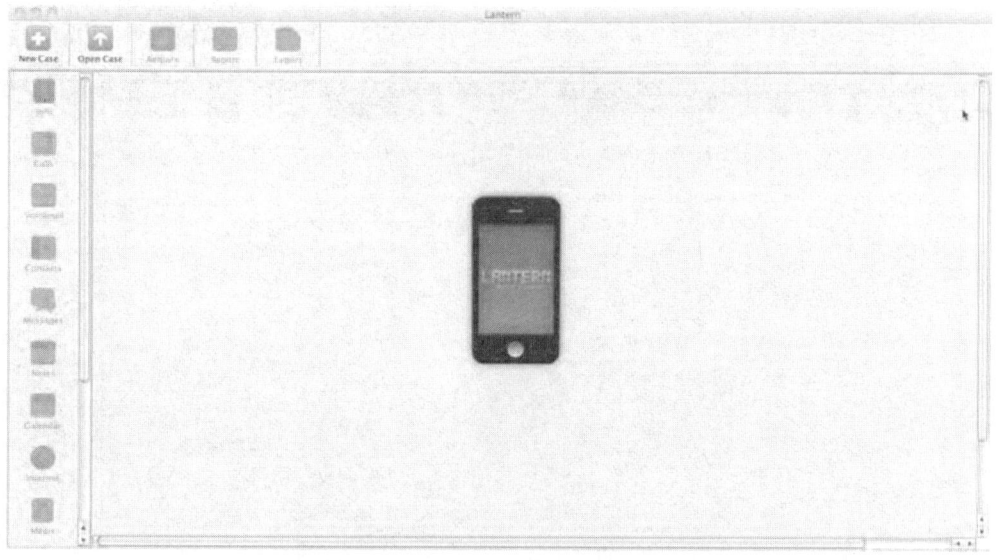

그림 4-6 Lantern의 직관적인 사용자 인터페이스

기기의 데이터를 수집하기 위해 메뉴의 'New Case' 아이콘을 클릭 한다. 다이얼로그 박스가 나타나고 'Case Number'와 작업 디렉터리(Case Directory)를 선택할 수 있다. 그림 4-7 참고.

그림 4-7 'case number'와 'case directory' 선택

다음으로, 케이스가 생성되면 상단 메뉴에서 활성화 되어 있는 'Acquire' 아이콘을 클릭 하여 기기의 데이터를 수집할 수 있게 된다. 그림 4-8 참고.

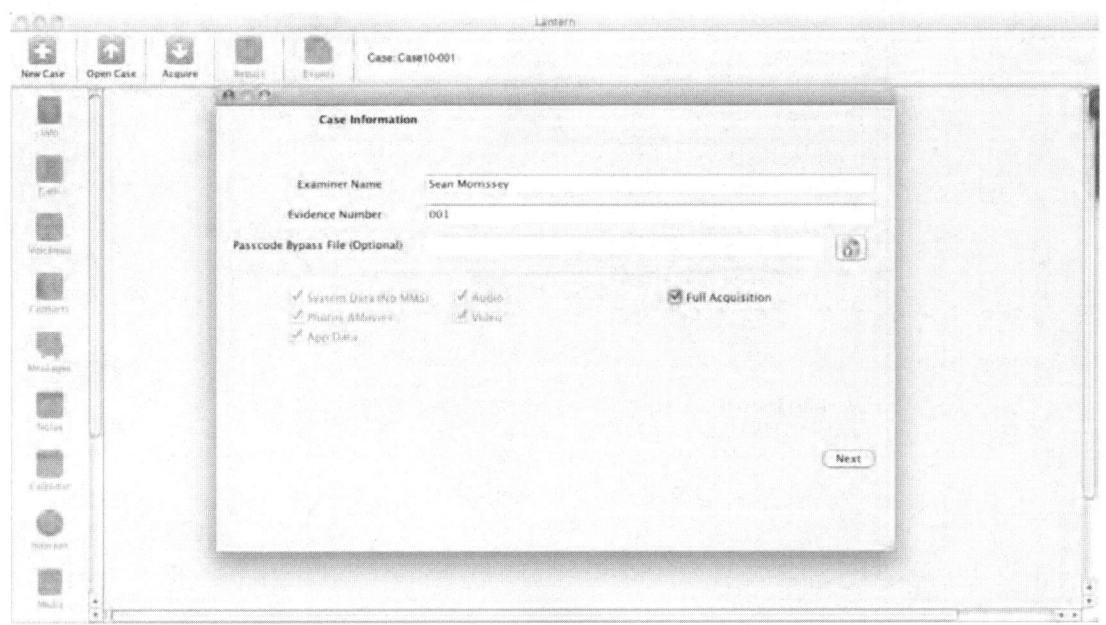

그림 4-8 'Acquire' 버튼을 클릭 하여 기기의 데이터를 수집

데이터 수집 다이얼로그 박스에서 조사관의 이름과 데이터의 넘버링을 할 수 있고, 필요하다면 해당 기기의 동기화 인증서에 락을 걸어놓을 수도 있다. 수집의 대상은 전체 데이터를 범위로 할 수 있고, 사용자가 원하는 영역, 예를 들어 데이터베이스, 전화번호부, 이미지파일, 애플리케이션 데이터 그리고 오디오나 비디오 데이터에 한정시킬 수도 있다.

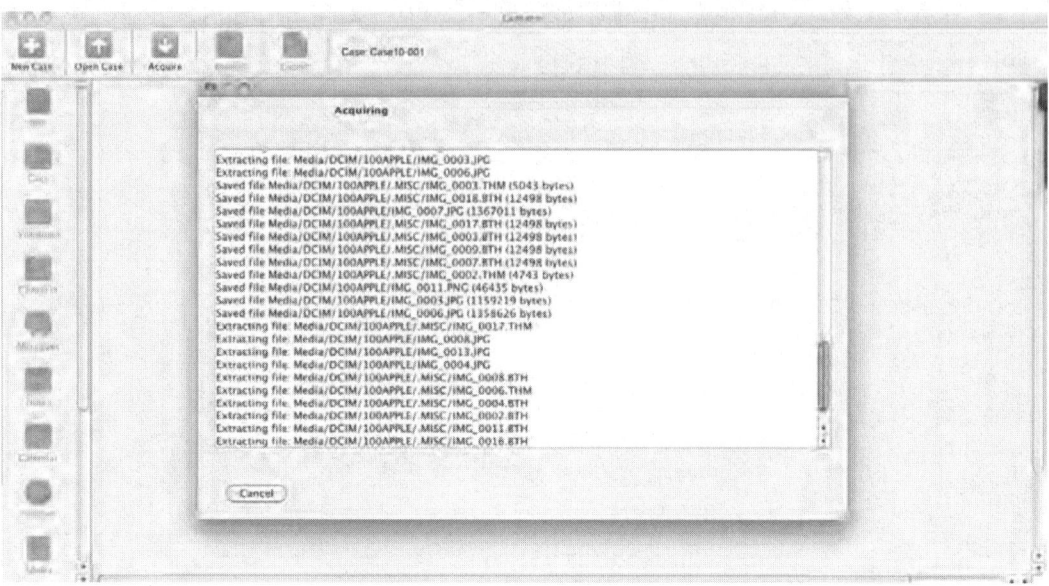

그림 4-9 데이터 수집 진행 중

데이터 수집이 완료되면 아래 그림 4-10과 같이 완료를 알리는 간단한 메시지 창이 나타난다.

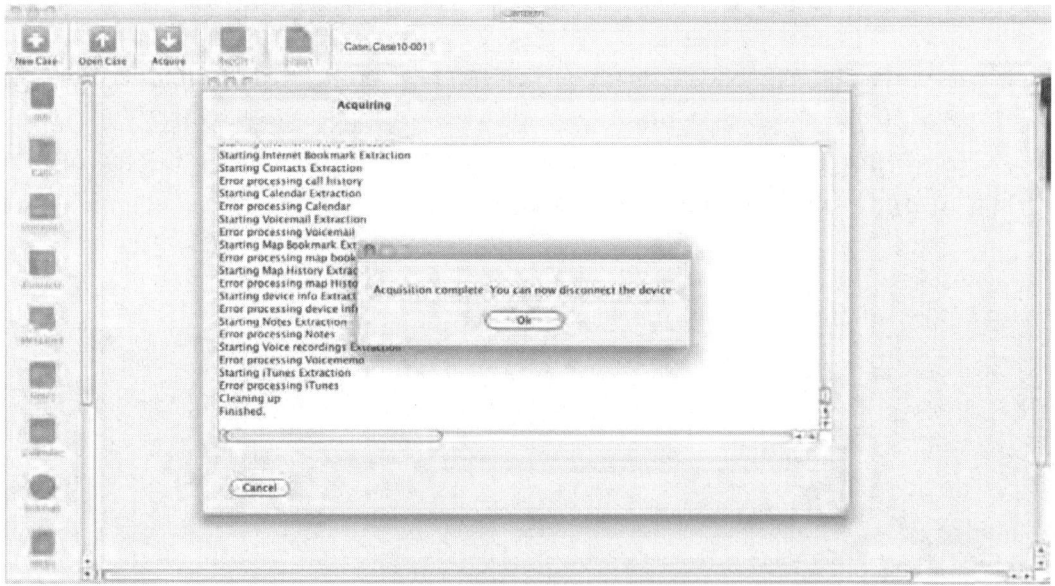

그림 4-10 데이터 수집 완료

완료 후에는 수집 결과에 대해 각각의 데이터를 목록화 하여 나타내준다.

- Phone information
- Calls
- Voice mail
- Contacts
- Messages
- Notes
- Calendar
- Internet evidence
- Media
- Photos
- Dictionary
- Maps
- Voice memos

폰의 기본 정보

그림 4-11에서 보여주는 바와 같이, 첫번째 화면에서 확인할 수 있는 핸드폰 정보로는 ICCID, UUID, 기기명, 핸드폰 번호, IMEI, IMSI, WiFi MAC 주소 그리고 시리얼넘버가 있다.

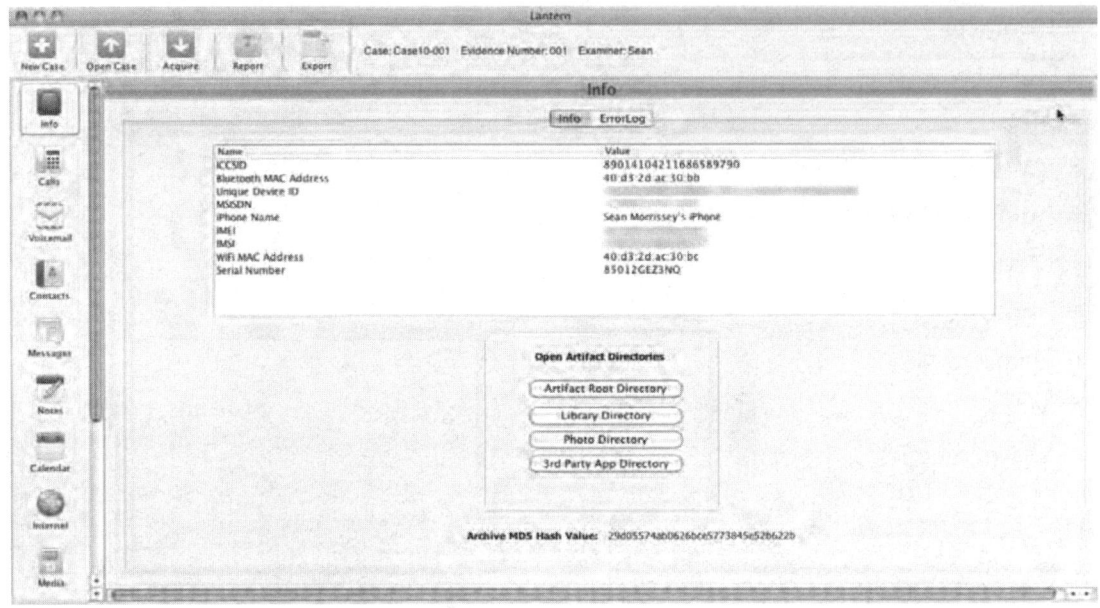

그림 4-11 폰의 기본정보 확인

통화 내역

통화 내역 화면에서는 핸드폰의 통화목록 데이터베이스로부터 얻어진 데이터들을 나타내준다. 이 데이터베이스는 최대 100통의 내역을 저장할 수 있으며, 'Lantern'은 이 내용을 보여주는 것이다. 통화 날짜와 시간 그리고 승락 여부에 대한 표시 정보와 수신, 발신, 부재 중 그리고 취소된 통화 정보를 보여준다. 이는 흡사 음성 메일과 보여주는 양식이 비슷하다. 그림 4-12 참고.

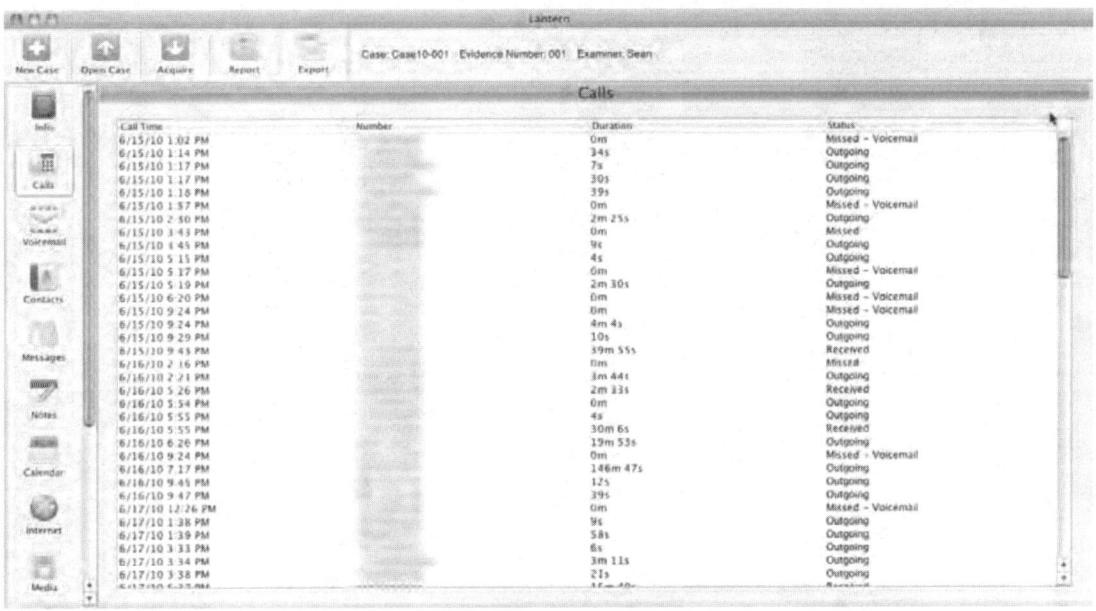

그림 4-12 통화내역

음성 메일

음성 메일 화면에서는 연락처 정보와 전화번호를 보여줄 뿐만 아니라, 듣기를 원한다면 조사관이 직접 확인할 수 있도록 음성 메일의 내용을 플레이 해주는 사용자 화면을 제공한다. 그림 4-13 참고

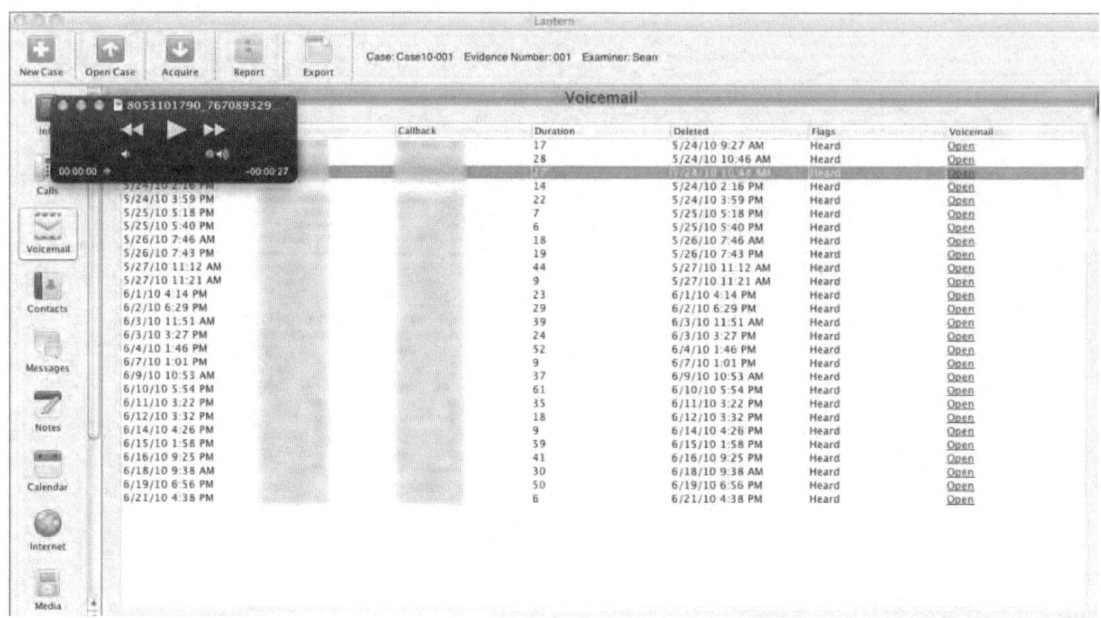

그림 4-13 음성 메일

연락처

연락처 화면에서는, 일반적인 폰북과는 달리 독특한 디자인을 가지고 있다. 한 화면에 한 명의 연락처 정보를 보여주고 있는데, 기기의 연락처 데이터베이스로부터 중요하고 약간은 과도한 정보를 분석해 보여준다. 이름, 주소, 이메일, 전화번호, 생년월일 등의 신상 정보이다. 또한 노트 영역에서 발견된 계정 번호와 비밀번호를 포함하고 있다. 그것은 MobileMe 계정과 동기화 된 데이터일 수도 있는데, '.me' 이메일 계정이나 'iDisk' 앱으로부터 수집된 데이터는 법정 명령을 이끌어낼 수 있을 만큼의 유용한 정보를 얻어낼 수 있게 한다. 그림 4-14는 'Lantern'이 보여주는 연락처 정보를 나타내고 있다.

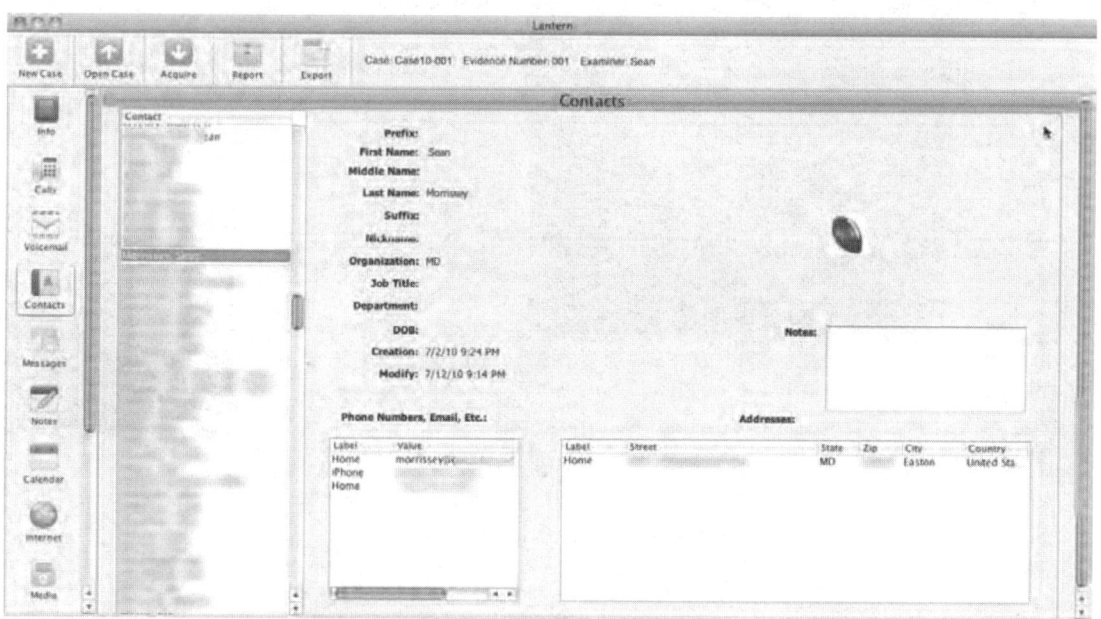

그림 4-14 연락처 정보 확인

메시지

메세지는 조사관에게 열쇠와 같은 역할을 한다. 그리고 많은 양의 문자 데이터들을 얻을 수 있다. 'Lantern'은 SMS와 MMS 정보를 분석하고 키워드 검색 기능을 제공한다. 그림 4-15와 4-16.

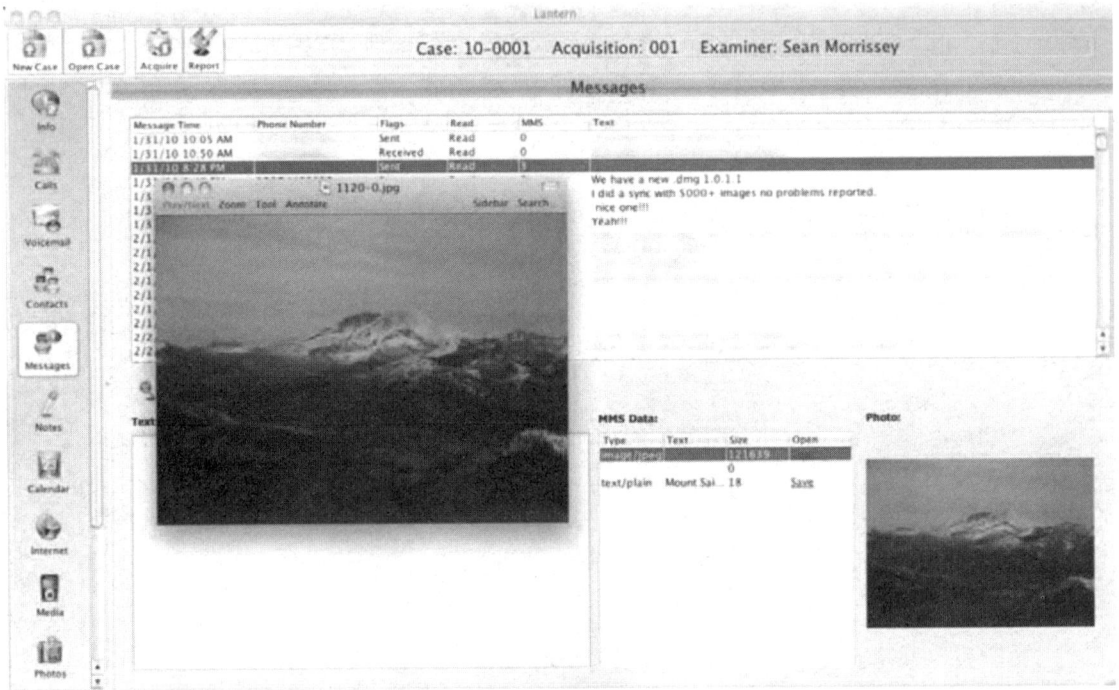

그림 4-15 SMS와 MMS 데이터

그림 4-16 키워드 검색 기능

노트

노트는 기기의 전자책과 같다. 이곳에는 시간을 포함한 타이핑 된 많은 정보들이 존재하고 이를 읽을 수 있는 사용자 화면이 제공된다. 노트는 'MobileMe' 계정으로 동기화 된 내용일 수도 있다.

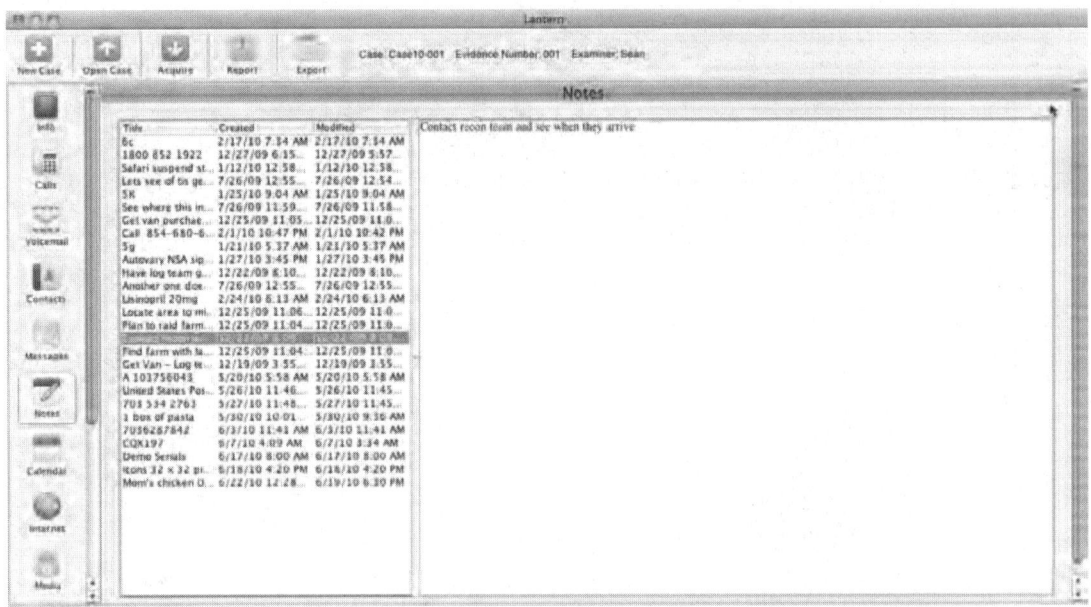

그림 4-17 노트 화면

캘린더

캘린더는 'MobileMe' 계정을 통해 동기화 되거나 업데이트 되는 앱 중 하나이다. 이 앱은 다중 캘린더 기능을 지원하는데, 'Lantern'은 이런 점을 간과하지 않고 사용자가 각각을 이동할 수 있도록 하고, 시간과 이벤트 정보들을 제공한다. 그림 4-18 참고.

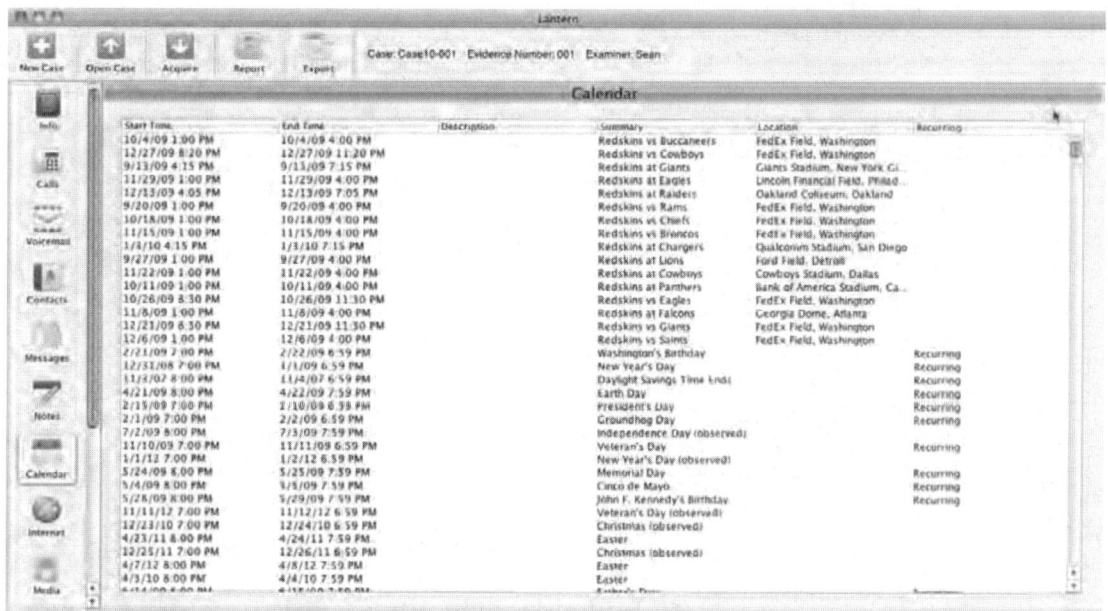

그림 4-18 캘린더

인터넷 사용 내역

인터넷 사용 흔적은 연구 조사에 있어서 매우 중요하게 다루어져야 할 대상이다. 'Lantern'은 사파리 어플리케이션을 통해 인터넷 북마크와 접속 흔적을 분석하여 보여준다. 그림 4-19와 4-20.

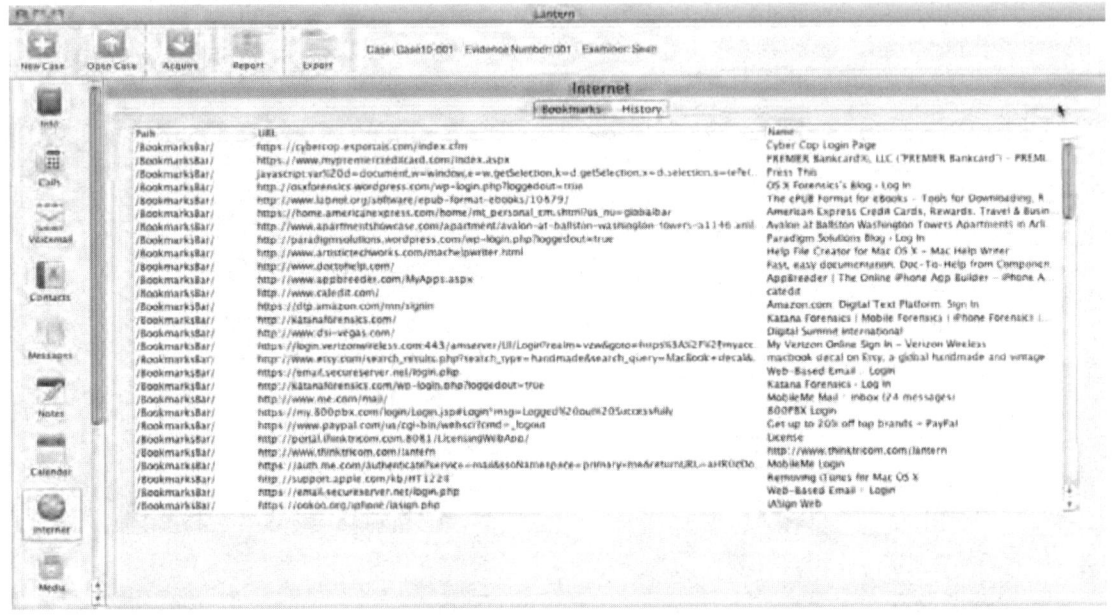

그림 4-19 인터넷 북마크 정보

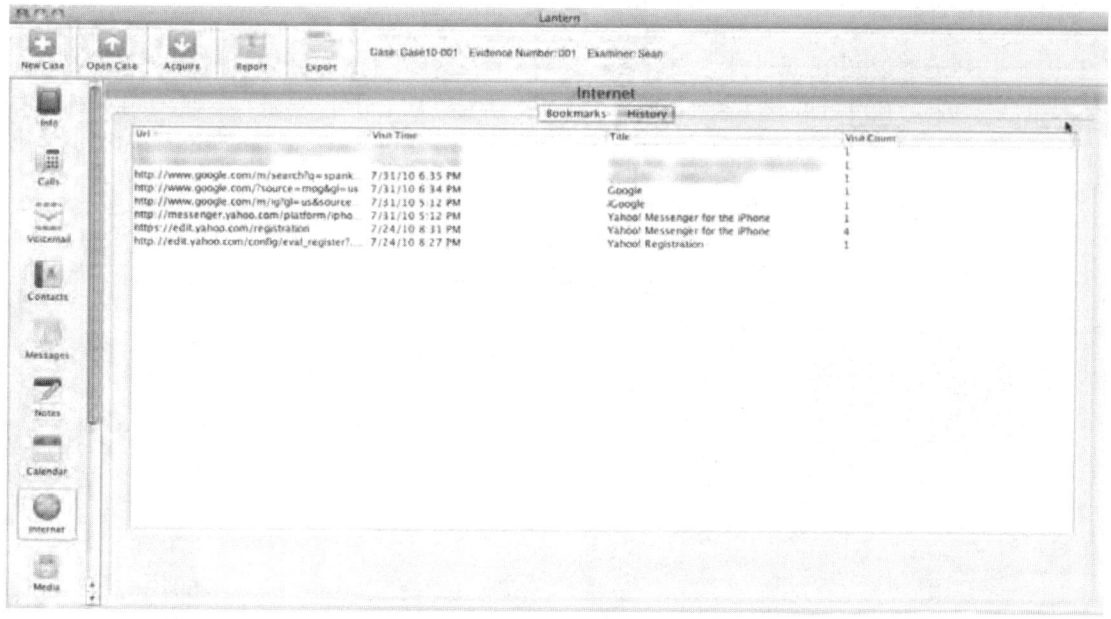

그림 4-20 사파리 브라우저의 웹 접속 흔적

iPod과 미디어

기기 내에 iPod과 미디어 영역에는 오디오와 비디오를 포함하여 수많은 양의 데이터가 존재한다. 이 데이터들에는 ID3 태그가 존재하지는 않지만 여전히 조사할 만한 가치를 지니고 있다. 'Lantern'은 쉽게 이것들을 보여주고 미디어는 플레이할 수 있는 사용자 화면을 제공하고 있다. 그림 4-21.

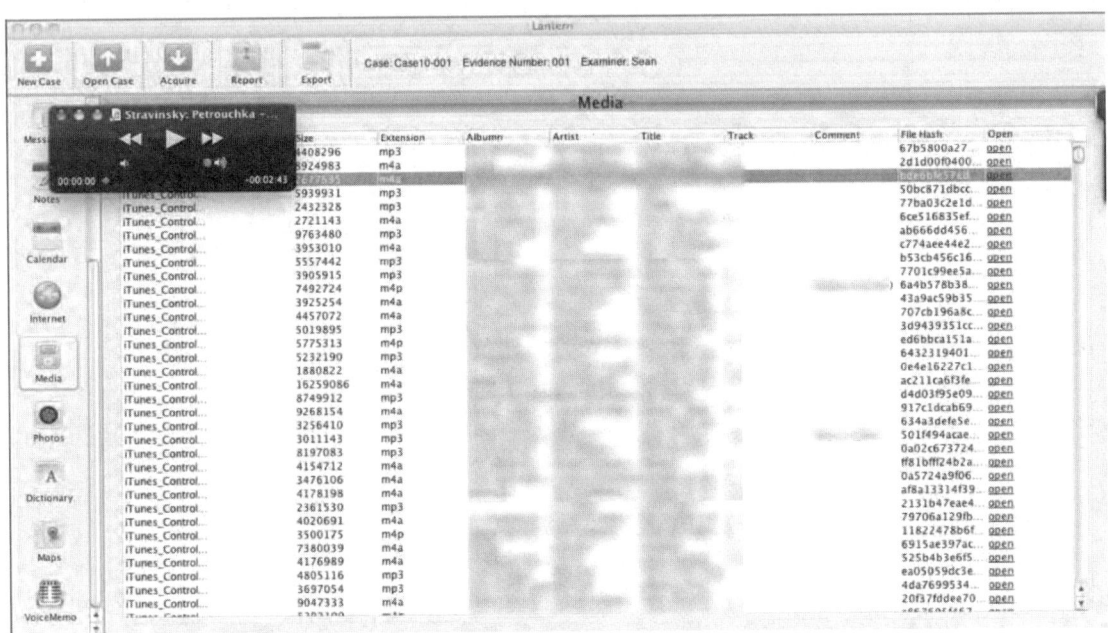

그림 4-21 장치 내의 오디오 및 미디어 데이터

사진

포토 영역은 조사관에 있어 매우 중요한 부분이라 할 수 있다. 이것은 특정 인물이 특정 시간에 어느 장소에 있었는지를 분명하게 확인할 수 있다. iPhone 카메라를 통해 캡처된 모든 이미지들은 포맷을 쉽게 변경 가능할 뿐만 아니라 위치 정보를 포함하고 있다. 'Lantern'은 이러한 모든 이미지들을 분석하여 'EXIF' 포맷으로 드러내준다. 물론 이미지를 직접 확인할 수 있는 사용자 화면을 제공하고, 위치 정보를 통해 구글 지도를 연동할 수 있는 기능도 제공된다. 만약 이미지를 앱 안에서 직접 확인한다면 '미리 보기' 앱을 통하여 나타내주는데 '미리 보기' 앱은 위치 정보를 포함한 EXIF 이미지들을 보여줄 수 있다. 만약 인터넷 사용이 가능한 환경이라면, 'Locate' 버튼을 통해서 사진이 찍힌 위치 정보를 파악할 수 있다.

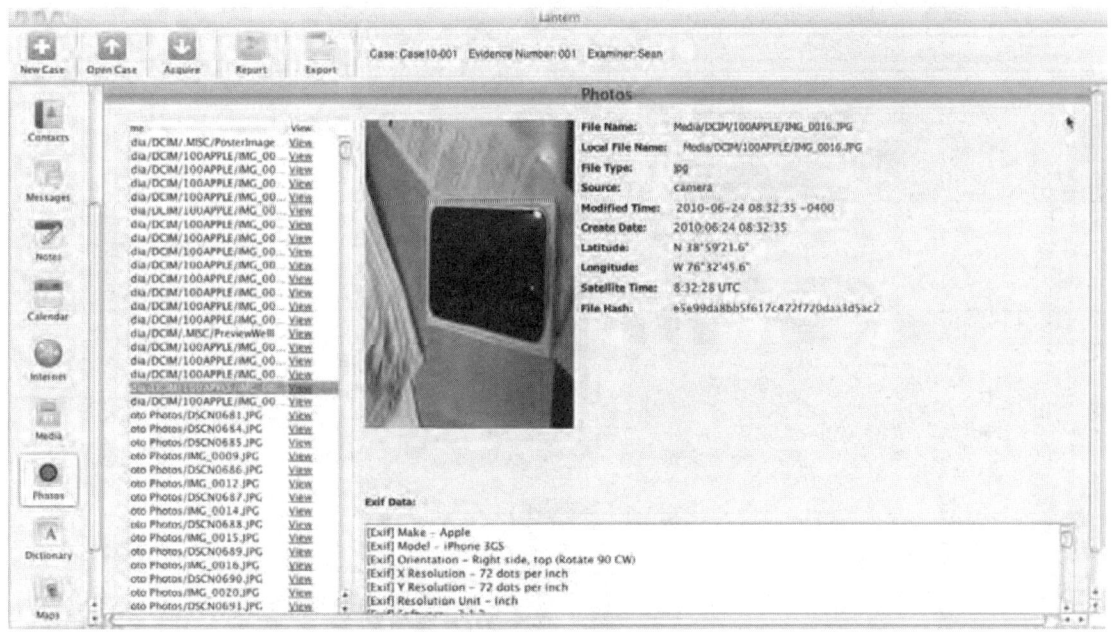

그림 4-22 사진 데이터 확인

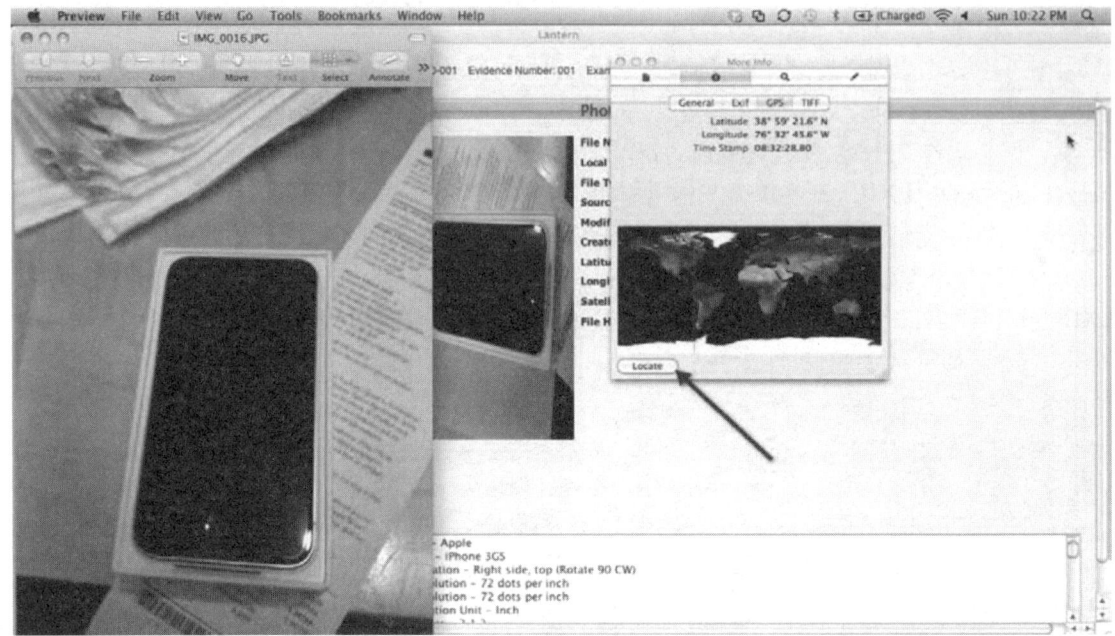

그림 4-23 'Locate' 버튼 사용

그림 4-24 사진이 촬영된 위치 정보 확인

도움 문자(Dynamic Text Data)

iPhone 기기에서 타이핑 시에 풍선으로 나타나는 도움 문자는 아주 오래 전에 삭제됐거나 또는 사용자가 주로 입력했던 문자들을 기록하고 있는 데이터이다. 이는 물론 파일로 저장되어 있다. 그림 4-25에서와 같이 이 도움 문자는 기기에 존재하는 어떠한 애플리케이션에서도(예를 들면 사전 같은) 활용할 수가 있다. 'Lantern'은 이러한 도움 문자 데이터들을 분석하여 보여주고 키워드 검색 기능 또한 제공한다.

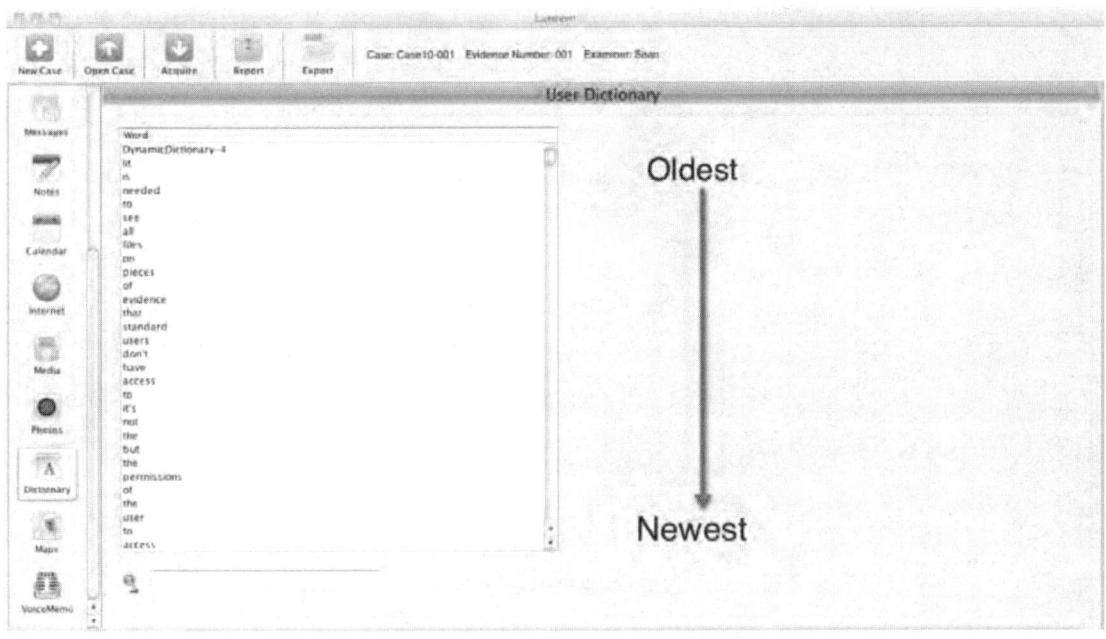

그림 4-25 User Dictionary 화면

지도

지도 화면에서는 위치 이동 경로를 포함하여 사용자 질의 기능을 제공하고 있다. 'Lantern'은 이러한 데이터들을 엑셀파일로 변환하고 구글 지도와 연동시켜 더 자세한 분석을 지원하고 있다. 그림 4-26.

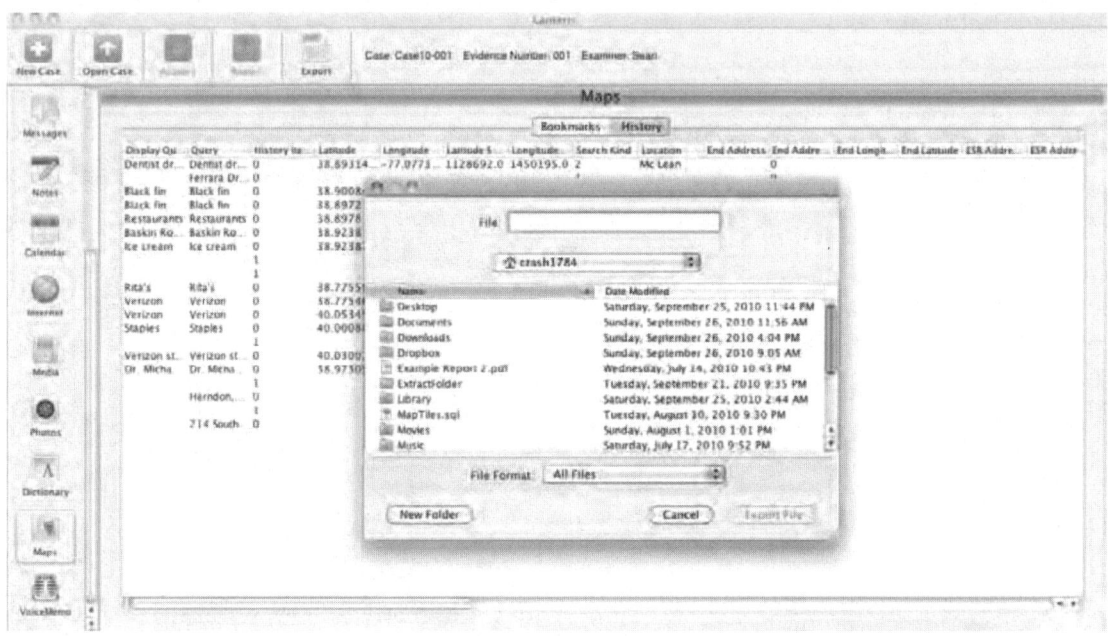

그림 4-26 지도 데이터

디렉터리 구조와 더 상세한 정보들

기기를 조사할 때 더 자세한 정보를 필요로 하는 조사관을 위하여 'Lantern'은 iPhone의 디렉터리 구조에 대한 재구성을 지원한다. 이는 더 많은 정보를 포함할 수 있게 해준다. 그림 4-27 참고.

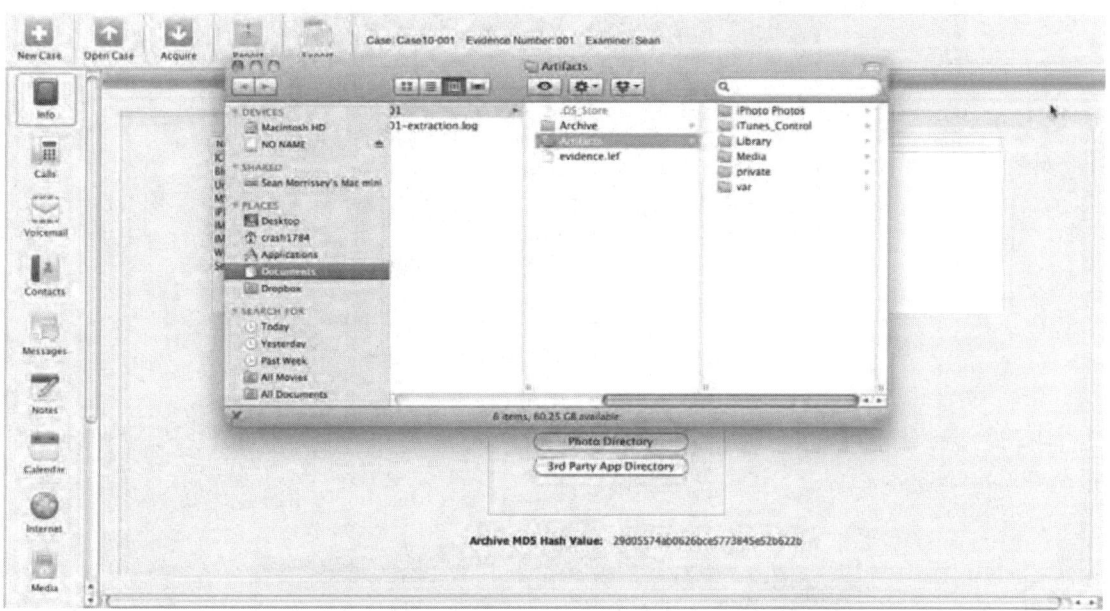

그림 4-27 디렉터리 재구성을 통한 더 상세한 정보수집

Susteen Secure View 2

Susteen Secure View2(이하 SSV2) 역시 iPhone으로부터 데이터를 수집하는 데 사용하는 툴이다. www.mobileforensics.com/Products/Secure-View-for-Forensics.php 사이트로부터 다운로드 받을 수 있으며, 설치가 매우 쉽고 기기와의 연결 방식 또한 쉽게 설정할 수 있다. 2G iPhone과 3G iPhone 두 개의 기기로 이 애플리케이션을 테스트해 보았다. 아쉽게도 SSV2는 iPad와 iPhone 4를 지원하지 않는다.

설정 및 사용자 화면 소개

SSV2는 조사관이 수행할 수 있는 작업을 매우 직관적으로 나타내주는 사용자 화면을 가지고 있으며 그 작동법 역시 꽤나 쉽게 구성되어 있다. 그림 4-28은 SSV2의 시작화면이다.

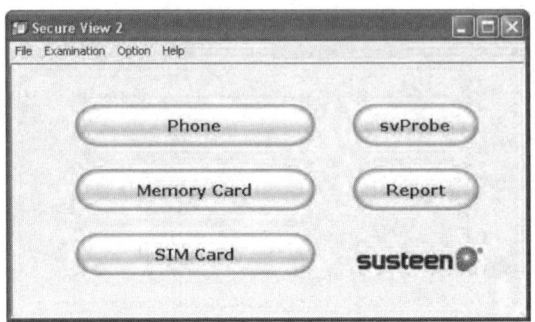

그림 4-28 Secure View 2 시작화면

그림 4-29는 폰 설정 마법사의 장치 연결 부분이다. iPhone의 정보를 수집하기 위해 폰을 선택하고 안내되는 과정을 그대로 진행하면 된다.

그림 4-29 장치 유형을 선택하여 연결 설정 수행

그리고 나서 폰의 제조사와 모델명을 선택하도록 한다. 그림 4-30.

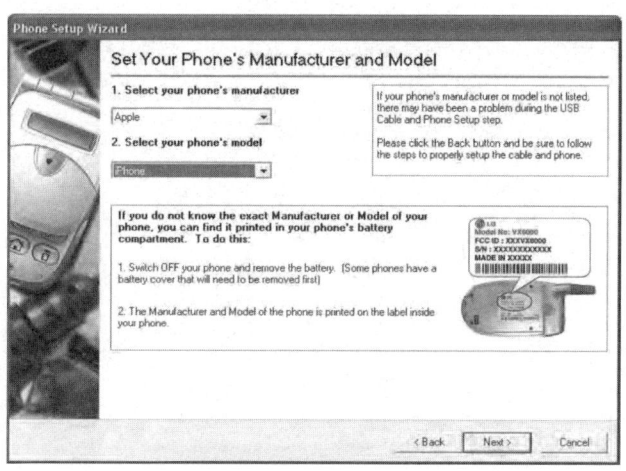

그림 4-30 제조사와 모델명 설정

그림 4-31은 연결 설정이 완료된 모습이다. 이제 핸드폰으로부터 데이터를 수집할 준비가 끝난 것이다.

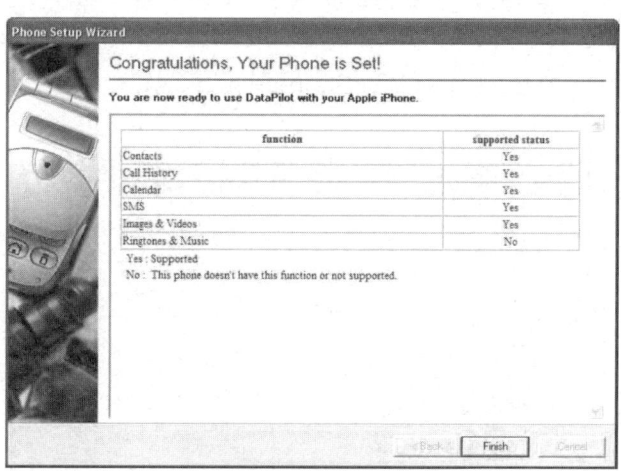

그림 4-31 설정 완료

기기의 연결 설정이 완료되면, 수집이 가능한 항목들이 화면에 나타나게 된다. 그림 4-32 참고.

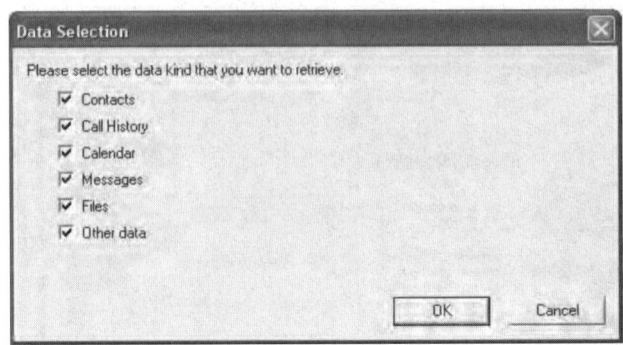

그림 4-32 정보 수집 가능 항목 |

데이터 수집

사용자가 정보 수집을 원하는 항목을 선택할 수 있지만, 'Files'와 'Other data' 항목은 설명만으로는 어떤 데이터들을 추출해낼 수 있는지 약간은 막연해 보이기도 한다. 'OK' 버튼을 누르면 정보 수집이 시작된다.

첫 번째 테스트를 위해 우리는 iPhone 3GS의 iOS 3.1.3 버전을 사용하였으나, 연결 문제로 인해 레포트에서는 위치 정보를 포함한 포토 데이터들과 비디오 데이터들을 수집할 수 없었다. 우리는 여러 번의 시도와 문제를 맞닥뜨렸지만 2G iPhone의 iOS 3.1.3 버전으로 연결을 성공하였다..

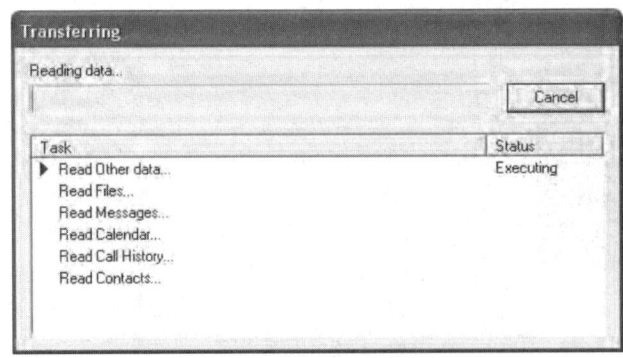

그림 4-33 데이터 읽기

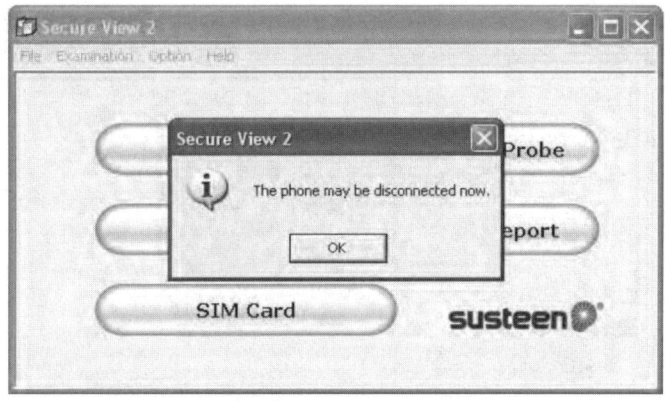

그림 4-34 데이터 수집 완료

리포트

정보 수집이 완료되면 수집된 데이터에 의해 만들어진 레포트를 확인할 수 있게 된다. 다른 비슷한 툴들이 제공하는 내용보다 다소 제한적인 정보들이지만 풍부한 양의 데이터들을 보여주는네 비해, 사용자 인터페이스는 매우 친숙하고 직관적인 편이다. 예를 들면 SMS 데이터 정보들은 두 가지 형태의 인터페이스를 제공하는 데 테이블 구조 형태 그리고 폼 형태 모두를 지원하고 있다. 그림 4-35.

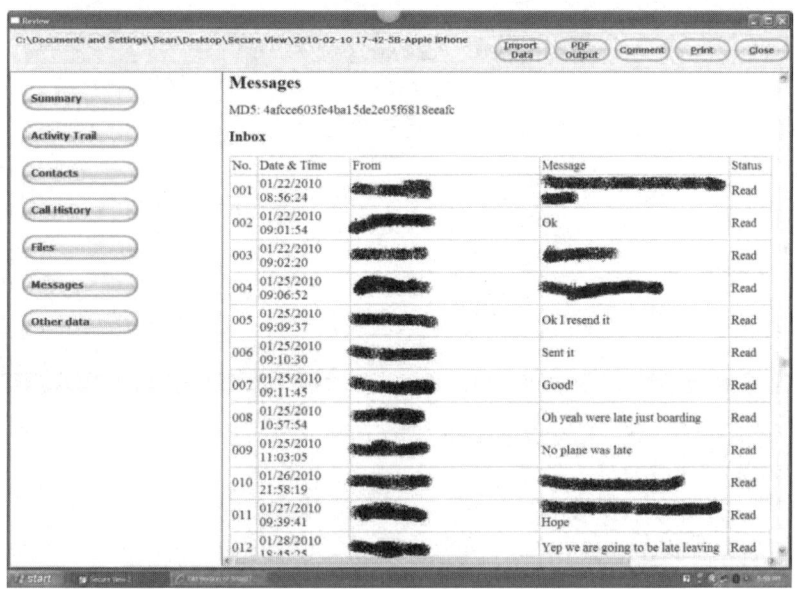

그림 4-35 수집된 SMS 데이터에 대한 레포트 화면

이 프로그램의 아쉬운 점은 사용자에게 레포트에 기재될 핸드폰의 번호라든가 ESN 등의 정보를 요구한다는 것이다. 그림 4-36은 장치로부터 얻어 오지 못한 이러한 정보를 사용자에게 요구하는 화면이다.

레포트는 꽤 직관적으로 데이터를 나타내주고 있다. 다른 툴들에 비해 약간 부족한 정보이기도 하다. 예를 들어 통화 내역에서는 수신 또는 발신 정보가 표현되지 않고 통화 시간에 대한 정보도 없다.

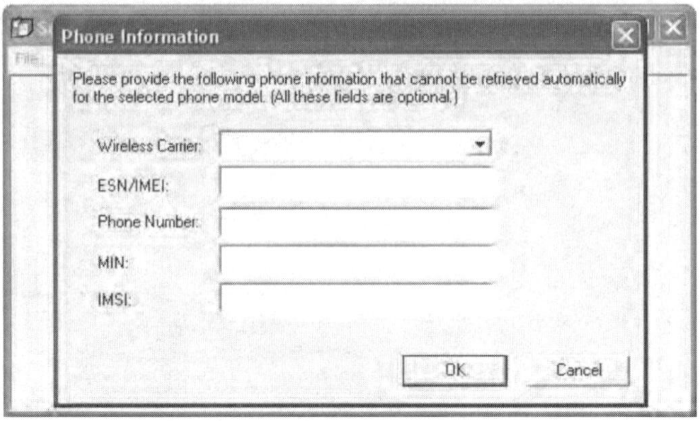

그림 4-36 자동으로 수집해내지 못한 정보들에 대하여 사용자에게 정보 기입을 요구

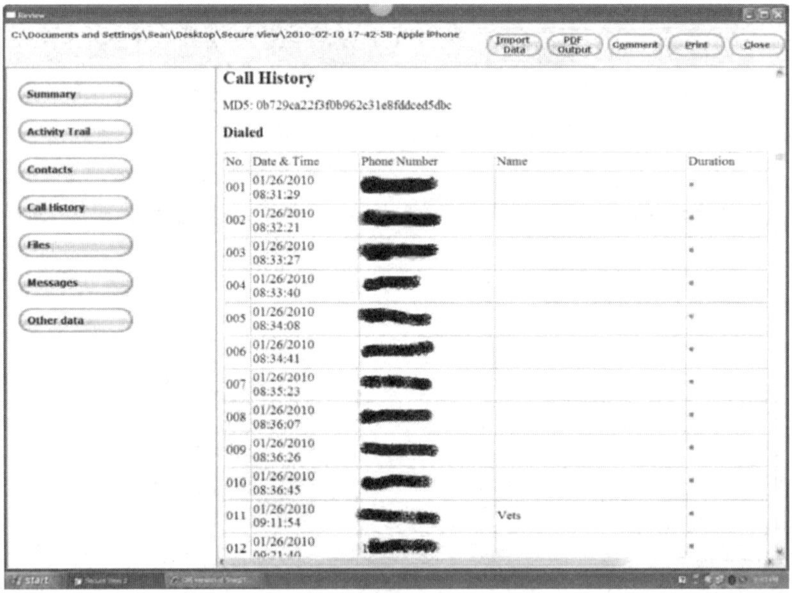

그림 4-37 통화 내역 레포트

인터넷 사용 목록 분석은 꽤 잘 구성된 화면을 보여주진 않지만 URL 그리고 접속한 카운트를 그림 4-38과 같이 보여주고 있다. 그리고 접속 시간에 대해서는 가공되지 않은 데이터를 제공하고 있다. 조사관의 수고가 필요한 부분이다.

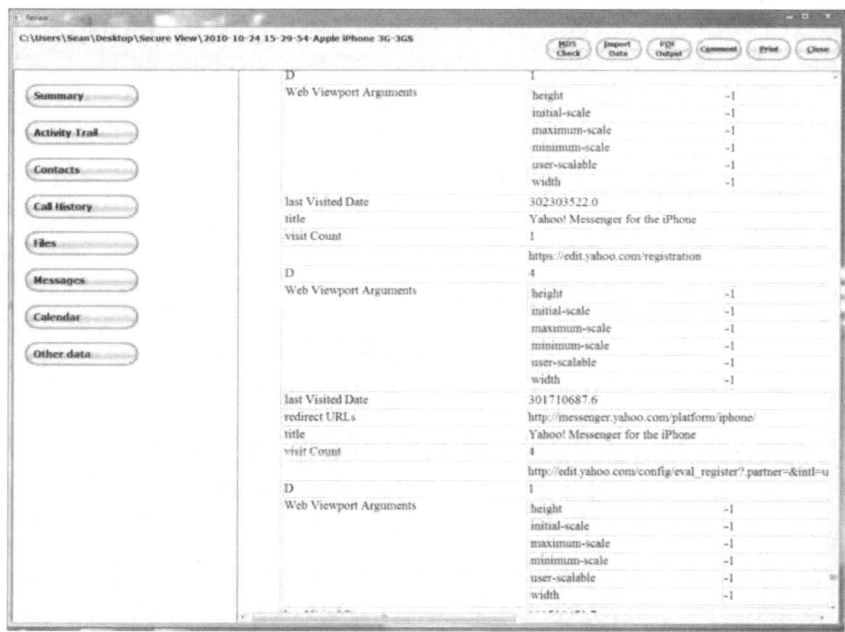

그림 4-38 인터넷 사용 내역 데이터 분석

SSV2는 다른 툴들과 달리 핸드폰의 이메일 설정 데이터들을 수집한다. 그 데이터들 역시 읽기 좋도록 가공되어 있지는 않다. 그러나 'Accountsettings.plit'를 통해서 상세한 정보들을 수집할 수 있다. 이는 조사관에게 무척 가치 있는 정보가 될 수 있다. 법원으로부터 소환장을 발급시킬 수 있을 만큼의 귀중한 정보 가치이다. 그림 4-39는 이러한 데이터 레포트를 나타내고 있다.

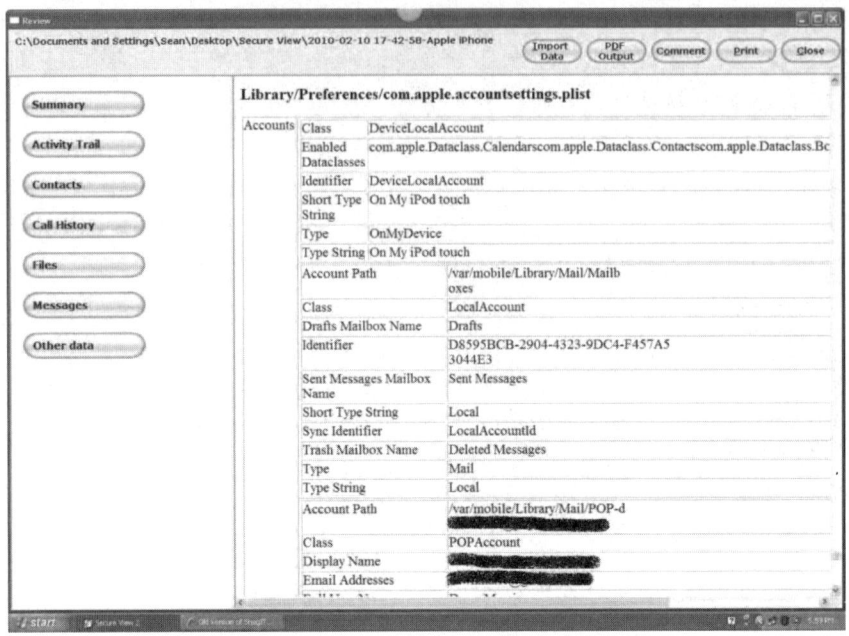

그림 4-39 e-mail 주소 설정 데이터 분석

레포트의 나머지 부분들은 'Files' 항목의 데이터들이다. 그림 4-40에서 보여지는 것처럼 기기로부터 수집된 많은 양의 이미지 파일들을 확인할 수 있다. 위치 정보를 포함한 EXIF 포맷의 이미지들이다. 어떤 프로그램들은 이러한 EXIF 이미지들로부터 위치 정보를 추출해내거나 가짜 위치 정보에 대해서 이를 분석해내기도 한다.

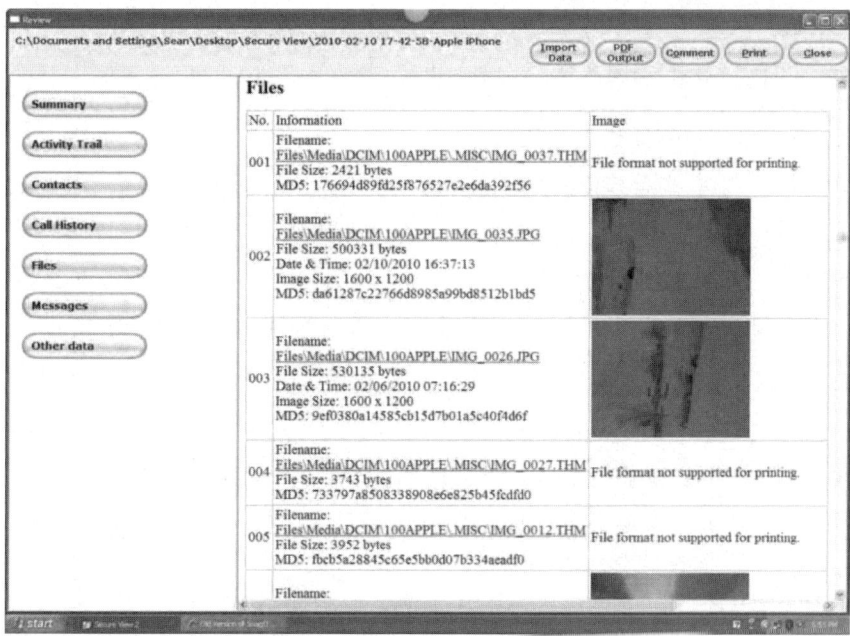

그림 4-40 'Files' 레포트의 결과물

Paraben Device Seizure

'Device Seizure'는 iPhone에만 국한되지 않은 범용적인 핸드폰 포렌식 툴이라고 할 수 있다. 이러한 종류의 애플리케이션 제작사들은 iPhone의 모든 데이터를 정확히 분석할 수 없을지라도 기본적으로 iPhone을 지원하도록 하고 있다. 'Device Seizure' 역시 마찬가지이다. 'Device Seizure'는 가끔씩 정확하지 않은 데이터들을 수집하는 경우도 있지만, 이러한 문제들은 이런 종류의 툴들이 가진 보편적인 문제이기도 하다.

$1,000의 비용이 넘어가는 Paraben사의 'Device Seizure'는 그들이 지원하는 다양한 핸드폰에 비한다면 적정한 가격을 책정한 것으로 생각된다. 이 툴의 설치 시에 모든 기기의 드라이버를 지원하도록 설정한다면 꽤 많은 시간이 소요될 것이다. 우리는 Paraben사로부터 툴을 수정하도록 만들 만큼 많은 문제점들을 보고하기도 했다. 이는 기기와의 연결 장치를 필요로 하는 이러한 툴들이 가지는 일반적인 문제이다. 우리는 이 애플리케이션을 테스트하기 위해 많은 iPhone 기기들을 사용했다. 2G iPhone, 3G iPhone 그리고 3GS iPhone이다. 'Device Seizure'는 iPhone 기기에 대해서는 성공적인 정보 수집을 수행해내었으나 iPad에 대해서는 그렇지 못했다. 그리고 iPhone에 대해서도 가끔은 정상적이지 않을 때도 있었다.

지원하는 기기들

아래는 기기들에 대한 툴의 지원 정도를 나타낸다.

- iPhone 2G: 데이터 수집이 이루어짐.
- iPhone 3G: 데이터 수집이 이루어짐.
- iPhone 3GS: 데이터 수집이 이루어짐.
- iPhone 4: 지원하지 않음.
- iPad: 지원하지만 정상 작동은 이루어지지 않음(오동작이 많다는 의미).

장점

'Device Seizure'는 기기로부터 데이터 수집이 가능했을 경우 매우 훌륭한 결과를 보여주었다. SMS, 주소록, 통화 내역 등과 같은 항목별 데이터를 분석해준다. 물론 기기에 설치된 애플리케이션 내의 설정 파일들이나 데이터베이스의 데이터를 분석해내지는 못 하지만 해당 데이터들을 추출해낼 수 있도록 지원하며, 추출된 데이터는 'iPod robot's Plist Editor' 또는 'SQLite Database Browser' 그리고 'Irfanview' 같은 프로그램을 통해서 분석이 가능하며, 이러한 프로그램들은 CSV, HTML, text 그리고 XML 형태의 결과물을 제공할 수 있다. 그림 4-41, 그림 4-42.

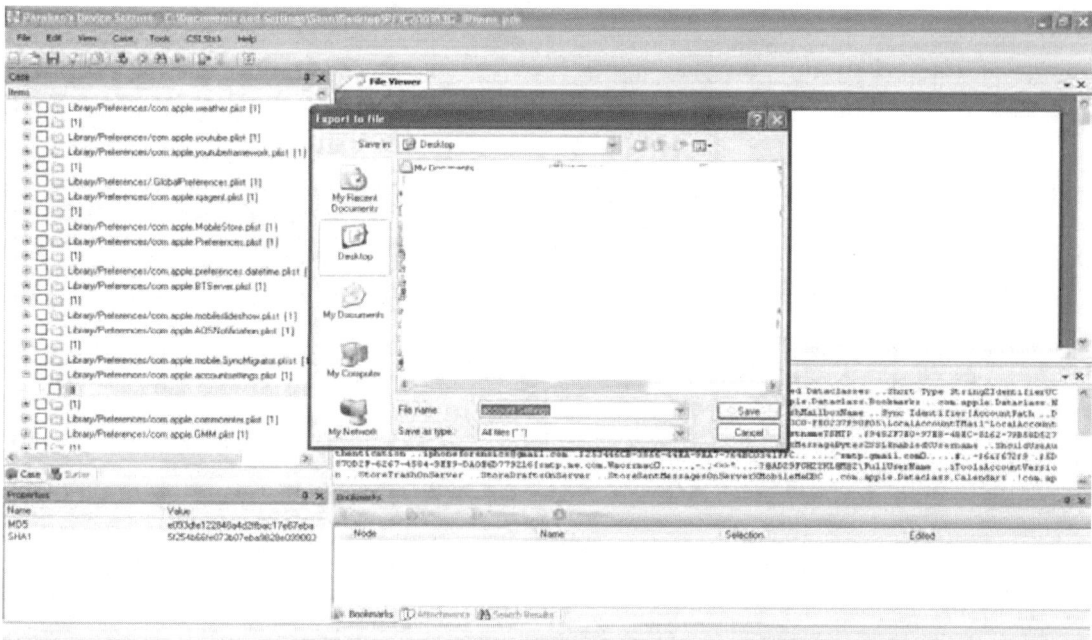

그림 4-41 'Device Seizure'의 레포트 화면

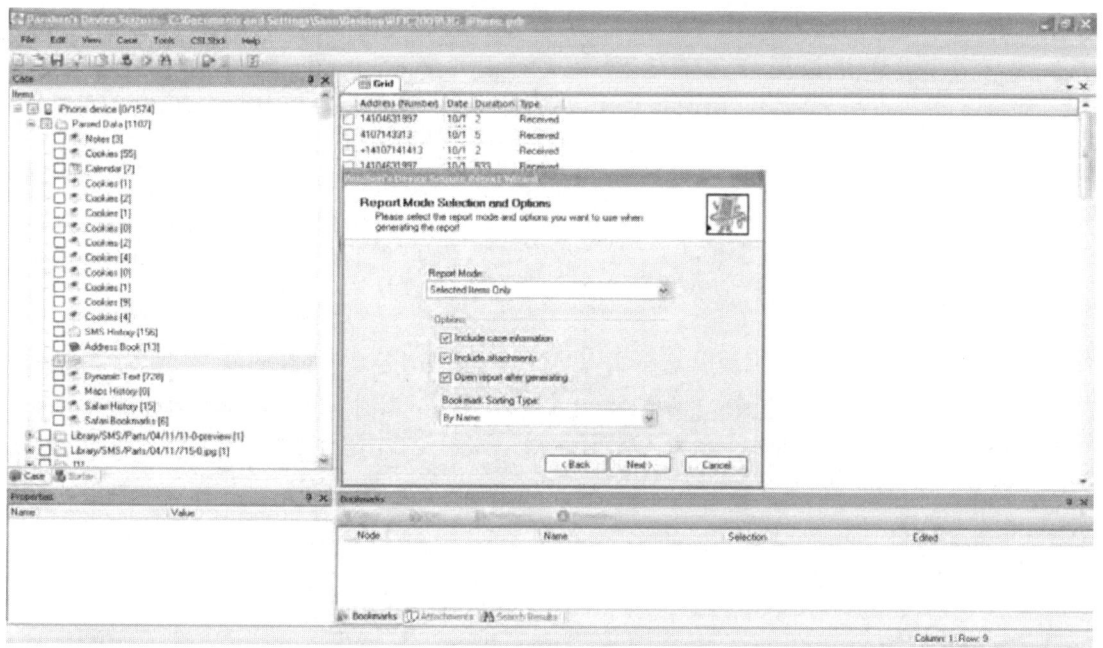

그림 4-42 레포트 유형 선택

단점

주소록 같은 경우, 'Device Seizure'는 연락처에 포함된 이미지들을 수집하는 기능에 대해서는 사실상 전혀 수행을 해내지 못하였다. 그림 4-43.

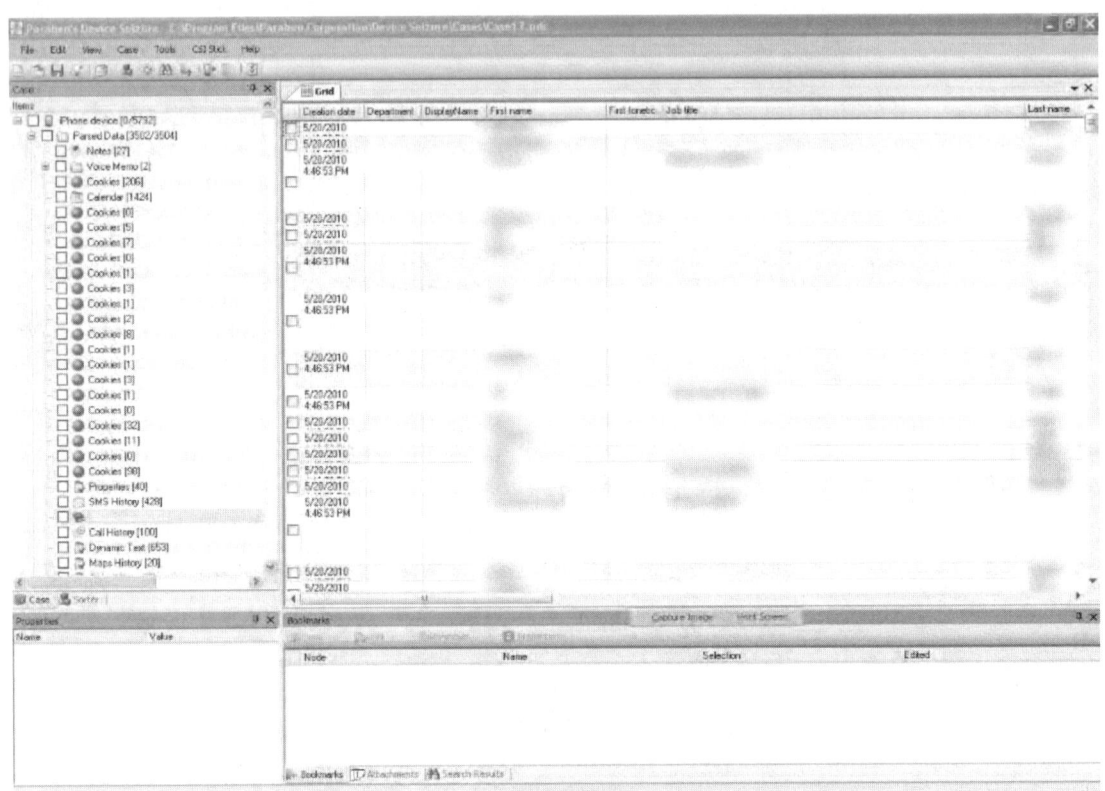

그림 4-43 'Device Seizure'의 연락처 데이터 수집 기능의 결함

가장 치명적인 문제는 설치 시에 어려움이다. 'Device Seizure'는 다른 포렌식 툴과의 충돌을 일으키거나 연결 장치가 인터넷 사용이 가능해야 한다는 문제점을 가지고 있다. 이는 연결 장치의 소프트웨어를 온라인 상으로 업데이트 하기 위함이다. 'Device Seizure 4.0'은 작업 중 삭제된 데이터를 복구해 달라는 고객 불만이 발생하고 있으나 iPhone 3GS의 경우 삭제된 데이터에 대한 복구는 불가능하다.

전체적으로, 'Device Seizure'는 iPhone의 정보 분석을 위하여 정상적이지 않은 수행을 보이기도 하지만 적정한 가격이 책정된 핸드폰 포렌식 툴이다. 이 툴의 단점들을 보완하는 기능은 다른 툴들이 분석할 수 있는 파일 포맷으로 수집된 데이터를 추출해 준다는 것이며, 북마크 기능과 선별적인 레포팅이 가능하다는 것이다.

Oxygen Forensic Suite 2010

'Oxygen Forensic Suite 2010'는 www.oxygen-forensic.com에서 다운로드 받을 수 있다. 정상적인 사용을 위해서는 $1,499를 지불해야 하지만, 트라이얼 버전으로 30일 간 그리고 30번의 실행 제한으로 전 기능을 온전히 사용할 수 있기도 하다. 이 툴은 3GS와 iPad를 지원하며 iPhone이 동기화 되어 있는 최신 버전의 iTunes가 설치되어 있어야 한다. 물론 설치상의 어려움은 있다. 하지만 기기와의 연결 부분은 비교적 쉬운 편이다. 연결 마법사가 자동으로 기기 인식을 수행해주기 때문이다. 이 프로그램은 iTunes의 백업을 수행하고 기기로부터의 정보 수집이 이루어진다.

지원하는 기기들

아래는 툴에서 지원하는 기기의 유형이다.

- iPhone 2G
- iPhone 3G
- iPhone 3GS
- iPod touch
- iPad

Oxygen 연결 마법사

장치 연결을 위해서는 아래의 단계를 수행하도록 한다.

1. 그림 4-44와 같이 'Oxygen'의 연결 마법사를 시작한다.

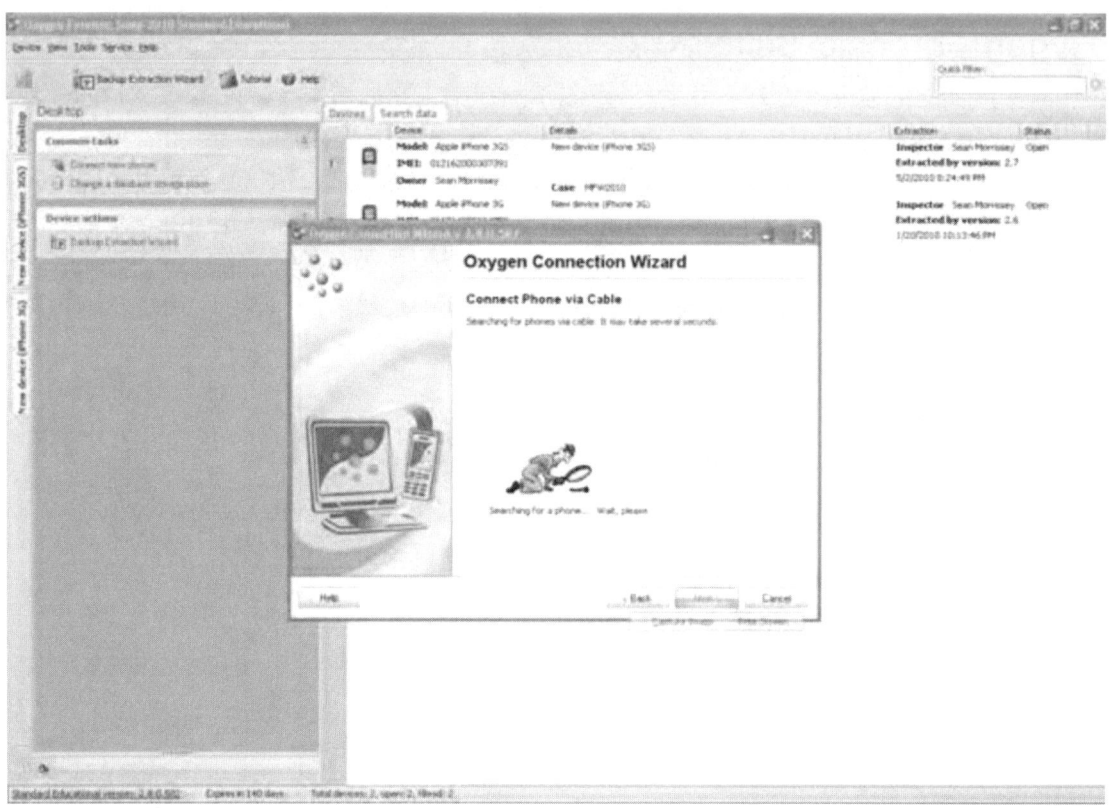

그림 4-44 'Oxygen'의 연결 마법사 시작 화면

2. USB cable, 블루투스(Blutooth) 또는 적외선 통신과 같이 애플 기기들의 연결 유형을 선택한다.

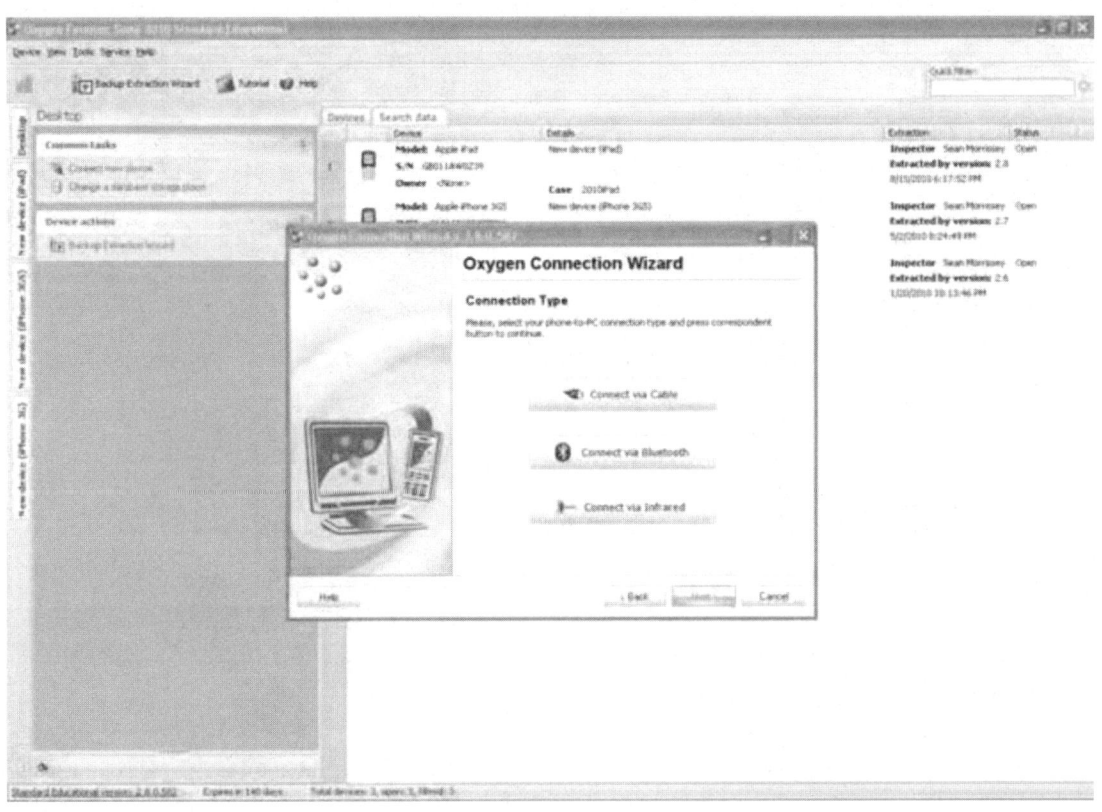

그림 4-45 연결 유형 선택

Oxygen 데이터 수집 마법사

그림 4-46처럼, 연결 마법사가 완료되면 뒤이어 데이터 수집 마법사가 수행된다.

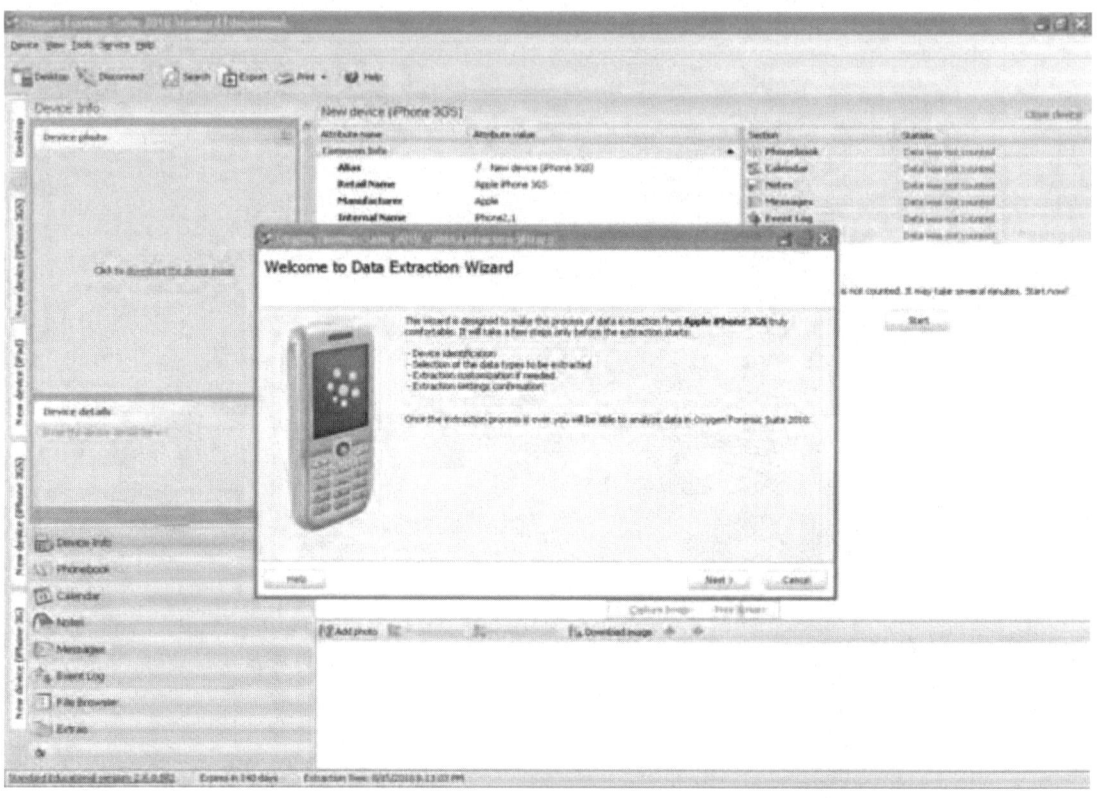

그림 4-46 데이터 수집 마법사 수행

데이터 수집 마법사는 그림 4-47과 같이 정보 수집을 원하는 수준에 대하여 사용자로 하여금 선택할 수 있도록 한다.

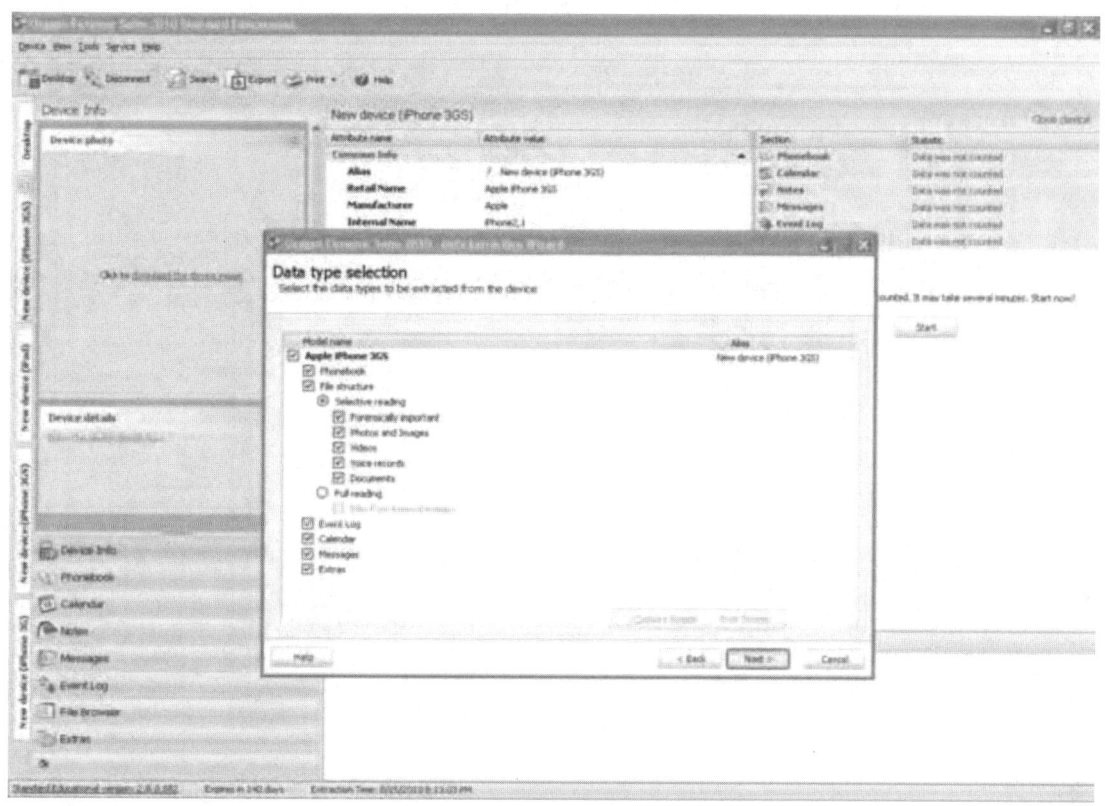

그림 4-47 데이터 수집 항목 선택

백업 데이터 확인

데이터 수집 마법사에서 수집 항목에 대한 선택이 이루어지면 뒤이어 그림 4-48과 같이, iTunes에 백업되어 있는 데이터로부터 정보 수집이 이루어진다.

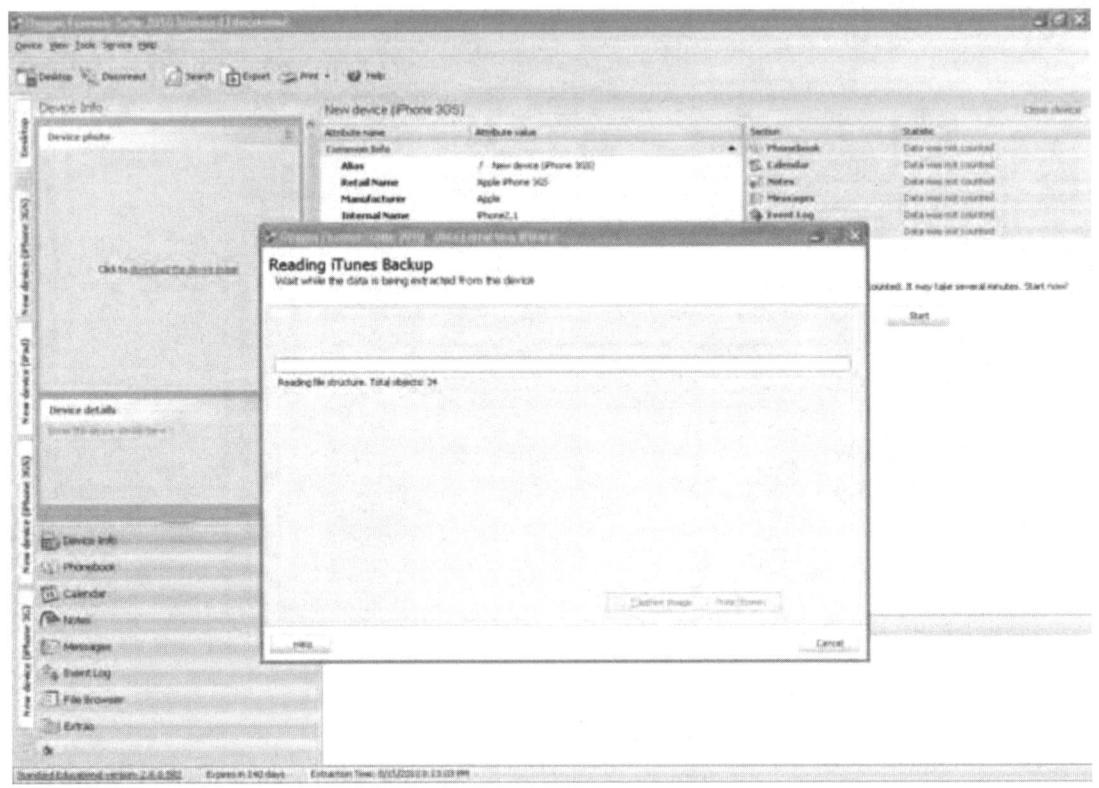

그림 4-48 iTunes의 백업 데이터 로딩

데이터 수집이 완료되면 사용자가 쉽게 정보를 탐색할 수 있도록 화면의 좌하단에 수집 데이터들에 대해 항목별 섹션 목록을 표시해준다. 그림 4-49 참고.

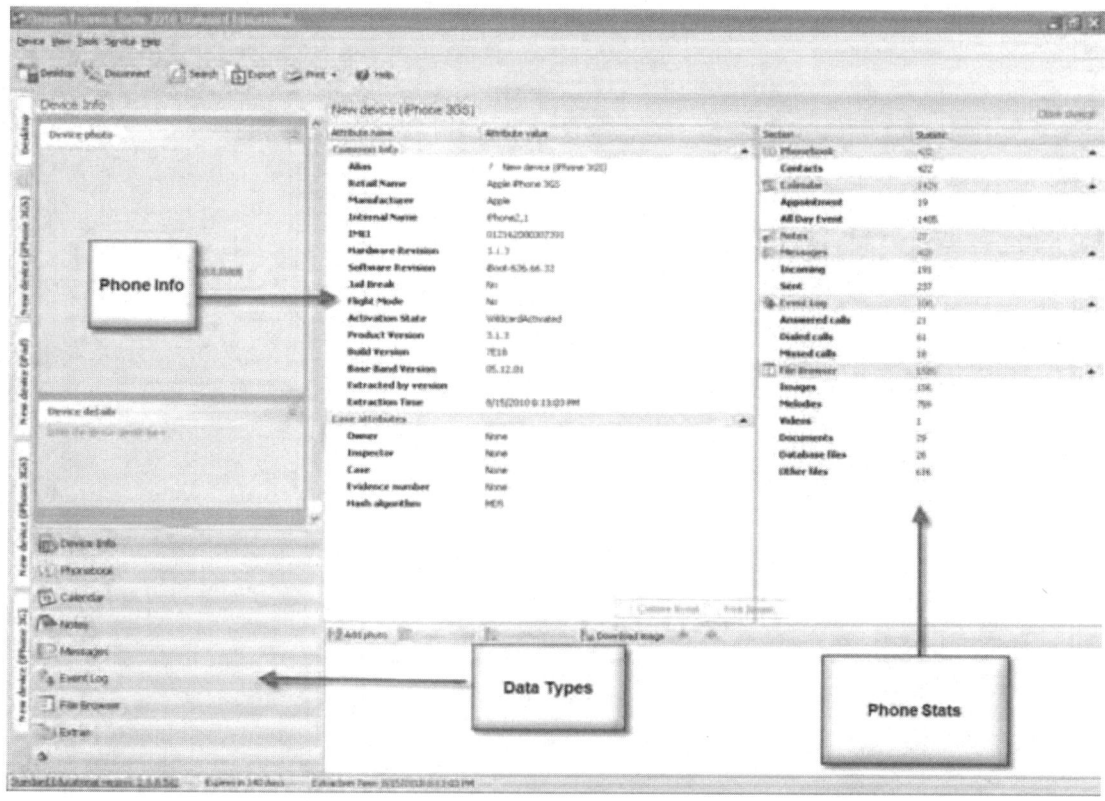

그림 4-49 정보 수집 결과 화면의 표현 방식을 변경할 수 있는 옵션

'Oxygen'은 기기의 기본 정보를 비롯하여 연락처, 노트, 메세지, 통화 내역, 파일 탐색기 등의 기능을 지원한다. 그밖에 추가적인 비용을 필요로 하는 기능으로 웹 브라우저의 데이터 분석이라거나 스카이프 데이터에 대한 분석 또한 와이파이 정보, 위치 정보 분석 기능이 있다. 최신 버전에서는 .plist 파일이나 SQLite 데이터베이스에 대한 분석 도구를 지원하고 있다. 이 책에서는 Windows 운영체제에서 이러한 파일들과 데이터베이스에 대한 분석 지원을 제공하는 애플리케이션들에 대해 따로 설명하고 있으니 참고하기 바란다. Mac에서도 비슷한 기능을 제공하는 훌륭한 무료 앱들을 쉽게 구할 수가 있다. 그림 4-50부터 그림 4-55까지는 수집된 정보들을 보여주는 'Oxygen'의 화면들이다.

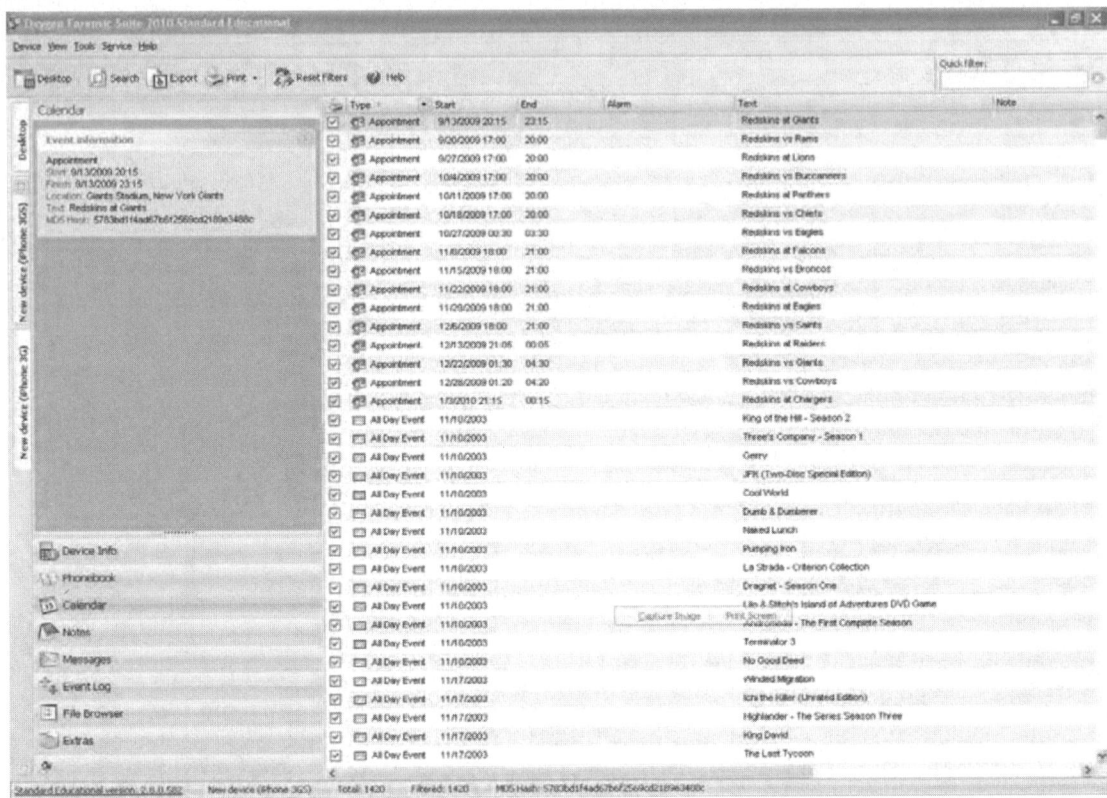

그림 4-50 캘린더 데이터

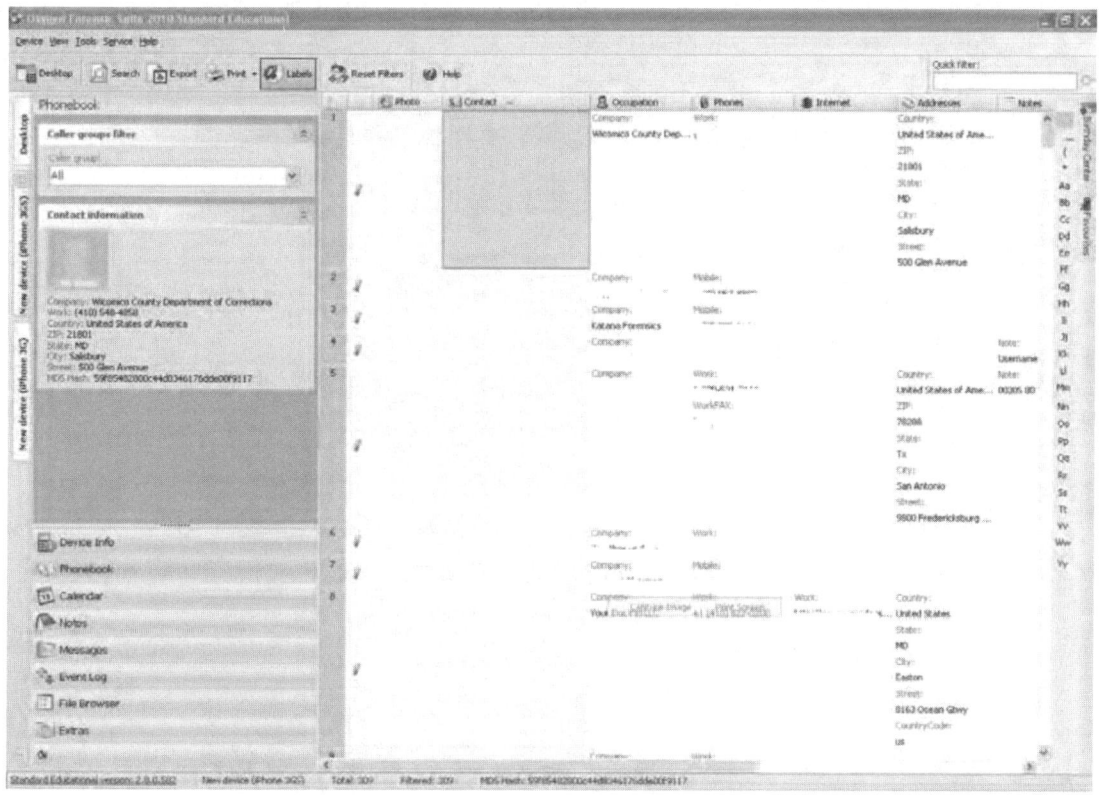

그림 4-51 연락처 정보

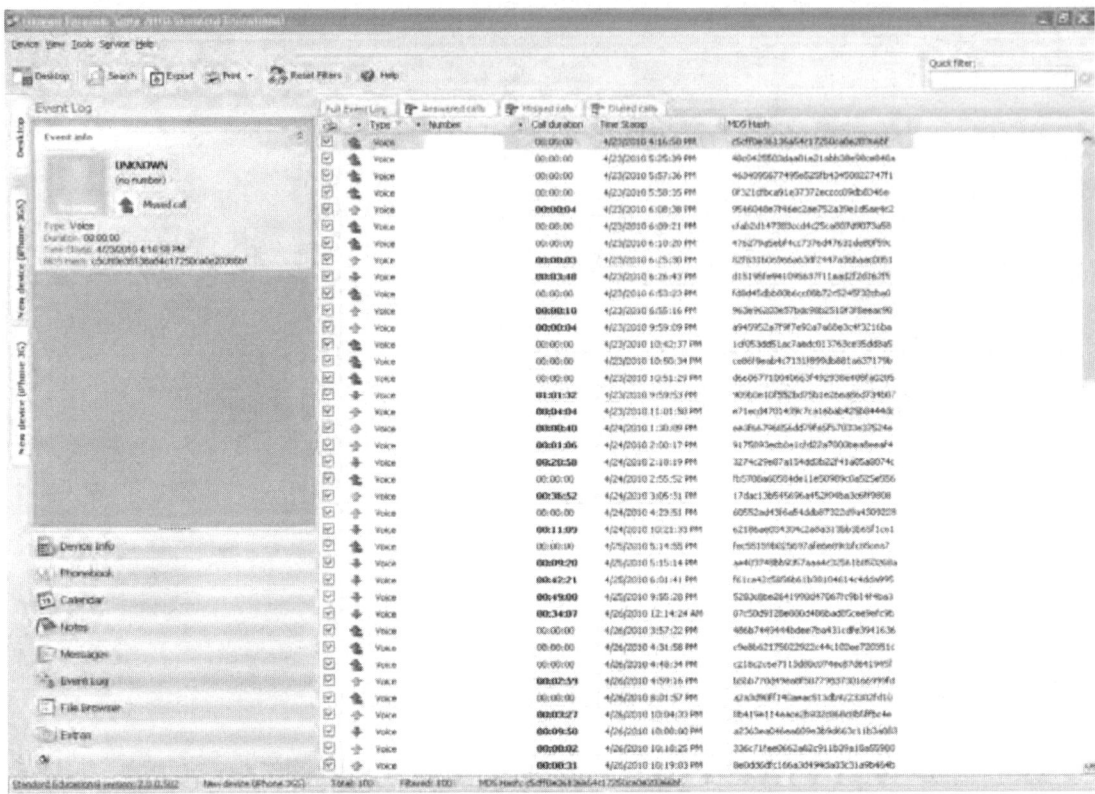

그림 4-52 통화 내역 정보

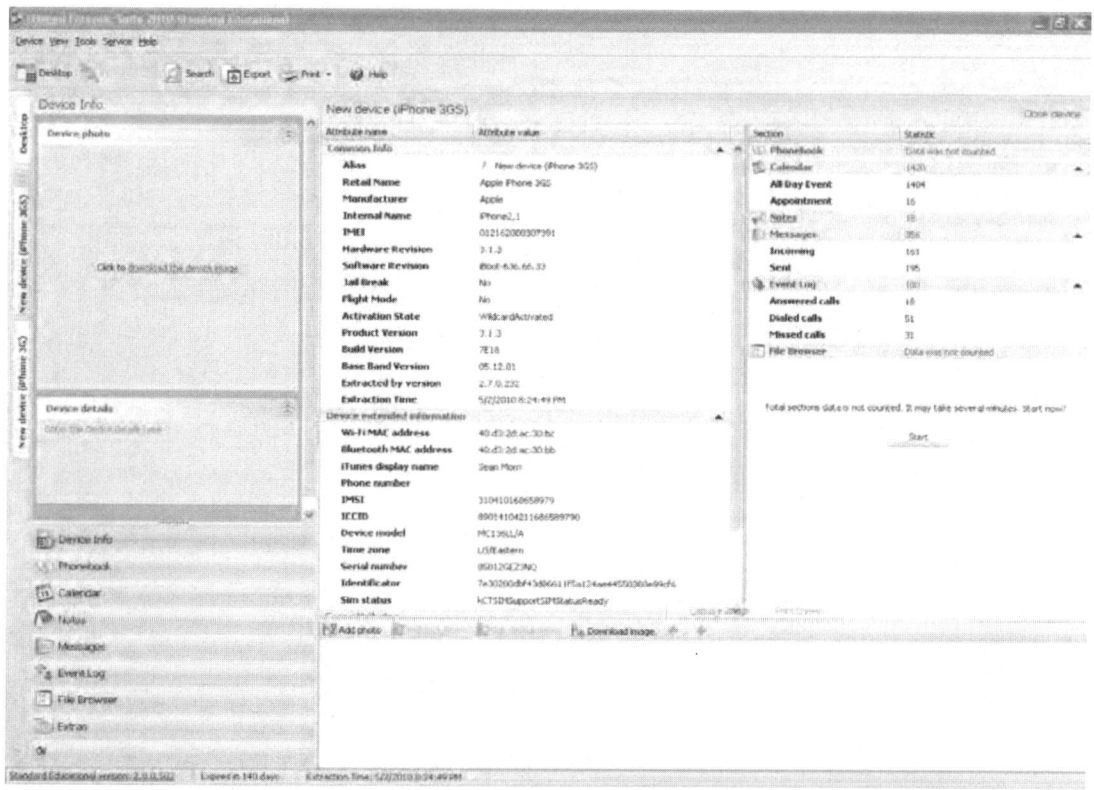

그림 4-53 기기의 기본 정보

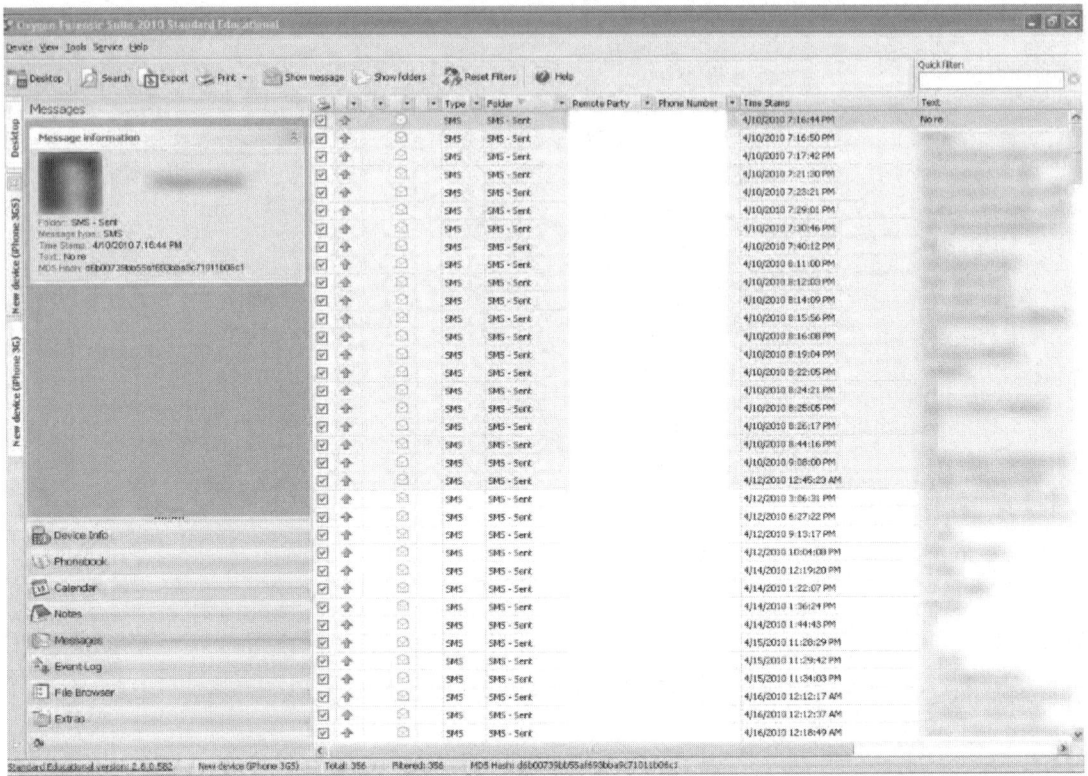

그림 4-54 SMS 정보

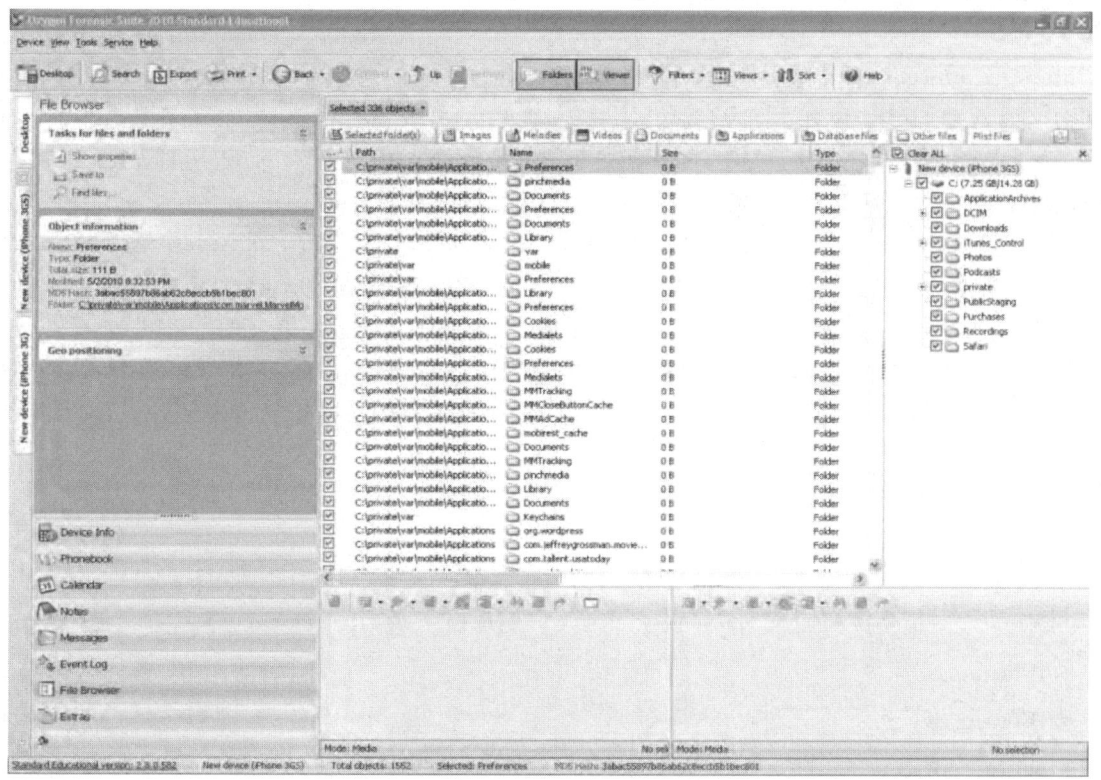

그림 4-55 디렉터리 구조 정보

러시아 회사에서 만든 'Oxygen' 애플리케이션의 추가적인 기능을 모두 사용하기 위해서는 총 $2,029의 비용이 발생되지만 애플 기기의 데이터를 수집하는 데에 있어서는 훌륭한 툴이라고 할 수 있다. 물론 사용 지역에 따라서 기술 지원의 정도가 달라질 수는 있다(제작 회사가 러시아에 있기 때문에). 'Oxygen' 툴의 단점이라면 정보 수집 항목의 제한된 부분과 높은 가격이라고 볼 수 있다. 그리고 연결 장치(동글)를 따로 필요로 하는데, 툴 사용을 위해 습득해야 할 약간의 지식들과 직관적이지 못한 부분들도 존재한다. 또한 사용 용어들이 다소 익숙치 않을 수도 있다.

Cellebrite

'Cellebrite Universal Forensic Extraction Device(UFED)'는 각기 다른 제조사의 핸드폰 기기 간의 사용자 데이터를 변환할 때 사용할 수 있는 애플리케이션으로 시작하였다. 사용자들의 개인적인 데이터들이 변경될 때 이 애플리케이션의 기능이 필요하였다. 그 후에 'Cellebrite'는 UFED 기기를 만들었는데 일반적인 상업용 기기들과 비슷한 형태였다. 휴대폰에 데이터를 옮겨 쓰는 기능이 아닌 USB 플래시라거나 SD 카드 또는 Windows 운영체제와 같은 제 3의 장치에 데이터를 저장할 수 있게 하였다. 더 높은 버전의 기기인 UFED physical Pro라는 'UME-36'은 사실 UFED 버전과 크게 다른 기능은 없다. 'Cellebrite'는 핸드폰의 정보를 수집하는 여타의 소프트웨어들과는 달리 하드웨어 기기이다. UFED는 내부적으로 'Windows CR core 5.0' 운영체제를 사용하고 있으며, 작동이 매우 단순하고 모바일 포렌식 수사에 들어가는 많은 수고로움을 절감해주는 효과를 발휘한다.

지원하는 기기들

지원하는 기기의 목록은 아래와 같다.

- iPhone 2G
- iPhone 3G
- iPhone 3GS
- iPhone 4
- iPad
- Password recovery: 언락(Unlock) .plist 파일 필요.

Cellebrite 설치

이전에 언급했던 대로, 'Cellebrite'는 사용이 매우 쉽다.

1. iPhone을 'Cellebrite' 기기에 꽂고, 'Extract Phone Data'를 선택하면 된다. 그림 4-56 참고.

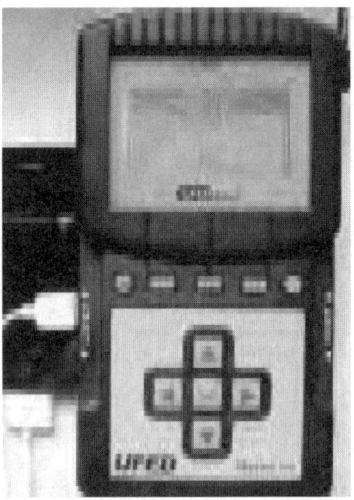

그림 4-56 폰의 데이터 수집

2. 그 후 Apple사의 기기들 중 해당하는 기기를 선택하면 된다(iPhone, iPod, iPad). 그림 4-57 참고.

그림 4-57 기기의 유형 선택(iPhone, iPod, iPad)

3. 수집을 원하는 항목 선택

4. 그림 4-58처럼, 수집한 데이터를 어디에 저장할 것인지를 선택한다. USB 플래시 드라이브 나 SD 카드 또는 Windows 내에 저장이 가능하다.

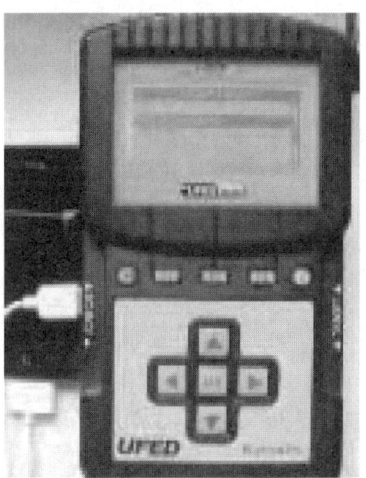

그림 4-58 수집한 데이터의 저장 위치 선택

5. 그리고 나서 기기로부터 추출할 데이터의 타입을 묻는 다이얼로그 박스가 나타난다. 그림 4-59.

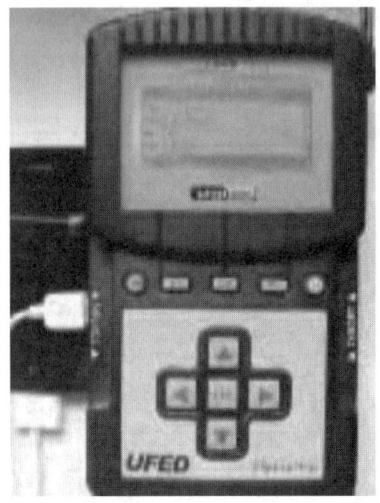

그림 4-59 기기로부터 추출해낼 데이터 타입 선택

'Cellebrite'는 데이터 수집에 앞서 사용자에게 어떤 종류의 케이블을 사용하는 게 작업에 적합한지 알려주는데, 'Cellebrite'는 기기로부터 수집해오는 데이터의 양이나 시간적인 면에서 특별히 다른 점은 없다. 데이터 수집에는 약 30분에서 몇 시간 정도가 소요된다.

데이터 수집이 완료된 후에, 모든 데이터는 이미 언급했던 것과 같이 로컬의 특정 영역에 저장된다. 데이터는 HTML 리포트 형식으로 저장되며, 이미지나 비디오는 각각의 폴더 내에 개별적으로 저장된다. 수집된 데이터는 나중에 추가적인 작업을 진행할 수 있도록 기기의 논리적인 디렉터리 구조에 맞추어져 있다. 이 부분은 다음 장에서 조금 더 자세히 설명될 것이다. 리포트 내용은 그림 4-60과 4-61의 모습과 같다.

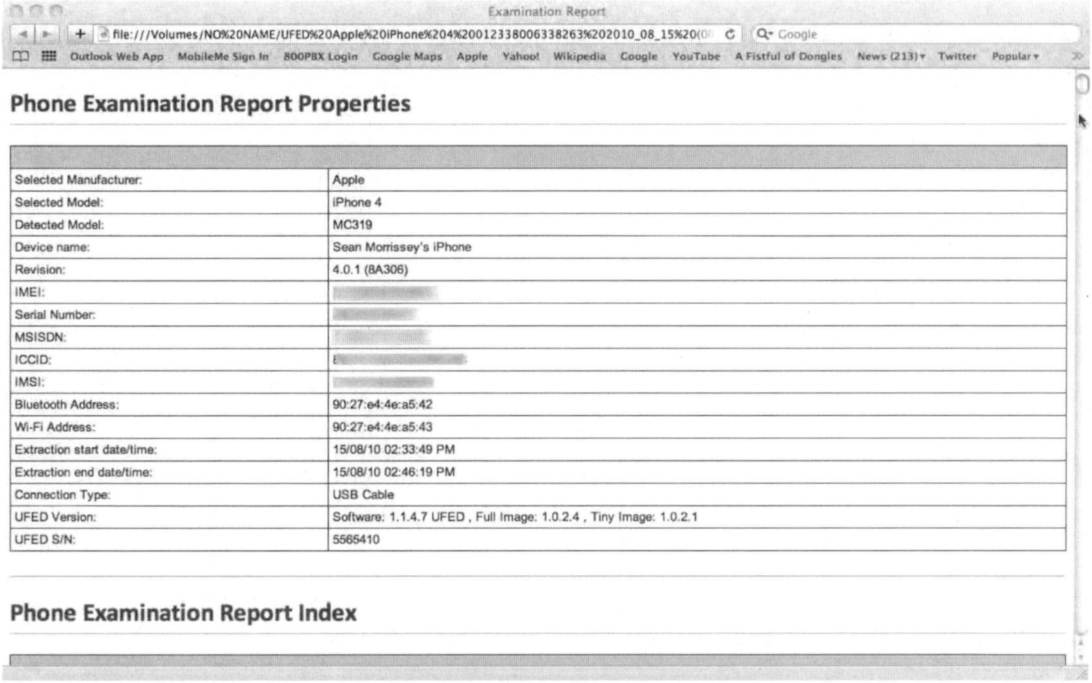

Phone Examination Report Properties

Selected Manufacturer:	Apple
Selected Model:	iPhone 4
Detected Model:	MC319
Device name:	Sean Morrissey's iPhone
Revision:	4.0.1 (8A306)
IMEI:	
Serial Number:	
MSISDN:	
ICCID:	
IMSI:	
Bluetooth Address:	90:27:e4:4e:a5:42
Wi-Fi Address:	90:27:e4:4e:a5:43
Extraction start date/time:	15/08/10 02:33:49 PM
Extraction end date/time:	15/08/10 02:46:19 PM
Connection Type:	USB Cable
UFED Version:	Software: 1.1.4.7 UFED , Full Image: 1.0.2.4 , Tiny Image: 1.0.2.1
UFED S/N:	5565410

Phone Examination Report Index

그림 4-60 데이터 수집 결과 리포트

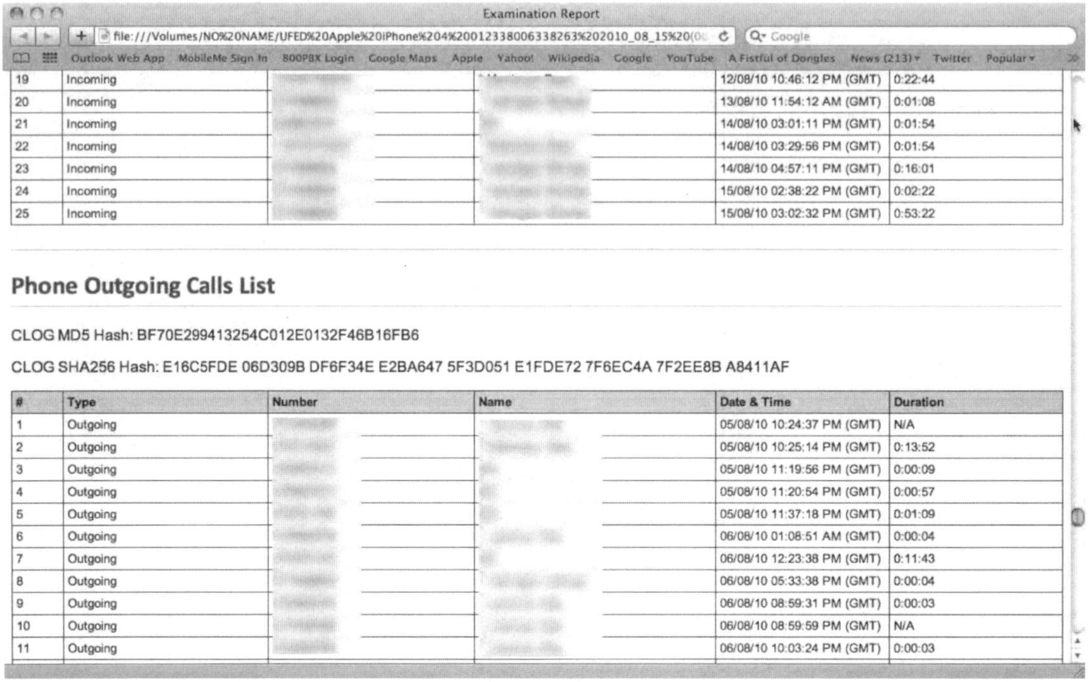

그림 4-61 발신 통화 내역

물론 'Cellebrite' 툴 역시 위치 정보를 담은 이미지 파일들을 수집해오는데, 만약 인터넷이 연결된 환경이라면 위도와 경도 정보를 이용하여 구글 지도와 연동시킬 수가 있다. 아쉽게도 기본적으로 제공되는 리포트는 노트, 인터넷 사용 흔적 등과 같은 정보들에 대해서는 분석해주지 않는다. 이 제품의 'Physical Pro' 부분은 사실 UFED보다 더 많은 데이터를 제공해주는 것은 아니지만 포렌식 조사관이 분석 작업을 위해 간단히 기기의 'Push-button'을 누르기만 하면 된다는 장점이 있다. 하지만 'Physical Pro'를 사용하기 위해서 약 $8000의 비용을 지불해야 한다는 것은 분명히 생각해봐야 할 부분이긴 하다.

툴의 비교

만약 이 책을 읽고 있는 독자가 위에서 언급된 툴 중 한 가지를 선택하기 위해 비교 데이터가 필요할지도 모르겠다. 아래 설명은 특정 기준의 기기를 가지고 있다는 전제 하에 각 툴들의 사용 결과를 분석해 보았다.

3GS 기준:

- Firmware 3.1.3
- 309개의 연락처
- 220개의 오디오 파일
- 2개의 비디오 파일
- 10개의 iPhone 이미지
- 2개의 iPhone 비디오
- 18개의 노트
- 1개의 음성 메모
- 356개의 SMS/MMS 메시지
- 1421개의 캘린더 이벤트
- 27개의 음성 메일

주의할 사항

대부분의 포렌식 툴 개발자들은 법 집행을 지원하고 더 다양한 폰의 데이터 수집을 위해 개발 작업을 수행하고 있다. 하지만 이런 류의 어떤 애플리케이션이건 간에 모든 데이터를 정확하게 분석해서 추출해주는 것은 아니다. 이런 점이 조사관들을 어렵게 하는 건 사실이다. 그리고 개발사들의 광고는 다소 과대 포장된 부분도 있다. 포렌식 툴은 지불한 비용 대비 분명한 효과를 가져다 줄 수 있는지를 판단하여 선택해야 한다. 단순히 'forensic'이라는 단어를 갖다 붙였다고 해서 그 애플리케이션이 그 만큼의 비용 가치가 있다는 건 아닐 수도 있으니 말이다.

Paraben Device Seizure 수행결과

- 데이터 수집 2시간 소요
- 309개의 연락처 정보
- 18개의 노트
- 1421개의 캘린더 이벤트
- 100개의 통화내역
- 10개의 이미지
- 2개의 비디오
- 파일 시스템을 가져오긴 하였지만 디렉터리 재구성엔 실패
- iPhone 내에 설치된 앱을 분석하기 위해서는 제 3의 분석 툴이 필요
- 위치 정보가 담긴 이미지 파일(EXIF)들을 분석하기 위해서는 제 3의 분석 툴이 필요

Oxygen Forensic Suite 2010 수행 결과

- 데이터 수집 21분 소요
- 309개의 연락처 정보
- 356개의 SMS/MMS 정보 (MMS의 경우 미디어 내용은 볼 수 없음)
- 1개의 SMS 데이터의 메시지 내용 누락
- 18개의 노트
- 1419개의 캘린더 이벤트
- 100개의 통화 내역
- 20개의 이미지(중복 데이터 포함됨)
- 0개의 비디오
- 'Oxygen' 내부적으로 사용 가능한 SQLite와 Property list viewers는 비용을 지불해야 사용 가능하다. 이 툴들은 비슷한 기능을 하는 여타의 툴들에 비해 다소 성능이 떨어진다.
- 수집된 데이터를 바탕으로 수동으로 디렉터리를 구성 등, 조절하는 기능은 찾아볼 수가 없는데, 'Oxygen'은 분명 훌륭한 툴이기는 하지만, 사용자가 믿고 의지할 만한가에 대해서는 다소 모순적인 부분이 없지 않다.

Cellebrite 수행 결과

- 전체 항목에 대해 수집을 수행할 경우 12시간 이상의 시간이 소요되는데, 주로 한 항목씩 선택해서 수집하는 방법이 실패율을 줄일 수 있다.
- 309개의 연락처 정보
- 382개의 SMS 정보(많은 양의 중복 데이터가 수집되기도 한다.)
- 100개의 통화내역
- 12개의 이미지
- 19개의 오디오 파일
- 확장자가 잘못 기재된 이미지 파일 2개
- 펌웨어 2.0 이후의 버전에 대하여는 비밀번호 정보를 가져오지 못함

Susteen Secure View 2 수행 결과

3GS iPhone에 대하여 정보 수집이 불가능

Katana Forensics Lantern 수행 결과

- 100개의 통화 내역
- 309개의 연락처 정보
- 356개의 SMS/MMS 정보(1개는 지워짐)
- 27개의 음성 메일
- 12개의 이미지
- 2개의 비디오
- 1개의 음성 메모
- 1421개의 캘린더 이벤트 정보
- 추가적인 데이터베이스 정보를 분석하기 위해서는 추가적인 툴의 사용이 필요하다.
- 파일 시스템의 재구성 지원.

지원 이슈

지금까지 iPhone 기기들의 데이터 수집 툴과 그 테스트 결과에 대해서 알아보았다. 이 결과에 대해서는 이러한 툴들이 다른 핸드폰이나 기기들에 대해서도 지원을 하느냐 그렇지 않느냐에 대한 정보를 참고하는 것이 더 공정할 것이라 생각된다. 툴 제조사들이 사용하는 '지원'이라는 단어에 대하여 툴을 구매할 입장에서는 그 지원 정도에 대한 가이드를 확실히 이해할 필요가 있을 것이다.

요약

값이 비싼 툴들의 수행 능력이 비교적 기대에 미치지 못한다는 점은 주목해야 할 부분 중 하나이다. 좋은 방법은 다양하고 특화된 기능의 툴들을 많이 보유하고 있는 것이다. 하지만 긴축 재정을 해야 한다면, 각각의 툴들이 어떤 기능을 수행하는지 자세히 알고 있는 것이 선택의 고민을 덜어주게 될 것이다. 조사관들은 이러한 툴들에 대하여 교육 받을 필요가 있다. 그렇게 함으로써 툴들이 가진 어느 정도의 결함에 대해 파악해야 하고 새로운 기기들에 대해서도 기능을 수행할 수 있는지 또는 다른 훌륭한 무료 소프트웨어가 있는지에 대해서도 염두해 두어야 한다. 어쨌거나 우리의 목적은 기기로부터 가능한 한 모든 데이터를 수집해오는 것이다. 법정에서 기기의 데이터를 손수 분석하고 있을 당혹스러운 상황은 피해야 하지 않겠는가?

CHAPTER **5**

데이터 분석

Apple사의 모바일 기기들은 방대한 양의 데이터를 저장할 수 있도록 고안되었다. 휴대폰으로서 당연히 가지고 있게 되는 저장 데이터들 예를 들어, 통화 내역, 연락처, 문자 메세지들뿐만 아니라, 기기에 설치되는 제 3의 애플리케이션들의 데이터들까지 말이다. App Store에는 300,000+ 개의 앱들이 존재하고 있다. Apple의 기기들은 이전보다 더 많은 점유율을 올리고 있으며, iPad나 iWorks로 편집할 수 있는 데이터들은 그 저장 공간이 제 3의 애플리케이션들과 연동되기까지 이르렀다. iMovie, iWork 또는 이와 유사한 작업을 수행하는 애플리케이션들이 서로 다른 매체들 간의 연동을 원활히 지원하는 단계에 다다르자 이제 휴대폰으로 그러한 데이터들을 편집하고 생성 해내는 것에 어려움이 없어졌다고 할 수 있겠다. 이러한 현상은 사회적으로 많은 혜택을 사람들에게 제공하고 있지만, 그와 더불어 범죄 활동에도 이용되고 있다는 점을 간과해선 안 되겠다. 그러므로 현직에 종사하고 있는 포렌식 전문가들은 기기 내에 저장되어 있는 데이터들에 대해 자세히 알아볼 필요가 있겠으며, 이 장은 이러한 정보들을 어떻게 수사 작업에 접목할 수 있는지를 소개하게 될 것이다.

포렌식을 위한 환경 구축

어떠한 분석에 앞서서 우리가 가장 첫 번째로 해야할 일은 포렌식을 위한 환경 구축이다. 이번 장에서 맥 환경에서의 설정을 주로 다루게 된다. 'Mac Mini, MacBook Pro, Mac Pro'와 같은 기기 말이다. 그리고 훌륭한 성능을 이끌어내기 위해서는 예상할 수 있듯이 많은 RAM 사용량을 필요로 하기 때문에 이런 사항은 참고하기 바란다.

1. Mac OS X이 설치된 워크스테이션을 준비한다.
2. OS를 최신의 상태로 유지하기 위해 OS 업데이트를 수행한다. 수동 업데이트를 위해서는 http://support.apple.com/downloads/에 접속하여 OS 업데이트를 수행하여야 한다.
3. 맥용 노턴 안티바이러스 등의 안티바이러스 애플리케이션을 설치하도록 한다. 그리고 아래와 같은 유틸리티들을 설치하도록 한다.

- iWork '09, Apple's Version of Office
- iLife '09, Mac의 신규 구입 시 무료 제공
- Microsoft Office 2008/2011
- VMware Fusion V3+, $79 (www.vmware.com/products/fusion/)
- Parallels 5+, $79 (www.parallels.com/)
- Virtual Box, $0 (www.virtualbox.org/)
- CFAbsoluteTimeConverter, 무료 absolute time converter (www.hsoi.com/hsoishop/software/)
- Froq, a SQLite database application (SQLite Database Editor/Viewer) (www.alwintroost.nl/products/mac/froq)
- FileJuicer, 다중 파일 형식의 구문 분석에 사용 (Artifact extractor) (http://echoone.com/filejuicer/)
- SQLite Database Browser, 무료 (http://sourceforge.net/projects/sqlitebrowser/)
- Md5Deep, 무료 hashing utility (http://sourceforge.net/projects/md5deep/)
- Dc3dd and dc3dd GUI, 무료 imaging utility (http://sourceforge.net/projects/dc3dd/)
- Hfsdebug, 무료 volume information utility (www.osxbook.com/software/hfsdebug/)
- Lantern Unix Time Converter, 무료 time conversion tool (www.katanaforensics.com)
- Lantern iPhone Forensic Application, $399~$499 (www.katanaforensics.com)
- iPhone Backup Extractor, 무료 iDevice backups 구문 분석 틀

(http://supercrazyawesome.com/)

■ mdhelper, 무료 iPhone backup tool, iDevice backups 구문 분석 틀
(http://ericasadun.com/ftp/Macintosh/)

■ Subrosasoft's MacForensicsLab, Mac 포렌식 분석 애플리케이션
(http://subrosasoft.com/)

가상 머신 안의 Windows에 대하여 다음의 것들을 다운로드 및 설치한다.

■ Windows XP or Windows 7 (Vista는 비추천)

■ Oxygen 같은 Windows 기반의 이동전화 포렌식 툴

■ Encase 6.17+ (www.guidancesoftware.com/)

■ FTK Imager (www.accessdata.com/downloads.html)

■ iPhone Explorer (www.macroplant.com/iphoneexplorer/)

■ Time Lord, 무료 time conversion utility
(http://computerforensics. parsonage.co.uk/timelord/timelord.htm)

■ Skype Analyzer, Skype log parser
(http://belkasoft.com/bsa/en/Skype_Analyzer.asp)

■ FTK 1.8+ (5,000개 이하의 파일에는, 동글이 필요하지 않음)
(www.accessdata.com/downloads.html)

■ HxD, 무료 hex editor (http://mh-nexus.de/en/hxd/)

■ SQLite Database Browser (http://sourceforge.net/projects/sqlitebrowser/)

■ iPod Robot PlistEditor, 무료
(www.icopybot.com/blog/free-plist-editor-for-windows-10-released.htm)

설치가 완료된 후에는 만일의 사태를 대비하여 반드시 'Time machine' 유틸리티를 이용해 맥 워크스테이션을 백업해 두도록 한다.

4장에서 살펴본 바와 같이 우리는 Apple사의 기기들에 대하여 데이터 수집을 지원하는 여러 개발업체들의 툴들을 이용할 수가 있다. 해당 툴들이 제공하는 정보가 다소 과다한 경향이 없지 않지만, 수사관들은 손수 이러한 데이터들을 검토해야 한다. 그 외의 툴이나 커맨드라인 상의 명령을 지원하는 유틸리티들을 사용하는 것은 순전히 선택적 사항이다. 물론 Property list editor 또는 Preview, Quicklook, TextEdit 등의 유틸들이 데이터 분석에 도움이 되는 것은 자명한 사실이다. 또한 기기로부터 수집된 데이터를 이용하여 mdhelper 그리고 Lantern 같은 툴과 같이 윈도우 운영체제 기반의 포렌식 툴들을 얼마든지 사용할 수도 있다.

iTunes의 백업 기능을 이용해 저장된 iPhone이나 아이팟 터치 등의 기기들에 대한 데이터를 'mdhelper' 툴을 사용하여 분석 가능한 데이터로 추출해내어야 한다. 추출된 데이터는 /Users/ [username]/Library/Application Support/MobileSync/Backup/[UUID]/에 위치하게 된다. 물론 이 러한 데이터 추출은 기기의 모든 정보를 수집해주는 것이 아니기 때문에 기기의 세부 정보는 수집 한 데이터 디렉터리에서 info.plist 파일을 분석하여 얻어낼 수가 있다. 아래는 이 파일로부터 분석 할 수 있는 정보들이다.

- Device name
- ICCID
- IMSI
- Phone number
- OS version and build
- Serial number

그림 5-1은 위 정보들을 가지고 있는 info.plist 파일을 Property list editor를 이용하여 보여주 고 있다.

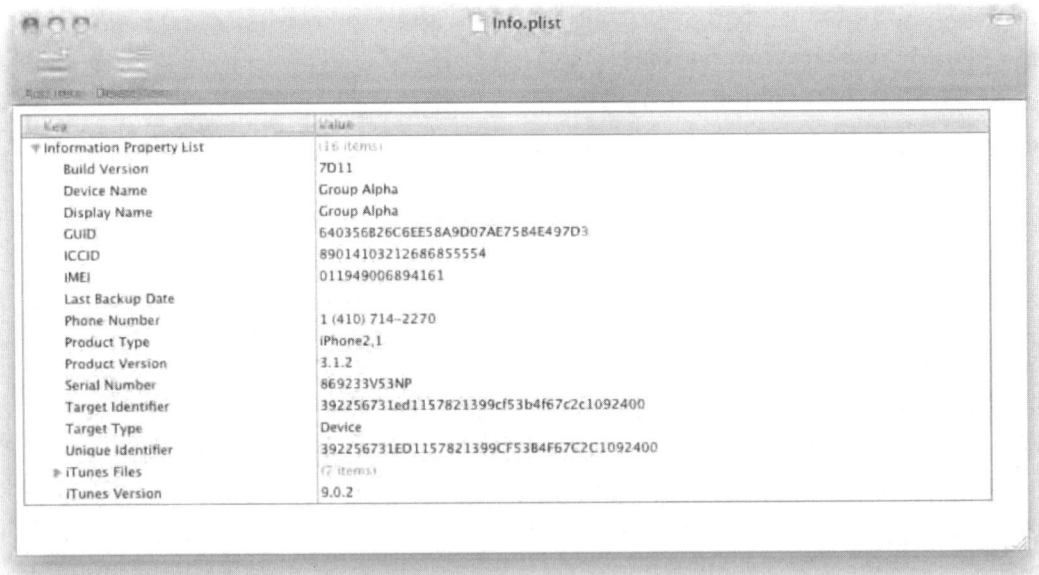

그림 5-1 Property List Editor로 열어본 info.plist 파일

노트

이 데이터에서 눈여겨 보아야 할 곳이 시리얼 넘버이다. 이 번호는 기기와의 동기화를 위하여 맥이나 윈도우 같은 사용자 PC를 식별해내는 역할을 하는데, 예를 들어 iTunes와 동기화 된 이미지 파일들이 있을 때, 그 파일들의 EXIF 데이터들은 기기 내 .ithmb 파일에 존재하게 된다(펌웨어 버전 3.2 이전). 물론 실제 이미지 파일들은 iTunes가 설치된 사용자 PC에 있다. 펌웨어가 3.2 버전보다 높은 경우에는 약간 다른 형태로 저장이 되는데, 만약 수사관이 위에서 언급한 시리얼 넘버를 해당 기기의 것과 동일한 값으로 맞추게 되면 그 이미지 파일에 대한 EXIF 데이터에 대해 접근이 가능하게 된다.

기기에 대한 정보가 수집 완료가 된 후에는 이제 분석을 시작해볼 수 있다. 데이터가 수집된 경로로 이동해보자. /Users/[username]/Desktop/Recovered iPhone Files/. 수집된 각각의 디렉터리들에 대해 이어서 설명할 것이다.

첫 번째 디렉터리는 주소록에 대해서이다. 그것은 연락처 정보를 가지고 있는데, 사실 iPhone 내에 위치해 있는 매우 큰 데이터베이스라고 보면 된다. 다양한 제 3의 애플리케이션들 또한 그 데이터베이스를 이용한다. 그 폴더 안에는 두 개의 SQLite 데이터베이스 파일이 존재하고 있는데, 'AddressBook.sqlitedb'와 'AddressBookImages.sqlitedb'이다. 무료로 사용이 가능한 SQLite Database Browser를 통해 해당 데이터들을 얼마든지 읽어볼 수가 있다. 참고할 만한 툴로는 'SourceForge'에서 배포하고 있는 http://sourceforge.net/projects/sqlitebrowser/가 있다. 일단 이 애플리케이션을 설치하고 나서 AddressBook.sqlitedb를 열어 보자. 그림 5-1은 해당 데이터베이스 내의 테이블들을 표로 작성하였다.

표 5-1 The AddressBook 데이터베이스 내의 테이블 목록

테이블명	데이터 내용
ABGroup ABGroup table	그룹
ABGroupMembers ABGroupMembers table	그룹에 속한 멤버들
ABMultiValue ABMultiValue table	핸드폰 번호와 이메일 주소
ABMultiValueEntry ABMultiValueEntry table	주소
ABPerson ABPerson table	이름, 주소, 조직, 부서, 직책, 노트, 생성 일자, 수정 일자

이 테이블을 추출하려면 커맨드라인에서 SQlite 명령어를 직접 이용할 수도 있으며 GUI 툴인 SQLite Database Browser 또는 Frog와 같은 애플리케이션을 이용하면 된다. 물론 각각의 테이블 정보와 데이터들은 Excel의 스프레드시트로 변환해낼 수 있다. 그림 5-2 참고.

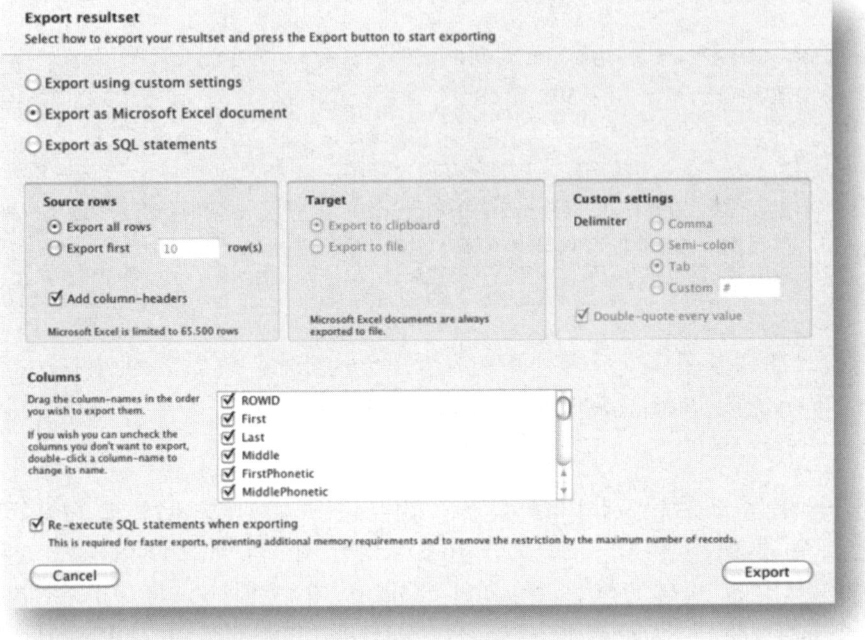

그림 5-2 AddressBook 데이터베이스의 정보 추출

포렌식 툴은 지난 몇 년간 독자적인 기능을 발전시켜 왔는데, 대부분의 툴은 주소록과 같은 데이터베이스로부터 데이터를 풀어내어 사용자에게 보여주는 기능들을 강화시켜 왔다. Lantern 역시 마찬가지로 모든 연락처 정보들을 수집하고 분석하여 수사관의 작업을 돕는 데 일조한다. Frog (www.alwintroost.nl/?id=82)는 맥 환경에서 또 다른 SQlite 데이터베이스를 분석해주는 툴이다. 이 툴은 사용자가 필요로 하는 칼럼만을 선택적으로 분별해서 데이터를 추출해낼 수 있도록 지원한다. Frog 또는 SQLite Database Browser를 사용하여 분석하는 데이터베이스의 헤더파일에 대해 손수 자세한 측정이 필요요할 경우에는 헥사 데이터와 같은 툴을 사용하여야 한다.

Library 영역

이제 Library 디렉터리를 확인해보자. 이 영역에는 복구된 iPhone의 파일들과 디렉터리 정보들이 존재하는데 아래 표는 이러한 정보들을 확인할 수 있는 툴과 각 영역에 대하여 표로 정리하였다.

표 5-2 Library 디렉터리 내의 데이터

디렉터리명	파일명	사용 애플리케이션
AddressBook	AddressBook.sqlitedb	Froq, SQLite Database Browser
Caches	Consolidated.db Safari/Thumbnails	Froq, SQLite Database Browser
Calendar	Calendar.sqlitedb	Froq, SQLite Database Browser
Call History	call_history.db	Froq, SQLite Database
ConfigurationProfiles	PasswordHistory.plist	Property List Editor
Cookies	Cookies.plist	Property List Editor
Logs	ADDataStore.sqlitedb	Froq, SQLite Database Browser
Keyboard	Dynamic-text.dat	TextEdit, Lantern
Image	LockBackground.jpg	Preview
Maps	Bookmarks.plist Directions.plist History.plist	Property List Editor
MobileInstallation	ApplicationAttributes.plist	Property List Editor
Notes	Notes.db	Froq, SQLite Database Browser
Preferences	Numerous property lists	Property List Editor
Remote Notification	Clients.plst	Property List Editor
Safari	Bookmarks.plist History.plist SuspendedState.plist	Property List Editor
SMS	Sms.db	Froq, SQLite Database Browser
Voicemail	.amr	QuickTime
Webclip	.png info.plist	Preview, Property List Editor
Webkit	Databases	Froq, SQLite Database Browser
System Configuration	Autowake.plist Network.identification.plist Wifi.plist Preferences.plist	Property List Editor

iOS 디렉터리의 각 항목에 대해 표로 정리하였다. 표 5-3 참고.

표 5-3 iOS 디렉터리 내의 각각의 데이터 목록

디렉터리명	파일명	내용
AddressBook	AddressBook.sqlitedb	Contact information
Caches	Consolidated.db Safari/Thumbnails	Cell tower geodata, screenshot images
Calendar	Calendar.sqlitedb	Event data
Call History	call_history.db	Call history data
ConfigurationProfiles	PasswordHistory.plist	Passcode history
Cookies	Cookies.plist	Internet cookies
Logs	ADDataStore.sqlitedb	Application usage
Keyboard	Dynamic-text.dat	Keyboard logger
Image	LockBackground.jpg	Wallpaper background
Maps	Bookmarks.plist Directions.plist History.plist	Map bookmarks, map route directions, map route history
Notes	Notes.db	Notes
Preferences	Numerous property lists	System/app data
Safari	Bookmarks.plist History.plist SuspendedState.plist	Safari bookmarks, Internet history, suspended web pages
SMS	Sms.db	SMS and MMS messages
Voicemail	.amr files	Voicemails
Webclip	.png info.plist	Web icons
WebKit	Databases	WebKit data from numerous sources, which use HTML5

주소록(AddressBook)

이미 언급했던 바와 같이 주소록 영역은 iOS 시스템에서 그 크기도 클 뿐더러 또한 핵심적인 부분이라 할 수 있다. AddressBook 디렉터리에는 두 개의 데이터베이스가 존재하는데 각각은 아래와 같다.

- AddressBook.sqlitedb: 연락처 정보
- AddressBookImages.sqlitedb: 연락처 이미지

표 5-4는 AddressBook 데이터베이스에서 각각의 테이블 별 기록 정보를 보여주고 있다.

표 5-4 The AddressBook 데이터베이스의 내부 테이블 목록

테이블명	내 용
ABGroup	그룹
ABGroupMembers	그룹에 속한 멤버
ABMultiValue	전화번호와 이메일 주소
ABMultiValueEntry	주소
ABPerson	이름, 주소, 조직, 부서, 직책, 메모, 생성 일자, 수정 일자

많은 애플리케이션들과 개발자들이 이 데이터베이스를 이용하고 있다. 물론 Lantern과 이와 유사한 포렌식 툴들은 이 데이터베이스로부터 정보를 수집해내는 기능을 지원하고 있다. 어떤 툴들은 전체의 데이터를 보여주기도 하지만 일부만을 제약적으로 나타내주는 툴도 있으니 이 점은 유의하여야 한다. 예를 들어 Lantern 같은 경우는 AddressBook.sqlitedb와 AddressBookImage.sqlitedb의 데이터들을 연동하여 한 화면으로 구성해 표현해주는데 그림 5-3을 참고하기 바란다.

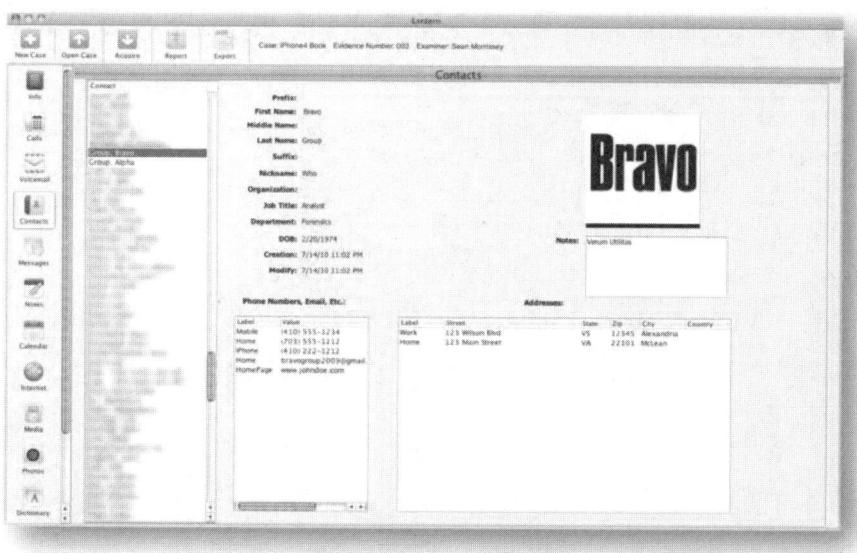

그림 5-3 Lantern이 분석해 보여주는 AddressBook 데이터

물론 해당 데이터베이스를 사용자가 손수 분석해낼 수도 있는데 그림 5-4는 SQLite Database Browser를 이용한 화면이다.

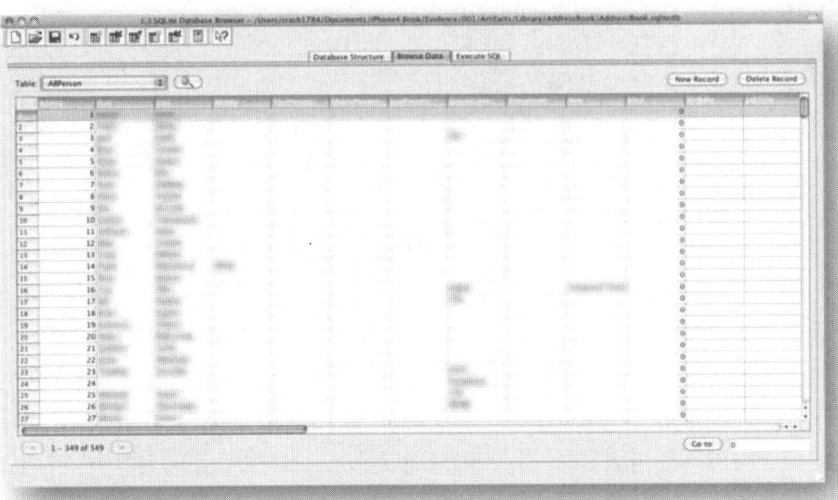

그림 5-4 SQLite Database Browser를 이용하여 열어본 AddressBook.sqlitedb

ABThumnailImage 테이블은 연락
처 정보에 연동된 이미지들을 보
여주고 있다. 커맨드라인 상태에
서 SQLite 명령어를 통하여 이러
한 이미지들을 손수 수집해낼 수
있다. 또는 그림 5-5에서와 같이
포렌식 툴을 이용하여 대신할 수
도 있다.

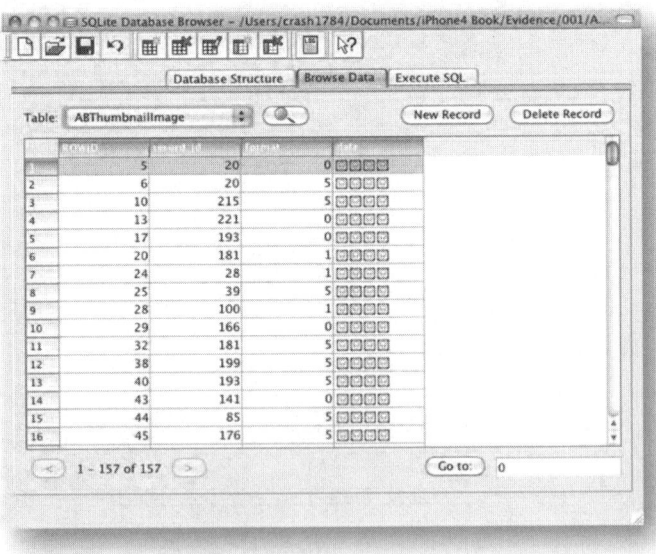

그림 5-5 ABThumbnailImage 테이블

캐시

캐시(Caches) 디렉터리에는 iOS 기기에서 다소 중요하다고 볼 수 있는 몇 가지 정보들이 있다. 이 폴더 내에는 아래와 같은 서브 디렉터리들이 있다.

- Com.appleWebAppCache
- Locationd
- Safari

com.appleWebAppCache 폴더에는 ApplicationCache.db 파일이 존재하는데 이 안에는 인터넷 연결을 필요로 하는 앱들에 대한 정보가 들어 있다. 물론 이러한 데이터는 SQLite 명령어를 이용하여 추출해낼 수 있다.

해당 디렉터리에는 iOS 버전에 따라 약간씩은 다른 정보들이 존재하게 된다. iOS 4 이전에는 plist 파일에 이러한 정보들이 존재했지만, iOS 4 이후부터는 SQLite 데이터베이스 포맷으로 디렉터리 내에 존재하게 되었다. 이곳에 두 개의 데이터베이스가 존재한다.

- Consolidated.db: 기지국 정보에 대한 데이터와 위치 정보 데이터
- Clients.plist: 위치 정보를 이용한 애플리케이션 정보

consolidated.db 파일 안에는 거대한 양의 위치 정보가 저장되어 있다. 그 위치 정보는 기기가 위치 정보를 필요로 할 때마다 저장해놓은 것으로, 이 데이터는 기재된 시간과 위치 정보를 통하여 기기의 이동 경로를 파악해낼 수가 있게 된다. Clients.plist 파일은 기기가 Wi-Fi 접속을 필요로 했을 때마다 그 정보를 저장해놓은 일종의 저장소 파일이다. 이 파일에는 MAC 어드레스와 위치 정보 그리고 날짜와 시간 정보가 저장되어 있다. 이러한 모든 위치 정보들은 수사관들에게 매우 결정적이고 중요한 단서를 제공하는데, 범죄가 일어난 시간과 장소를 유추해내는 데 더 없이 좋은 자료가 되며 피할 수 없는 증거물이 되기 때문이다. consolidated.db와 Clients.plist 데이터에 대해서는 7장과 10장에서 더 자세히 다뤄보도록 하겠다. 그림 5-6은 consolidated.db 안에 존재하는 CellLocation 테이블 정보이다.

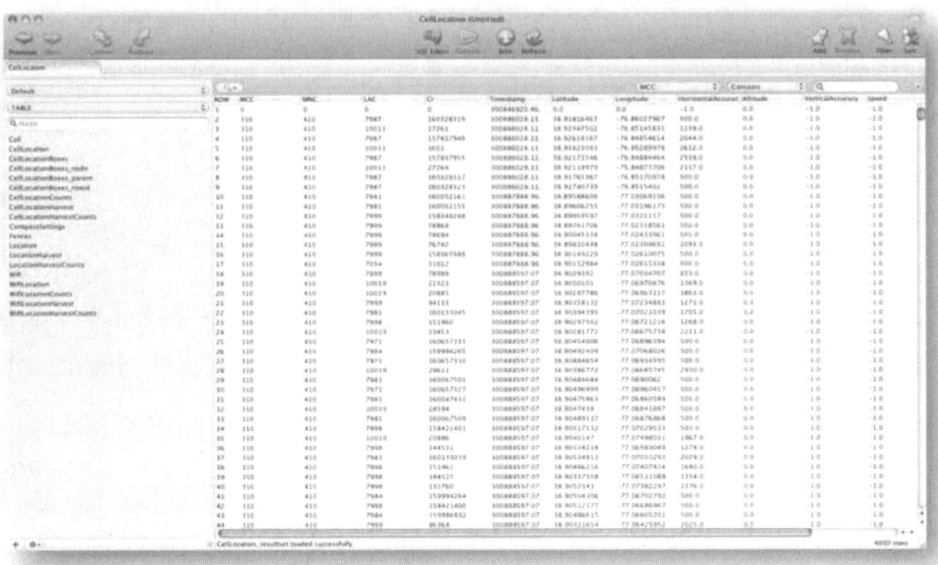

그림 5-6 consolidated.db의 CellLocation 테이블

Clients.plist 프로퍼티 목록에는 위치 정보를 사용했던 애플리케이션들에 대한 참조 정보도 가지고 있는데, 아래 내용은 이 파일로부터 얻어낼 수 있는 중요한 정보들이다.

- 애플리케이션 명
- 앱이 마지막으로 실행 된 날짜와 시간
- 앱이 마지막으로 종료 된 날자와 시간

지도 애플리케이션이 날짜 정보를 어떻게 저장하고 있는지 예를 들어 살펴보자. 프러퍼티 파일은 Property List Editor라는 툴을 이용하여 살펴볼 수 있다. 그림 5-7 참고.

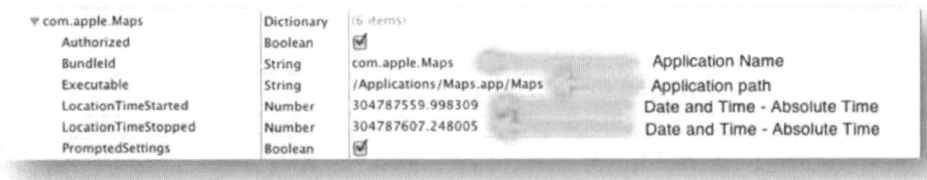

그림 5-7 Property List Editor로 열어본 지도 애플리케이션의 정보

CFAbsoluteTimeConverter 같은 날짜 변환기 애플리케이션을 이용하여 해당 정보를 우리가 쉽게 알아볼 수 있도록 분석해낼 수 있다. 이러한 정보들은 범죄가 발생한 시각을 유추해내는 데 유용한 데이터들이다. 그림 5-7에서 보여진 시간 정보들을 CFAbsoluteTimeConverter를 이용하여 분석해본 그림이 5-8, 5-9이다.

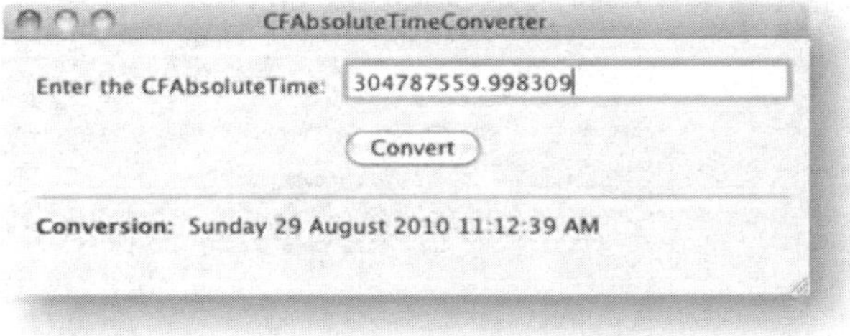

그림 5-8 CFAbsoluteTimeConverter 화면1

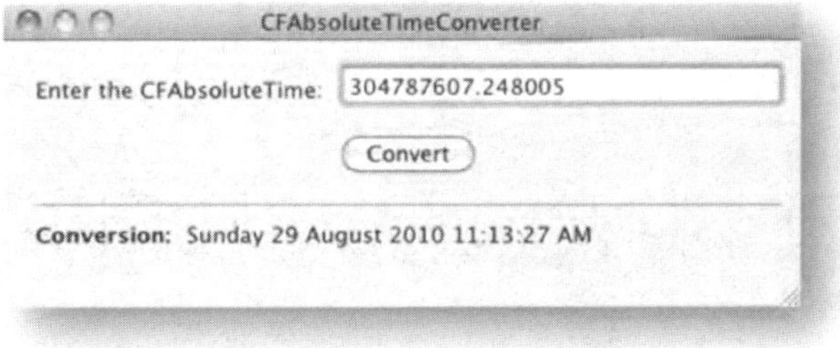

그림 5-9 CFAbsoluteTimeConverter 화면2

통화 내역

통화 내역은 call_history.db라는 데이터베이스에 최대 100개까지의 통화 기록이 저장되어 있다. 해당 기록은 수신, 발신, 부재 중에 관한 정보이다. 물론 전화번호와 통화 시간 그리고 날짜와 시각에 대하여도 기록되어 있다. 그림 5-10과 5-11은 저장된 데이터에 대해 보여주고 있다.

- Rowid: 하나의 레코드 데이터에 대하여 중복되지 않는 식별 아이디.
- Address: 수신 및 발신 전화번호 데이터.
- Date: 유닉스 시간(Unix epoch) 데이터가 기록되어 있으며 이는 또 다른 포렌식 응용 어플 등을 이용해 변환하여 사용할 수 있다.
- Duration: 통화 시간.

- **Flags**: 이 필드의 데이터를 통하여 발신인지 수신인지를 구분한다.
- **Country code**: 예를 들어 (310)은 미국을 의미하는 국가 코드이다. 국가 코드에 대한 목록 은 (http://en.wikipedia.org/wiki/List_of_mobile_country_codes)에서 확인할 수 있다.

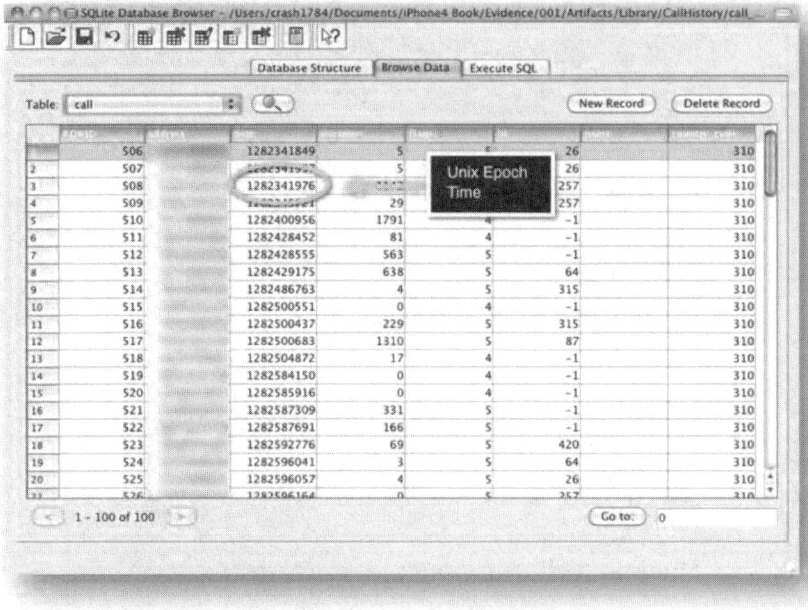

그림 5-10 통화 내역 데이터베이스의 'Call' 테이블을 열어본 모습

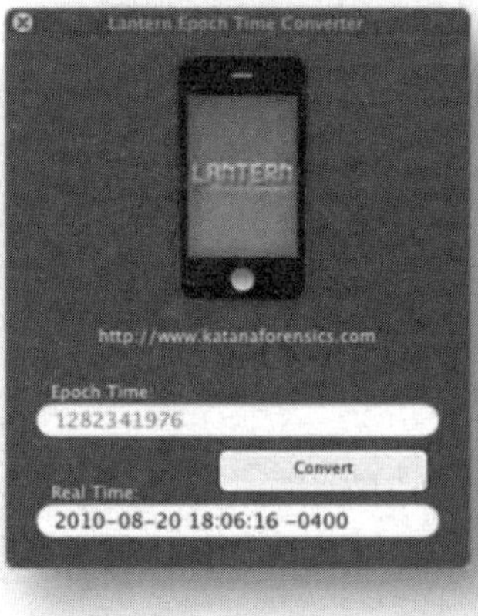

그림 5-11 Lantern을 이용하여 열어본 통화 내역 데이터베이스의 정보

그림 5-12는 포렌식 툴을 이용하여 통화 내역 정보를 분석해 보여주고 있는 모습이다.

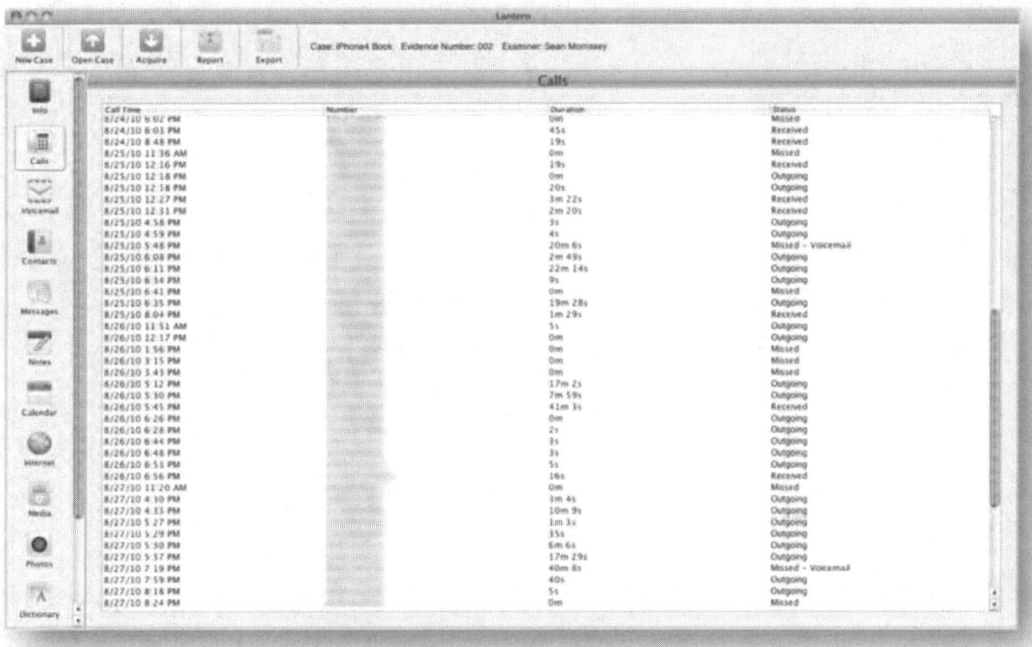

그림 5-12 분석 완료된 통화 내역 정보들

설정 프로파일

`SystemProfiles` 디렉터리는 시스템과 사용자가 기기를 사용 중에 생성하게 되는 설정값들을 기록한 데이터들이다. `MCDataMigration.plist` 파일을 이 중에서도 유독 중요한 정보라고 할 수 있는데, 이 설정값들은 passcode와 시스템 복구 정보 또는 데이터 이동 등에 관한 정보들에 대하여 상세한 기록이 저장되어 있다.

쿠키(Cookies)

Cookies는 모바일 사파리 웹 브라우저에 저장된 텍스트 데이터들이다. 여기에는 웹서핑 내역으로부터 발생된 데이터들이 존재하는데, OS X의 사파리 웹브라우저와는 다소 차이점이 있으며, 이 정보는 XML 형태의 plist 포맷으로 저장된다. 물론 Property List Editor를 통하여 열어볼 수 있으며, 일정 시간이 경과하거나 또는 사용자가 직접 해당 데이터들을 삭제할 수 있다.
해당 파일 내에 저장된 데이터:

- 접속한 웹 사이트의 도메인 주소
- 쿠키 데이터의 만료 일자

이 데이터를 확인하기 위해서는 Mac PC에 설치된 개발 도구 중 Property List Editor라는 애플리케이션을 이용하여야 하는데 내용을 분석하고 사용자가 알아보기 쉽도록 나타내주는 유용한 툴이다. 이 개발 도구를 설치하기 위해서는 Mac Developers Connection(MDC)에 회원 가입을 하여야 한다. 물론 그것은 무료이며 개발도구인 Xcode를 다운로드 받을 수 있다. MDC의 웹주소는 `http://developer.apple.com/products/membership.html`이며 개발 도구는 `http://developer.apple.com/mac/`에서 다운로드 가능하다. 일단 Xcode를 다운로드 하여 설치가 완료되면 Property List Editor를 독에 위치시키는 게 사용하기 쉬울 것이다. 설치 경로는 `/Developers/Applications/Utilities/Property List Editor`이다.

그림 5-13은 `cookies.plist` 파일을 Property List Editor를 통하여 열어본 모습이다.

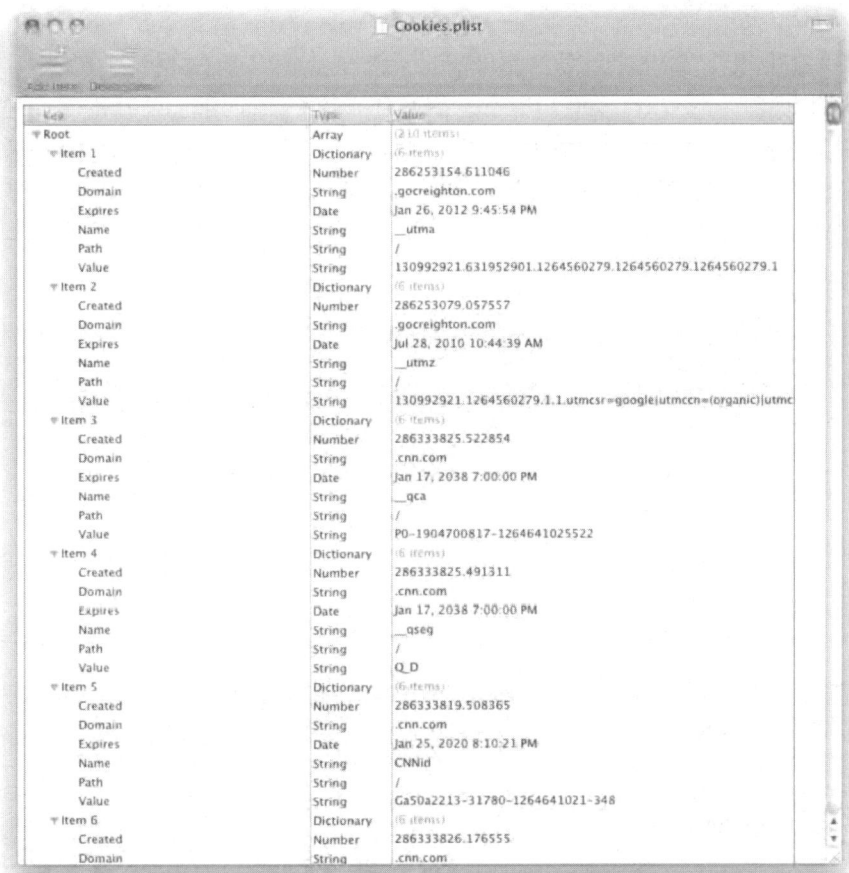

그림 5-13 cookies.plist 파일내용

위에서 보이는 바와 같이 property 파일 내에는 쿠키가 생성된 날짜와 시간 그리고 도메인 정보 등이 포함되어 있음을 알 수 있다.

키보드

iPhone엔 키로거가 있다. 놀라지 말길 바란다. 이 말은 사실 거의 맞을 뿐 정확히 맞는 말이라고는 할 수가 없으니까. dynamic-text.dat 파일에는 사용자가 자주 입력하는 타이핑 정보(문자열)가 들어있는데 이 데이터들은 기기에 설치된 다른 애플리케이션들에서도 사용이 가능한 부분이다. 이 파일은 계속해서 데이터가 늘어난다. 이 파일로부터 수사에 필요한 흥미로운 정보들을 얻어낼 수 있으며, 맥 PC에서 이 파일은 일반 텍스트 에디터로 열어볼 수가 있다. 그림 5-14 참고.

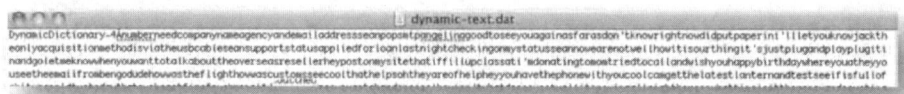

그림 5-14 텍스트 에디터로 열어본 dynamic-text.dat 파일

텍스트 에디터에는 간단한 문자열 검색 기능이 지원되는데 'Edit ➤ Find' 메뉴를 이용하면 된다. 그림 5-15 참고.

그림 5-15 텍스트에디터의 문자열 검색 기능

Lantern 같은 포렌식 툴은 해당 데이터를 조금은 더 보기 편하게 분석해준다. 오래된 순으로 정렬
해주는 기능인데 그림 5-16을 참고하면 된다. 가끔 삭제된 SMS 데이터들을 재구성해주기도 한다.

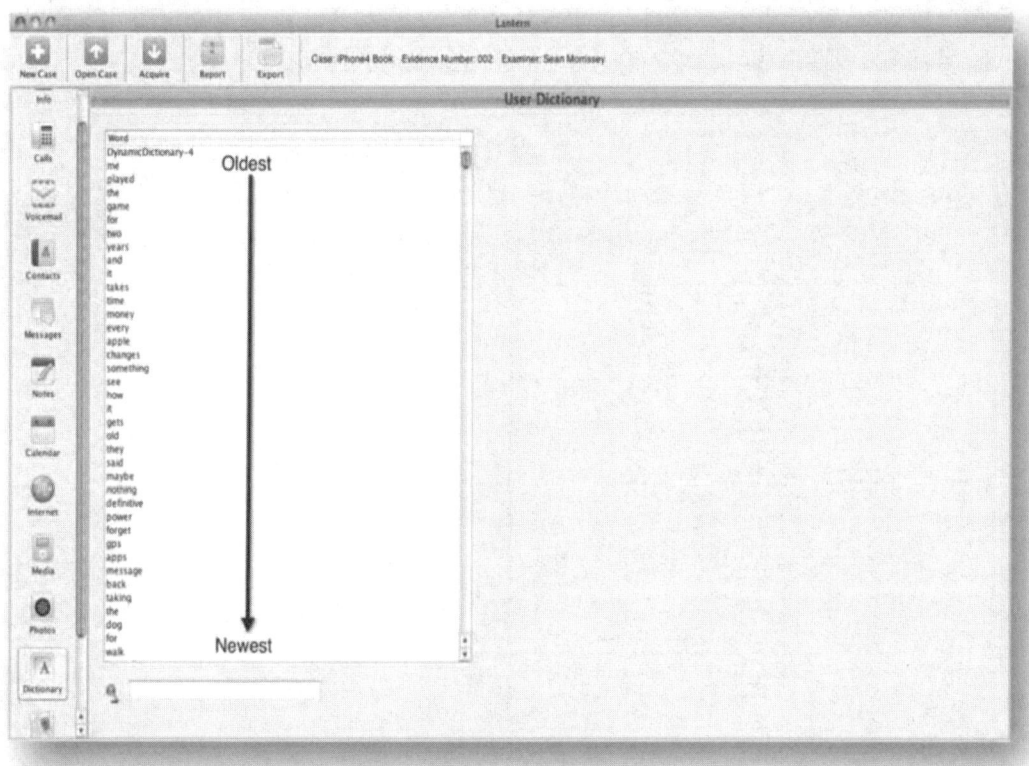

그림 5-16 Lantern의 데이터 정렬 기능.

로그

로그 디렉터리에는 iOS 버전에 따라서 plist 파일이 존재하거나 또는 SQLite 데이터베이스가 존재하기도 한다. TheADDataStore 파일에는 기기의 애플리케이션 사용 정보를 기록하고 있다. 물론 수사에 충분한 도움을 주는 데이터들이다. 그림 5-17은 Frog를 이용하여 이 데이터베이스를 열어본 모습이다. 여기에는 애플리케이션의 사용 내역이 오래된 순부터 기록되어 있다.

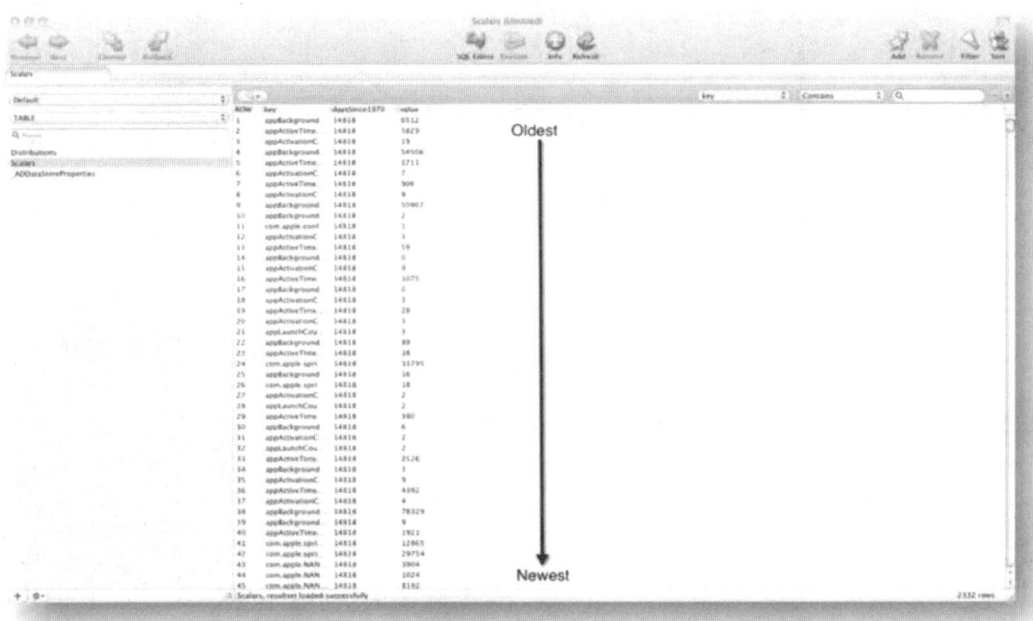

그림 5-17 Froq를 이용하여 애플리케이션 사용 정보를 확인.

이 데이터는 'Key', 'Days since 1970', 'Value'라는 필드로 이루어진 데이터를 저장하고 있는데 키의 내용은 아래와 같다.

- appBackgroundActiveTime.com.[application name]
- appActiveTime.com.Apple.[application name]
- appLaunchCount.com.Apple.[applicationame]

필드 항목 중 'Days since 1970'는 1970년 1월 1일부터의 유닉스 시스템 시간을 초 단위로 나타내고 있다. 그림 5-18 참고

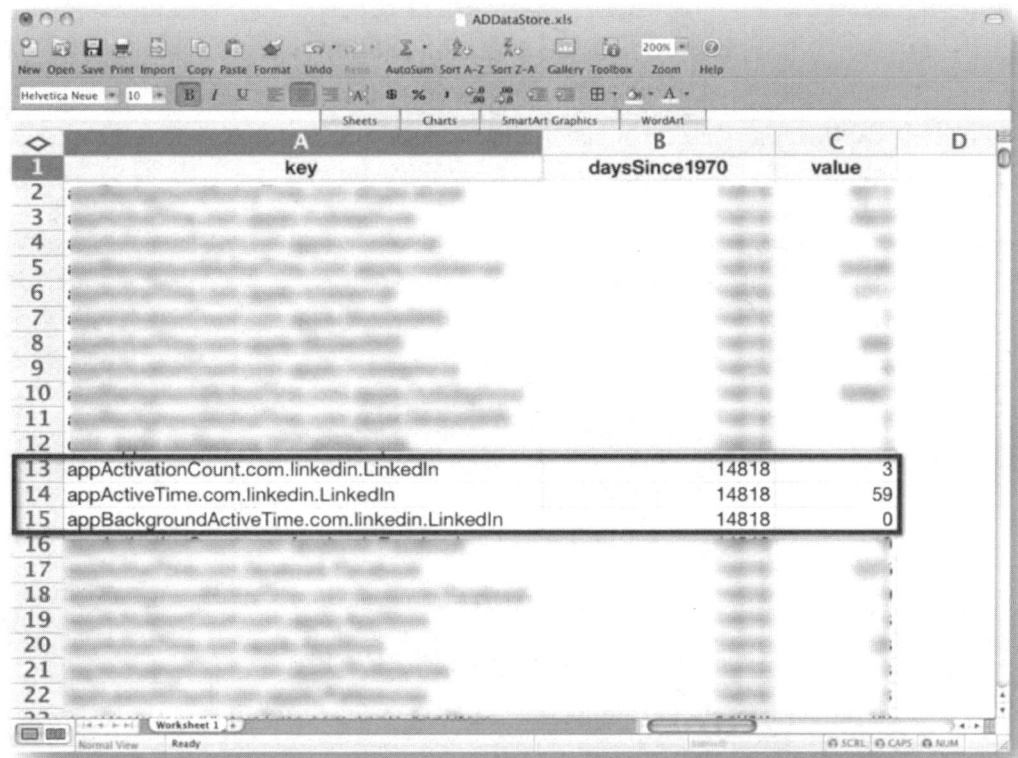

그림 5-18 'Days since 1970' 필드 데이터 예

그림 5-18에 나와 있는 바로는 LinkedIn이라는 애플리케이션은 2010년 7월 28일에 3회 실행이 되었으며, 59초 동안 사용되었음을 알 수 있다. 해당 어플이 백그라운드로 동작된 경우가 있다면 그 정보도 기록되어 있었을 것이다.

지도

iPhone에는 구글맵과 연동 기능을 가진 지도라는 앱이 있다. 이를 통해서는 비행 경로라든가 사용자가 검색을 시도했던 특정 장소에 대한 위치 정보 등을 제공하는데, 자주 찾는 지역 정보에 대해서는 북마크 기능을 지원하기도 한다. 지도 디렉터리에는 몇 개의 프로퍼티 파일이 존재하는데 수사관에게 많은 양의 GPS 정보나 이동 경로 등을 제공해줄 수 있다.

첫 번째 프로퍼티 파일은 Bookmark.plist이다. 사용자가 특정 지역에 대한 위치 정보를 북마킹 했을 때 그 내용이 기록되는 파일이다. 그림 5-19 참고.

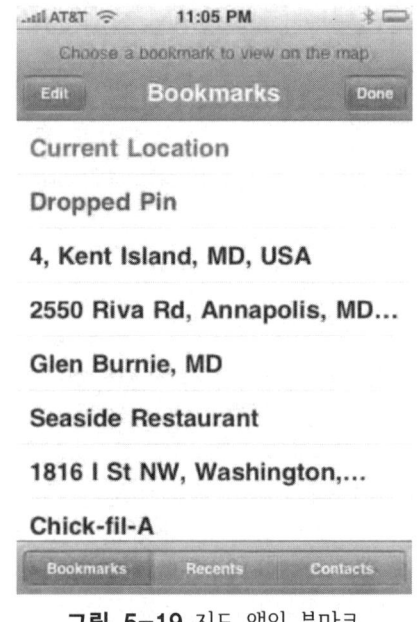

그림 5-19 지도 앱의 북마크

Map History

Maps 디렉터리 내에 있는 history.plist 파일은 사용자가 이전에 지도 앱을 통해 검색을 시도했었던 위치 정보들이 기록되어 있다. 그림 5-20에서 보여지는 바와 같이 이동 경로에 대하여도 GPS 정보의 출발 지점과 도착 지점까지의 경로가 기록되어 있음을 알 수 있다.

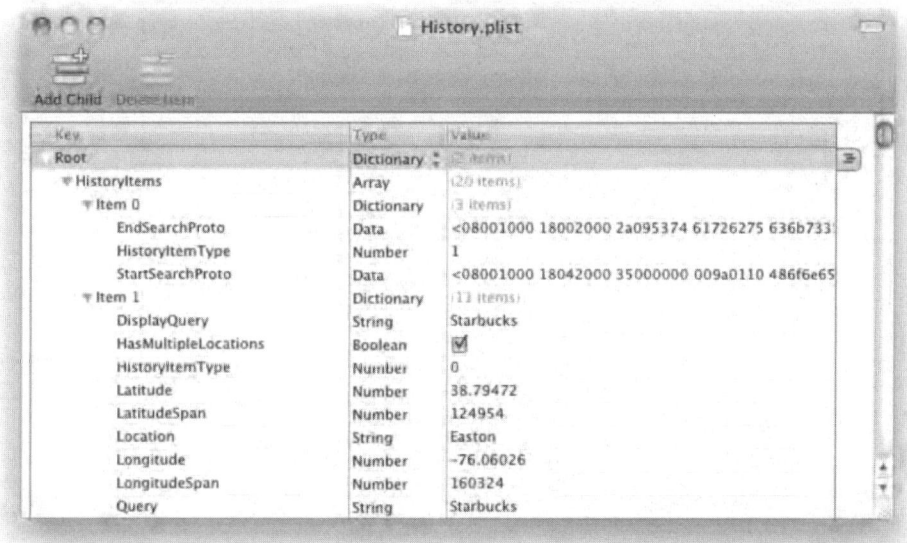

그림 5-20 출발 지점과 도착 지점에 대한 GPS 위치 정보

노트

notes.db는 기기의 노트앱을 통하여 저장된 텍스트들에 대한 축적된 정보가 저장되어 있다. Frog 또는 SQLite Database Browser를 사용하면 이 내용을 확인할 수가 있는데 여기에는 해당 텍스트에 대한 생성 일자와 수정된 일자 그리고 제목이라거나 전체 노트에 대해 요약된 정보들을 쉽게 확인할 수가 있다.

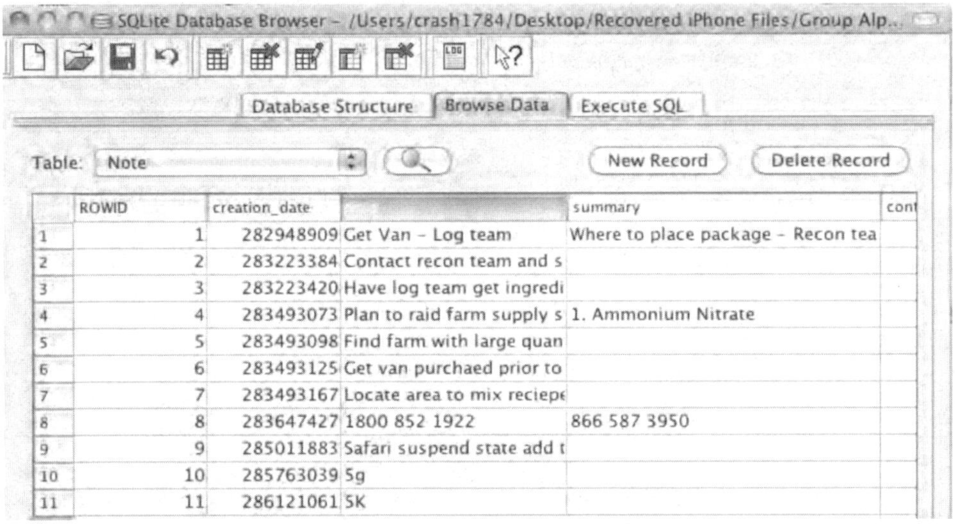

그림 5-21 Notes 테이블 내용

설정

설정 폴더는 꽤나 방대한 양의 데이터를 가지고 있으나 무시되기 쉬운 데이터이기도 하다. 하지만 손수 이 데이터들을 확인해보면 꽤나 중요한 내용들을 확인할 수가 있다. 표 5-5는 각각의 프로퍼티 파일과 해당 파일이 제공하고 있는 정보들에 대하여 기록해 보았다.

표 5-5 조사관이 직접 확인해볼 필요가 있는 설정 폴더의 프러퍼티 파일들

프로퍼티 파일명	내용
com.apple.accountsettings.plist	이메일 계정과 설정 정보
com.apple.AppStore.plist	App Store에서 최근에 검색한 애플리케이션 정보
com.apple.AppSupport.plist	App Store 국가 코드
com.apple.commventer.plst	ICCID와 IMSI 그리고 로밍 설정
com.apple.compass.plist	나침반 정보(북쪽 방향에 대한 정보)
com.apple.locationd.plist	위치 정보를 사용하는 애플리케이션들의 목록
com.apple.Maps.plist	위도와 경도 및 최근 조회한 위치 정보 데이터
com.apple.MobileBluetooth.devices.plist	연결되었던 블루투스기기들의 목록
com.apple.mobilephone.settings.plist	착신 번호
com.apple.mobilephone.speeddial.plist	AddressBook 데이터베이스로부터의 즐겨찾기 항목의 이름 및 전화번호
com.apple.mobilesafari.plist	최근 웹 검색 정보
com.apple.mobiletimer.plist	각국의 타임존 정보(Time zone)
com.apple.preferences.datetime.plist	타인존(Timo zone) 설정 정보
com.apple.prefernces.network.plist	블루투스와 와이파이 설정 정보
com.apple.springboard.plist	설치된 앱들에 대한 목록
com.apple.stocks.plist	주식 정보
com.apple.weather.plist	도시별 날씨 정보
com.apple.youtube.plist	유튜브의 즐겨찾기 정보 및 최근 검색어 데이터
Subfolder SystemConfiguration	
com.apple.network.identification.plist	기기에서 연결되었던 네트워크 정보들
com.apple.wifi.plist	기기에서 연결되었던 네트워크 정보들에 대한 SSID 값과 최근 연결된 날짜와 시간 정보

사파리

모바일 버전의 사파리는 iPhone 기기가 처음 만들어졌을 때부터 존재해왔다. 모든 웹서핑 정보들은 이 영역에서 수집해낼 수가 있다. 여기에는 세 개의 프로퍼티 파일들이 있는데, Bookmarks, History 그리고 SuspendedState 파일이다.

기기의 사용자에 의해서 생성된 북마크 정보에 대해 그림 5-22는 웹사이트 주소와 이름이 기록된 프로퍼티 파일의 내용을 보여주고 있다.

다음은 사파리의 웹서핑 기록이 담긴 프로퍼티 파일이다. `history.plist` 파일에는 사용자가 접속한 웹사이트의 주소와 이름 그리고 방문 횟수에 대해 또한 마지막 접속에 대한 날짜와 시간 정보가 저장되어 있다. 그림 5-23은 `history.plist` 파일의 각 항목에 대한 샘플 화면이다.

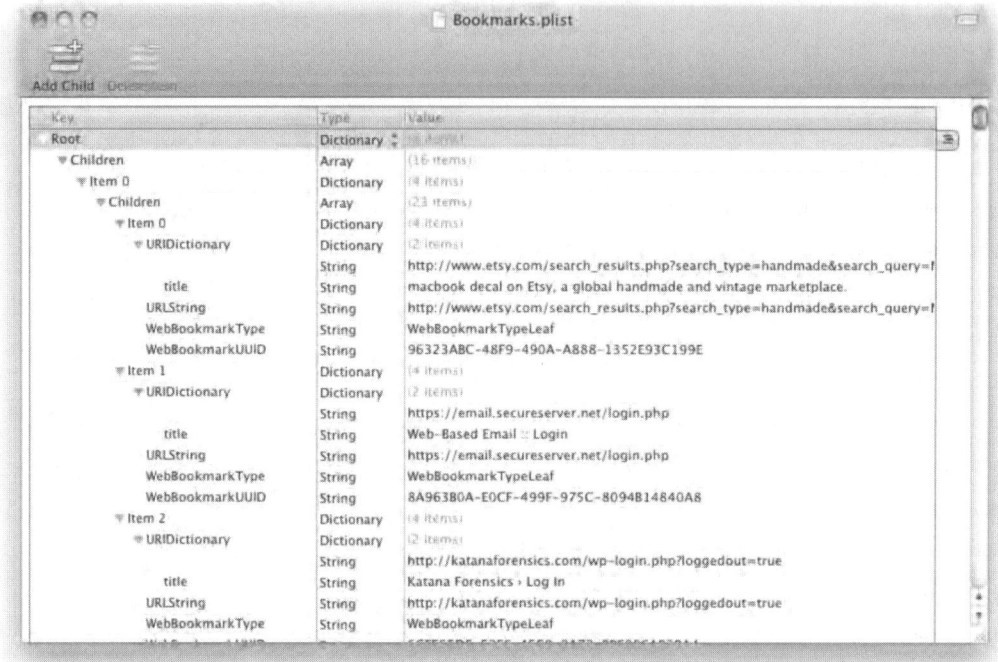

그림 5-22 웹사이트 주소와 이름이 기록되어 있는 북마크 프로퍼티 파일의 내용

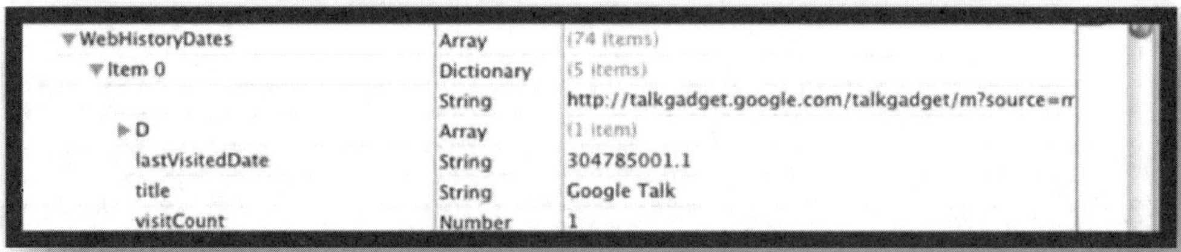

그림 5-23 history.plist 파일을 열어본 모습

그림 5-23이 보여주는 바와 같이 0번째 아이템이 보여주는 각각의 정보들은 아래와 같다.

- String: 이것은 접속한 웹사이트에 대한 전체 주소이다.
- Last visited date: 304785001.1. 이것은 일종의 시간값인데, 2010년 8월 29일 일요일 오전 10시 30분 1초라는 의미를 갖는다.
- The web page title: Google Talk.

접속 유지 상태의 웹페이지(SuspendedState)

SuspendedState 프로퍼티 파일에는 접속된 채로 유지된 상태의 웹사이트 정보가 기록되어 있는데 이는 최대 8개까지가 가능하다. 사용자가 과거에 접속했던 그리고 접속을 종료하지 않은 웹사이트에 대한 기록은 수사에 있어 매우 유용한 정보를 제공하기도 한다.

그림 5-24는 iPhone에 접속 유지 상태의 웹사이트 화면을 보여주고 있다.

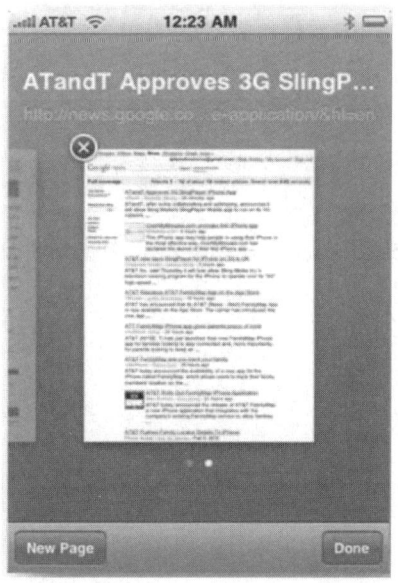

그림 5-24 모바일 사파리 앱에서 접속 유지 상태의 웹페이지 화면

그림 5-25에서 보여주는 바와 같이 SuspendedState 프로퍼티 파일에 저장된 정보들은 아래와 같다.

- 웹 사이트 주소
- 웹 사이트 제목
- 해당 사이트를 열어본 날짜와 시간

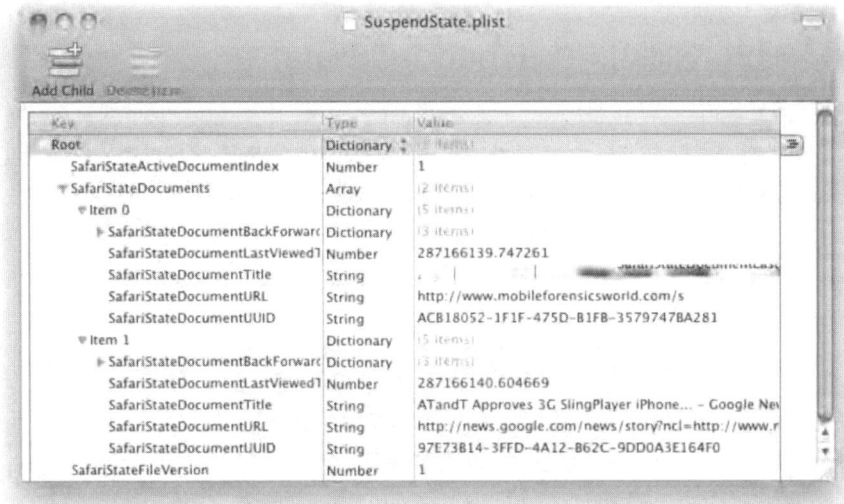

그림 5-25 SuspendState.plist 파일을 열어본 모습

SMS와 MMS

/Library/SMS 디렉터리에는 SMS 데이터베이스가 있다. 이곳에는 일반 문자 메세지와 멀티미디어 문자 메세지에 대한 데이터가 저장되어 있는데, 날짜, 시간, 전화번호, 문자 내용 등의 정보들이다. 문자 내용은 iPhone 기기의 또 다른 데이터베이스에 존재하고 있는 Frog 또는 SQLite Database Browser를 통하여 해당 내용을 확인할 수가 있다. 그림 5-26 참고.

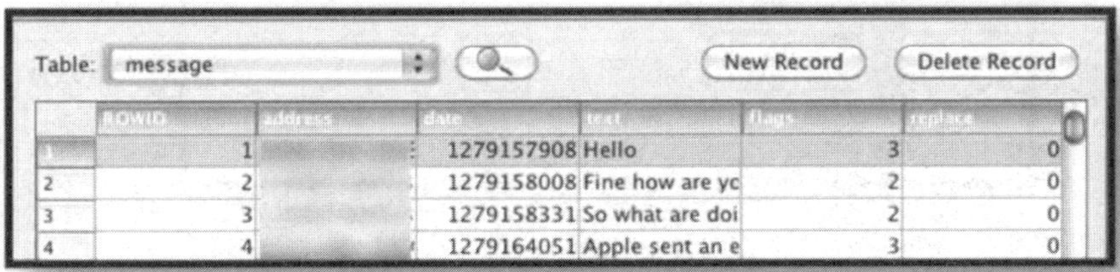

그림 5-26 Message 테이블 내의 송수신 된 문자 메시지 데이터 내용

SMS 데이터베이스에 저장되어 있는 정보들은 아래와 같다.

- ROWID: 문자메세지나 멀티미디어 메세지 각각에 대한 항목 아이디.
- Address: 메세지를 보내오거나 또는 보낸 전화번호.
- Date: 메세지가 전송된 시간 정보(Unix epoch time).
- Text: 메세지의 실제 내용에 대한 데이터이지만 비어 있거나 MMS 데이터에 대한 레퍼런스를 저장하고 있다.
- Flags: 수신인지 발신인지를 알려주는 플래그 정보.
  - 3: SMS 또는 MMS로 발신된 데이터.
  - 2: SMS 수신된 데이터.
  - 4: MMS 수신된 데이터.
  - 33: 보내지지 않은 SMS 또는 MMS 데이터.

메세지에 대해서는 위에서 언급한 데이터베이스를 통하여 확인해볼 수 있지만 멀티미디어에 대한 정보는 같은 디렉터리에 있는 서브폴더 /Library/SMS/Parts 부분에 따로 저장되어 있다. 그림 5-27 참고.

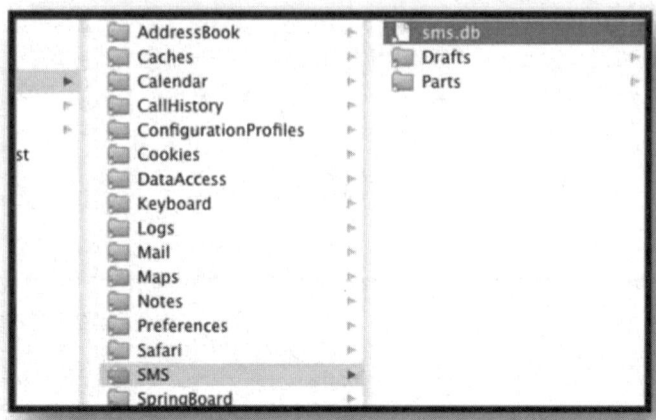

그림 5-27 SMS 메시지에 대한 추가 정보가 저장된 디렉터리

SMS.db 파일에는 msg_pieces라는 MMS에 관련된 테이블이 존재하고 있는데, 이 테이블의 데이터들이 message 테이블과 연계되고 Parts라는 서브 디렉터리와도 관계를 갖고 있다. 그림 5-28 참고

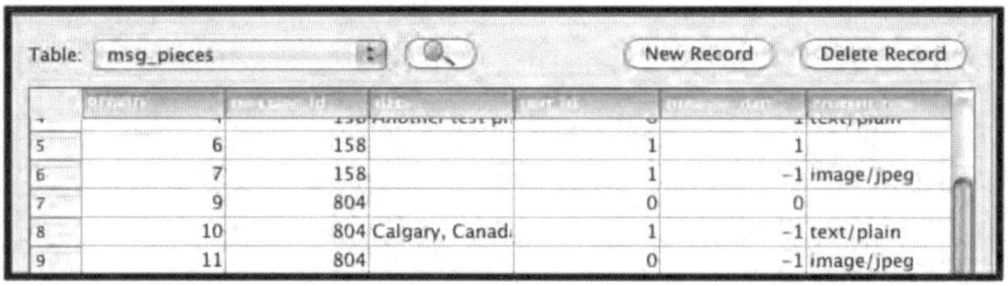

Table:	msg_pieces							
			158	Another test pi	0		-1	text/plain
5	6	158			1	1		
6	7	158			1		-1	image/jpeg
7	9	804			0	0		
8	10	804	Calgary, Canad.		1		-1	text/plain
9	11	804			0		-1	image/jpeg

그림 5-28 message 테이블과 Parts 디렉터리의 관계

그림 5-28은 msg_pieces 테이블의 내용인데 각각의 항목은 아래의 정보를 표현해주고 있다.

- ROWID: MMS 데이터에 대한 중복되지 않는 항목 아이디이다.
- Message_id: message 테이블의 ROWID에 대한 참조 키이다.
- Data: MMS 메세지에 담긴 텍스트 내용을 기록하고 있다.
- Part_id: MMS 메세지에 담겨 온 멀티미디어 파일에 대한 참조 키, 예를 들면 804-0.jpg와 같은 값이다.
- Preview_id: 멀티미디어 파일의 미리보기 파일에 대한 참조 키, 예를 들면 804-0-preview 와 같은 값이다.

■ Content_type: 멀티미디어 파일의 유형을 나타내는데 JPEG, PNG, GIF, MOV, AIF 같은 값이 될 수 있다.

그림 5-29는 해당 디렉터리의 구조를 보여주며 멀티미디어 데이터를 직접 확인해보는 모습이다.

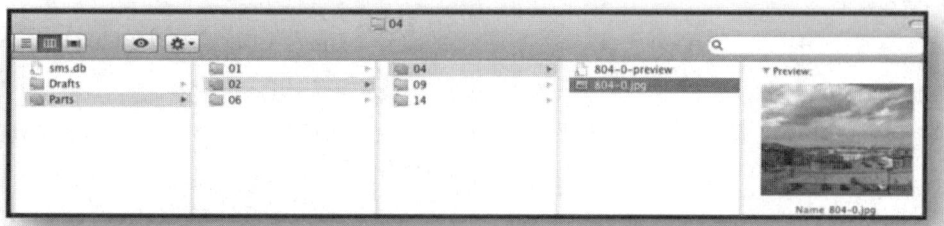

그림 5-29 멀티미디어 파일이 저장되어 있는 디렉터리 구조

음성메일

음성메일 .amr 파일 유형으로 QuickTime 플레이어로 직접 재생할 수 있는 데이터들인데, iOS 버전 3.0 이후의 기기에 대하여 지원되는 데이터이다. .amr 파일명은 Voicemail.db에 저장된 데이터들의 ROWID 항목과 연계되는 참조 키 역할을 하는데, 포함된 정보로는 보내는 사람 또는 받는 사람의 전화번호 그리고 날짜와 시간 데이터들이다.

	ROWID	remote_uid	date	token	sender	callback_num	duration	expiration	trashed_date	flags
1	1	218	1280940545	Complete			7	1283532545	0	3
2	2	237	1282149008	Complete			20	1284741008	0	3
3	3	224	1281365128	Complete			2	1283957128	0	3
4	4	213	1280864894	Complete			21	1283456894	0	3
5	5	227	1281457377	Complete			5	1284049377	0	3
6	6	211	1280859845	Complete			21	1283451845	0	3
7	7	219	1280942526	Complete			5	1283534526	0	3

그림 5-30 음성 메일 데이터

voicemail.db는 /Library/Voicemail 디렉터리에 존재하며 각 필드 항목이 나타내는 바는 다음과 같다.

- ROWID: 데이터 항목의 식별자이며 동시에 해당 음성 메일의 미디어 파일인 .amr과 연동되어 있다.
- Date: 데이터가 생성된 시간이며 유닉스 시스템 시간(Unix epoch time)이다.
- Sender and Callback_num: 음성 메세지를 남긴 쪽의 전화번호를 나타낸다
- Duration: 음성 메일의 길이를 나타낸다.
- Expiration Date: 유닉스 시스템 시간(Unix epoch time)을 따르는 값이다.
- Trashed date: 사용자가 데이터를 삭제한 날짜와 시간을 나타낸다. 삭제는 실제로 이루어지는 게 아니라 삭제되었음을 나타내는 값을 설정하는 형태로 데이터를 유지하고 있다.
- Flags: 음성 메일의 상태를 표시하는 데 구체적인 내용은 아래와 같다.
  - 2: 듣지 않은 음성메일
  - 3: 들은 음성메일
  - 11: 삭제된 음성메일

웹클립

웹클립 폴더는 웹 환경을 사용하는 애플리케이션들에 대한 정보를 저장하고 있다. 웹 애플리케이션들은 iPhone 기기에서 처음으로 사용되었으며 지금도 여전히 많은 사용자층을 보유하고 있다. 인기 있는 웹 애플리케이션들로는 Google, iGoogle, Google Voice 등이 있고 각각의 웹클립들은 아이콘과 info.plist 파일에 매칭되어 있다. 그림 5-31은 웹클립의 info.plist 파일을 열어본 모습이며 담고 있는 정보들은 아래와 같다.

- 웹 애플리케이션의 URL 정보
- 웹 애플리케이션의 이름
- 홈페이지로 사용되고 있는 아이콘의 위치 정보

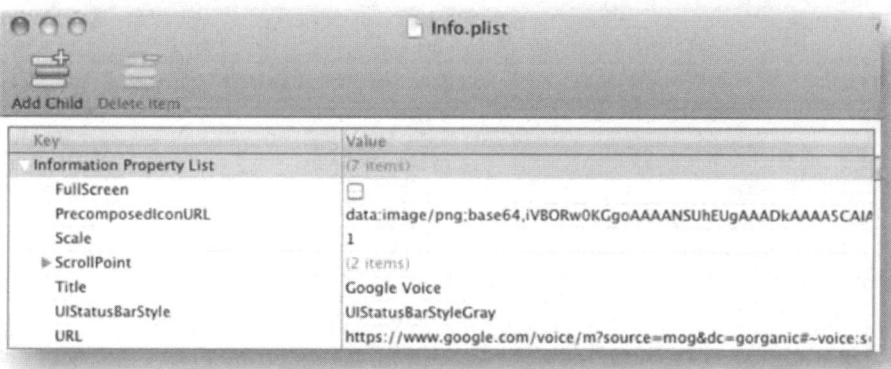

그림 5-31 웹클립의 info.plist 데이터

그림 5-32는 웹클립의 아이콘을 보여주고 있다.

그림 5-32 웹클립 아이콘

웹킷

웹킷 폴더는 모바일 웹페이지들에 대한 정보를 담은 데이터베이스가 존재하고 있다. 웹킷은 빠른 사용자 접근에 대한 빠른 반응 속도를 구현하기 위해 HTML5 기술을 적용하였다. 때문에 빠른 반응 속도를 구현하기 위한 추가적인 데이터들이 만들어지게 되는데 Gmail은 이러한 사이트들 중 하나이다. 이런 경우에 웹 사이트는 SQLite database 내에 많은 양의 추가 정보를 저장시키게 된다. 또한 http_mail.google.com_0라는 하위 폴더를 찾아낼 수가 있다. 이름을 만들어내는 규칙은 이전에 언급했던 0000000000000002.db를 따르고 있다. SQLite 애플리케이션을 이용해서 이 데이터들을 열어보면 표 5-6과 5-7에 기재되어 있는 데이터들의 내용을 살펴볼 수 있다.

표 5-6 미리 읽은 메시지 데이터

메시지 식별자	내 용
Conversation ID	Used the thread e-mails.
isUread isUread message ID — 읽은 메시지인지 아닌지를 구분	0-읽음 1-읽지 않음
isStarred isStarred message ID — 사용자 화면에 표시되었는지 아닌지를 구분	0-표시되지 않음 1-표시됨
isinbox isinbox message ID — inbox 내에 존재하는지 않는지를 구분	0-inbox 내에 존재하지 않음 1-inbox 내에 존재함
Subject	제목.
SnippetHMTL	간략한 내용 (전체 내용이 아님)
Address_to	받는 사람
Address_cc	참조
Address_bcc	숨은 참조
Address_replyTo	답신 주소
ReceiveddateMS	받은 날짜 – 유닉스 시스템 시간(Unix Epoch time)
Body	메일 내용
hasAttachment	첨부

표 5-7 미리 읽은 요약 데이터

통신 식별자	내 용
isUread	읽은 메시지인지 아닌지를 구분. 0-읽음 1-읽지 않음
isStarred	사용자 화면에 표시되었는지 아닌지를 구분. 0-표시되지 않음 1-표시됨
isinbox	메시지가 inbox 내에 존재하는지 아닌지를 구분 0-존재하지 않음 1-존재함
Subject	제목.
SnippetHMTL	간략한 내용 (전체 내용이 아님)
senderListHTML	주고받은 메일 목록에 포함된 당사자들의 메일 주소 목록.
numMessages	주고받은 메일 목록 중 해당 메일의 번호.
dateMS	받은 날짜 – 유닉스 시스템 시간(Unix Epoch time).
ModifyDateMs	수정 날짜 – 유닉스 시스템 시간(Unix Epoch time).
userLabelIds	사용자 라벨
has Attachment	첨부가 있는지 아닌지를 구분. 0-첨부 없음 1-첨부 있음

또 다른 데이터가 있는데 디렉터리명은 https_www.google.com_0이다. 그림 5-44에서 보여진 바와 같이 명명 규칙은 https_mail.google.com_0과 같은 형태이다.

0000000000000003.db 파일에는 다소 방대해 보이는 연락처 목록이 들어 있다. 이 데이터들은 구글 연락처 또는 컴퓨터와 동기화된 내용일 수 있다. 데이터에는 이름, 메일 주소, 전화번호 등의 정보가 저장되어 있다.

> **노트**
> 예전 방식의 포렌식 툴에서는 Apple 기기들로부터 이메일 데이터를 가져오지 못할 수도 있다는 사실에 대해 한번쯤은 생각해봐야 할 것 같다. 하지만, 만약 사용자가 App Store를 통한 앱이 아니라 위에 언급한 웹 애플리케이션처럼 이메일 어플을 사용할 경우 우리는 사용자의 이메일 데이터들을 얻어낼 수가 있게 된다.

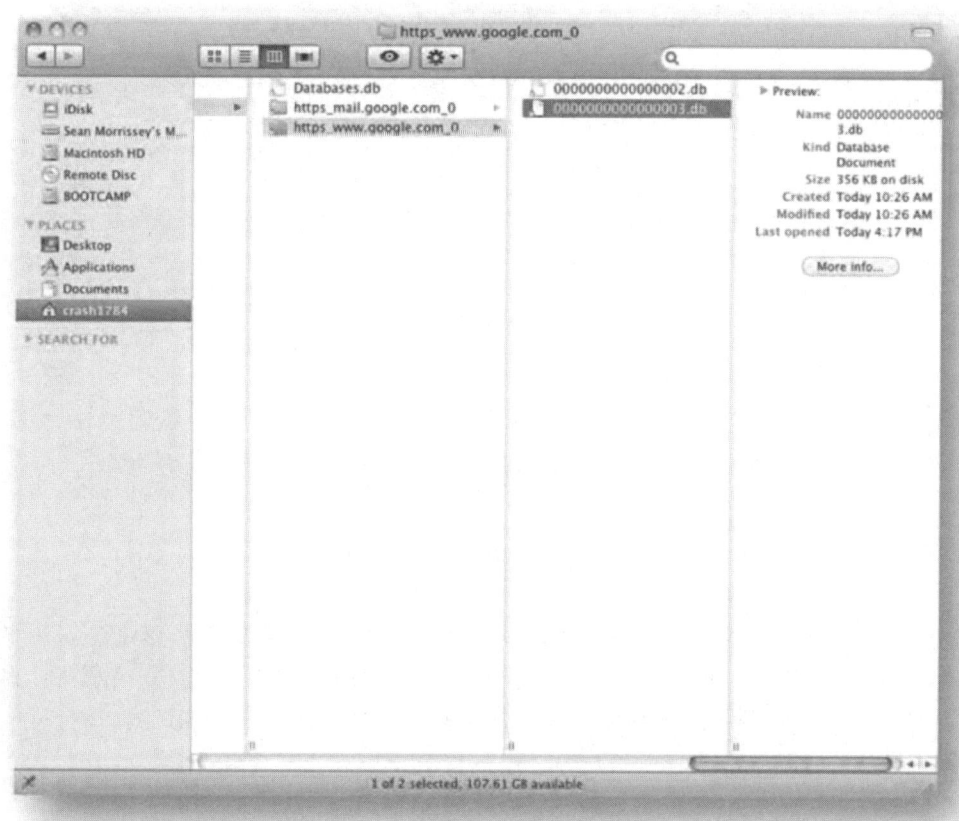

그림 5-33 https_www.google.com_0 디렉터리

시스템 설정 데이터

시스템 설정 디렉터리는 중요한 정보가 가득 차 있다. 네트워크 데이터라거나 환경 설정 정보들처럼 말이다. 이런 정보들은 기기를 사용하면서 변경되게 되는 IP 주소 또는 접속 포인트 등에 대한 중요 정보를 제공해줄 수가 있다.

- **Autowake.plist:** 기기가 메일이 왔을 때나 알림을 받았을 때의 정보를 담고 있으며, 그림 5-34는 이 파일을 열어본 모습이다.

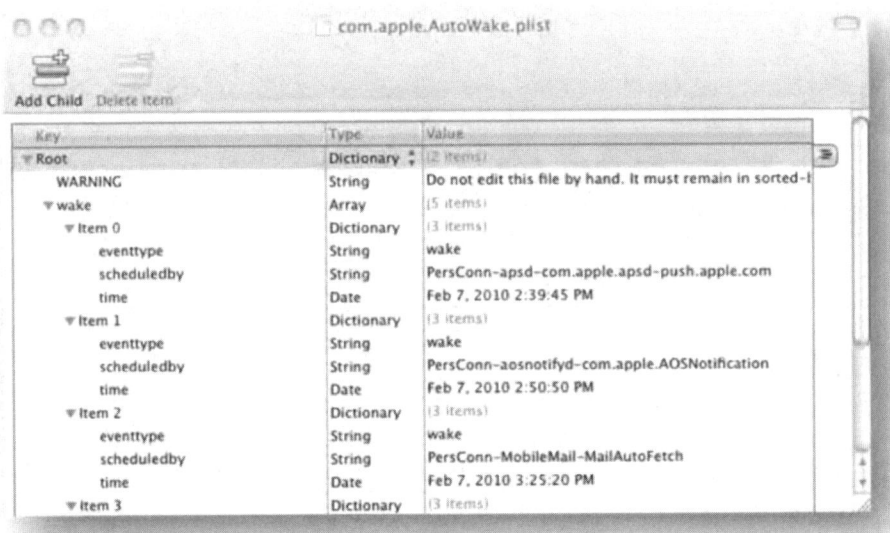

그림 5-34 Autowake.plist

- **Network.identification.plist:** 이 파일에는 기기가 네트워크에 연결된 상태였을 때 가지게 된 모든 IP 주소에 대한 정보를 기록하고 있다. Apple은 한 번 접속되었던 네트워크 접속 정보는 기록을 해두었다가 같은 네트워크에 접속해야 할 때 사용자에게 또 다시 묻지 않고 자동으로 접속을 수행하는 기능을 제공하고 있다.

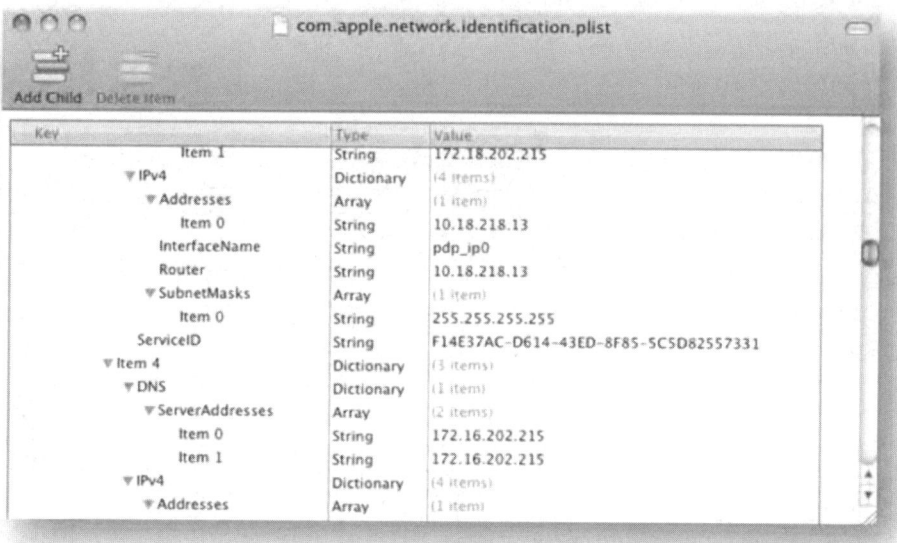

그림 5-35 Network.identification.plist

■ Wifi.plist: 접속했던 네트워크와 SSID 정보를 기록하고 있다. 그림 5-36 참고.

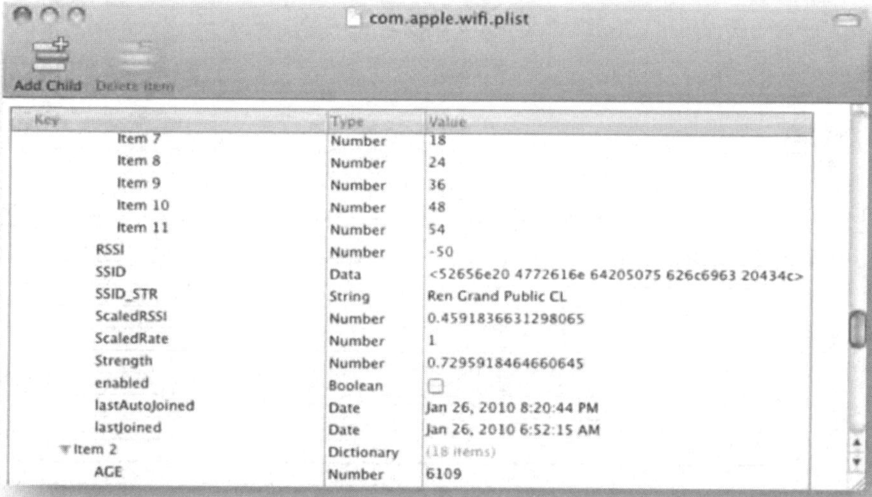

그림 5-36 Wifi.plist

- Preferences.plist: iPhone 또는 아이팟 터치 제품에 대한 이름 정보가 기록되어 있는 파일이다. 그림 5-37.

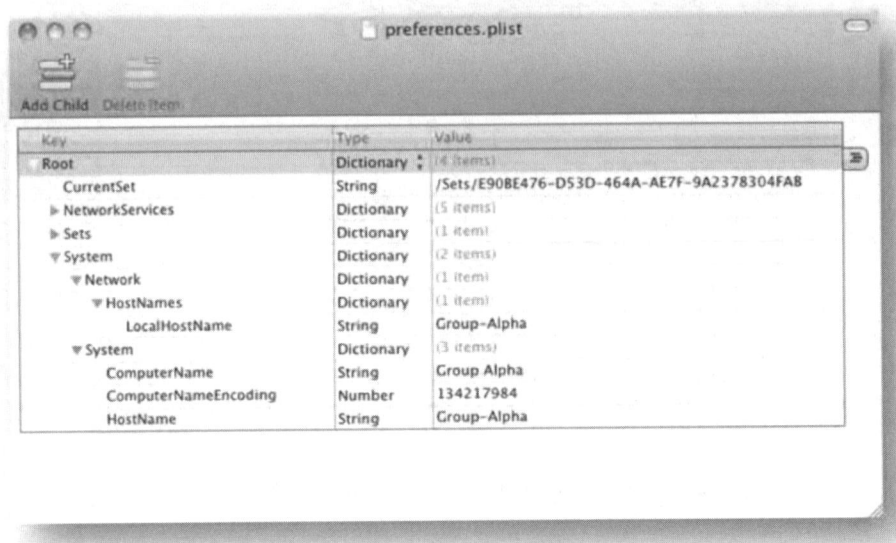

그림 5-37 Preferences.plist

미디어 영역

iPhone에 저장된 이미지나 레코딩 된 비디오 데이터들은 미디어 영역의 디렉터리에서 찾아볼 수가 있다. iPhone 3.0 이후부터는 추가적인 데이터들이 이 디렉터리에 존재하게 되었다. 표 5-8을 보자.

표 5-8 미디어 영역 디렉터리

디렉터리명	내용	데이터 확인용 응용 어플
Media	.m4a, .png, .jpg, .mov, .m4v, .mpg files	QuickTime, Preview

미디어 디렉터리

미디어 디렉터리에는 iPhone으로 촬영된 이미지들과 음성 메모 데이터들이 모두 들어 있다. 첫 번째 하위 디렉터리인 DCIM에는 한 개 이상의 폴더들을 찾아볼 수 있는데 Time Lapse 같은 애플리케이션들이 자신의 폴더를 만들고 그곳에 이미지들을 저장해놓은 것이다. DCIM 디렉터리 안에서 기본 폴더는 100APPLE인데 이곳에 저장된 이미지들은 iPhone3G나 3GS으로 촬영된 것일 경우 GPS 데이터를 추가적으로 갖게 된다. 2G iPhone의 경우에도 GPS 데이터가 존재하긴 하지만 이것은 가까운 기지국을 이용한 삼각 측량 기법에 의해 얻어진 위치 데이터일 뿐이다. 맥 PC의 미리 보기 애플리케이션은 이러한 데이터들을 살펴볼 수 있는 매우 훌륭한 기능을 제공하고 있다. 맥 PC는 기본적으로 모든 이미지들에 대하여 미리 보기 애플리케이션을 통해 열어볼 수 있도록 되어 있다. 일단 이미지 파일이 열리면 메뉴 항목을 통해서 모든 EXIF 포맷과 GPS 데이터를 확인할 수가 있는데, 툴바에서 [Tools]-[Inspector]를 선택해보자. 그림 5-38 참고.

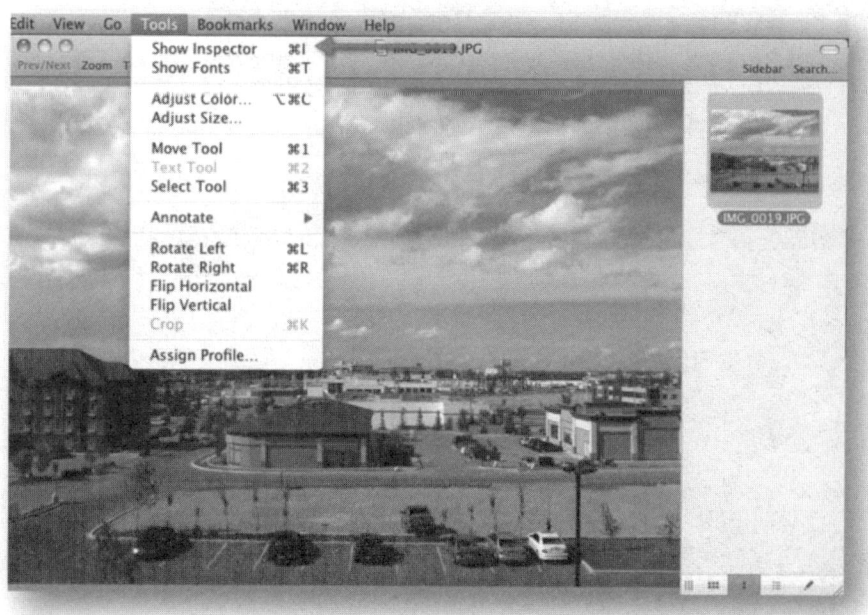

그림 5-38 미리 보기 애플리케이션에서, [Tools]-[Inspector] 선택

인스펙터 화면에서 EXIF 데이터를 확인할 수 있는데 가장 중요한 사항은 이 이미지가 촬영되었을 당시의 날짜와 시간 정보이다. 또한 GPS 데이터에는 위도, 경도, 고도 그리고 나침반 방향 정보를 알아낼 수가 있다. 그림 5-39와 40을 참고.

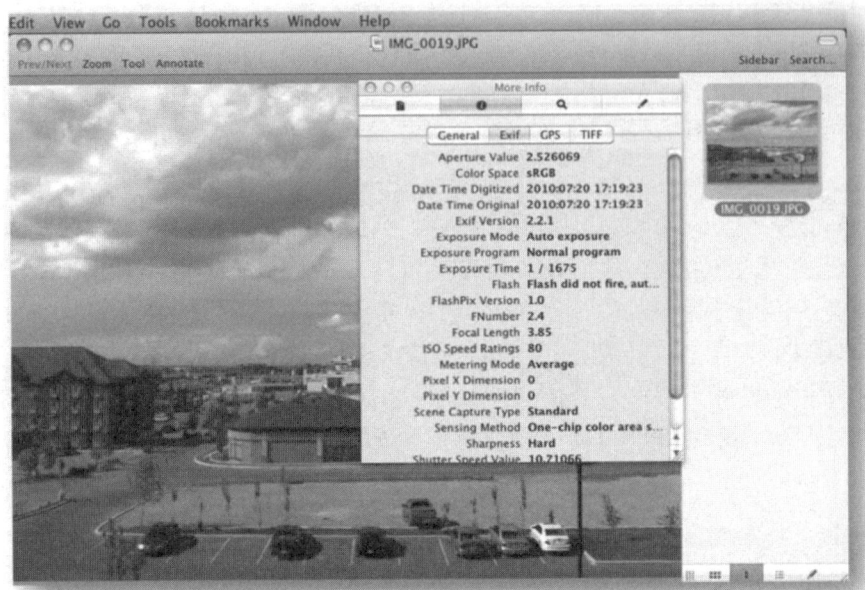

그림 5-39 미리 보기 애플리케이션에서 EXIF 데이터 확인

그림 5-40 미리 보기 애플리케이션에서 GPS 데이터 확인

지도상에서 십자 표시로 GPS 데이터 박스에 나타나는 모습을 볼 수 있는데, 만약 이 이미지를 포렌식 도구들이 설치되어 있지 않은 시스템으로 옮겨졌을 경우에는 좌하단의 Locate 버튼을 클릭함으로써 구글 지도와 연동되어 위치 정보를 얻어올 수 있기도 하다. 그림 5-41 참고. (간혹 우리가 포렌식 도구들이 없는 시스템을 이용해야 하는 경우도 있는데, 포렌식 시스템은 외부의 인터넷망과는 차단된 작업 환경에 놓여 있어야 하기 때문이다.)

그림 5-41 GPS 좌표를 구글 지도에 연동시켜 위치를 파악하는 모습

왜 이 데이터가 수사 과정에서 중요한 부분을 차지하게 될까? 이미지가 가진 정보를 보자. 그것은 개별적으로 시간 정보와 위치 정보를 갖게 되는데, 이것만큼 증인 심문과 수사 진행에 있어 중요한 게 또 무엇이겠는가.

> **노트**
>
> iPhone OS 2.0에서 2.2버전까지는 그 GPS 위치 정보가 매우 부정확함을 알아야 한다. 실내에서 촬영된 사진은 정확치 않은 위치 정보를 담게 되는데, 가까운 위성 송신탑을 이용한 삼각 측정 기법을 사용하여 얻어진 위치 정보이기 때문이다. 2G iPhone은 사실상 GPS 보드를 하드웨어적으로 탑재하고 있지가 않다. 하지만 이미지들은 위치 정보에 대한 데이터를 담고 있을 것이다. 이것은 위에서 말한 부정확한 측량 기술을 이용한 정보임을 주의해야 할 것이다.

또 다른 사진 분석 도구로는 아이라이프(iLife) 패키지 제품들 중 아이포토(iPhoto)라는 소프트웨어가 있다. 아이포토는 두 가지 중요한 기능을 제공하고 있는데 그건 사진의 위치 정보를 파악하는 것과 얼굴 인식 기능을 지원한다는 것이다. 이 툴을 설치하게 되면 모든 이미지들을 읽어들일 수 있는데, 그림 5-42는 아이포토를 이용하여 그 사진이 촬영된 장소를 인식해내는 기능을 보여주고 있다. 아이포토라는 친숙한 애플리케이션의 사용을 통해 어떠한 배심원이라도 내용을 쉽게 확인하고 이해할 수가 있는 것이다.

그림 5-42 iPhoto를 이용하여 사진이 촬영이 위치 정보를 파악하는 모습

수사 과정에서 빠르게 사람의 얼굴 부분만을 정렬해 찾아볼 필요가 생기는데 아이포토는 이 기능을 자동으로 수행해준다. 그림 5-43 참고.

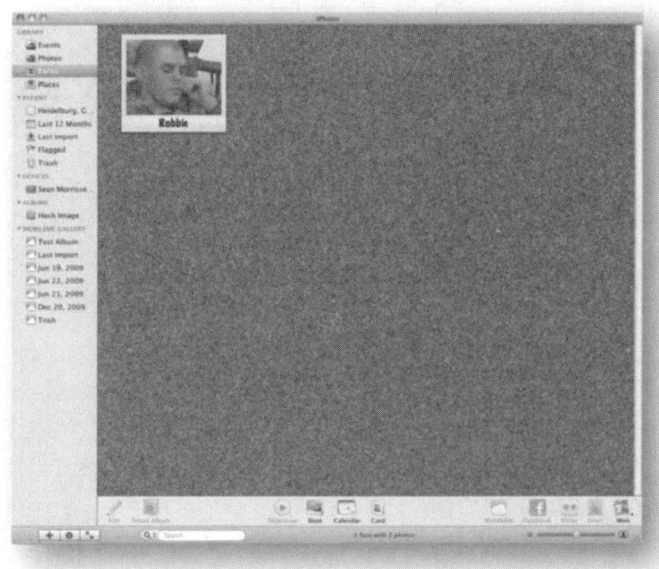

그림 5-43 사람의 얼굴을 기준으로 이미지를 찾아내주는 iPhoto 기능

펌웨어 버전이 4.0 이전 기기에서는 .Misc라는 폴더가
존재했었다. 여기에는 iPhone으로 촬영된 사진들의
썸네일 이미지들이 들어 있었다. 썸네일 이미지는 카
메라 애플리케이션이 구동될 때 좌측 하단에 이전에
촬영된 사진을 보여주는 기능에 사용된다. 그림 5-44
에서 좌측 하단의 원을 참고하기 바란다. 그러나 4.0
이후에는 썸네일 이미지들이 저장되는 경로가 /Media/
PhotoData/DCIM/100APPLE로 바뀌었다.

그림 5-44 카메라 앱에서 썸네일 이미지

iOS 4.0부터는 이미지와 관련된 두 개의 데이터베이스가 추가되어 있다.

- `Photos.sqlite`
- `PhotosAux.sqlite`

Photos.sqlite 데이터베이스

이 데이터베이스는 iPhone 카메라로 촬영된 이미지들에 대한 메타데이터 정보들이 저장되어 있다. photo 테이블에는 아래와 같은 항목들이 존재하고 있다.

- **Primary key**: 레코드를 식별하는 유일한 숫자값이다.
- **Title**: 이미지 파일의 이름을 저장하고 있다. 예를 들면 `IMG_0001` 같은 식이다.
- **Capture Time**: 사진이 촬영된 날짜와 시간에 관한 정보를 저장하고 있다
- **Width**: 사진의 가로 픽셀 길이 값이다.
- **Height**: 사진의 세로 픽셀 길이 값이다.
- **Directory**: 사진 파일이 존재하고 있는 물리적인 경로값을 저장하고 있다. 예를 들면 `DCIM/100APPLE`과 같은 값이다.
- **File name**: 이 파일 이름은 확장자 명까지 명시하고 있는 값이다. 예를 들면 `IMG_0001.jpg` 이다.
- **Duration**: 만약 비디오로 촬영된 경우 촬영 분량에 대한 시간 정보를 초 단위로 저장하고 있다.
- **RecordModDate**: 절대 시간(absolute time) 정보가 기재되어 있다.

PhotosAux.sqlite 데이터베이스

PhotosAux.sqlite 데이터베이스에는 iPhone으로 사진이 촬영되었을 시의 위치 정보에 대한 참조 값들을 저장하고 있는데, AuxPhoto 테이블의 내용은 아래와 같은 값으로 기록된다.

- **Primary key**: 위에서 언급한 `photos.sqlite` 데이터베이스에 대한 참조 키 값이다.
- **Latitude**: 경도 값을 나타낸다.
- **Longitude**: 위도 값을 나타낸다.

Recordings 디렉터리

Recordings 폴더는 음성 메모 애플리케이션을 통하여 녹음된 데이터들이 존재하는 디렉터리이다. 이 데이터들은 QuickTime 애플리케이션을 통하여 재생이 가능하고 파일 이름은 날짜와 시간의 조합으로 만들어지게 된다. 예를 들어 `20091220 172138.m4a`라는 파일은 12월 20일 오후 5시 21분 38초에 만들어졌음을 나타낸다고 보면 된다. 그림 5-45 참고.

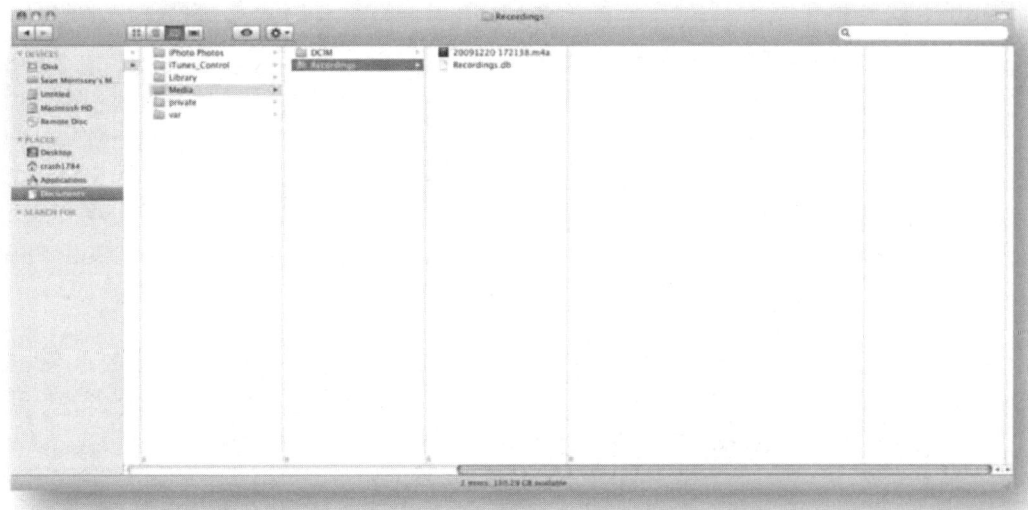

그림 5-45 음성 메모

아이포토 사진들

아이포토를 통해서 iPhone의 저장된 사진들은 두 가지 디렉터리 구조를 가지게 된다. 3.1.3 이전 버전의 기기들은 모두들 같은 데이터 저장 구조를 가지게 된다. 우선 기존의 저장 형태부터 살펴보도록 하자. Lantern 같은 포렌식 툴들은 사진 데이터들과 관련해서 `.ithmb`라는 파일들을 분석해내는데, 이 파일은 iPod 기기들이 수년 동안 사용해왔던 것이다. 반면에 MobileSync 데이터베이스에는 이와 관련된 어떠한 데이터도 들어있지 않다. iTunes를 통해 iPhone으로 저장되고 압축된 사진 파일들은 `.ithmb` 파일 안에 저장되어 있는 셈이다. 하지만 이 파일의 단점은 EXIF 데이터에 저장되는 GPS 위치 정보가 없어져버린다는 것이다.

3.2 이전 버전의 기기들은 `.ithmb` 파일 내에 동기화 되어 저장되어 있다. 참고로 이 파일 형태는 Apple사의 특허 기술이 적용되었으며, 디렉터리 구조는 그림 5-46을 참고하기 바란다.

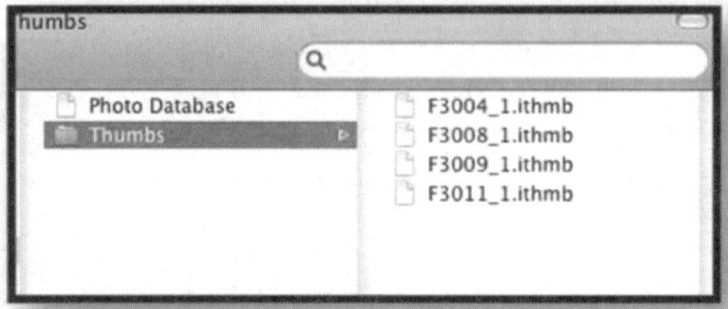

그림 5-46 압축된 사진 파일들

이 파일을 변환하게 위한 윈도우용 커맨드라인 툴과 맥용 GUI 툴이 있는데, 윈도우용으로는 ithmbconv.exe를 사용하면 된다. 물론 무료 툴이다. 맥용으로는 Juicer 또는 Keith's iPod Photo Viewer가 있다. Juicer는 유료 어플이므로 유의하기 바란다.

Juicer의 경우 매우 빠르며 간단히 .ithmb 파일을 변환해준다. 변환된 모든 이미지들은 미리 보기 애플리케이션을 통해 읽어들일 수가 있다. $17.95 가격으로 드래그앤드롭 기능을 지원하고 있다. 다운로드 사이트는 http://echoone.com/filejuicer/이다.

3.2 버전 이후부터는 .ithmb 파일이 사라져버렸다. 그리고 저장 형태는 iTunes와 조금 더 비슷해 졌다. 더 이상 압축된 메타데이터를 필요로 하는 저장 구조를 사용하지 않는 것이다. 새로운 구조는 오래 전부터 사용된 iTunes의 데이터 저장 방식과 비슷하다. 파일 명의 명명 규칙은 네 글자로 이 루어져 있는데 이 또한 iTunes 미디어 파일과 같은 형태이다. 그림 5-47을 참고하기 바란다.

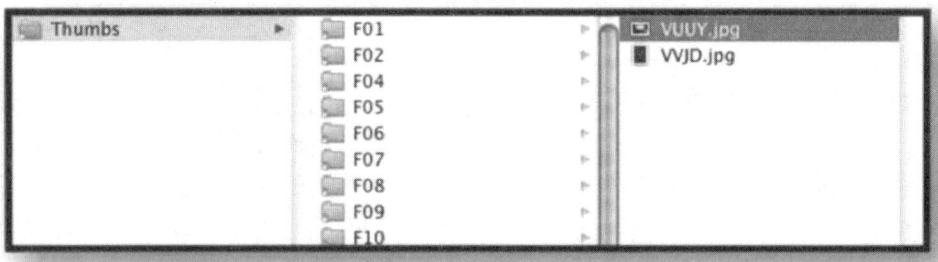

그림 5-47 iTunes 미디어 파일과 같은 디렉터리 구조로 저장된 이미지 파일

멀티미디어

iPhone 또는 아이팟 기기와 동기화된 컴퓨터에는 확장자가 .m4a, .m4v 그리고 mp3 파일들이 F00 과 같은 형태의 폴더 내에 존재하고 있다(그림 5-48 참고). 이 디렉터리 구조는 수년 동안 Apple사 의 기기들에 변치않은 형태이며 이 파일들은 iTunes나 퀵타임플레이어 같은 Mac 컴퓨터 기반의 애플리케이션을 통해 쉽게 재생할 수가 있다.

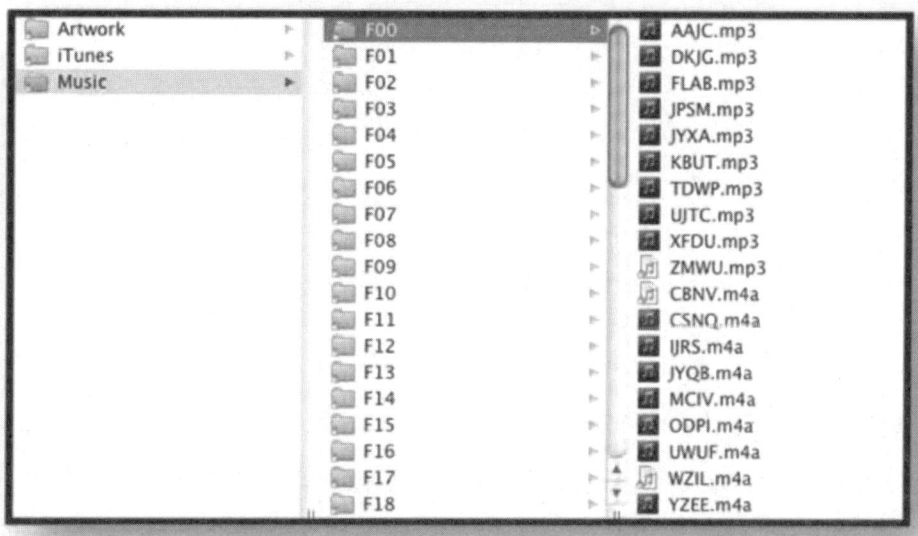

그림 5-48 Apple 기기의 iTunes 데이터에 대한 디렉터리 구조

타사 응용 프로그램들

이 글을 쓰고 있는 현재 Apple App Store에는 300,000개가 넘는 애플리케이션이 등록되어 있다. 이 애플리케이션들은 전 세계의 개발자들이 만들었으며, 각기 다른 형태의 데이터 저장소를 가지고 있게 된다. 예를 들어 프로퍼티 파일 형태일 수도 있으며, SQLite 같은 데이터베이스를 사용할 수도 있다. 우리는 여기서 사용도가 높은 몇 개의 애플리케이션들의 데이터들을 분석해볼 것이다.

이 작업은 직접 수동으로 진행해야 하기 때문에 많은 시간을 들여야 한다. 또한 그러한 애플리케이션들은 App Store를 통해서 직접 비용을 지불하고 구입해야 한다. 물론 탈옥을 통해서 이러한 어플들을 무료로 다운로드 받아 설치할 수도 있다. 예를 들면 어플을 무료로 제공하는 Cydea Store에 탈옥 폰을 이용하여 접근하는 방식이다.

이런 애플리케이션들은 각기 다른 다양한 형태의 데이터들을 사용하고 있다. 프로퍼티 파일, SQLite 데이터베이스, 아이콘으로 사용되는 PNG 파일 같은 데이터들인데 이러한 정보를 분석함으로써 해당 애플리케이션에 대한 자료들을 수집해낼 수가 있는 것이다.

소셜 네트워킹 애플리케이션 분석

인터넷과 스마트폰은 소셜 네트워킹에 열광하고 있다고 말해도 좋다. 이런 유형의 애플리케이션들은 커뮤니케이션이 새로운 리더가 되었고, 문자 데이터들은 사진과 멀티미디어 데이터들을 동반하기에 이르렀다. 따라서 이러한 애플리케이션을 분석해내는 것은 수사에 많은 도움이 될 것이다. 우리는 이 장에서 Skype, Twitter, LinkedIn, AOL AIM 그리고 Facebook에 대해서 살펴볼 것이다.

iPhone 트위터 애플리케이션은 중요한 두 가지 디렉터리를 포함하고 있는데, 도큐먼트 폴더와 라이브러리 폴더이다. 도큐먼트 폴더는 아래 열거된 서브디렉터리들을 가지고 있다.

- Com.atebits.tweetie.application-state
  - App.state.plist: 계정 정보와 팔로워들을 위한 트윗 정보들이 저장되어 있다.
- Com.atebits.tweetie.compose.attachments
  - 트윗을 통해 첨부된 파일들에 대한 해시(hash) 값들이 저장되어 있으며, 이 파일들은 미리 보기 애플리케이션을 통하여 열어볼 수가 있다.
- Com.atebits.tweetie.streams

- 트윗 유저들 각각에 대하여 프로퍼티 파일이 저장되어 있다. 트윗 날짜와 시간 값들이 절대 시간(Absolute time) 형태로 기록되어 있으며, 그림 5-49와 같이 이 내용들을 확인할 수 있다.

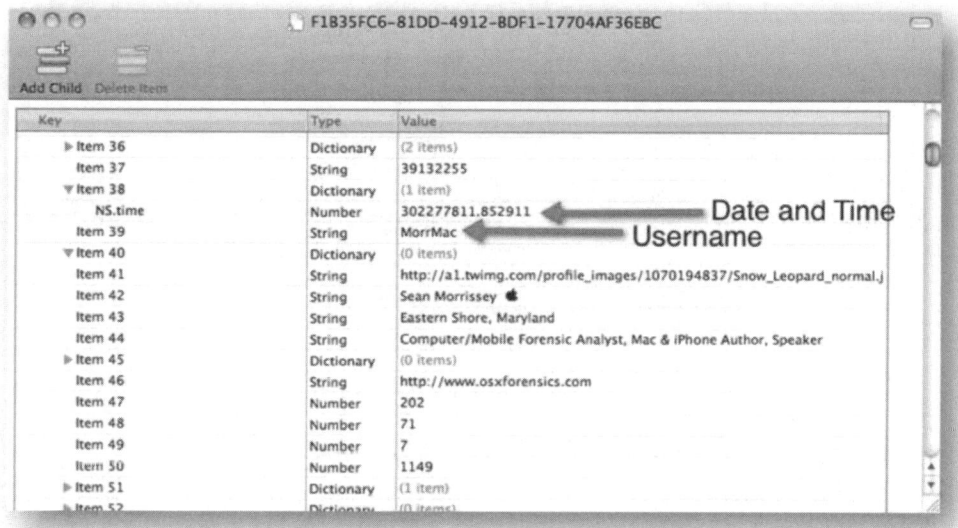

그림 5-49 사용자 이름과 시간 정보를 가지고 있는 프로퍼티 파일을 열어본 모습

Skype

Skype는 Wi-Fi 연결을 통하여 아이팟 터치 또는 iPhone 사용자들 간의 전화 통화를 가능케 해주는 애플리케이션이다. 데이터들이 저장된 경로는 /Library/Skype/Application Support/[username]/folder이며 아래 명시된 항목들이 저장되어 있다.

- 통화 내역
- 사용자 계정 정보
- 채팅 내역

그림 5-50는 Skype 애플리케이션의 데이터 저장 구조를 보여주고 있다.

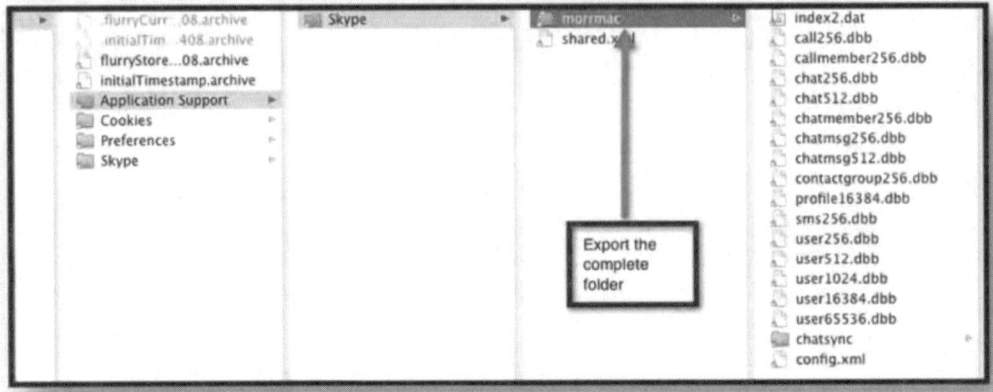

그림 5-50 Skype 애플리케이션의 데이터 저장 구조

이러한 데이터들을 정확히 분석하는 데 도움이 되는 윈도우용 툴이 두 가지 존재한다

- Nirsoft사의 SkypeLogView: 무료 툴로서 채팅 로그들을 분석해주고 HTML 레포트로 변환해준다. 그림 5-51 참고.

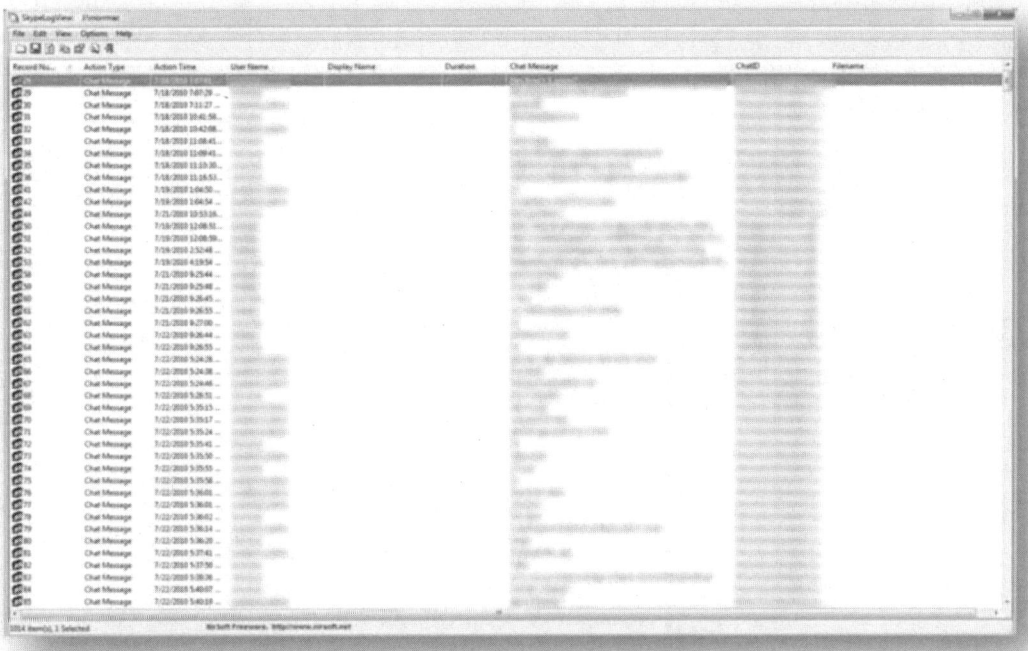

그림 5-51 SkypeLogView를 통해 채팅 내역을 분석하여 HTML 레포트를 생성해낸 모습

■ Belkasoft사의 **Skype Analyzer**: 유료로 제공되는 제품으로 통화 내역과 채팅 내역 모두를 분석해주는 툴이다. 이 툴은 분석해낸 데이터를 여러 형태로 변환해주는 기능을 제공한다. 그림 5-52 참고.

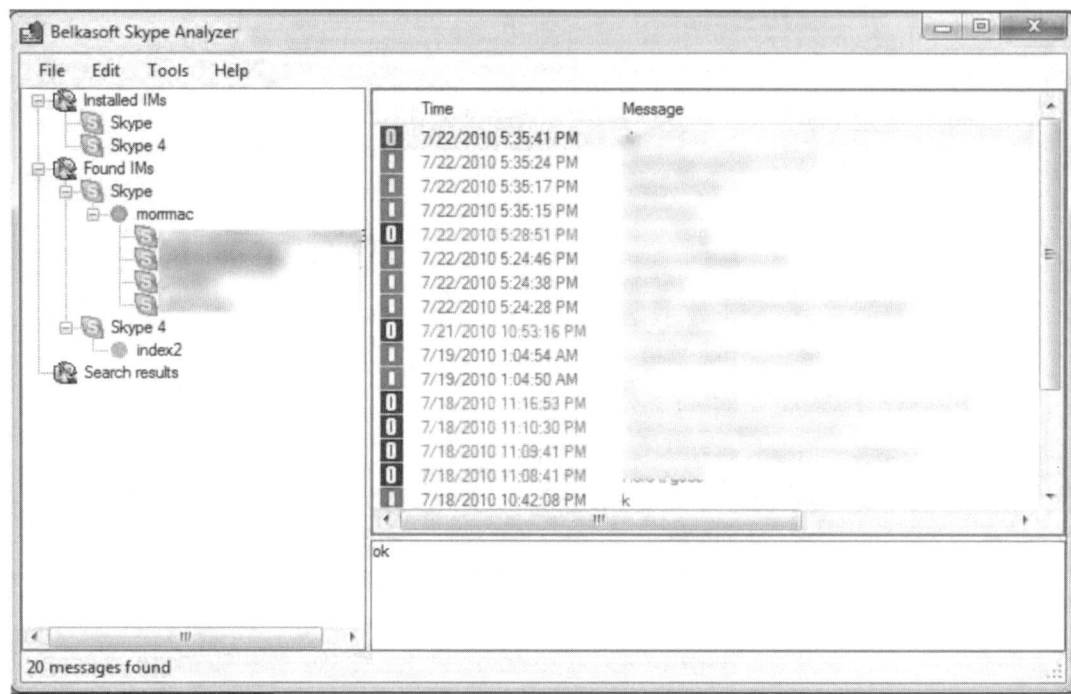

그림 5-52 Belkasoft사의 Skype Analyzer

Facebook

페이스북은 백만 사용자를 보유하고 있는 인기도가 높은 애플리케이션 중에 하나이다. 물론 수사에 있어 풍부한 정보들을 제공하는 것은 당연하다. 하지만 대부분의 데이터들은 기기가 아닌 서버 측에 저장되고 있다. 로컬에 저장되는 데이터들은 아래 항목에 소개하였고, 그림 5-53을 참고하기 바란다.

■ com.apple.facebookfacebook.plist

■ 사용자 이름

■ 마지막으로 글을 읽은 날짜와 시간

■ 사용자 이메일 주소

- 페이스북 아이디
- **Friends.db:** 애플리케이션에 연동되고 있는 친구 목록
  - 이름
  - 주소
  - 핸드폰 번호
  - 이메일 주소
  - 페이스북 아이디

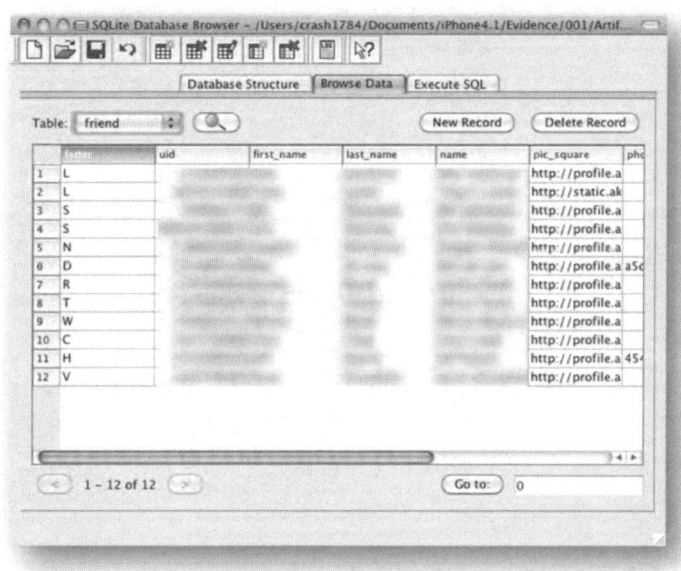

그림 5-53 기기에 저장된 페이스북 데이터

AOL AIM

AIM은 맥 컴퓨터의 iChat과 유사해보이는 또 다른 형태의 채팅 클라이언트 프로그램이다. 아래 소개되는 정보들은 이 애플리케이션을 사용하는 기기로부터 얻어낼 수 있는 정보들이다. 그림 5-54 참고

- 계정정보

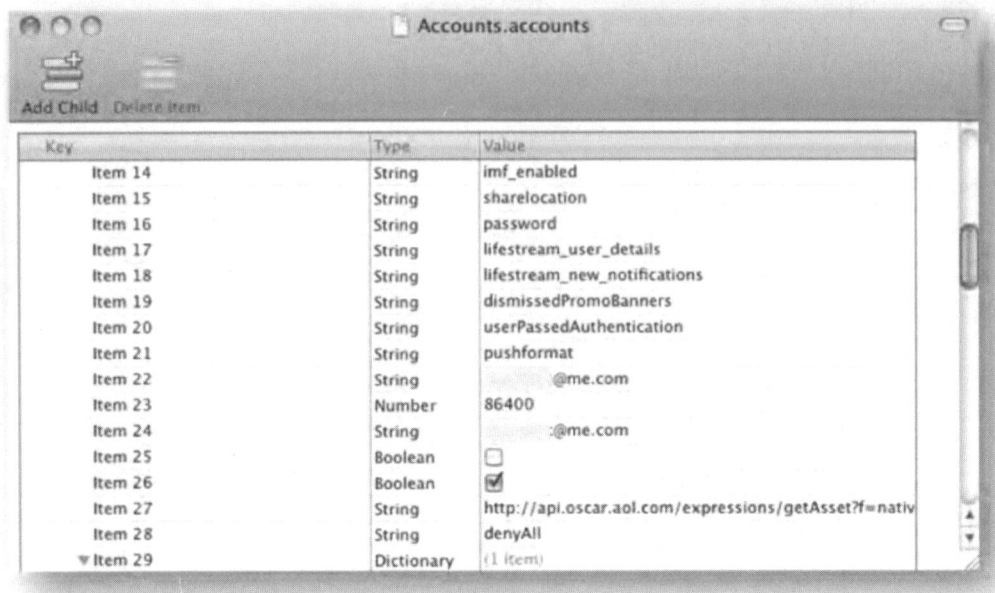

그림 5-54 AOL 메신저 애플리케이션이 기기에 저장한 정보들

■ 채팅 내역은 [username]@me.com.conversations.+12073177913.history 같은 형태로 저장되는데, 이는 일반 텍스트에디터를 통하여 쉽게 열어볼 수가 있으며 커맨드라인의 strings 명령을 통해서도 확인해볼 수가 있다.

LinkedIn

LinkedIn은 수사를 위해 분석해볼 가치가 있는 매우 인기 높은 소셜 네트워킹 서비스 프로그램이다. 이 애플리케이션의 연락처 정보는 Addressbook.db로 다운로드가 가능하고 이미지 역시 AddressbookImages.db로 변환된다. 아래와 같은 회원 정보에 대한 데이터 역시 기기상에서 분석이 가능하다. 그림 5-55는 이러한 정보를 보여주고 있다.

■ 이름
■ 이메일 주소
■ 지역 정보
■ 직업 정보
■ 생성 일자

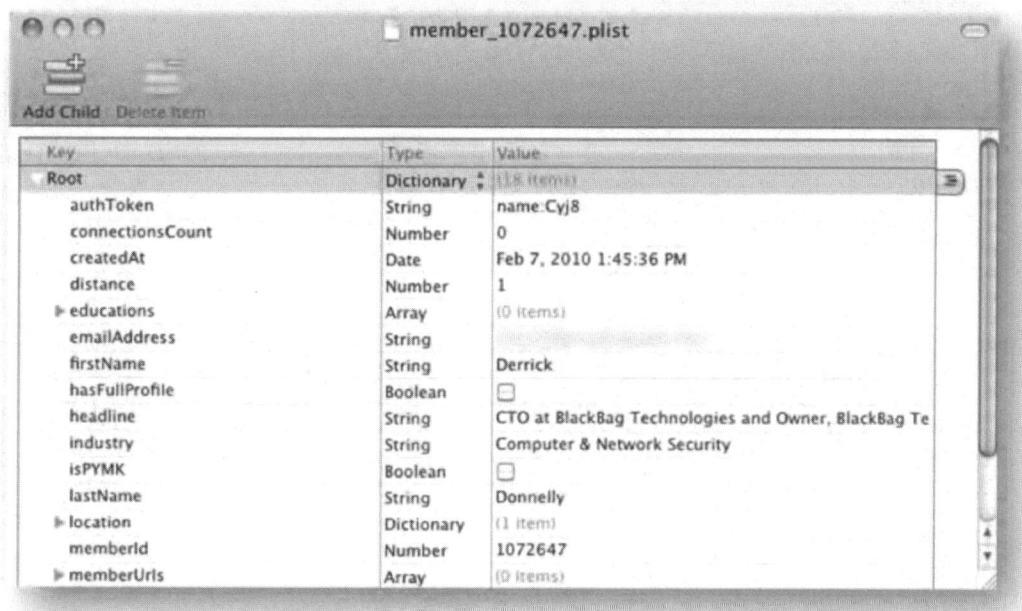

그림 5-55 LinkedIn 애플리케이션의 데이터

Twitter

트위터는 일시적으로 마이크로 블로그 사이트와 함께 소셜 네트워킹의 붐을 일으켰다. 트위터는 빠르고 정보를 주고받고자 하는 사람들에게 사용되었는데, 이런 기능이 새로운 마케팅 기법으로 사용되는 경우가 있는가 하면, 범죄 조직들의 발빠른 정보 공유를 위해 사용되기도 한다. 트위터 애플리케이션의 종류로는 여러 가지가 있다(유료/무료). 이러한 애플리케이션들로부터 트위터의 계정 정보와 연락처 정보(followers/followed)를 수집해낼 수가 있다.

MySpace

소셜 네트워킹 사이트 중 하나인 MySpace는 수사 진행에 있어 주목 받는 대상 중 하나이다. 예를 들어, Maryland의 John Gaumer는 이러한 사이트를 수사함으로써 Josie Brown의 살인자로 체포되었다. 통화 기록으로부터 얻어진 증거뿐만 아니라 Gaumer's MySpace 계정 정보를 수집해낼 수 있었기에 가능한 일이었다. 이를 통해 얻어낼 수 있는 정보를 아래 기재하였으며, 그림 5-56을 참고하기 바란다.

- 생년월일
- 성별
- 로그인 한 마지막 날짜와 시간
- 사용자 계정
- 성명의 첫 번째 부분과 마지막 부분
- 캐시된 이미지들

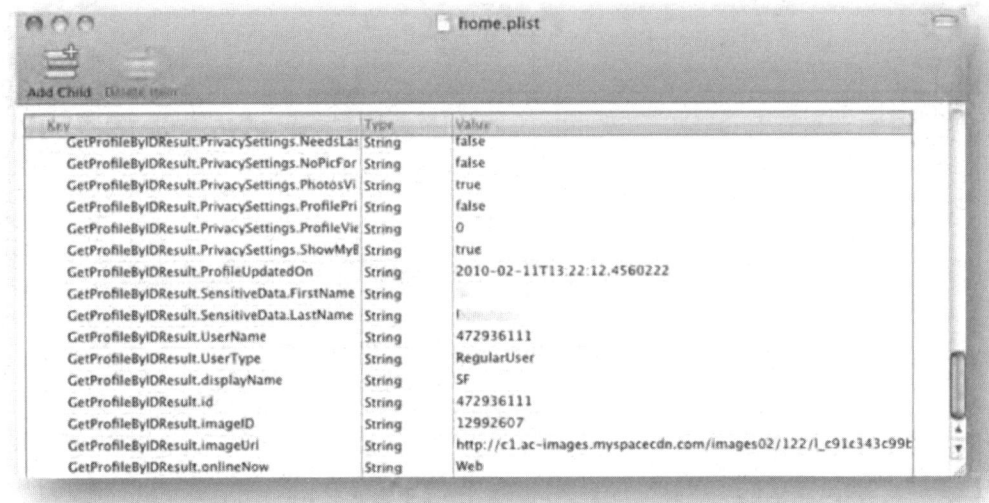

그림 5-56 MySpace 애플리케이션이 기기에 저장해놓은 데이터 내용

프로퍼티 파일을 통해 수집된 정보들은 수사 진행을 확장시키고 소환장을 발부받을 수 있는 결정적 증거를 제공해줄 수 있다. 서버 상에 저장된 MySpace 또는 FaceBook 데이터들은 쉽게 잃어버릴 수 없는 데이터들이기 때문에 수사에 중요한 증거를 제공한다고 볼 수 있다.

Google Voice

커다란 논쟁 거리였던 Google Voice의 App Store 진입 진통은 결과적으로 구글 측의 현명한 대처와 의지로 인해 많은 사용자들이 이용할 수 있는 웹 애플리케이션 형태로 배포된 사례이다. 웹 애플리케이션의 특성 상 해커 사이트들에 해적판 소프트웨어가 올라오는 현상은 없어졌고, 매우 단순하고 친숙한 유저 인터페이스를 제공하고 있다. 수사관들에게 좋은 소식은 더 나은 퍼포먼스를 위해 기기단에 미리 저장된(캐시) 데이터들이 존재한다는 것이다. 이 데이터들은 Gmail 데이터들과 같은 위치인 `Library/WebKit/Databases` 안에 존재하고 있다. 일단 `Database.db`를 열어보면 데이터들이 웹 앱의 특정 정보에 매칭되고 있음을 알 수가 있다. 예를 들어 그림 5-57은 데이터베이스가 어떤 형태로 매칭되고 있는지 보여준다.

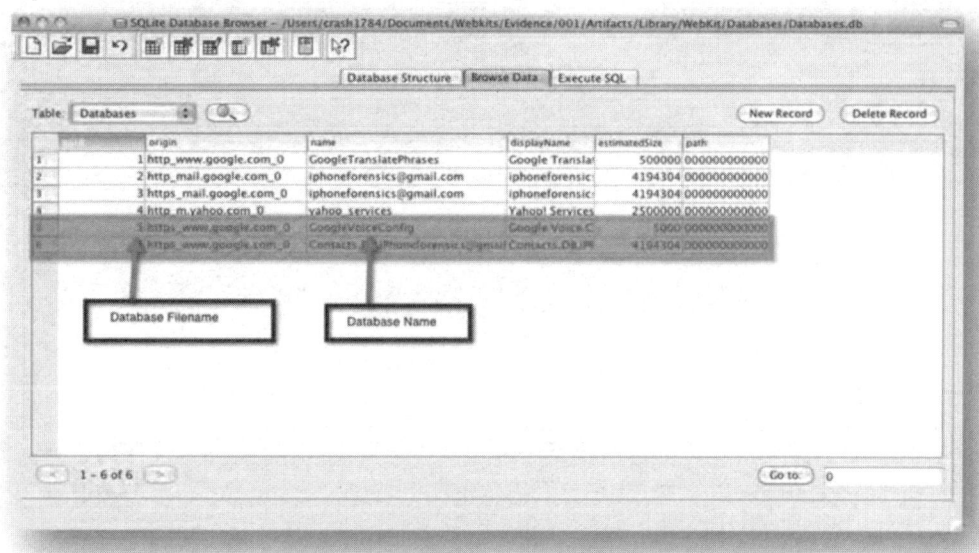

그림 5-57 웹앱과 해당 앱이 사용하는 데이터베이스 파일명 정보

WebKits 디렉터리에는 SQLite 데이터베이스들이 존재하는 각각의 서브폴더가 존재한다. 이 폴더는 여러 웹 애플리케이션들과 각각 연관되어 있다. 각각의 폴더 안에 들어 있는 데이터베이스의 파일 명은 여러개의 0과 하나의 숫자로 이루어져 있는데, 이 숫자는 `WebKits/Databases/Databases.db` 데이터베이스 내의 GUID 필드에 저장된 값과 일치한다. 즉, 어떤 웹 애플리케이션이 사용하고 있는 데이터베이스 파일과 폴더를 알아내려면 이 데이터베이스를 열어 분석함으로써 확인이 가능한 셈이다. 그림 5-58 참고.

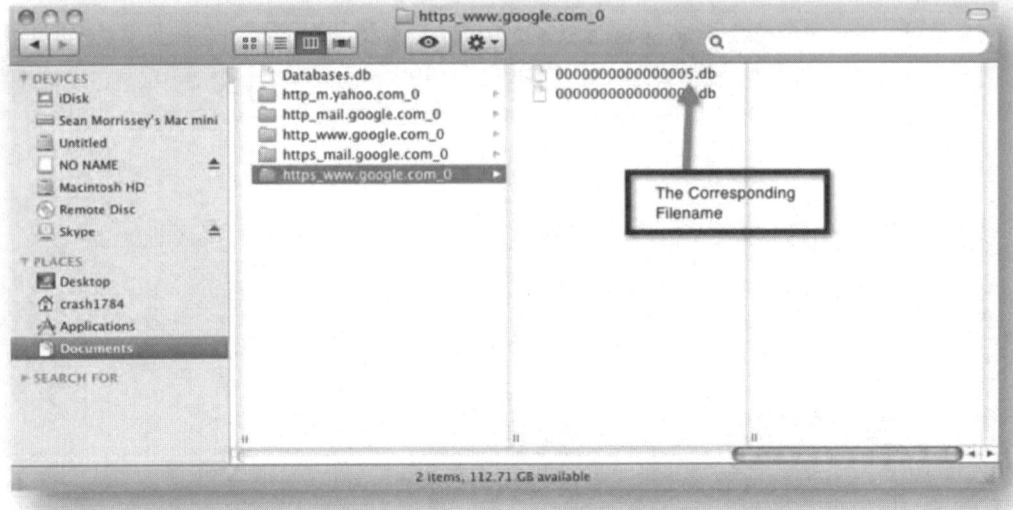

그림 5-58 데이터베이스 내의 GUID 항목 값과 일치하고 있는 파일 이름

그림 5-58에서 보는 바와 같이, 5.db 파일은 Google Voice의 환경 설정 데이터베이스이다. 이 데이터베이스 내에는 콜 포워딩을 위한 참조값이 존재하고 있다. 모든 Google Voice 계정은 그 계정에 대한 콜 포워딩 참조 값을 가지고 있다. 그림 5-59는 데이터베이스 내에 이 값이 존재하는 모습을 보여주고 있다.

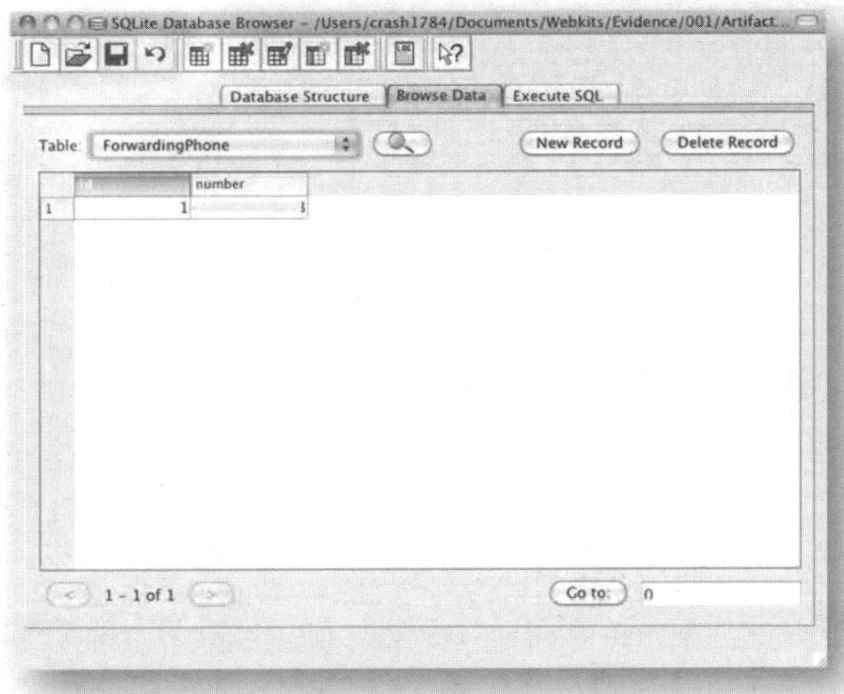

그림 5-59 Google Voice의 참조 키

WebKit 폴더 내에는 Gmail 계정에 저장된 연락처들 중 Google Voice로 연결할 수 있는 사용자들에 대하여 아이디 값으로 이루어진 데이터베이스가 존재하고 있는데, 이 데이터베이스는 contacts.db@[username]@gmail.com 형태로 이름지어져 있으며, 특정 GMail 계정에 대한 이름, 메일 주소, 핸드폰 번호 등의 정보들을 저장하고 있다. 그림 5-60 참고.

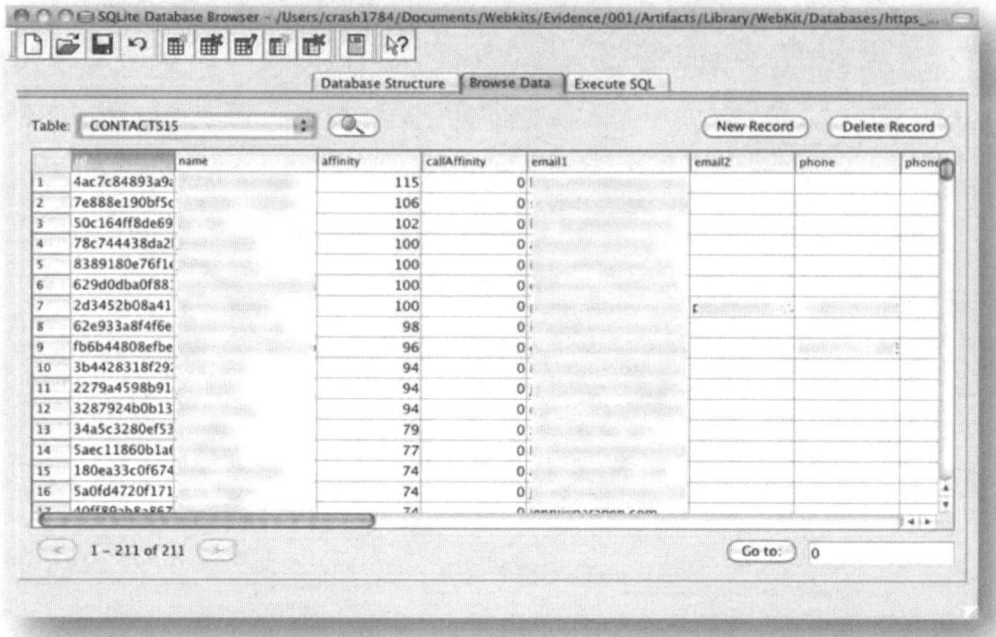

그림 5-60 Gmail 계정의 연락처 정보

웹 애플리케이션들은 Apple사의 App Store 등록을 위한 검토 프로세스를 무난히 통과하기 위한 목적으로 제작되는 경우가 더러 있다. Google Voice처럼 말이다. WebKit을 사용하는 애플리케이션들에 대하여 더 자세하고 다양한 정보를 얻어내기 위해서 이 디렉터리의 데이터들에 접근하여 분석 과정을 진행하여야 한다.

Craigslist

2009년도에 Philip Markoff라는 킬러는 Craigslist를 이용하여 범죄에 착수했던 것으로 유명하다. iPhone에도 Craigslist 앱이 존재한다. 이름은 CraigsPhone이다. 웹 환경과 매우 비슷한 서비스를 제공하는 이 앱은 항목별로 조회가 가능하고 아이템을 등록할 수도 있다. 그림 5-61 참고.

그림 5-61 iPhone 앱 'Craigsphone'

이 애플리케이션과 관계된 데이터에는 사용자가 검색한 항목에 대하여 날짜와 시간 정보가 기록되어 있다. 그림 5-62 참고.

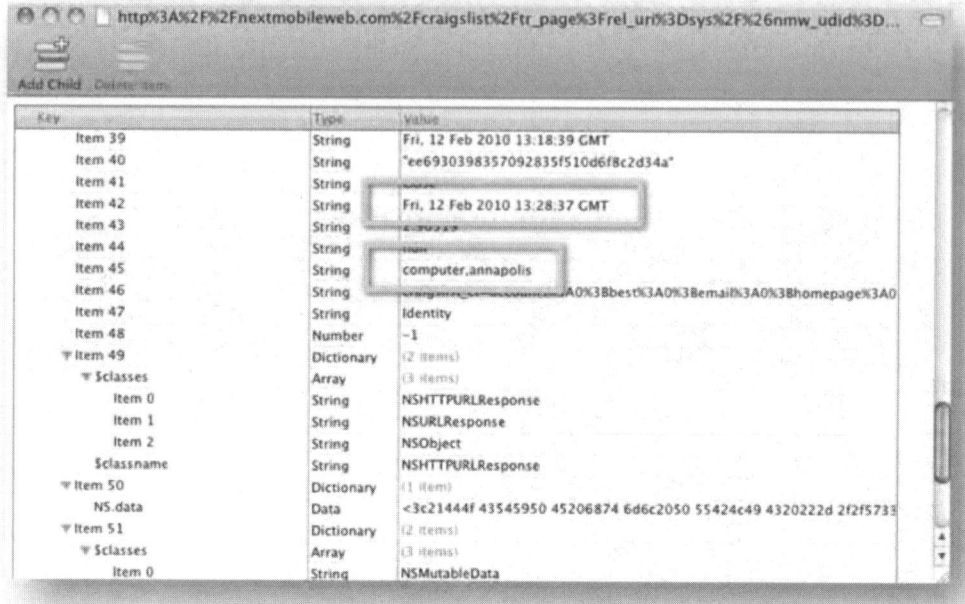

그림 5-62 Craigslist로부터 수집된 데이터

Analytics

어떤 애플리케이션들은 자신만의 디렉터리에 사용자 정보들을 기록하기도 한다. 이런 어플들 중에는 Medialets와 Pinch Media가 있는데 그림 5-63을 참고 바란다. 이 애플리케이션들은 모두 SQLite 데이터베이스를 이용하여 수집한 정보들을 기록하고 제 3자에게 그 정보들을 전달하기도 한다. 아래 내용들이 주로 수집되는 데이터 항목들이다.

- 위치정보
- 성별
- 생년월일
- iOS 버전
- 기기 유형(iPhone 또는 아이팟 터치)
- 탈옥(Jailbreak) 폰 여부와 다른 애플리케이션들의 정보

만약 다른 데이터들이 삭제되었을 경우를 생각해보면 위 정보들은 분명 도움이 될 만하다. 물론 사용자는 그런 애플리케이션들을 삭제해야 할 테지만, 이러한 정보들은 이전에 삭제된 중요 데이터들을 찾아낼 수 있게 해주고 또한 사용자의 위치 정보 기록을 알아낼 수 있기도 하니 말이다. 그러나 가끔 이러한 데이터베이스가 비어 있기도 하다. 따라서 우리에게 도움이 될 수도 그렇지 않을 수도 있다는 점을 기억해야 할 것이다

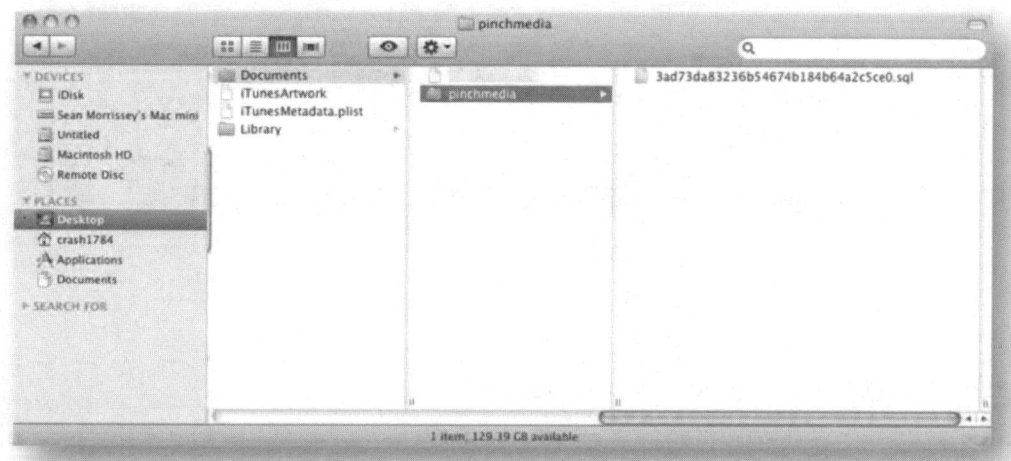

그림 5-63 Pinch Media 애플리케이션이 저장해놓은 사용자 정보에 대한 SQLite 데이터베이스

iDisk

엄밀히 말해 iDisk는 타사 응용 어플은 아니지만(Apple사의 제품이므로) MobileME 계정과 동기화 되는 어플로서 매우 방대한 양의 데이터를 저장하고 있다. 도큐먼트, 스프레드시트, 오디오, 비디오 같은 파일들은 iDisk를 통해 MobileMe 계정에 업로드 되거나 다운로드 될 수 있다. 이것이 타사 응용 어플에 대해 설명하는 지면을 통해 소개하고자 하는 까닭이다. 알다시피 MobileMe는 파일 공유를 위한 웹하드와 같은 역할을 수행하는 Apple사의 서비스이고, 이 데이터들은 수사관에게 소환장을 얻어낼 수 있을 만큼 충분히 매력적인 증거 자료가 될 수 있다.

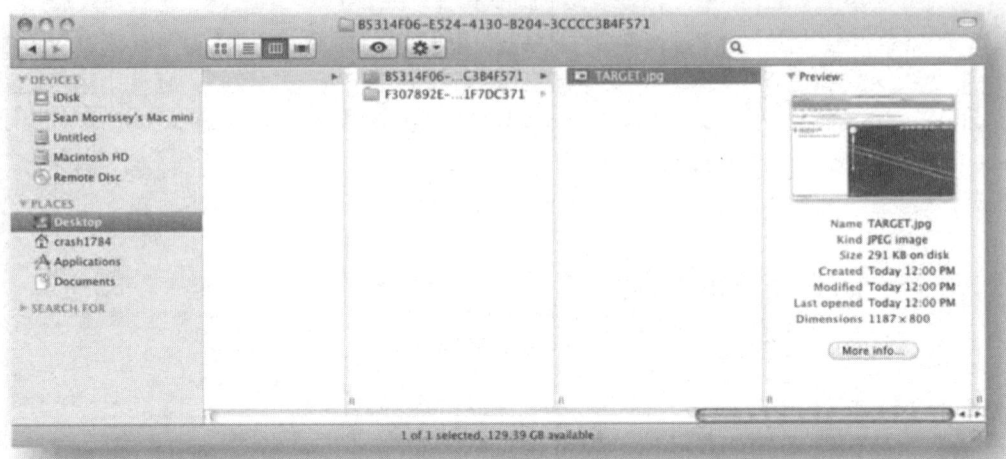

그림 5-64 iDisk

Google Mobile

Google Mobile은 음성 인식을 이용해서 웹 검색을 가능케 하는 애플리케이션이다. 이 프로그램은 이런 유형의 애플리케이션들 중에서는 Apple의 App Store가 등록을 승인한 유일한 것이었다. (이런 유형의 어플들은 Apple이 정부의 수사 기관으로부터 많은 간섭을 받게 될 수가 있기 때문이었다. 그래서 구글은 이 어플을 HTML5를 이용한 웹 애플리케이션으로 제작하였고, 마치 Google Talk과 Google Voice 같은 웹 서비스 형태로 제작한 것이다.)

Google Mobile 디렉터리에는 아래 항목에 대한 정보들이 기록되어 있다. 그림 5-65 참고.

- 쿠키(Cookies)
- 검색 내역(이 내용은 Frog 또는 SQLite Database Browser로 분석할 수 있다.)
- 접속 날짜와 시간
- 음성 인식 결과 검색어

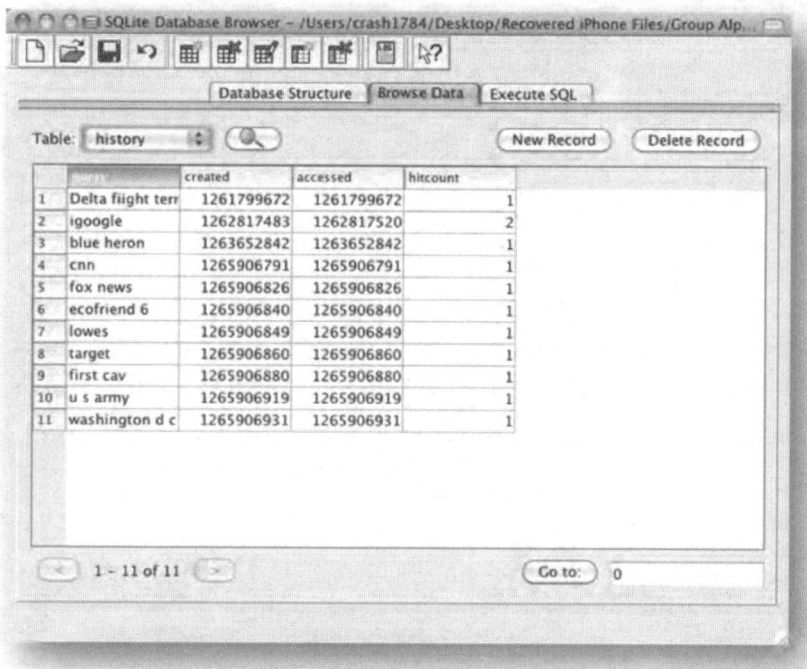

그림 5-65 Google Mobile 디렉터리에서 분석 가능한 데이터 모습

Opera

Opera Mini는 iPhone 또는 아이팟 터치에서 실행되는 웹 브라우저이며, 이 애플리케이션에 저장되는 정보들은 많지 않다.

- 북마킹 된 웹페이지의 이미지
- 텍스트에디터나 커맨드 명령어인 'strings'를 통해 열어볼 수 있는 웹 접속 내역 파일

Bing

Apple과 구글 간의 전쟁이 한창인 즈음, 마이크로소프트사의 Bing이라는 서비스는 별로 놀라움이 되질 못했다. 빙은 사파리의 웹브라우저의 기본 검색 엔진이기도 했고, Bing 애플리케이션의 두 개의 데이터베이스를 저장하고 있는 각각의 내용은 아래와 같다.

- BIBookMarks.sqlite
    - 열어본 페이지의 내역과 사용자가 제작한 북마킹 정보들
- BISearchHistory.sqlite
    - 검색 날짜와 시간
    - 검색어

문서 파일

iPad는 Pages 문서와 Numbers, spreadsheets 그리고 Keynote 파일들에 대하여 이를 저장하고, iWork 같은 다른 종류의 오피스 프로그램의 포맷으로 변환하는 기능을 가지고 있다. 또한 Office2는 iTunes를 통해 파일 동기화 기능을 제공하기도 한다. 이러한 문서 파일들은 EnCase 같은 포렌식 툴을 가지고 분석이 가능하다. 그림 5-66 참고.

그림 5-66 'Pages' 파일 분석

Pages 애플리케이션은 마이크로소프트사의 Word 문서와 Apple의 Pages 문서 모두를 지원한다. EnCase 툴로 동기화 작업이 완료된 문서들은 맥의 도큐먼트 폴더에 저장되어 있다. 물론 iPad에서 작성한 그대로의 문서 형태로 열어볼 수 있으며 따라서 따로 문서 동기화 작업을 진행할 필요는 없다. 그림 5-67 참고.

그림 5-67 iPad 기기 내에 존재했던 문서 파일들

추가적으로 문서 파일들에 메타데이터들은 그림 5-68에서 보는 바와 같이 각각의 숫자로 이름 지어진 서브폴더 내에 존재하게 되는데 이 파일들은 문서를 구성하는 이미지 또는 미디어 파일들에 대한 미리 보기 파일들이다.

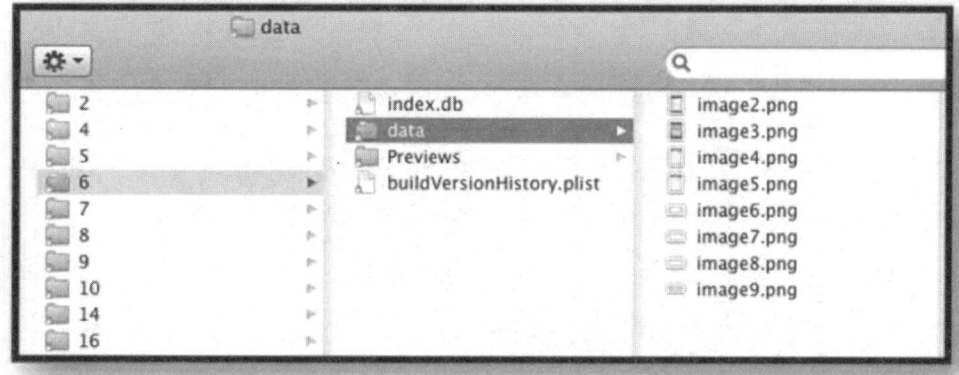

그림 5-68 문서 내에 존재하는 이미지 또는 미디어들에 대한 미리 보기 데이터를 가진 숫자 폴더들

Numbers는 Apple사의 Excel이라 말할 수 있다. 물론 마이크로소프트사의 Excel 파일을 지원한다. Numbers 문서들은 타사 응용프로그램 폴더에 저장될 수도 있다. Pages 어플의 도큐먼트 폴더 같은 위치에 말이다. Numbers 애플리케이션의 디렉터리 구조는 Pages 애플리케이션의 그것과 동일할 뿐만 아니라, 하위 폴더의 기능 역시 동일하다. 그리고 일반적인 워드프로세스 작업을 수행하는 것처럼 기기 내에서 얼마든지 문서 파일들을 제작하고 편집할 수 있다.

Documents to Go 앱은 여러 유형의 파일들을 저장할 수 있는데, 워드 문서 파일이나 엑셀 그리고 파워포인트, PDF, 이미지 파일들까지 다양한 포맷을 지원하고 있다. 이런 문서들은 사용자가 직접 만들었거나 또는 iTunes를 통해 기기로 저장된 데이터들이다. 이 파일들은 MobileMe 또는 Google Docs 같은 온라인 서비스를 통해서 동기화 기능까지 제공된다. 그야말로 다재다능한 애플리케이션이라 할 수 있겠다.

그림 5-69는 이 애플리케이션의 디렉터리 구조를 보여주고 있다

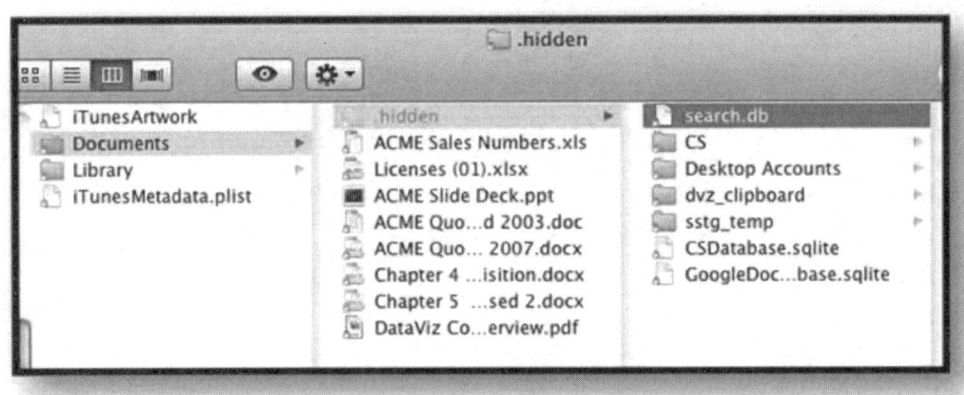

그림 5-69 'Documents to Go' 애플리케이션의 디렉터리 구조

이 앱에 저장된 모든 문서 파일들은 도큐먼트 폴더 내에 존재하고 있다. 그리고 숨겨진 폴더 (.hidden)도 존재하고 있는데 이 폴더에는 아래와 같은 데이터들이 들어 있다.

- Search.db: 이 데이터베이스에는 모든 파일의 목록이 기록되어 있다.
- CS: 일종의 로그파일이다. MobileMe 같은 동기화 작업을 가능케 하는 서비스 업체와 연동되어 사용되었을 경우 일련의 동기화 작업 내용들이 기록되어 있다.
- Desktop Accounts: 데스크톱과의 동기화 작업을 사용했을 경우 그에 대한 계정 정보를 기록하고 있다.

- **CSDatabase.sqlite**: 마찬가지로 동기화 작업에 필요한 계정 정보가 저장되어 있다
- **GoogleDocDatabase.sqlite**: Google Doc 서비스와 연동되어 사용되었을 경우 Google Doc의 계정 정보와 문서의 폴더 정보 그리고 파일 정보들에 대해 기록되어 있다.

비록 다양하기도 하고 다소 복잡하기도 한 이 많은 양의 데이터들(그리고 숨겨진 폴더 내에 존재할 수도 있는)이 수사관에게 있어서는 당연하게도 분석 대상이 되어야 할 것이다. 이 애플리케이션은 다양한 유형의 파일들을 리소스로 저장해놓을 수 있기 때문이다.

포렌식을 어렵게 만드는 애플리케이션

어떤 애플리케이션들은 사용자의 데이터를 보호하고자 하는 의미 있는 기능을 제공하기도 하는데, 이러한 기능들이 예상하다시피 우리에겐 골치 아픈 상황을 만들기도 한다. 그림 5-70과 5-71은 App Store를 통해 배포되는 애플리케이션으로서 기기의 데이터들 중 필요 없다고 판단되는 파일들을 삭제하여 디스크 공간을 늘려주며 또한 이를 통해 사용자의 데이터를 보호(?)하는 역할을 수행하기도 한다.

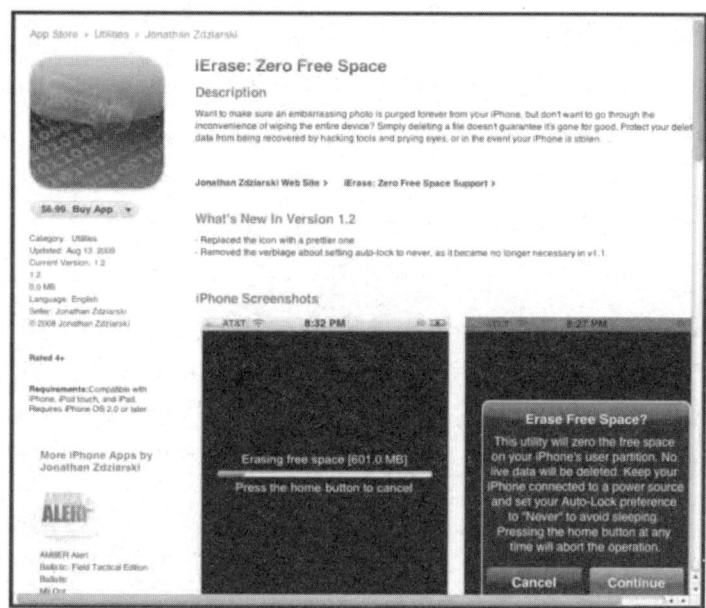

그림 5-70 iErase

iErase는 사용자 기기의 디스크 공간 확보를 위해 불필요하다고 판단되는 데이터들을 지워주는 유틸리티이다.

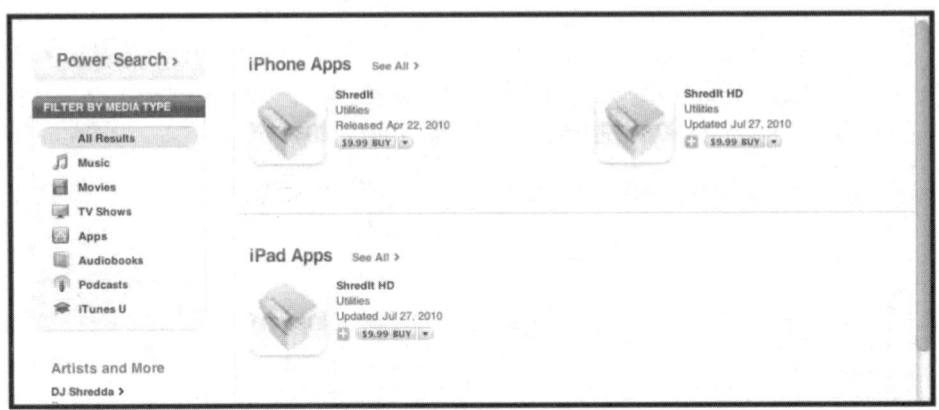

그림 5-71 Shredit와 Shredit HD

Shredit은 디스크 공간을 확보하는 유틸리티 중 하나인데, 그 역사는 맥의 운영체제 버전이 7일 때 그리고 모바일 운영체제가 3일 때부터 지금까지 개발이 이어져오고 있는 것이다.

이미지보호 애플리케이션

어떤 애플리케이션들은 이미지 파일들을 암호화하여 사용자 데이터들을 보호하고 있는데, 재밌게도 내부를 확인해보면 프로퍼티 설정 파일 내에 암호화에 사용된 비밀번호가 평문 상태 그대로 저장되어 있기도 하다.

Picture Safe

내가 희망하는 것 중 하나는 범죄자들이 만약 iPhone용 이미지 보호 애플리케이션을 사용하게 된다면, 꼭 Picture Safe 앱을 이용했으면 하는 것이다. 그림 5-72와 5-73은 Picture Safe의 화면 캡처 모습인데 이미지 파일을 암호화 하지도 않을 뿐더러 앱 실행을 위한 패스워드는 평문으로 텍스트 파일에 저장되어 있다. 한 마디로 매우 허술한 데이터 보안 프로그램인 것이다. 그러나 한 가지, 이 애플리케이션은 이미지 파일에 저장된 위치 정보를 삭제하는 기능에 대해서는 정상적으로 동작하고 있다.

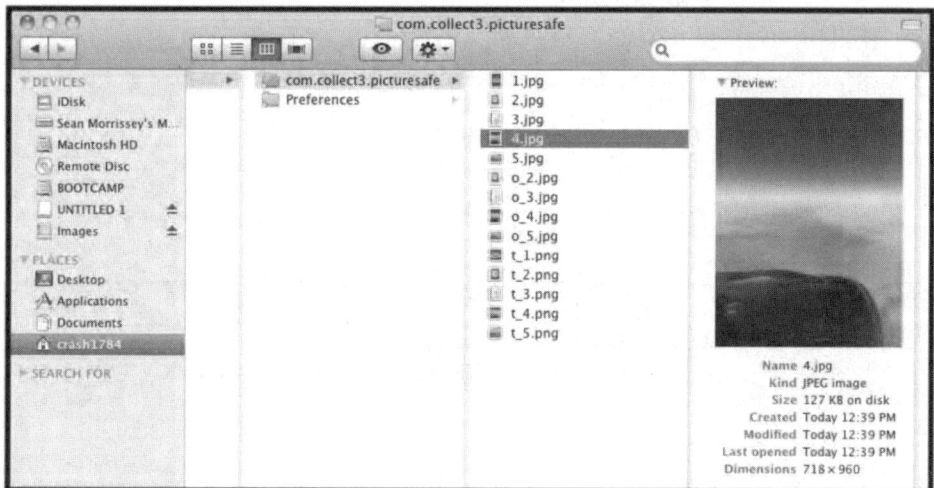

그림 5-72 Picture Safe 애플리케이션

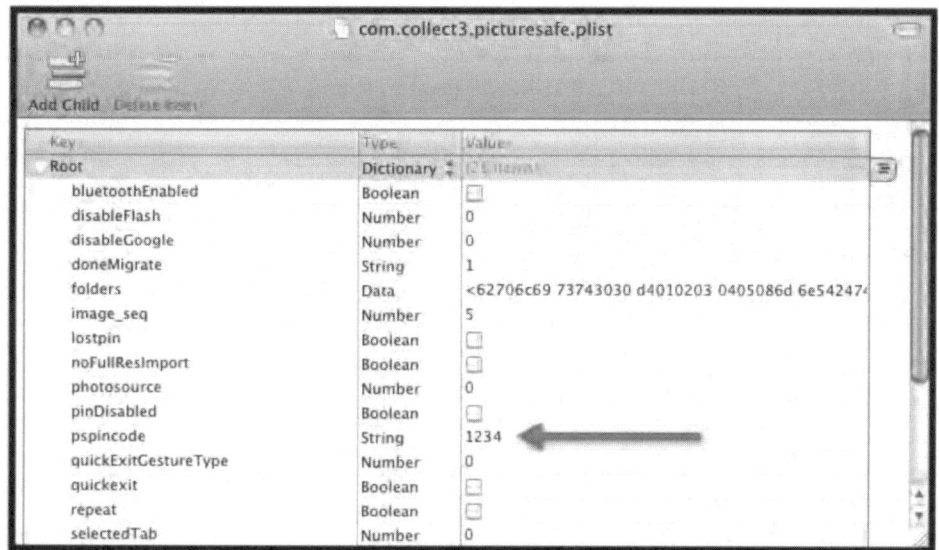

그림 5-73 Picture Safe의 허술한 보안 기능(패스코드가 평문으로 텍스트 파일에 저장되어 있다.)

Picture Vault

Picture Valut 앱은 제작사에서 소개한 기능이 말 그대로 정말 매우 강력하게 암호화 되고 보안 기능이 정상적으로 작동하는 훌륭한 애플리케이션이다. 이미지 파일에 대한 암호화와 앱을 구동하기 위한 비밀번호가 어떠한 프로퍼티 파일에도 남아있지 않다. 비록 비밀번호는 네 글자에 불과하지만 말이다. 그림 5-74와 5-75 참고.

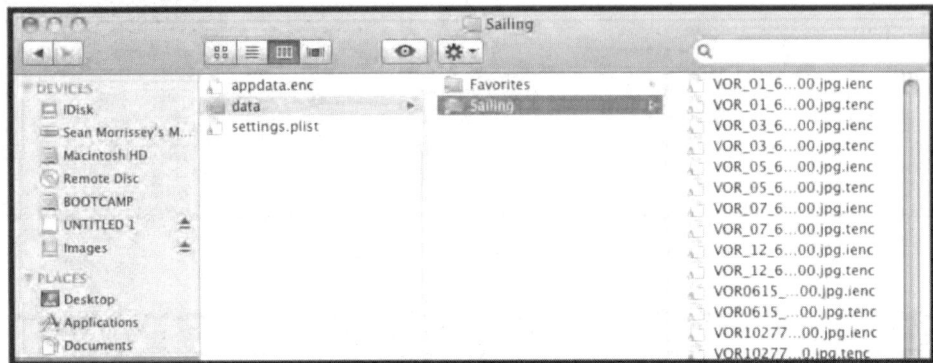

그림 5-74 Picture Vault

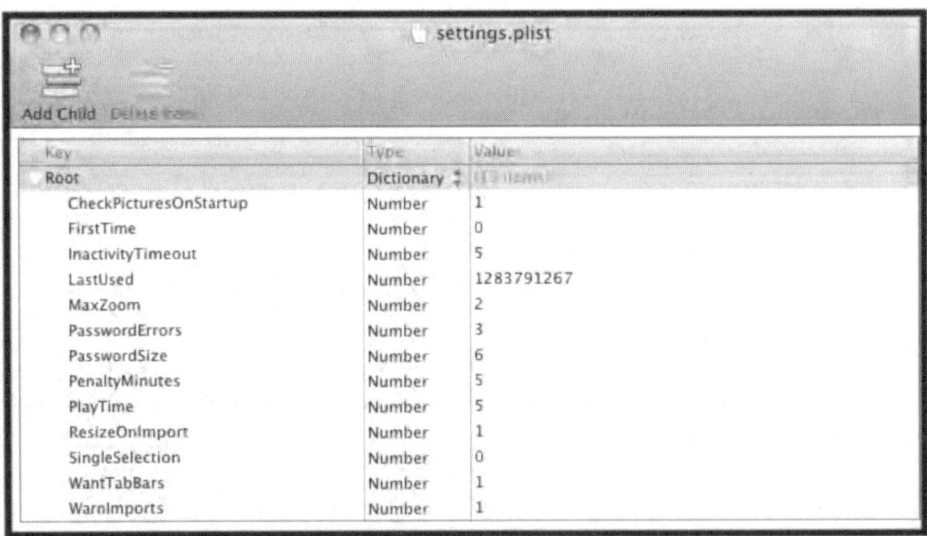

그림 5-75 'Picture Vault'가 사용하는 프로퍼티 파일(패스코드를 찾아볼 수 없다.)

Incognito 웹브라우저

Incognito는 어떠한 웹캐시 파일도 남기지 않는 보안성이 뛰어난 웹브라우저 애플리케이션이다(그림 5-76 참고). 그리고 쿠키 정보는 cookies.plist 파일로 저장되어 있으며 이는 쉽게 열어볼 수도 있다. 이 프로퍼티 파일은 여타의 다른 웹브라우저들이 사용하는 cookies.plist 파일과 동일한 형태이며, 아래 내용들이 저장 항목으로 존재하고 있다(그림 5-77 참고).

- 도메인 정보
- 쿠키가 만들어진 날짜와 시간
- 만료 일자

그림 5-76 Incognito

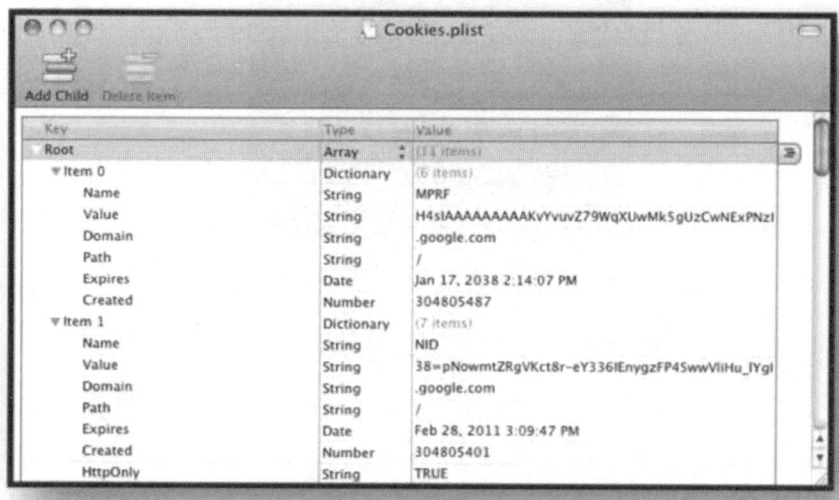

그림 5-77 cookies.plist 파일을 열어본 모습

Invisible 웹 브라우저

보안성이 띄어난 웹브라우저의 일종으로서 iPad 용으로 제작된 애플리케이션이다. Incognito처럼 웹서핑 내역이라든가 캐시 정보들이 남아있진 않지만(WebKits 폴더 내에 이 애플리케이션이 사용하는 데이터베이스가 존재하긴 하지만 내용 중에는 어떠한 웹 사용 흔적도 찾아볼 수가 없다), cookies.plist 파일은 찾아볼 수가 있다. 저장되는 항목 내용은 Incognito와 같은 데이터들이다.

tigertext

tigertext라 불리는 새로운 iPhone 앱이 있다(그림 5-78). 이 앱을 통해서 문자를 송수신 했을 경우, 그 데이터들은 기기 내에 어떠한 흔적도 남지 않게 된다.

그림 5-78 tigertext 애플리케이션

이 앱에 설정할 수 있는 항목들은 아래 내용과 같으며 그림 5-79를 참고 바란다.

- 사용자 이름
- 비밀번호
- 전화번호
- 얼마나 오래된 메세지들에 대해서 삭제할 것인지를 설정.

- 앱을 종료할 때 송수신 된 메세지를 삭제할 것인지를 설정.
- 메세지를 읽은 후에 메세지를 삭제할 것인지를 설정.

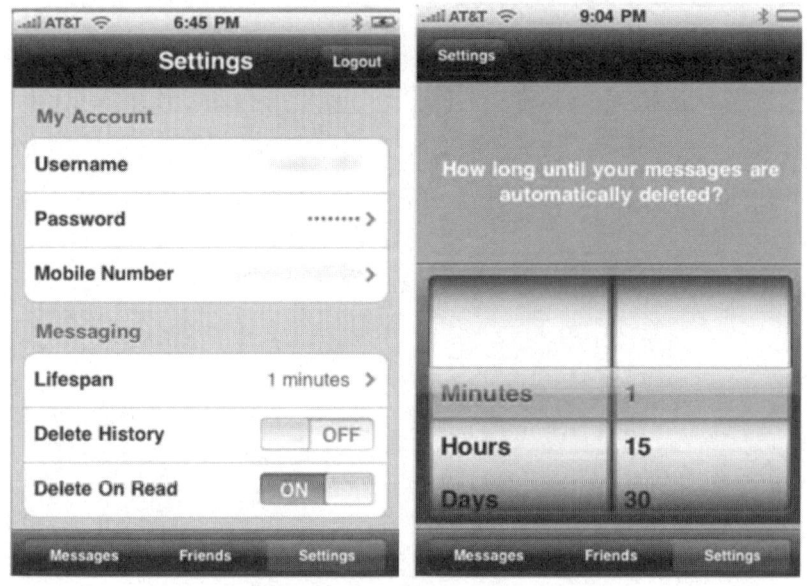

그림 5-79 Tigertext 애플리케이션의 환경 설정 모습

문자 메세지가 송수신 될 때, 이 데이터의 수명을 관리하는 타이머가 작동을 시작한다. 물론 애플리케이션이 종료될 때는 타이머가 정지한다. 하지만 만약 환경 설정 화면에서 Delete History 스위치가 꺼져 있는 상태이고 타이머의 카운트다운이 완료되지 않은 상태에서 애플리케이션이 종료하게 된다면, 메세지는 애플리케이션이 재실행될 때까지 여전히 데이터를 유지하게 된다. 그리고 재실행된 순간부터 삭제를 위한 타이머의 작동 역시 이어서 실행되게 된다.

일단 메세지 송수신이 완료되면 발자국 모양이 원래의 문자 모습을 대신해서 나타난다. 그림 5-80 참고.

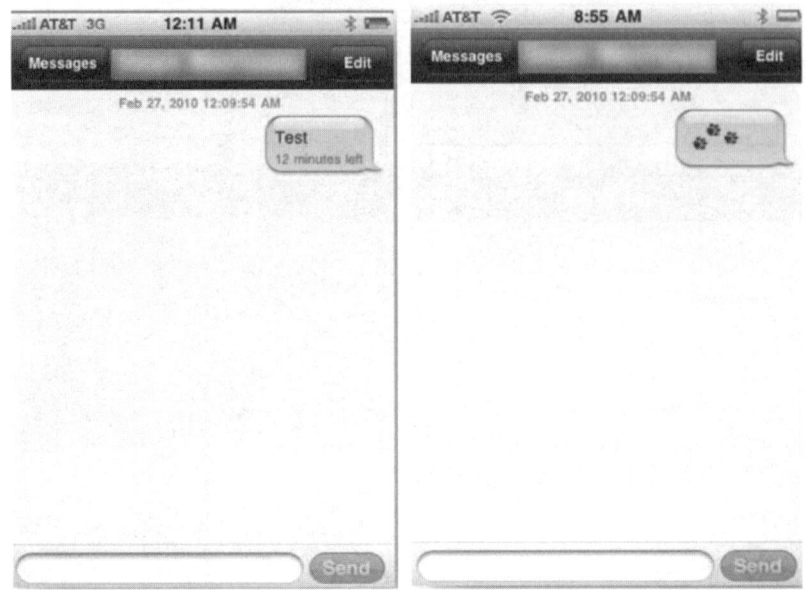

그림 5-80 메시지 송수신이 완료되면 삭제된 데이터는 발자국 모양으로 표시된다.

의문점은 단순히 메세지를 발자국 모양으로 치환하는 것뿐인지 정말로 데이터베이스 내에서 삭제되는지이다. 이 애플리케이션이 만들어내는 데이터베이스를 열어 보면 실제 삭제된다는 사실을 알 수 있다(그림 5-81 참고). 데이터베이스의 경로는 /Private/var/mobile/ 내에 해당 애플리케이션의 폴더 내의 도큐먼트 폴더이고 파일 명은 tigertext.sql이다.

그림 5-81 Tigertext 애플리케이션에서 사용하는 데이터베이스 파일

데이터베이스 파일을 SQLite Database Browser 또는 Frog로 열어 보면 두 개의 테이블이 존재하는데, 각각 `friends`와 `message`이다. `friends` 테이블은 아래와 같은 항목으로 구성되어 있다. 그림 5-82 참고.

- 닉네임
- 주소
- 전화번호
- 최근 수정된 날짜와 시간

그림 5-82 Tigertext 데이터베이스의 `friends` 테이블

그림 5-83에서 보는 바와 같이 `message` 테이블은 아래와 같은 항목으로 구성되어 있다. 비록 애플리케이션에서 메시지를 삭제하도록 설정되어 있다 하더라도 데이터 접근은 가능하다.

- 메세지 발신자의 이름
- 메세지 발신자의 전화번호
- 메세지 수신자의 전화번호
- 메세지 내용
- 삭제처리된 날짜와 시간
- 읽기 후 삭제되도록 지정된 설정값
- 삭제된 메세지인지 표시값
- 읽은 메세지인지 표시값

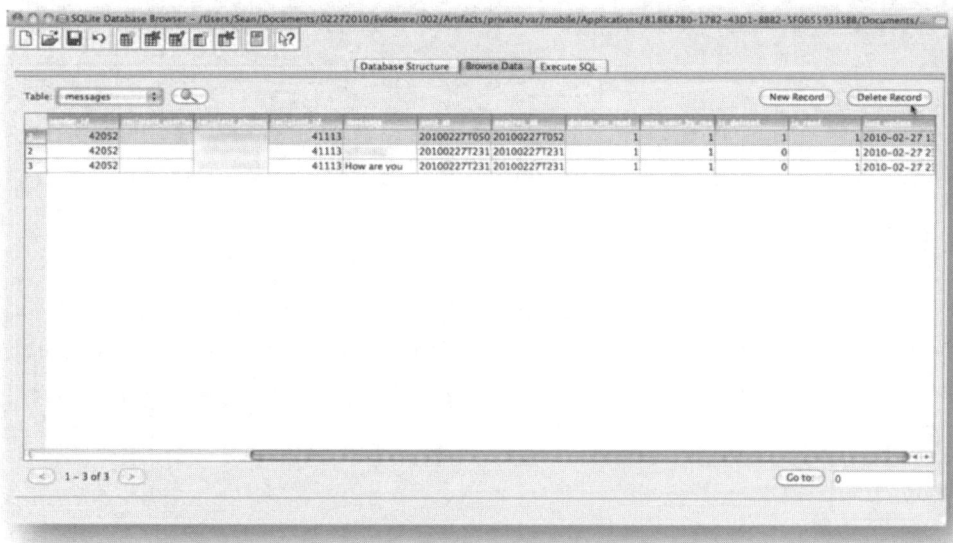

그림 5-83 Tigertext 데이터베이스 내의 `message` 테이블

그림 5-84는 메세지를 삭제하기 전과 삭제한 후 발자국 표시만 남아 있을 때의 바이너리를 열어본 모습이다.

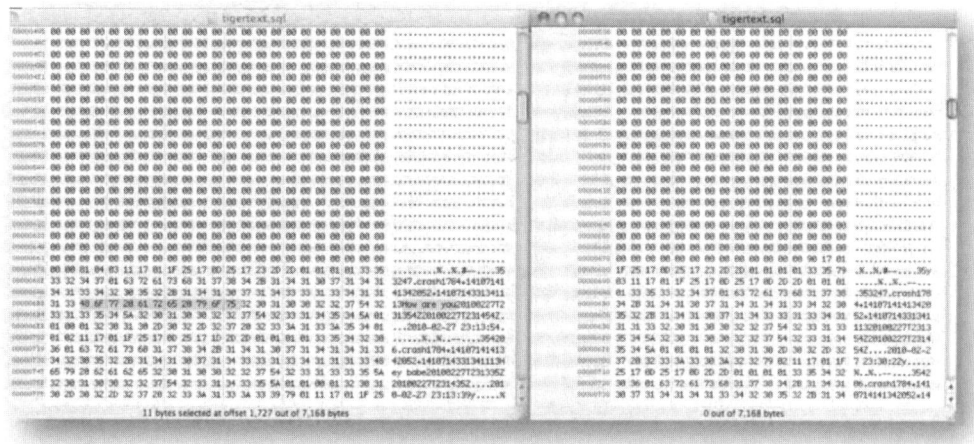

그림 5-84 메시지 삭제 전 후의 바이너리 데이터 캡쳐화면

좌측 화면(삭제 전)에서 찾아진 메세지를 우측 화면(삭제 후)에서 검색해 보았을 때 해당 내용을 검색하지 못하는 모습을 확인할 수 있다.

탈옥

iPhone을 탈옥하여 사용하는 것은 평의원회에서 합법임을 발표하기 전까지 커다른 논쟁거리로 남아 있었다. 이는 분명 포렌식 툴을 사용함에 있어 합법적 지위를 갖게 됨을 의미하기도 한다. 탈옥폰에 대한 데이터 수집을 이후에 나타나는 문제점들에 대해서는 9 장에서 해결 방법에 대해 논의하게 될 것이다.

요약

iPhone에 설치 후 사용되었던 타사 응용 애플리케이션들은 어떠한 면에서는 분명 귀중한 정보들의 보고라고 말할 수 있을 것이다. 테러리스트 또는 조직 폭력 집단은 iPhone과 같은 고성능의 기기를 갖고 그들의 소통기구로써 사용하고 있다. iPhone에 대한 수사는 단순히 통화 기록을 살펴본다거나 문자 메세지를 확인하는 정도에서 그치진 않는다. 소셜 네트워킹 등의 애플리케이션들에 대한 사용 내역은 당연한 정보 수집의 대상이 되는 것이고, 이번 챕터에서 살펴본 바와 같이 이러한 데이터들은 iPhone 내에 그것도 암호화 되지 않은 데이터들로 저장되어 있는 것이다. 어떤 데이터에는 사용되었을 당시의 위치 정보를 함께 유지하고 있기도 한다. 물론 쉽게 분석이 가능하다. 이번 장에서는 기기 내에 설치된 애플리케이션들의 데이터에 대해서 광범위하게 다뤄보았다. 그것은 App Store에 등록되어 있는 300,000개가 넘는 애플리케이션들이 어떠한 방식으로 데이터를 기기 내에 저장시키는지 개괄적으로 알아본 것이다. 이 책을 읽고 있는 독자가 iPhone에 대한 포렌식 수사관이라면, 최소한 아이팟 터치같은 기기들에서 인기 있는 애플리케이션들의 데이터들이 어떻게 저장되어 있는지 확인하고, 그것들이 사용하는 데이터들을 분석해 볼 필요가 있다. 그럼으로써 스스로 포렌식 분야의 지식을 습득하는 데 충실하도록 유의해야 할 것이다.

CHAPTER **6**

Mac과 Windows 컴퓨터에
잠재된 증거물

이 책에서 지금까지는 iPhone을 많이 강조하였지만 Mac이나 Windows 컴퓨터에 남아 있을 수 있는 데이터에 대해서는 그렇지 않았다. 대부분의 수사관들은 Mac이나 Windows 컴퓨터를 압류하고 그 데스크톱에 중요 정보가 있다는 내용의 수색 영장을 제출하는 것을 잊어버린다. 이러한 컴퓨터들이 과거 데이터와 비밀번호 우회 인증서들을 가지고 있을 수 있다는 사실을 망각해서는 안 된다. 아무도 예전처럼 iPod touch와 iPhone을 컴퓨터와 자주 동기화하지 않는다. 왜냐하면 데스크톱 컴퓨터와의 동기화 없이 기기에 설치되는 정보가 점점 많아지고 있기 때문이다. 그러나 Apple은 새로운 업데이트를 출시하여 기기를 컴퓨터에 연결하고 업데이트를 하게끔 만들었다. 업데이트가 진행되는 동안에 iTunes는 새로운 펌웨어를 기기에 설치하기에 앞서 기기의 백업 파일을 자동적으로 생성한다. 그래서 Mac과 Windows 컴퓨터에 과거 데이터가 남아있게 되는 것이다.

Mac에서 발견 가능한 증거물

당신은 Mac에서 property lists, MobileSync 데이터베이스 그리고 잠금 인증서와 같은 몇몇 타입의 모바일 증거물들을 찾을 수 있을 것이다.

Property List

Property lists는 /Library/Preferences/com.apple.ipod.plist와 /User/Library/Preferences/ com.apple.ipod.plist에 각각 하나씩이 있다. library property list는 Mac에 연결되었던 모든 iPod과 iPhone의 정보를 담고 있다. user library property list는 오직 사용자에 의해 연결된 iPod과 iPhone의 정보를 담고 있다. 이 property list에 들어있는 데이터는 마지막으로 연결되었던 날짜와 시간, 펌웨어 버전, IMEI, 시리얼 넘버 그리고 Mac에 iPhone이 연결되었던 횟수를 포함하고 있다. 그림 6-1에 보이는 데이터는 iDevice와 컴퓨터를 연관 지을 때에 중요한 정보가 된다.

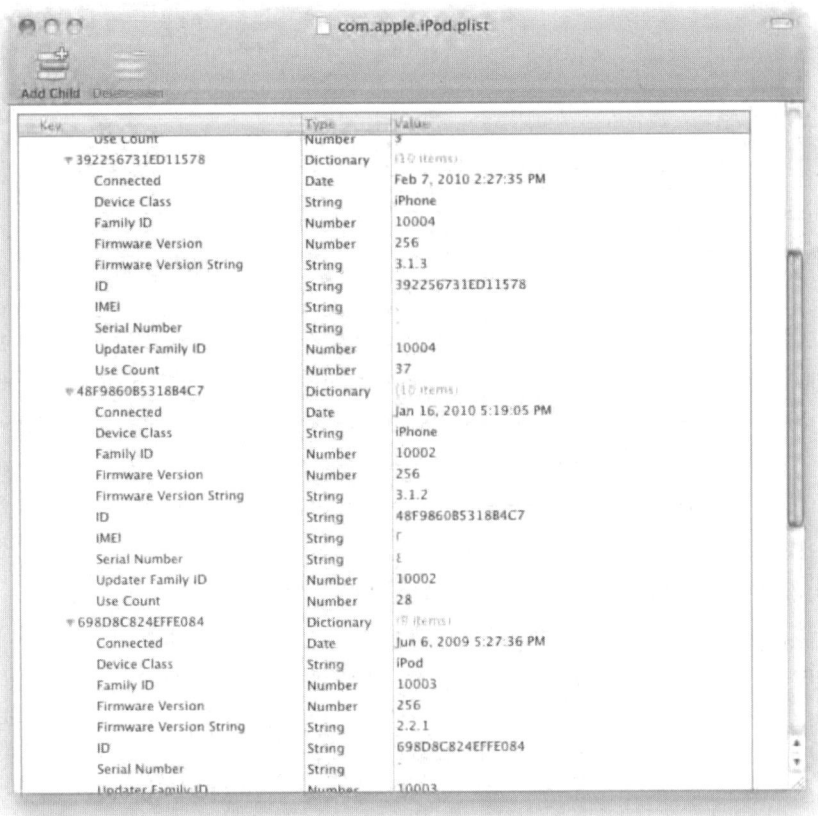

그림 6-1 library property list

MobileSync 데이터베이스

MobileSync 데이터베이스는 `/User/Username/Library/ApplicationSupport/MobileSync/Backup/` `[Device UUID]`에 있다. MobileSync backup 폴더는 컴퓨터와 동기화되었던 iDevice들의 다중적인 백업 파일들을 담고 있을 것이다. 그림 6-2는 이 컴퓨터에 6개의 기기들이 연결되었음을 보여준다.

그림 6-2 다중 기기들 각각의 백업 파일

백업 파일을 차츰 변화시켜온 애플

Apple은 시간이 지남에 따라 백업 파일에 여러 변화를 주었다. 첫 번째 변화는 `.mdbackup` 파일의 확장이었디. 이 파일은 휴대폰과 metadata의 원본 파일 데이터를 포함하게 되었다. 이 `.mdbackup` 파일은 펌웨어 1.0에서 2.2까지의 휴대폰에서 볼 수 있었다. 그림 6-3은 몇 가지 예시를 보여준다.

그림 6-3 `.mdbackup` 파일의 예시

Apple이 3G iPhone과 iOS 3.0을 출시했을 때, `.mdbackup` 파일은 휴대폰에서 백업한 데이터의 전체 부분을 두 개로 나눈 파일 세트로 바뀌었다. `.mddata`라는 확장명을 가진 파일은 휴대폰의 데이터를 포함했고, `.mdinfo`라는 확장명을 가진 파일은 `.mddata` 파일에 대한 참고 자료에 속하는 metadata를 포함했다. 그림 6-4는 두 가지 타입의 파일 확장명을 보여준다.

```
0a7fc1ebd59b3c043cb5d46d194ae1f745ac7aa7.mddata
0a7fc1ebd59b3c043cb5d46d194ae1f745ac7aa7.mdinfo
```

그림 6-4 휴대폰에서 백업한 데이터의 전체 부분을 나눈 두 개의 파일 타입

iPhone 4와 iOS 4에서 Apple은 백업 파일들의 구조를 다시 바꾸었다. 이 파일들은 확장 없이 여전히 파일 이름이 hashe 형식으로 되어 있었다. 이 파일 타입은 이것의 프로세서인 .mddata와 같이 데이터를 포함한다. 그림 6-5는 iPhone 4와 iOS 4의 백업 파일 구조를 보여준다.

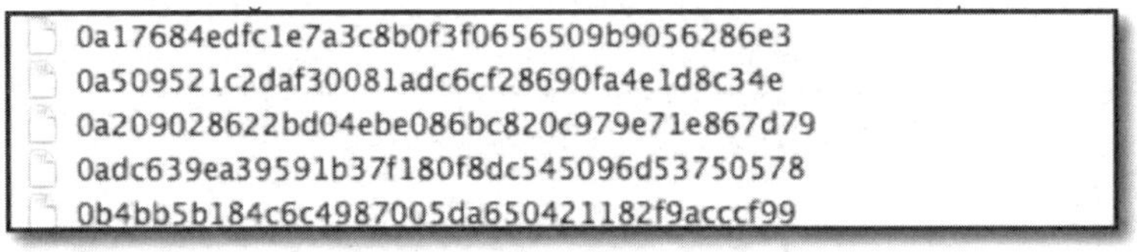

```
0a17684edfc1e7a3c8b0f3f0656509b9056286e3
0a509521c2daf30081adc6cf28690fa4e1d8c34e
0a209028622bd04ebe086bc820c979e71e867d79
0adc639ea39591b37f180f8dc545096d53750578
0b4bb5b184c6c4987005da650421182f9acccf99
```

그림 6-5 iPhone 4와 iOS 4 백업 파일 구조

파일 이름과 전체 경로는 새로운 데이터베이스인 manifest.mbdb에 위치한다. 이 데이터를 보려면 그림 6-6과 같이 TextEdit에서 이 파일을 열어야 한다.

그림 6-6 TextEdit에서의 파일 오픈 후 데이터뷰

잠금 인증서

Mac에서 살펴볼 마지막 항목은 잠금 인증서의 위치이다. 만일 잠금 인증서를 용의자의 시스템에서 복사해 온다면 그것을 이용하여 수사관은 기기의 패스코드를 우회할 수 있다. 잠금 인증서는 property list 파일이다. OS X의 property list의 위치는 /private/var/db/lockdown이다.

Windows에서 발견 가능한 증거물

Windows는 iOS 기기들과 관련된 비슷한 모바일 증거물들을 가지고 있다. iPodDevices.xml 파일, MobileSync 백업 그리고 잠금 인증서가 그에 속한다.

iPodDevices.xml

iPodDevices.xml 파일은 C:\Documents and Settings\All Users\Application Data\Apple Computer\ iTunes\iPodDevices.xml에 위치한다. 이 파일은 Mac의 iPod.plist 파일과 비슷한 정보를 제공한다. Mac에서와 같이 이 파일은 기기와 컴퓨터를 연관시키는 데에 도움을 줄 수 있다. 이 파일은 특정 iDevice에 동기화되었던 사진을 찾을 때, 원본 사진을 가지고 있는 컴퓨터의 위치를 파악하는 것을 도울 수 있다. 책의 앞부분에 서술했듯이 동기화된 사진은 EXIF 데이터를 포함하지 못한다. 그러나 원본을 찾는 것은 가능할지도 모른다. 아래에는 iPodDevices.xml에 대한 정보가 있다.

- 마지막으로 연결되었던 날짜와 시간
- 펌웨어 버전
- IMEI
- 시리얼 넘버
- 사용 횟수(기기가 시스템에 연결된 횟수)

그림 6-7은 EnCase를 사용한 결과물 목록을 보여준다.

```
1) iPhone artifacts\C\Documents and Settings\All Users\Application Data\Apple Computer\iTunes
\iPodDevices.xml

   Devices

   392256731E D11578

    Connected
    2010-02-07T23:59:10Z
    Device Class
    iPhone
    Family ID
    10004
    Firmware Version
    256
    Firmware Version String
    3.1.3
    ID
    392256731ED11578
    IMEI
    011949006894161
    Serial Number
    869233V5JNP
    Updater Family ID
    10004
    Use Count
    2
```

그림 6-7 EnCase를 이용한 결과물 목록

MobileSync 백업 파일

Windows 시스템에서 iTunes를 통해 동기화된 MobileSync 백업 파일들은 Windows 버전에 기반한 표 6-1의 경로에 위치해 있다. 백업의 포맷은 Mac에서와 같다.

표 6-1 Windows 시스템에서 MobileSync 백업의 위치

운영체제	iDevice 백업의 전체 경로
Widows XP	C:\Documents and Settings\[Username]\Application Data\Apple Computer\MobileSync\Backup
Windows Vista	C:\Users\[Username]\AppData\Roaming\Apple Computer\MobileSync\Backup
Windows 7	C:\Users\[Username]\AppData\Roaming\AppleComputer\ MobileSync\Backup

잠금 인증서

잠금 인증서는 Mac에서 찾을 수 있는 잠금 인증서와 같은 이점을 가진다. 잠금 인증서는 비밀번호를 우회하는 데 도움을 준다. 표 6-2는 Windows 버전 기반의 property list 파일들의 위치를 보여준다.

표 6-2 Windows 운영체제 버전에 기반한 Property List 파일들의 위치

운영체제	인증서 .plist 파일의 경로
Windows XP	C:\Documents and Settings\[username]\Application Data\Apple Computer\Lockdown
Windows Vista	C:\Users\[username]\AppData\roaming\Apple Computer\Lockdown
Windows 7	C:\ProgramData\Apple\Lockdown

iOS ···· ⦃ Forensic Analysis ⦄

iDevice 백업 분석

4장에서 논의했듯이 mdhelper와 몇몇 툴들은 MobileSync 데이터베이스를 분석할 수 있다. mdhelper 툴은 Mac 전용이다. 그러나 MobileSyncBrowser(MSB) 툴은 크로스 플랫폼이다. MSB는 http://homepage.mac.com/vaughn/msync/에서 구입할 수 있다. 이 애플리케이션의 가격은 $20이다. 이것은 포렌식 도구는 아니지만 iPhone 에뮬레이터 인터페이스에서 백업 파일을 보는 데에 도움을 준다.

iPhone Backup Extractor

몇몇의 무료 Mac 툴 중 하나(그러나 closed source)는 iPhone Backup Extractor이고 http://
supercrazyawesome.com/에서 다운받을 수 있다. 또한 이 애플리케이션은 최근 버전인 iOS 4 버전
의 백업만 추출할 수 있다. iPhone Backup Extractor는 사용하기가 매우 쉽다. 아래의 단계를
따르라.

1. 애플리케이션을 실행하면 그림 6-8과 같은 Read Backups 버튼을 찾을 수 있을 것이다.
   이 버튼은 운영체제 버전에 따라 전형적으로 위치한 백업 폴더로부터 백업을 읽어오게 해
   준다. 그림 6-9는 기기명과 백업 날짜를 보여준다.

그림 6-8 Read Backups 버튼 사용

그림 6-9 기기명과 백업 날짜 보기

2. 용의자의 시스템에서 백업 폴더를 복사하여 포렌식 머신에 일반적으로 저장되는 위치에 붙
   여넣기 한다. 더 자세한 설명을 보려면 백업 파일들의 위치를 설명하고 있는 표 6-1을 살펴
   보아라. 대화 상자가 어떤 iDevice 백업을 조사할 것인지 물어볼 것이고, 다음엔 어떤 타입
   의 파일들을 추출할 것인지 물을 것이다. 상단의 이름 지어진 파일들은 써드파티 애플리케
   이션들이고, iOS files는 그림 6-10과 같이 데이터베이스들과 휴대폰 데이터이다.

그림 6-10 iOS files는 이 보기에서 써드파티 애플리케이션들 밑에 나타난다.

3. 결과가 나타날 것이며 데이터를 선택하면 열람할 수 있다(그림 6-11 참조).

그림 6-11 EnCase의 결과물 목록

JuicePhone

또 다른 훌륭한 무료 애플리케이션(closed source)은 JuicePhone이다. JuicePhone은 Mac 애플리케이션이고 iOS4 백업 파일에 사용 가능하다. JuicePhone은 **www.addpod.de/juicephone**에서 내려받을 수 있다. 이 툴은 iPhone Backup Extractor와 같은 포렌식 툴은 아니다. 중요한 점은 이 툴이 폴더의 구조를 보기 좋게 바꾸어주며 그것이 나중에 수사관으로 하여금 백업 파일들을 검토하고 증거물을 찾는 데에 편의를 제공한다는 데에 있다. 애플리케이션 시작 시에 JuicePhone은 변환이 가능한 백업을 찾아서 보여준다.

> **노트**
> 다시 말하자면, 시스템에 있는 백업 파일을 포렌식 기기가 찾지 못했기 때문에, 수사관은 이전에 찾은 위치에 백업파일을 배치해야 할 필요가 있다.

그림 6-12은 JuicePhone의 시작 화면을 보여준다.

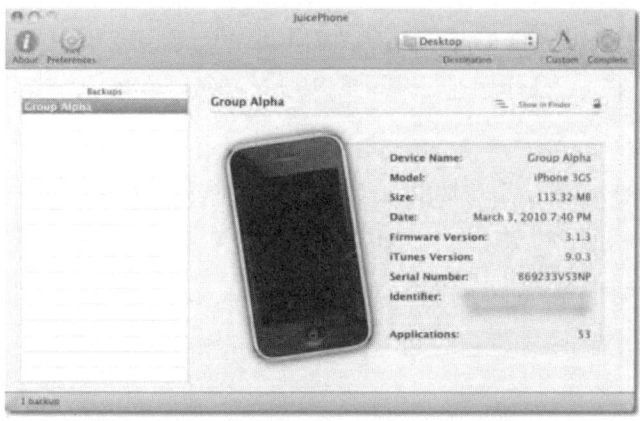

그림 6-12 JuicePhone 시작 화면

JuicePhone의 화면은 백업에 대한 많은 정보를 제공한다.

- 기기명
- 기기의 모델

- 백업의 용량
- 백업 날짜
- 백업된 기기의 펌웨어 버전
- 백업을 만들었던 iTunes의 버전
- 기기의 시리얼 넘버
- 기기의 UUID
- 써드파티 애플리케이션의 개수

JuicePhone은 백업을 변환하는 두 가지 방법을 가지고 있다. Custom 또는 Complete이다. Custom conversion은 당신이 어떠한 애플리케이션을 변환할 것인지 선택 사항을 제공한다. Complete conversion은 모든 애플리케이션, 홈 폴더 그리고 Keychain을 변환한다.

이 애플리케이션은 초기 설정 상태에서 모든 변환된 파일을 데스크톱에 저장한다. 또는 사용자가 다른 위치를 지정할 수 있다. 파일의 수동 검사는 conversion 이후에 끝낼 수 있다. 이 책에서 논의한 모든 기술은 수동 복구에 도움을 줄 것이다.

mdhelper

mdhelper는 http://ericasadun.com/ftp/Macintosh/에서 다운 받을 수 있는 무료 command-line 전용 프로그램이다. 이 애플리케이션은 4.0 이전의 iOS 버전만 지원한다. 이 애플리케이션의 개발자는 곧 4.0을 추가 지원하기 위해 노력하고 있다고 말했다. 다운 받은 후에 아래의 단계를 따라한다.

1. 파일을 당신의 $PATH에 위치시킨다. 예를 들어 파일을 /usr/bin에 복사한다. 이것은 command가 사용될 수 있도록 할 것이다.
2. 다음으로 Terminal 애플리케이션을 실행한다.
3. Terminal에서 그림 6-13과 같이 파일을 백업할 디렉터리로 변경한다.

그림 6-13 파일을 백업할 디렉터리로 변경

4. Enter를 누른다.

5. 다음엔 그림 6-14와 같이 mdhelper -extract을 타이핑한다.

그림 6-14 mdhelper -extract 타이핑

6. Enter를 누른다

7. 추출이 완료되었을 때, 그림 6-15와 같은 결과를 확인할 수 있다.

그림 6-15 이전 단계의 결과 화면

화면의 결과물은 기기명과 복구된 총 파일의 개수를 알려줄 것이다. 복구를 위한 기본적인 위치는 데스크톱이며 Recovered iPhone Files라고 부른다.

복구는 모든 써드파티 애플리케이션들과 home domain 파일들을 위한 것이다. 다른 모든 백업 복구 툴들과 같이 이 툴은 관계된 데이터 베이스, property lists 그리고 다른 iDevice 데이터들을 다룬다. 그림 6-16은 백업의 결과를 보여준다. 그림 6-16은 백업 결과를 보여준다. mdhelper는 iPod touch와 더불어 iPad에도 적용이 가능하다.

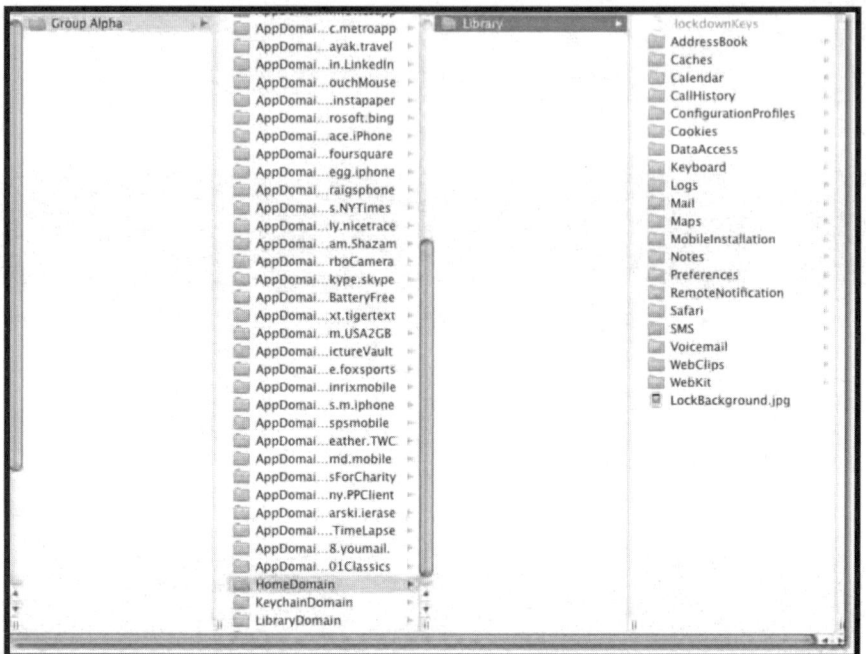

그림 6-16 mdhelper 사용 시 나타나는 백업 결과

Oxygen Forensics Suite 2010

Oxygen Forensics Suite 2010은 $2000로 팔리고 있다. 5장에서는 이 애플리케이션을 이용해 iDevice들로부터 논리적 데이터를 분석하는 것을 알아보았다. 또한 Oxygen은 모든 iOS 버전에서 백업 파일을 추출할 수 있는 백업 추출 마법사 기능을 가진다. 추출은 프로그램 인터페이스 내에서 사용할 수 있다. 그림 6-17은 마법사 인터페이스를 보여주며 그림 6-18은 분석 창에서 추출이 끝난 모습을 보여주고 있다

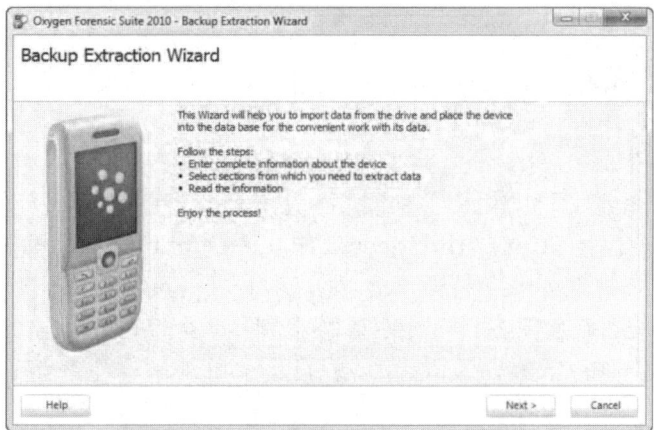

그림 6-17 백업 추출 마법사의 인터페이스

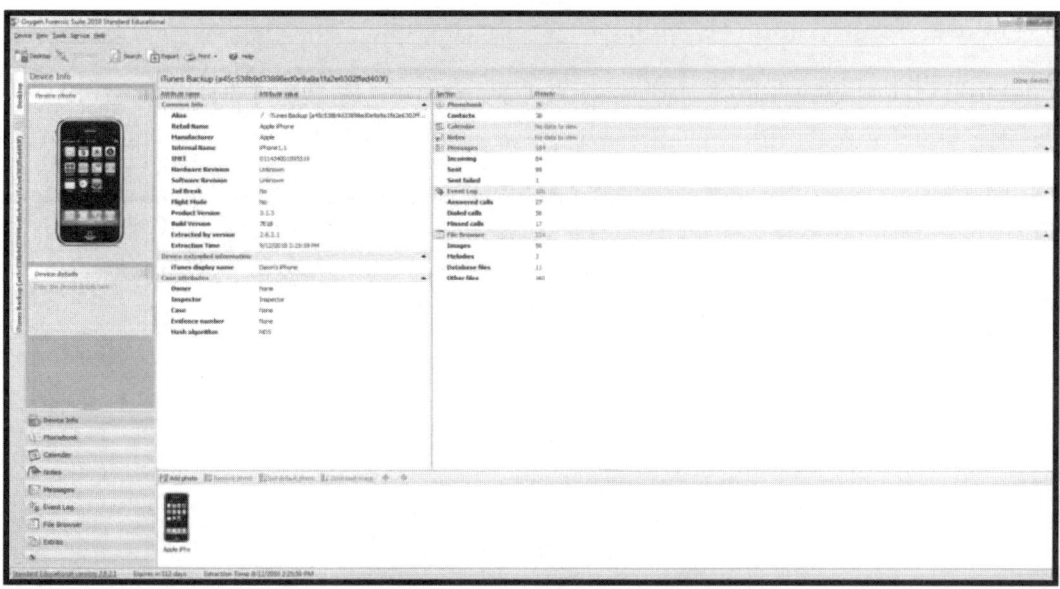

그림 6-18 분석 창에서의 추출 완료

Windows 포렌식 툴과 백업 파일

당신이 알고 있듯이, Mac을 사용하면 백업 파일을 빠르고 효율적으로 분석할 수 있고, 4장에서 다루었던 과정을 백업에 적용하여 사용할 수 있다. 당신은 Preview, SQLite Database Broweser, Property List Editor, md5deep 그리고 hfsdebug 같은 툴을 사용할 수 있다. 아마도 Windows 포렌식 툴에서 변환된 백업 파일을 사용할 수 있다는 것은 모를 것이다. 그러나 Windows 툴들이 Mac의 툴들보다는 정보를 많이 제공하지 못한다는 것을 알아야 한다. 먼저 Guidance Software's EnCase를 살펴보자. 당신은 이 단계에서 가상 머신이 필요할 것이다.

1. 가상 머신 소프트웨어를 시작한다(VMware나 parallels 등등).

2. Mac의 공유 폴더를 가상 머신에 지정한다.

3. EnCase 애플리케이션을 시작한다.

4. 그림 6-19와 같이, 논리적 증거 파일을 포함하고 있는 추출된 백업 파일을 EnCase에 삽입한다.

그림 6-19 EnCase에서 추출된 백업 파일

5. 여기서, 인터넷 서치 히스토리, hashing, graphic review, 북마킹 그리고 report generation 같은 EnCase의 몇몇 과정이 완료되어 있을 것이다.

6. SQLite Database Viewer와 같은 외부 파일 뷰어는 백업이 위치되어 있는 데이터 베이스를 볼 수 있게 되어 있다.

7. property lists의 증거물들을 열람하기 위해 보기 모드를 Doc으로 바꾼다. 만약 결과물이 마음에 들지 않는다면 또 다른 외부 뷰어인 PList Editor도 plists와 연동될 수 있다.

FTK Imager

FTK Imager는 www.accessdata.com/downloads.html에서 무료로 다운 받을 수 있다. FTK Imager는 최고의 툴 중 하나이다. 이 툴은 백업 파일 검사를 위한 다른 무료 툴들과 결합하여 사용 가능하다.

1. 가상 머신을 시작한다.

2. FTK Imager를 신행한다.

3. 폴더의 내용물을 FTK Imager에 추가한다.

4. 검사를 완료하기 위해 SQLite Database Browser, PList Editor 그리고 Infanview와 같은 Imager의 다른 무료 툴들을 사용한다.

FTK 1.8

일반적으로 FTK 툴을 사용하기 위해서는 정품과 dongle이 필요할 것이다. 하지만 백업에 있는 파일의 총 개수가 5,000개가 넘지 않는다면 dongle은 필요 없다. 일반적으로 백업 파일이 5,000개가 넘어가는 경우는 드물다. FTK 1.8은 www.accessdata.com/downloads.html에서 다운 받을 수 있으며 사용하기가 무척 쉽다. 먼저 백업 디렉터리에 몇 개의 파일이 있는지 확인하는 것이 필요하다.

1. Finder에서 백업 디렉터리의 위치를 찾는다.

2. 그림 6-20과 같이 오른쪽 마우스 클릭 후 Get Info를 선택한다.

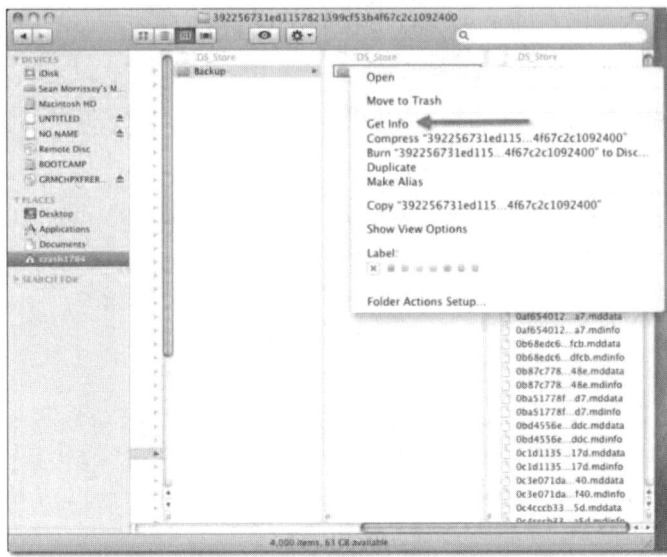

그림 6-20 Get Info 옵션

3. 그림 6-21과 같이 그 폴더에 있는 항목의 개수를 알 수 있다.

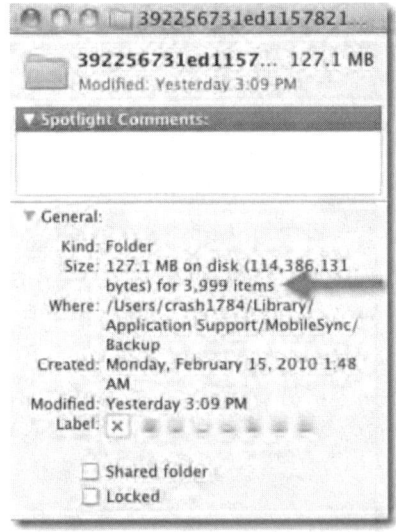

그림 6-21 위치한 항목의 개수

4. 가상 머신을 시작한다.

5. FTK 1.8을 실행한다.

6. new case를 시작한다.

7. 마법사를 실행된다.

8. 증거를 가진 백업 파일들의 폴더를 추가한다.

9. 검사를 완료하기 위해 FTK를 사용한다.

10. SQLite Database Browser, PList Editor 그리고 Infanview와 같은 외부 무료 프로그램들을 이용하여 데이터베이스와 property lists를 볼 수 있다.

Tips and Tricks

만약 당신이 백업 파일을 Mac에서 Windows 툴에 옮기는 것에 문제가 생겼다면, EnCase와 FTK 모두 .dmg 파일(disk images)을 지원한다는 것을 기억해두는 것이 좋다. 디스크 유틸리티를 사용하여 낭신은 .dmg 파일을 생성하고, 이 디스크 이미지에 백업 내용을 설치한 후에 백업을 Windows 포렌식 툴에 가져올 수 있을 것이다.   아래의 단계들은 디스크 이미지를 만들기 위한 단계들이다.

1. 백업 파일들의 용량을 확인한다. 백업 파일들을 Windows 툴에 옮기기 위해 이전 지침들의 1단계부터 3단계를 반복한다.

2. 그림 6-22와 같이 Finder 창에 백업의 용량이 위치하고 있다.

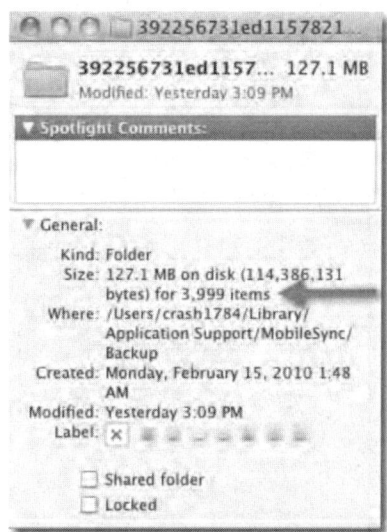

그림 6-22 백업 용량 위치

3. /Applications/Utilities/Disk Utility.app의 위치로 이동한다.

4. 애플리케이션을 더블클릭한다.

5. 메뉴바에서 'New ➤ Blank Disk Image'를 선택한다.

6. 그림 6-23과 같이 대화 상자에서 아래의 설정을 사용하고 이미지의 용량을 백업의 총 용량 보다 크게 만들기 위해 'Custom'을 선택한다.

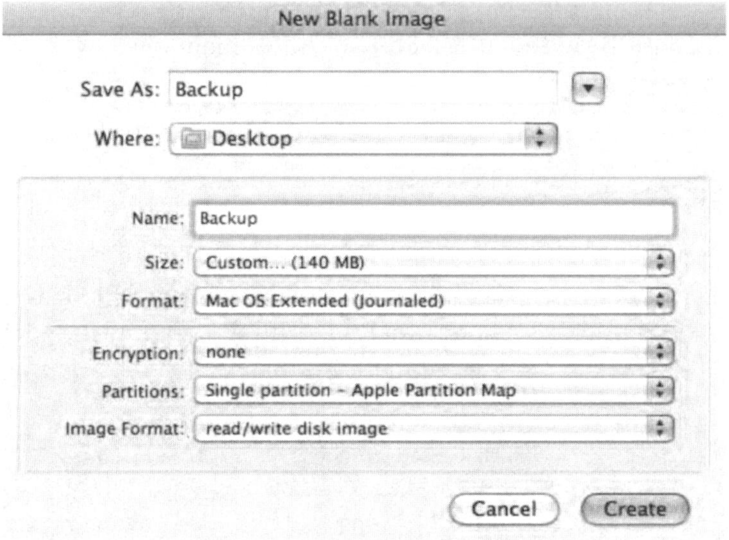

그림 6-23 이미지의 용량을 백업의 총 용량보다 크게 만들기 위해 'Custom'을 선택

7. 'Create'를 선택.

8. 이미지가 생성된 후엔 그것이 자동으로 마운트된다. 그리고 백업의 내용물들은 방금 생성된 .dmg 파일에 복사된다.

9. FTK나 EnCase에 .dmg 파일을 옮겨놓는다.

요약

이 챕터에서 iDevice의 백업을 추출하고 변환하는 많은 방법들이 있다는 것을 배웠다. iPhone, iPod touch 그리고 iPad는 모두 치명적인 오류나 만약을 대비한 복구를 대비하여 백업을 해놓는다. 이것은 iDevice의 역사를 만들어냈다. iTunes와 동기화할 필요가 없이 점점 더 많은 항목들을 기기에 다운로드할 수 있음에도 불구하고 많은 백업 파일 Mac과 Windows 컴퓨터에 설치되어 있다. 백업 파일을 검사하는 것은 논리적 추출과 다르지 않다. 백업은 iTunes와 동기화된 모든 음악, 사진 그리고 비디오를 제외하고 모두 같은 파일을 가지고 있다.

CHAPTER **7**

GPS 분석

전 지구 위치 확인 시스템(The Global Positioning System, GPS)은 미 국방부에 의해서 처음 창조되고 사용되었으며, 24개의 정지 인공 위성으로 구성되어 있다. 이것은 GPS를 이용 가능한 기기와 결합되어 개인이나 무기 시스템에 위치를 고정할 수 있는 수치를 제공한다. 이 수치에는 위도, 경도 그리고 각도, 분, 초가 포함되어 있다. 1장에서 논의해 보았듯이, iPhone 3G는 GPS 기능을 가지고 있다. iPhone 3G의 GPS 기능은 해당 기기의 위치를 알아내기 위해 라디오 타워의 삼각 측량 후에 GPS 리시버가 기기의 더 정확한 위치를 가리키는 방식으로써, 실제로는 보조 GPS이다. 그러므로 iPhone 3G를 이용한 기기의 정확도는 좋진 않다. 그러나 펌웨어 업데이트를 통해 정확도가 개선되었다. iPhone 3GS는 기기의 정확도 면에서 개선이 크게 되었다. 이 장에서, iDevice에 담겨진 GPS와 관계된 증거물들에 대해 논의해보겠다.

지도 애플리케이션

지리적 위치 데이터는 수사 진행 과정에 있어서 특정 장소 특정 시간에 기기나 개인을 찾아내는 데에 중요하다. 이것은 범죄 해결과 가능한 범죄자의 위치를 찾는 것에 도움을 주기에는 쓸 데 없는 정보일 수도 있다. iPhone 2G부터 point-to-point 경로를 표현하기 위해 설계된 지도 애플리케이션이 iPhone에 생겨났다. 이 버전에서는 지금 우리가 사용하고 있는 turn-by-turn 형식의 지도 애플리케이션이 아니었다.

지도 애플리케이션을 사용하여 관심 장소를 찾아 그 장소에 대한 더 많고 자세한 정보를 얻을 수 있으며, 그곳까지의 경로를 검색할 수도 있다. 다음 몇 개의 그림은 지도 애플리케이션을 어떻게 사용하는지 보여준다.

그림 7-1은 지도 애플리케이션의 메인 인터페이스를 보여준다. 이 인터페이스에서 어떤 키워드로도 검색을 가능하게 해주며 어떠한 장소에 도달하기 위한 경로를 얻는 것도 가능하게 해준다.

그림 7-2는 Metro의 검색 결과를 보여준다. 검색 결과에서의 오른쪽 화살표를 누르면 화면은 그 장소의 더 자세한 정보를 보여준다.

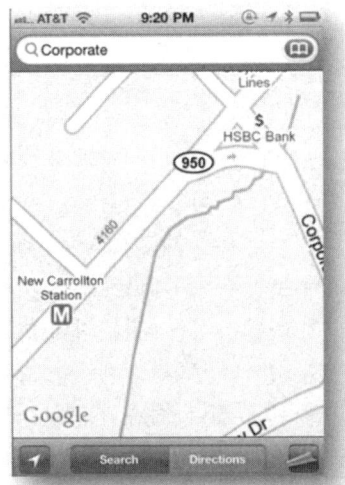

그림 7-1 지도 애플리케이션 메인 인터페이스

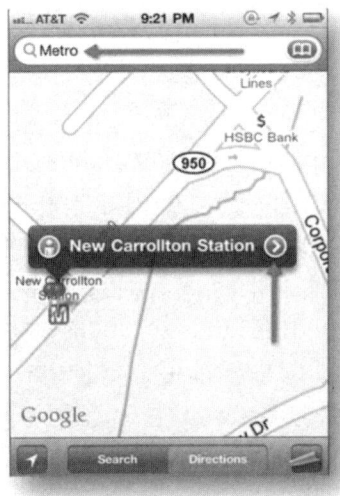

그림 7-2 지도 애플리케이션에서 Metro를 검색

세부 장소 화면은 검색된 항목을 참조하여 많은 정보를 제공한다. 이 화면에서 사용자는 그림 7-3과 같이 그 장소와 경로를 북마크 할 수 있다.

'Directions To Here'를 탭하면 Google이 계산한 경로가 그림 7-4와 같이 나온다. 경로를 시작하는 'Start' 버튼이 있지만 각각의 단계는 자동이 아니다. 사용자가 각각의 중간 지점에서 'Next'를 눌러야 한다.

그림 7-3 지도 애플리케이션 위치 정보

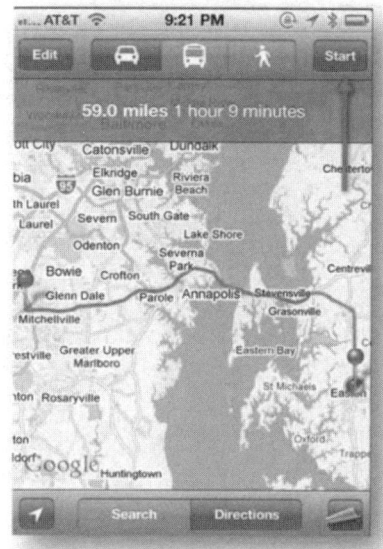

그림 7-4 경로를 보여주는 지도 애플리케이션

물리적 또는 논리적 추출 시 필요한 지도 애플리케이션의 기본 경로는 ./Library/Maps이다. 여기서는 세 가지의 property list(History.plist, directions.plist 그리고 bookmark.plist)를 발견할 수 있다. 먼저 history.plist에는 지도 애플리케이션에서 수행된 모든 과정이 자세하게 기록되어 있다. 아래의 정보는 history.plist에서 얻을 수 있다.

- 그림 7-5에서 볼 수 있듯이 검색어였던 Metro가 입력되어 있다.
- 다음엔 위도와 경도의 수치가 있다. 검색했던 장소의 위치가 어디인지 알고 싶다면 위/경도의 수치를 Google Maps에 입력하면 된다. 이러한 종류의 증거물은 범죄 현장의 위치를 알아내는 데에 유용하게 쓰일 수 있다. 그림 7-6은 Google Maps에 위/경도를 입력했을 때의 화면을 보여준다. 아래 정보는 그림 7-5의 history.plist로부터의 경도와 위도이다.
  - 위도: 38.94725
  - 경도: -76.86958
- 검색어의 위치
- 지도의 확대 단계
- 경도 너비(longitude span).

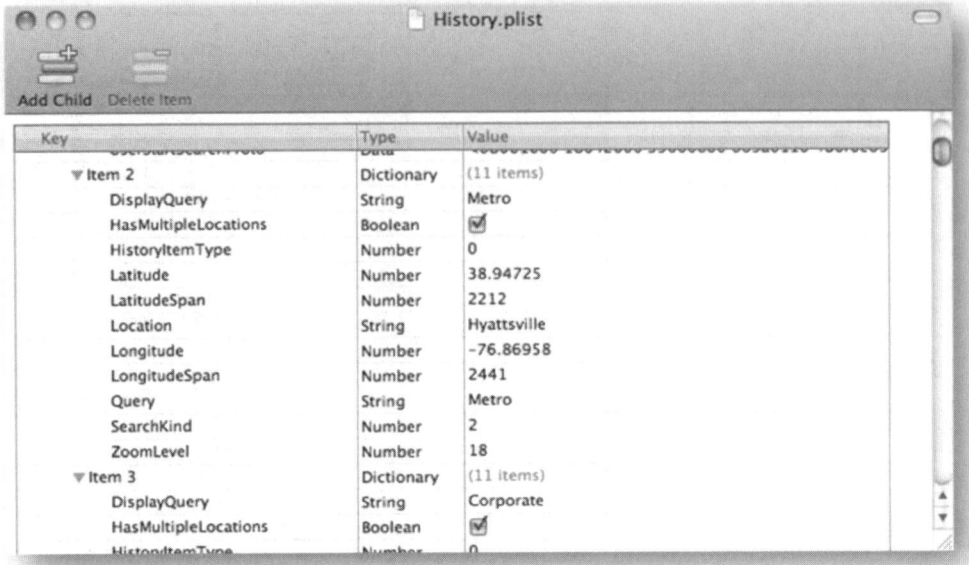

그림 7-5 Bookmarks.plist

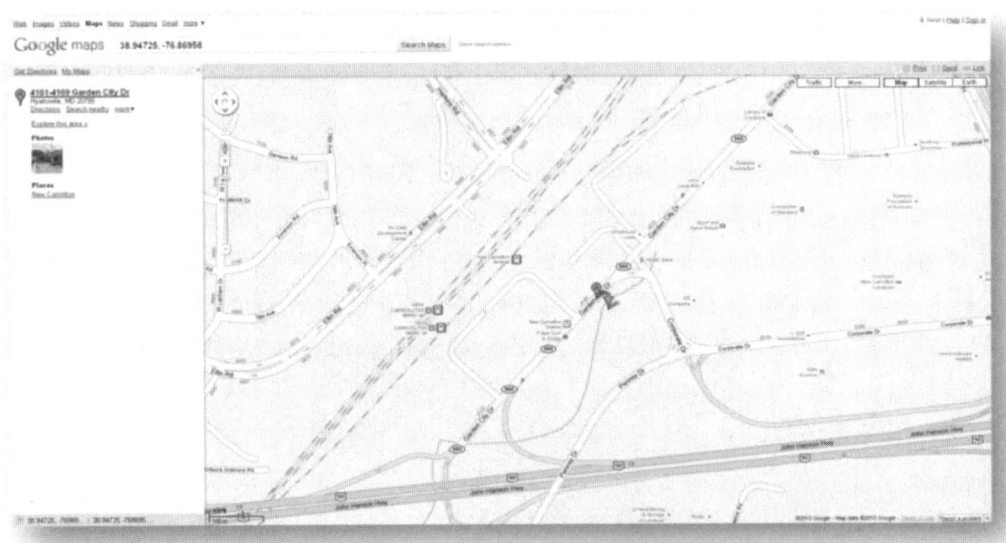

그림 7-6 Google Maps에 입력된 지리 데이터와 위치 결과

다수의 논리적 기구들은 휴대폰 사용자가 접근한 장소로부터 데이터를 추출하고 그러한 데이터를 보여준다. 예를 들어 Lantern은 그림 7-7과 같이 이러한 수치를 나누어 화면에 보여준다.

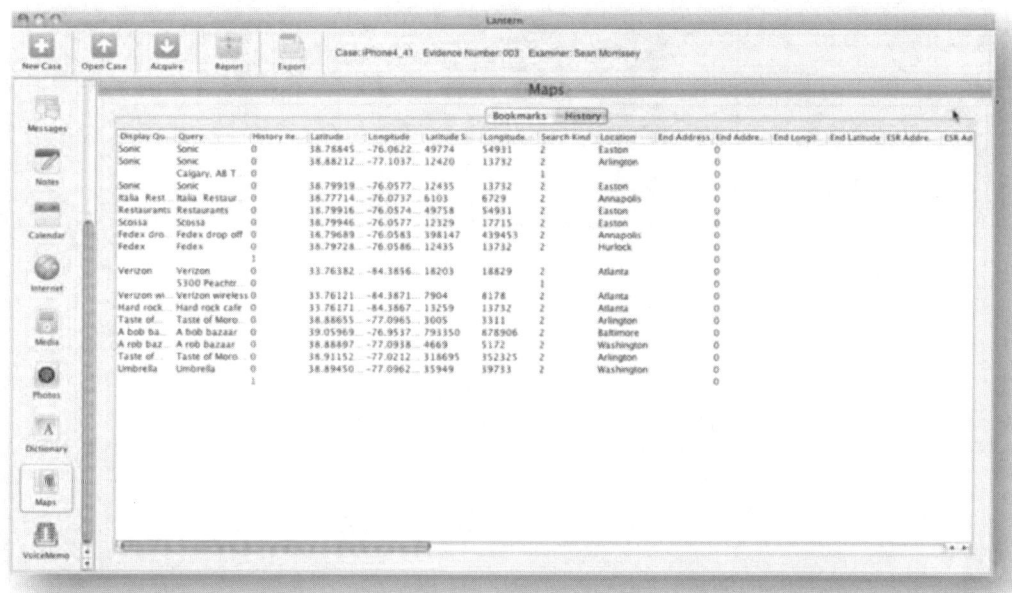

그림 7-7 Lantern 지도 히스토리 데이터

또한 Lantern은 추출 또는 익스포트 기능을 통해 CSV에 이러한 수치를 발송할 수 있다. 그리고 그 수치들은 그림 7-8과 같이 Microsoft Excel 같은 애플리케이션에서 띄울 수 있다.

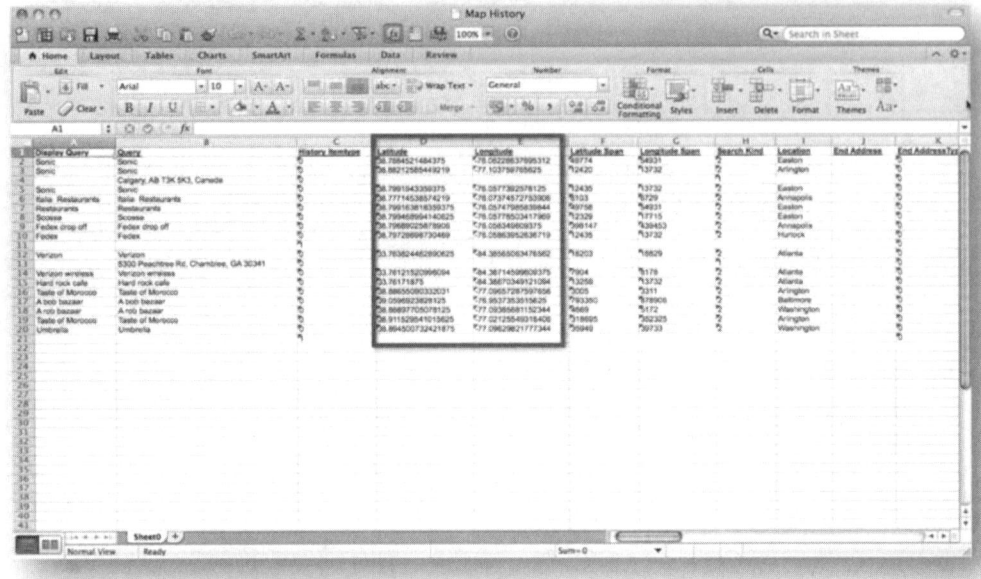

그림 7-8 Lantern에서 발송한 지도 애플리케이션 데이터

그림 7-8에서 엑셀 스프레드시트의 수치들은 위치를 표현하는 Google Maps에 쉽게 복사/붙여넣기가 가능하다. 이전에 말했듯이, 폰의 사용자가 검색했던 위치를 확인할 수 있다.

다음에 살펴볼 property list는 /Library/Maps directory에 있는 bookmark.plist이다. 지도 애플리케이션에서 위치 정보들은 쉬운 참조 및 검색을 통해 북마크로 저장될 수 있다. 대부분의 논리적 과학 수사 기구들은 이 정보를 획득할 수 있다. 그림 7-9는 이 plist를 Property List Editor 애플리케이션으로부터 보여준다.

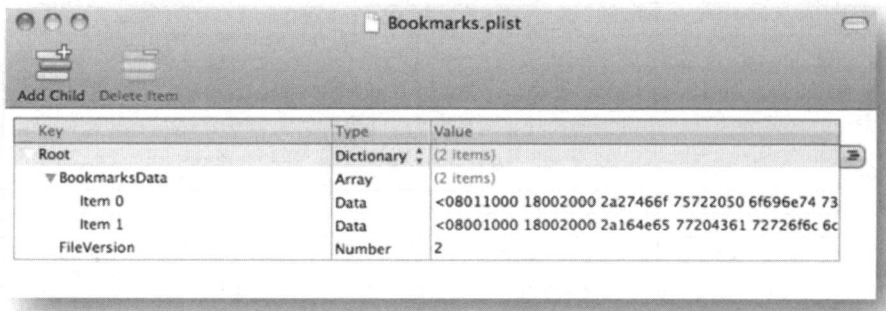

그림 7-9 Property List Editor를 사용한 지도 애플리케이션의 Booksmarks.plist

살펴보면 알 수 있듯이, plist는 두 개의 북마크를 가지고 있다. 그러나 그것의 데이터를 식별할 수는 없다. 이제 이렇게 같은 plist를 그림 7-10에서 보이듯이 TextEdit 애플리케이션으로 열어보겠다.

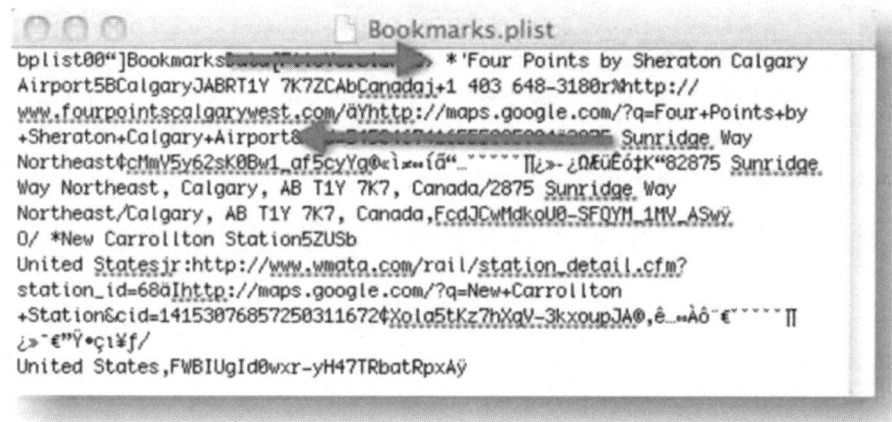

그림 7-10 TextEdit를 이용해 살펴본 지도 애플리케이션의 Booksmarks.plist

PROPERTY LIST EDITOR VS. TEXTEDIT

Property List Editor는 Xcode(Developer Tools로도 알려짐)의 기본 Mac 애플리케이션이다. Property List Editor는 XML 형식의 데이터를 볼 수 있고 그것을 쉽게 읽을 수 있도록 사용자 화면에 나타나게 할 수 있다. TextEdit 애플리케이션은 Windows Notepad의 Mac 버전이다. 그것은 다양한 OS X 또는 iOS 파일을 보는 데에 유용한 도구이다. TextEdit는 오직 ASCII 문자들만 표시하고 가끔 TestEdit는 특정한 파일을 보여주는 유일한 애플리케이션이다.

그림 7-10에서 볼 수 있듯이 asterisk(*) 다음에 위치가 나온다. 예를 들어, 첫째줄 뒷부분의 Four Points by Sheraton Calgary Airport가 그것이다. 이것은 전화번호, URL, Google search string 다음에 나온다. 데이터 다음에는 'cid' 수치를 볼 수 있다. cid는 cellular identification이다. 이 정보는 Google이 내부 데이터베이스에서 위치를 찾아내는 데에 사용된다. 그리고 모든 장소들은 CID 수치를 가지고 있다. 그림 7-11은 CID의 예시를 보여준다.

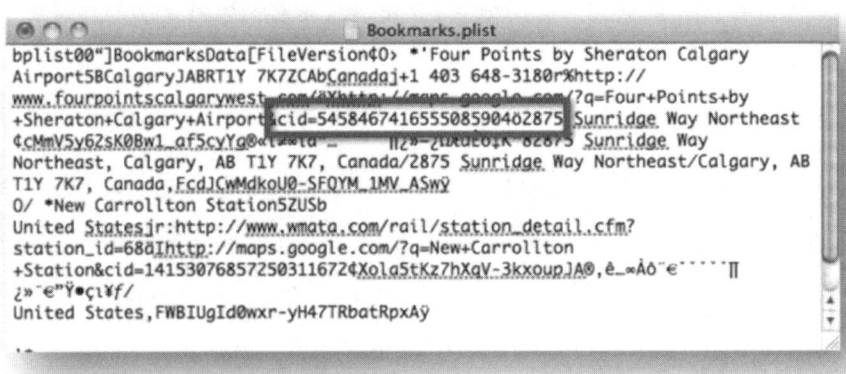

그림 7-11 Bookmarks.plist cid 수치

다음으로 살펴볼 property lists는 /Library/Maps 디렉터리에 존재하는 Directions.plist이다. 이 property list는 지도 애플리케이션에서 사용자가 요청한 point-to-point 경로 데이터를 가지고 있다. 그림 7-12는 데이터가 Property List Editor에서 어떻게 보이는지를 보여준다.

그림 7-12에서 알 수 있듯이 오직 뚜렷한 값은 Washington, DC이다. 그림 7-13에서는 TextEdit를 사용하여 출발 지점과 도착 지점을 알 수 있다.

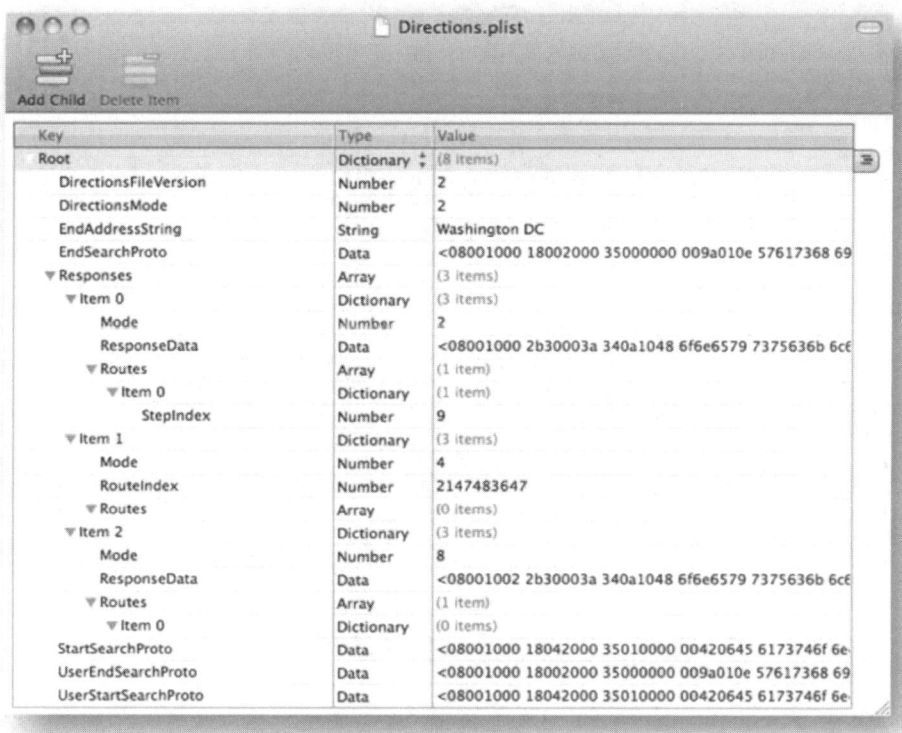

그림 7-12 지도 애플리케이션의 Directions.plist

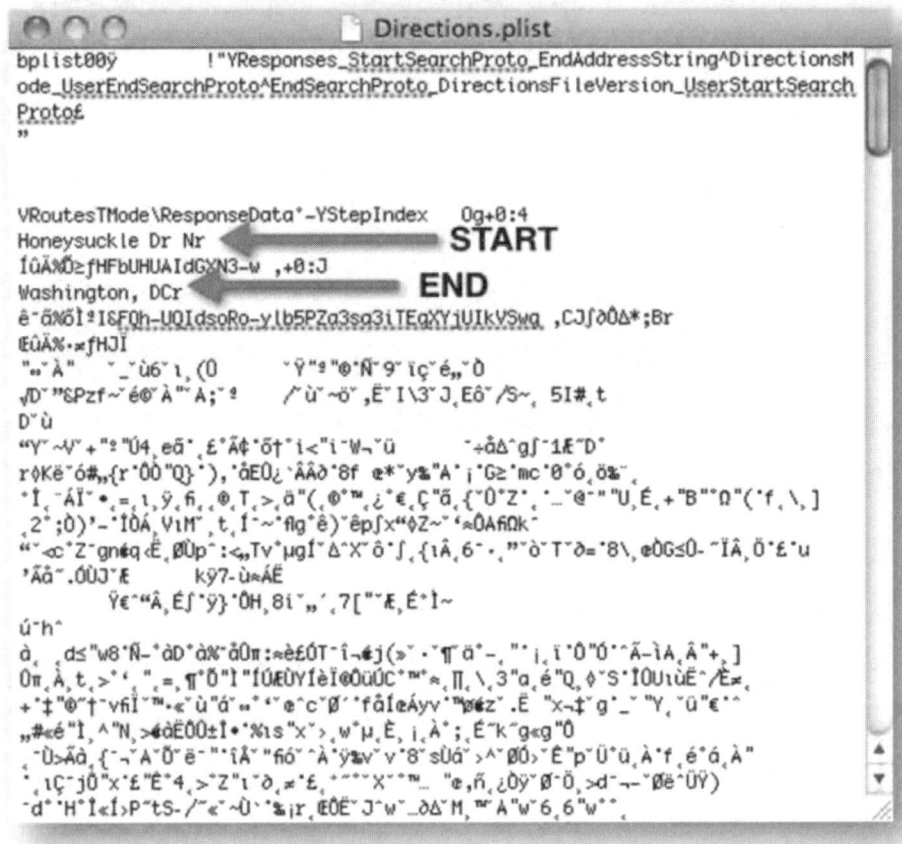

그림 **7-13** TextEdit 애플리케이션을 사용하여 살펴본 Directions.plist

이러한 관심 위치들은 Google Maps나 기기에 저장될 수 있으며 경로 또한 저장될 수 있다. 이것은 개인을 포함한 수사관들이 용의자가 지나간 경로를 역추적하는 데에 가치 있는 정보가 될 수 있다. 밝혀지지 않는 유일한 것은 그 데이터와 그 시간에 폰을 사용한 사람의 정체이다.

휴대폰의 소유권 밝혀내기

휴대폰의 소유권을 밝혀내는 것은, 키보드 뒤 특정 인물의 위치를 알아내려고 할 때 전통적인 컴퓨터 과학 수사를 하는 것과 비슷하다. 모바일 과학 수사와 같이 기기로부터 모든 데이터를 수집할 수는 있지만 역시 용의자의 손에 휴대폰이 있는 것이 수사관으로서는 편하다. 예를 들어 용의자에게 "이게 당신 전화기야?"라고 물어봤는데, 용의자가 "네"라고 대답한다면 그건 기사에 나올 일이다. 만약 용의자가 "아니오"라고 대답한다면 수사관은 용의자의 방, 지인, 그의 차 같은 장소 등의 기기가 위치했던 곳을 상세히 기록할 필요가 있다. 이것은 또한 이동 통신사의 가입자 정보와 결합되어 휴대폰과 인물을 연관 짓는 것을 도와줄 것이다.

그림 7-14는 경로 역추적을 보여준다.

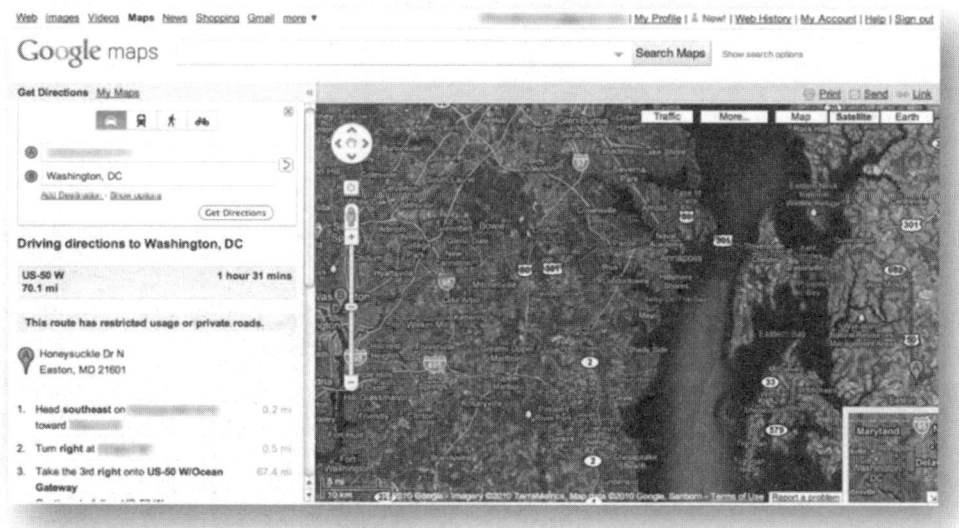

그림 7-14 Directions.plist에서 재현한 경로를 Google Maps를 사용하여 표시

이미지 및 비디오의 위치 정보 태그 지정

이미지에 위치 정보 태그를 지정하는 것은 처음엔 하이엔드 디지털 카메라에서나 가능한 것이었다. 휴대폰 제조사들은 폰에 GPS를 추가하는 것의 이점을 확인하고 GPS 데이터에 EXIF 값을 덧붙이는 기능을 추가했다. Exchangeable Image File (EXIF)형식은 카메라에서 생긴 데이터이며 그래픽 파일에 삽입되어 있다. 이것은 다른말로 geospatial metadata이다. 이 값들은 아래의 것들을 포함하고 있다.

- 위도
- 경도
- 고도
- 나침반 방향
- 정확도 데이터

iPhone에서 위치 정보 태그 지정의 개념은 iPhone 3G와 iOS 3부터 시작되었다. iPhone 2G와 iPhone 3G는 이미지에 위치 정보 태그를 지정하는 기능을 가지고 있었다. iPhone 카메라로 찍은 이미지들은 /Media/DCIM/100APPLE 디렉터리에 저장된다. iPhone 2G는 GPS 수신기가 없었지만 셀 타워 삼각 측량에서 지리 정보 데이터를 얻어냈다. 그림 7-15는 iOS 3인 iPhone 2G로 찍은 사진들과 지리 정보 데이터를 보여주고 있다.

다시 한 번 말하지만 iPhone 2G는 이미지에 지리 정보 EXIF 데이터를 삽입시킬 때 셀 타워 삼각 측량을 사용한다. 그림 7-16은 iPhone 2G에서 위치 정보 태그가 지정된 위치를 보여주고 화살표는 실제 위치가 지도 밖에 있음을 보여준다(2G의 위치 탐색 정확도가 떨어진다는 것을 알 수 있다).

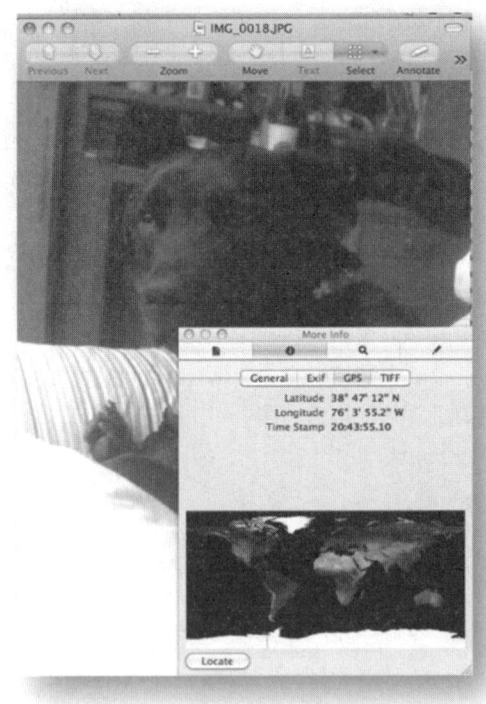

그림 7-15 지리 정보를 보여주는 미리 보기 애플리케이션

그림 7-16 Google Maps로 본 iPhone 2G의 EXIF 데이터

신형 iPhone과 펌웨어의 개발로 기기의 정확도는 개선되었다. 또한 지리 정보 데이터도 개선되었다. iPhone 2G에서는 위도와 경도만 주어졌다. 정확도는 고도, 위성 시간, iPhone 3GS에 내장된 나침반에서 알아낸 나침반 방향을 추가함으로써 강화되었다. 그림 7-17은 미리 보기 애플리케이션을 사용한 iPhone 4에서 찍은 이미지의 지리 정보를 보여준다.

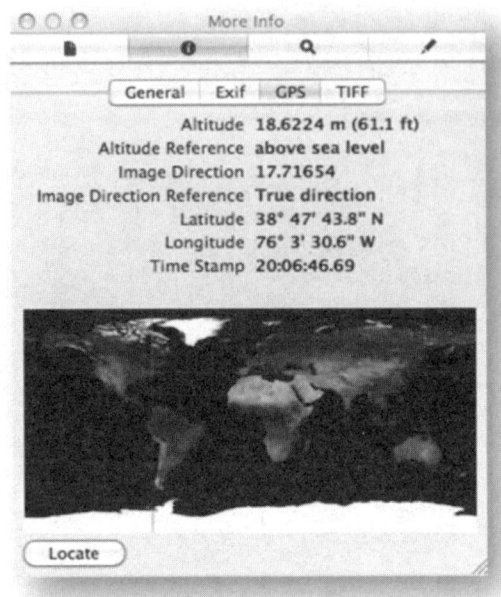

그림 7-17 GPS 데이터 예측과 Locate 버튼

그림 7-17에서 보이듯이 수치들은 다음과 같이 표시된다.

- 고도(Altitude)
- 고도 참조(Altitude reference): 해수면 높이 .
- Image direction: 그림 7-18과 같은 나침반 애플리케이션에서 O도~360도의 나침반 방향 (그림 7-17에서는 다른 수치들을 사용).

그림 7-18 나침반 애플리케이션의 인터페이스

■ 이미지 방향 참조: 그림 7-19와 같이 나침반 애플리케이션에서 두 가지 설정이 가능

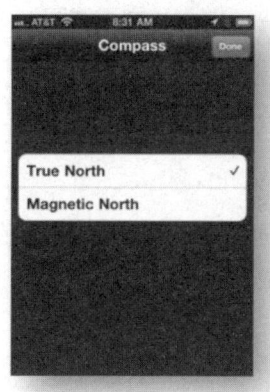

그림 7-19 나침반 애플리케이션 북극 설정

■ 위도(Latitude): 위도 수치, 분, 초로 표시됨.

■ 경도(Longitude): 경도 수치, 분, 초로 표시됨.

■ Time stamp: 시, 분, 초, 1000분의 1초가 위성 시간으로 표시됨.

지리 정보를 기록하고 이미지의 위치를 보여주는 Google Maps를 사용하는 데에 목적이 있는 논리적 도구들이 있기는 하다. 그러나, 이러한 애플리케이션들에서 데이터가 나타나도록 하려면 Internet에 연결되어 있어야 한다. 하지만 과학 수사 도구들은 어느 때에도 Internet에 연결되지 않는다. 개발자의 도구 라이센스에 따라, 애플리케이션의 두 가지 복사본이 필요하다. 한 가지는 인터넷에 절대 연결되지 않는 것(포렌식 워크스테이션)이고, 또 다른 한 가지는 Google Maps 같은 웹 기반의 애플리케이션의 기능을 이용하기 위해 인터넷에 연결되는 것이다. 이 두 가지 복사본을 무료로 배포한 툴은 CocoaSlideShow가 대표적이다. 이것은 무료 Mac 도구이고 http://code.google.com/p/cocoaslideshow/에서 다운 가능하다.

그림 7-20은 CocoaSlideShow의 메뉴판을 보여준다.

그림 7-20 CocoaSlideShow 메뉴 바

- **Set Directory**: 이미지가 임포트될 디렉터리를 가르킨다.
- **Add Files**: 단일 혹은 다수의 파일을 애플리케이션에 추가시킨다.
- **Flag**: 단일 파일을 표시/북마크한다.
- **Slideshow**: 필요 없다.
- **Google Map**: 이미지의 지리 데이터의 위치를 표시한다.
- **Rotate Left**: 이미지를 회전시킨다(필요없음).
- **Rotate Right**: 이미지를 회전시킨다(필요없음).
- **Remove**: 애플리케이션에서 파일을 제거한다.
- **Move to trash**: 이것은 사용하면 안 된다. 이미지를 삭제한다.

아래 항목들은 이 애플리케이션의 사용법과 기록에 지리 정보를 추가하는 방법을 설명하고 있다.

1. CocoaSlideShow 애플리케이션 실행
2. Set Directory 아이콘 클릭.
3. iDevice 이미지들이 위치한 디렉터리를 설정. 예를 들어 Lantern은 iDevice의 디렉터리 구조를 복원한다. 추출 폴더에서 [Case File Directory Name]/Evidence/[Extraction Number/ Name]/Artifacts/Media/DCIM/100APPLE의 위치를 찾는다.
4. Open을 선택.

왼쪽 창에 모든 이미지가 나타나고 오른쪽에 보기 창이 나타난다.

왼쪽 페이지의 이미지가 선택되고 이미지에 지리 정보가 포함되어 있다면 Google Maps 아이콘이 회색에서 빨간색으로 변할 것이다(그림 7-21 참조).

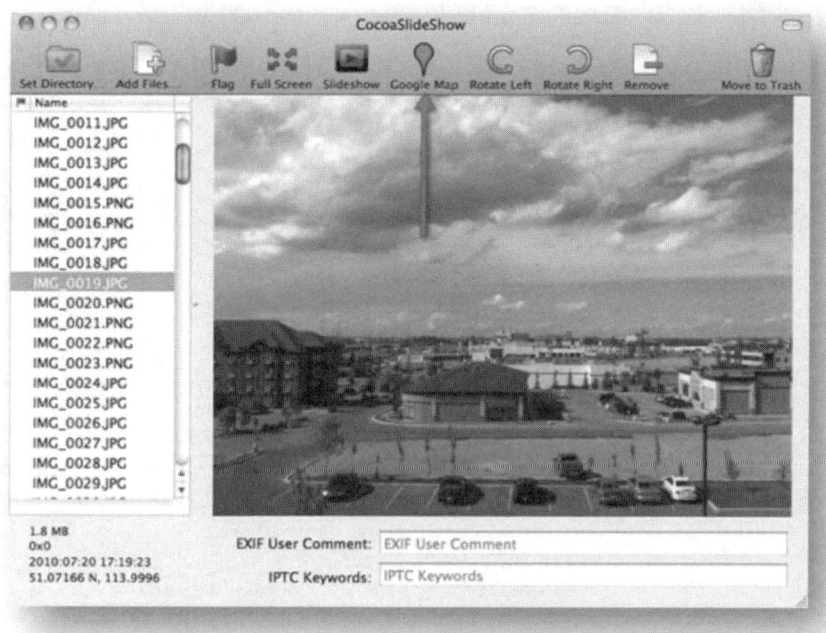

그림 7-21 CocoaSlideShow와 Google Map 버튼

5. 삽입된 지리 정보의 위치를 보기 위해 Google Maps 아이콘을 클릭하면, 그림 7-22와 같이 보기 창이 이미지 보기에서 Google Map 보기로 교체될 것이다.

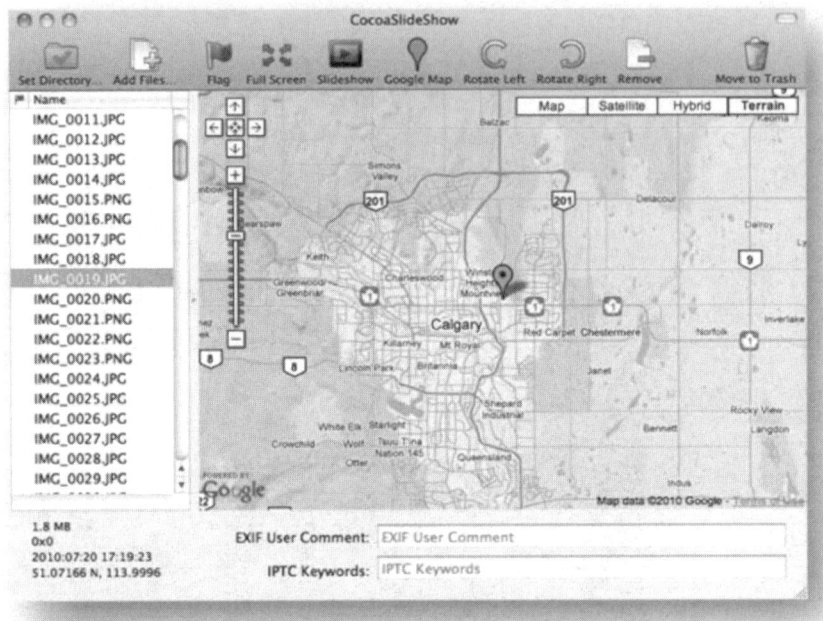

그림 7-22 Google Maps를 사용하는 CocoaSlideShow

6. 스크린샷은 Snagit나 Grab과 같은 애플리케이션으로 찍을 수 있다. Snagit는 www.techsmith. com/snagitmac/에서 다운 받을 수 있다. Snagit에는 스크린샷 위에 덧붙이는 blur, 화살표, 문자 같은 프레젠테이션을 위해 사용되는 기능들이 있다. 또한 화면 캡처를 가능하게 하는 단축키가 존재한다. 단축키는 아래와 같다.

- Shift+Command+4: 마우스 포인터의 모양이 바뀌며 데스크톱에서 캡처하고 싶은 부분을 드래그하여 선택한다. 이미지는 데스크톱에 자동으로 저장된다.
- Shift+Command+3: 전체 데스크톱의 스크린샷을 찍는다. 이미지는 데스크톱에 자동으로 저장된다.
- Shift+Command+4+spacebar: 마우스 포인터의 모양이 카메라 모양으로 바뀐다. 활성화된 윈도우를 선택하고 터치패드를 누르면 이미지가 데스크톱에 저장된다.

이미지는 KML 파일로 전송할 수 있으며 Google Earth에서 불러올 수 있다. 먼저 Mac에 Google Earth를 다운로드 한다. Google Earth의 다운로드 주소는 www.google.com/earth/download/ge/agree.html이다. 아래의 단계들은 이미지를 표시하고 KML 파일로서 선택된 것들을 전송하는 것이다.

1. CocoaSlideShow 애플리케이션의 메뉴 상에서 Edit ➤ select All을 선택. 모든 이미지가 선택된다.

2. Image ➤ Export KML FIle 선택. 그 후 선택한 위치에 파일을 저장. 그림 7-23과 같이 미리보기 이미지도 KML 파일에 덧붙일 수 있다.

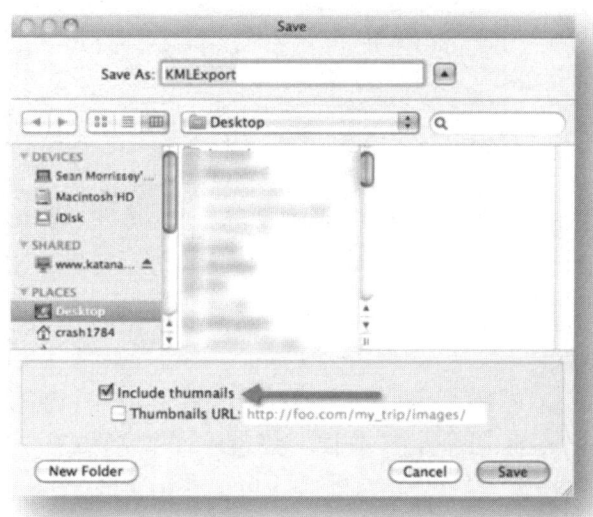

그림 7-23 KML 전송 기능

3. Google Earth 애플리케이션 실행.

4. 메뉴판에서 File ➤ Open 선택.

5. CocoaSlideShow.kml 파일의 위치로 이동 후 선택.

6. Open을 선택.

GPS 데이터가 입혀진 모든 이미지는 지도에서 노란색 핀으로 나타난다. 또한 그림 7-24와 같이 Places 창의 모든 이미지가 표시되고 개별적으로 선택 가능하다.

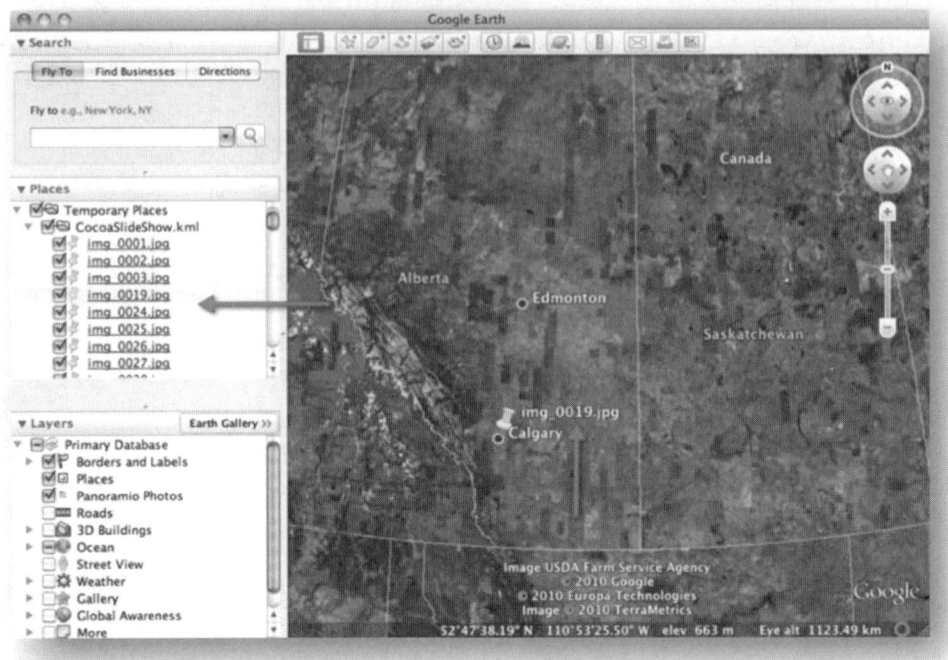

그림 7-24 KML export를 Google Maps에 띄운 화면

저장된 미리 보기 이미지들을 이용해 후에 그 위치에 관련된 이미지를 열람하는 것이 가능하다(그림 7-25 참조). 이것은 수사관과 검찰에 이미지와 장소를 제출할 때 도움이 되는 방법이다. 이것은 원본 이미지와 지도화된 장소를 보여주는 데에 사용하기 좋고 법정 발표 시에 유용하다.

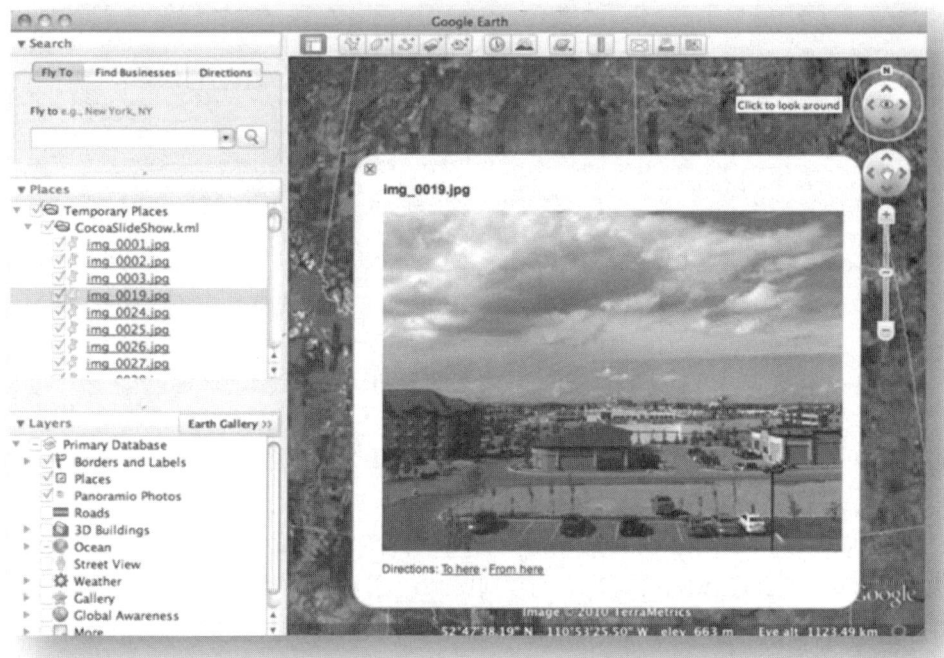

그림 7-25 KML export를 Google Maps에서 본 이미지

위치 정보 태그가 지정된 비디오에서 대부분의 과학 수사 도구는 iPhone 카메라로 찍힌 동영상 파일에 삽입된 위치 정보 태그를 찾아내지 못한다. 이유는 데이터가 일반적인 EXIF 데이터의 위치에 존재하지 않고 파일의 끝부분에 위치하기 때문이다. 이러한 현상은 그림 7-26과 같이 hex editor를 이용하여 MOV 파일을 보면 알 수 있다.

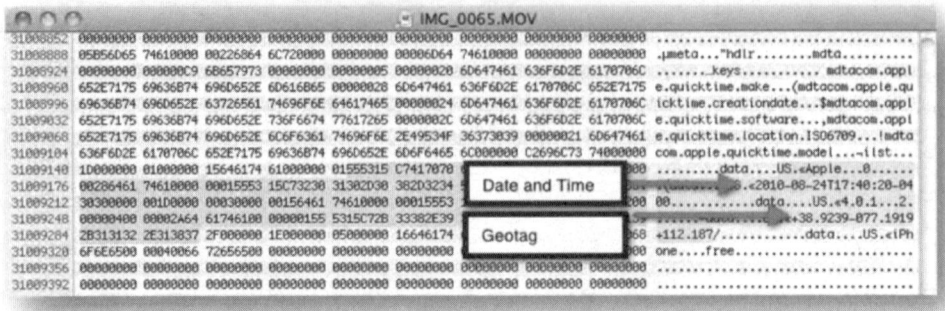

그림 7-26 hex editor로 살펴본 비디오 위치 정보 태그 데이터

그림 7-26의 수치들은 Google Earth에 적용 가능하며 위치를 찾을 수 있다. iPhone 카메라에 비디오 제작 기능이 추가되어서 비디오에도 지리 데이터가 포함되어 있다. iDevice는 MOV 파일을 생성하고 그 파일들은 QuickTime 애플리케이션을 사용하여 볼 수 있다. 이러한 파일들은 이미지가 속해 있는 /Media/DCIM/100APPLE 디렉터리에 위치한다. MOV 파일의 지리 데이터를 보기 위해서는 아래의 단계를 따르면 된다.

1. QuickTime 애플리케이션으로 MOV 파일을 실행한다.
2. 메뉴 바에서 Window ▶ Show Movie Inspector를 선택.

Movie Inspector 상자에서 영상의 위도와 경도를 볼 수 있다(그림 7-27 참조).

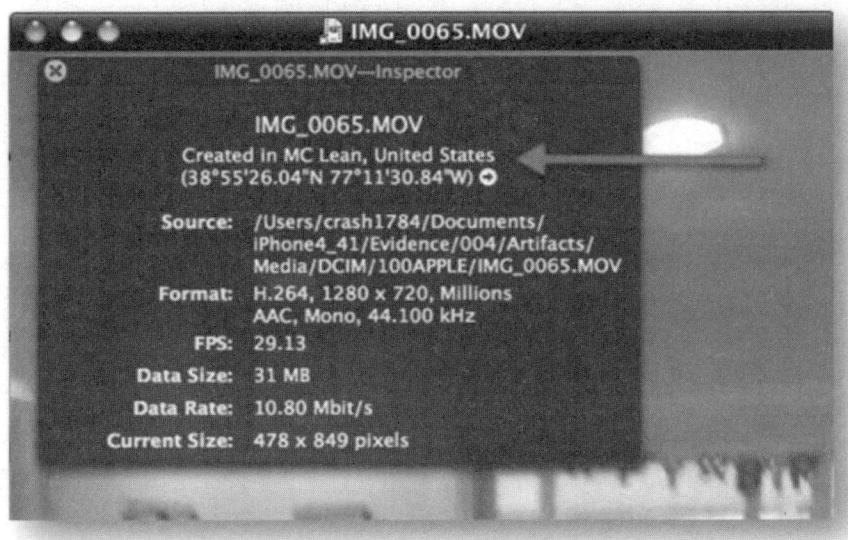

그림 7-27 inspector의 QuickTime 지리 데이터

Cell Tower Data

Cell tower data 또한 지리 정보 데이터를 가진다. 이 데이터는 iDevice가 연결되었던 cell towers의 정보를 포함한다. 이 목록은 매우 광범위하고 주어진 날짜와 시간에 cell tower로부터 휴대폰의 위치를 알아내는 데에 도움을 줄 수 있다. 이러한 데이터 포인트들은 시간이 지남에 따라 파일 타입이 바뀌었다. 처음에 파일 타입은 property list였지만 지금은 SQLite database이다. 다음에 살펴볼 항목은 root/Library/Caches/location 디렉터리에 있다. iPhone 4 상에서 logical directory structure에서 위치와 tower 데이터를 찾을 수 있다. 이 폴더 내의 파일들은 아래와 같다.

- Consolidated.db
- gyroCal.db
- clients.plist

iPhone 3GS나 그 전 기기들에서는 몇몇 property list들이 cell towers와 GPS 좌표를 취급하고 있다.

- **Cells.plist**: 이것은 휴대폰이 연관되었던 그것의 area code range인 cell tower의 경도 와 위도를 제공한다(그림 7-28 참조).

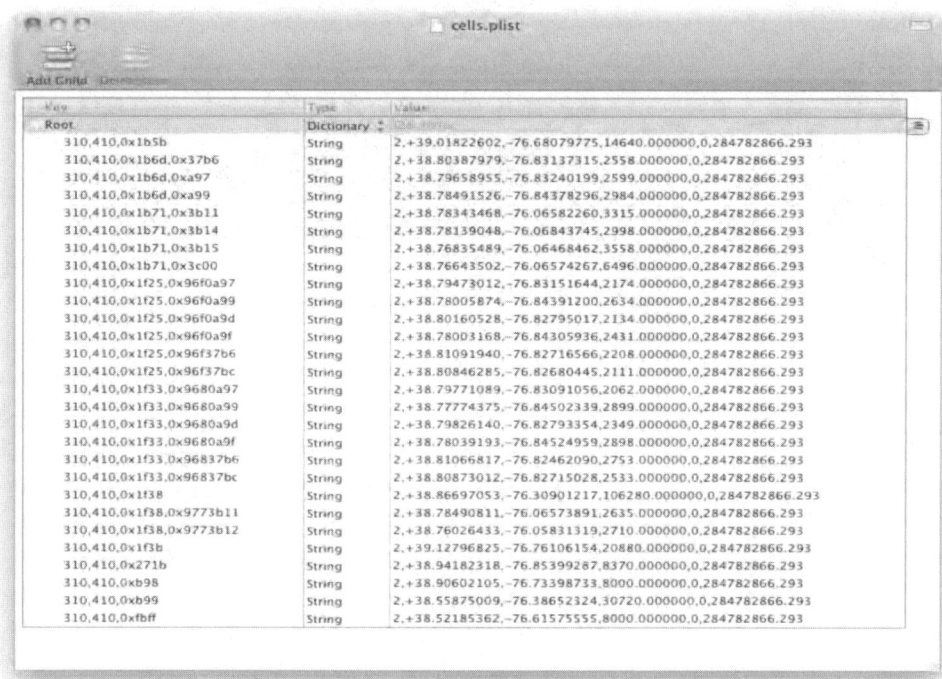

그림 7-28 consolidated.db의 Cell Tower 데이터

■ Clients-b.plist: 이 property list는 애플리케이션 블랙리스트와 그 리스트가 생성된 날짜와 시간을 포함하고 있다. 이것은 휴대폰에 설치된 애플리케이션의 리스트이고, 이 정보는 Apple에 전송된다고 명시되어 있다(그림 7-29 참조).

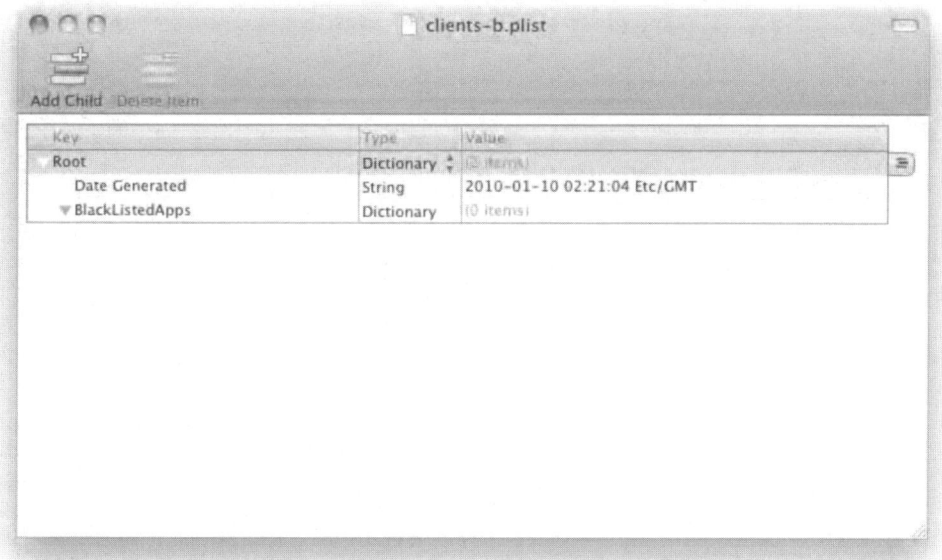

그림 7-29 애플리케이션 블랙리스트

■ H-cells.plist: 이 property list는 cell tower에 관련된 휴대폰이 있는 위치의 위도와 경도를 제공할 뿐만 아니라 휴대폰 위치의 나침반 방향을 제공한다(그림 7-30 참조). 나침반 방향은 cell tower로부터 iPhone의 방위각을 알 수 있게 해주는 중요한 정보이다. 이러한 위도, 경도 그리고 방위각 수치들은 합쳐져서 iPhone에 정확한 위치를 제공할 수 있게 된다. 날짜와 시간 수치도 property list에서 얻을 수 있다. 그러므로 아래의 데이터들은 다른 수치들과 결합되어 기기에서 포착하는 경로를 재현하는 데 사용될 수 있을 것이다.

■ 위도

■ 경도

■ 방향(나침반 방향)

■ 속도

■ 수평, 수직 정확도

■ 날짜와 시간 - 절대 시간

휴대폰 회사들이 이러한 종류의 정보를 어떻게 얻어내는지는 공급자에게 보냈던 법률 문서에서 찾아낼 수 있을 것이다.

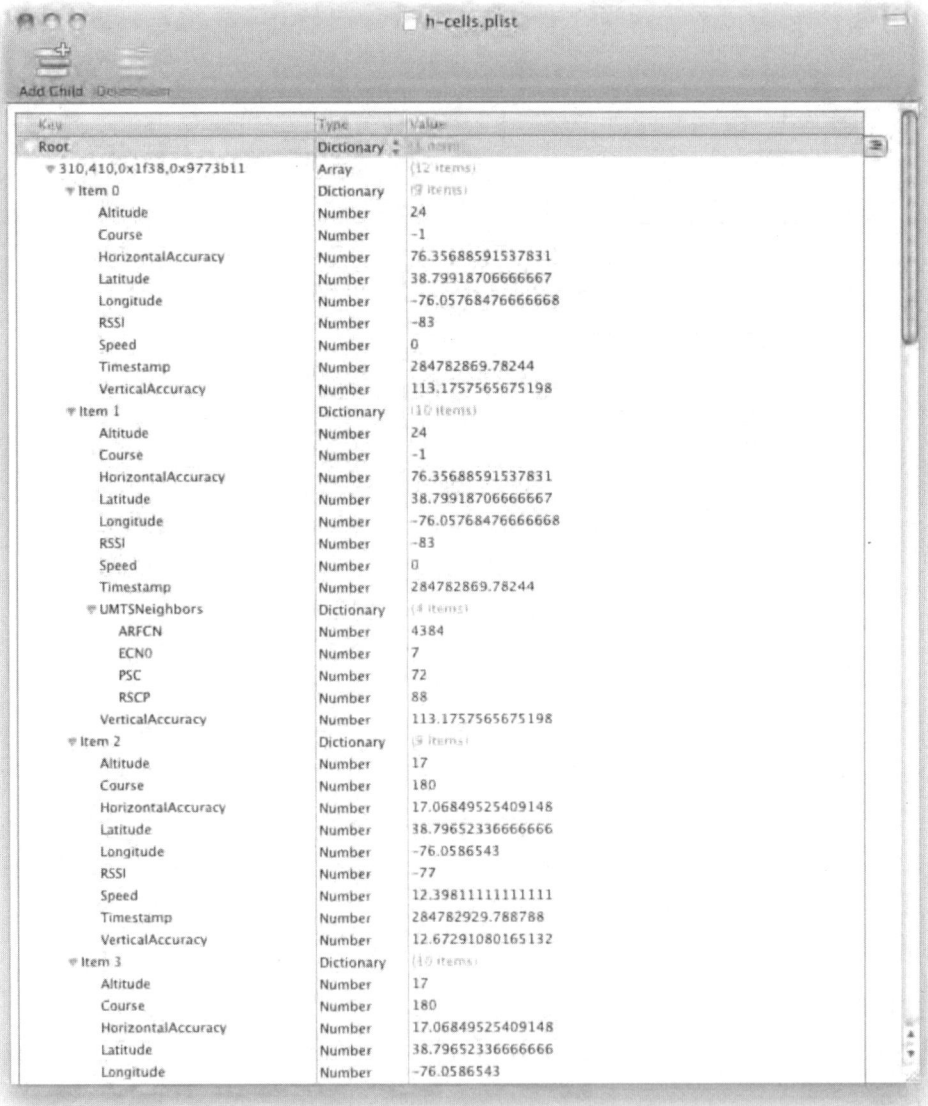

그림 7-30 h-cells.plist의 데이터

- `H-wifi.plist`: 이 property list는 iDevice가 연결된 WiFi에 대한 GPS 좌표의 과거 리스트를 제공한다. 이 plist는 아래의 수치들을 포함한다(그림 7-31 참조). 이것은 war-driving 애플리케이션의 데이터와 비교될 수 있다.
  - 시기/시간
  - 고도
  - 방향(나침반 방향)
  - 수평 정확도
  - 위도
  - 경도
  - 속도
  - 타임스탬프 절대 시간
  - 수직 정확도

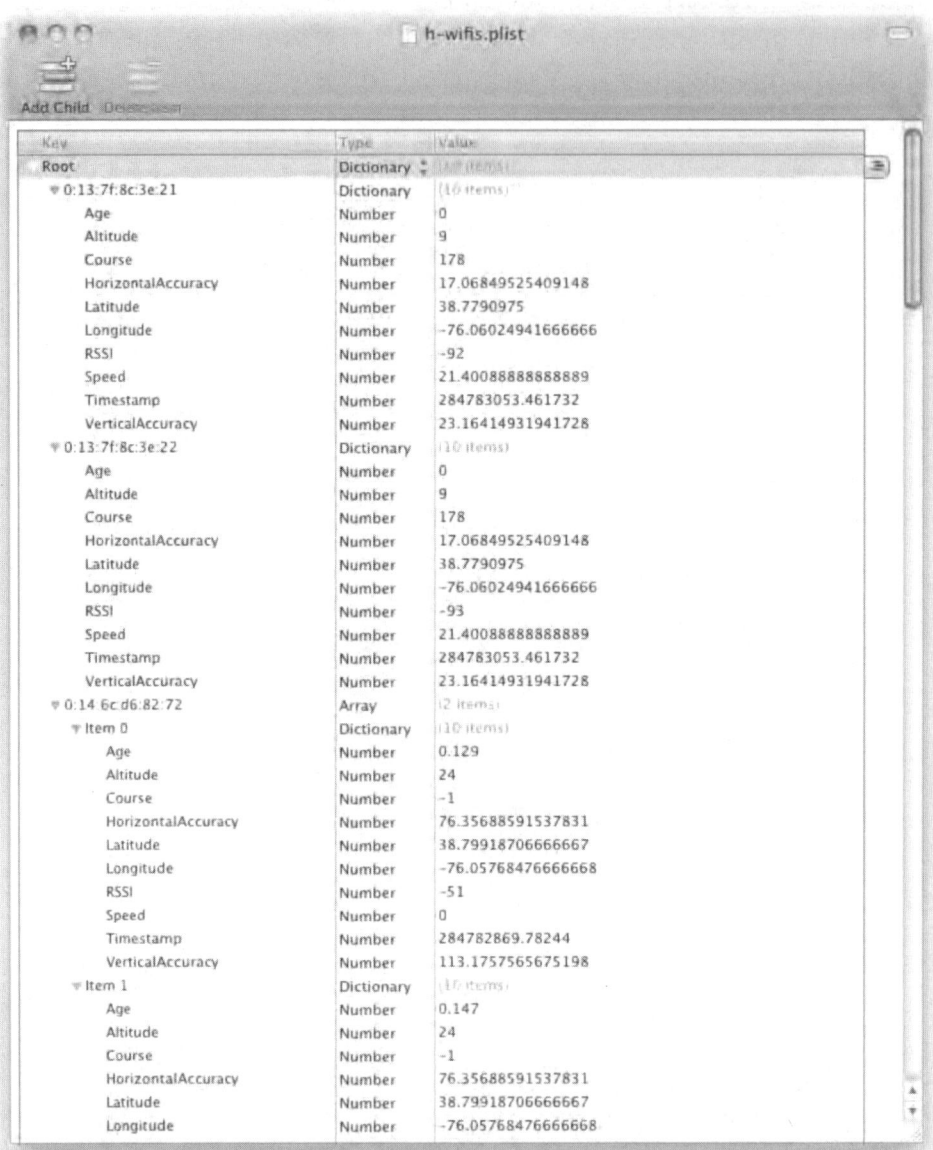

그림 7-31 H-Wifi.plist

■ Cache.plist: 이 파일은 iPhone의 마지막 GPS 기록을 제공한다(그림 7-32 참조).

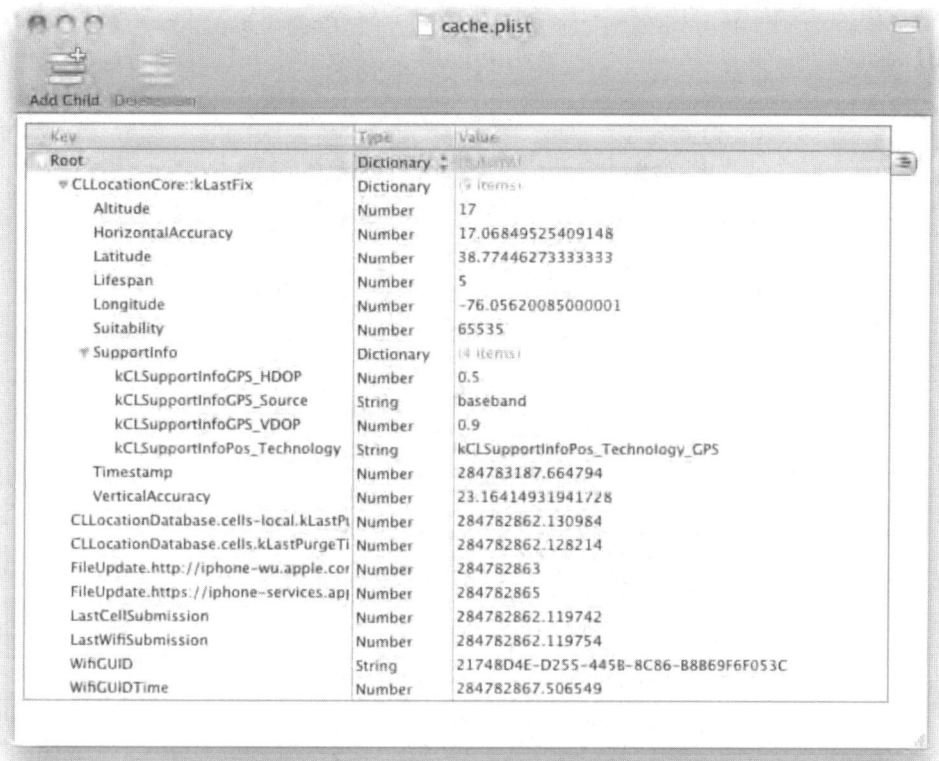

그림 7-32 마지막으로 기록된 기기의 GPS 기록

GeoHunter

Kantana 과학 수사 엔지니어들은 GeoHunter라는 기술을 개발했고, 이것은 그림 7-33과 같이 이러한 property list들을 볼 수 있게 리포트로 변형시켜 준다.

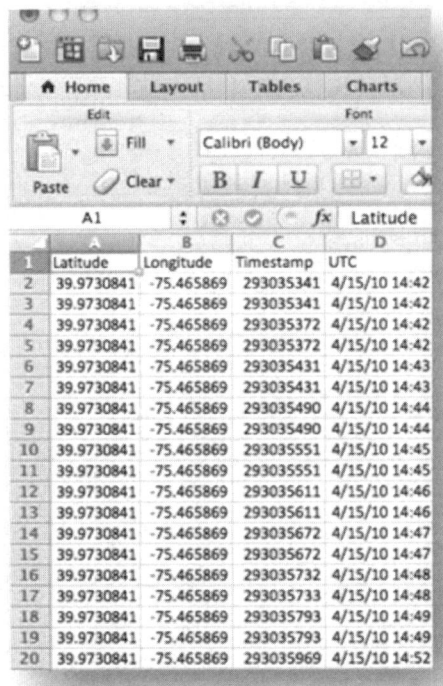

그림 7-33 GeoHunter의 결과물

이러한 수치들은 Google Maps에서 사용하기 위한 KML 파일로 변환시킬 수도 있다. 무료로 내려 받을 수 있는 웹페이지가 있으며, 그것은 CSV나 XLS 파일의 수치를 변환해주고 그 수치들을 KML 파일로 변환해준다. 이런 사이트들을 어떻게 사용하는지 아래에 설명되어 있다.

1. http://www.earthpoint.us/ExcelToKml.aspx 접속.

2. 웹페이지 상에서 그림 7-34과 같이 'Choose File'을 찾고 선택한다.

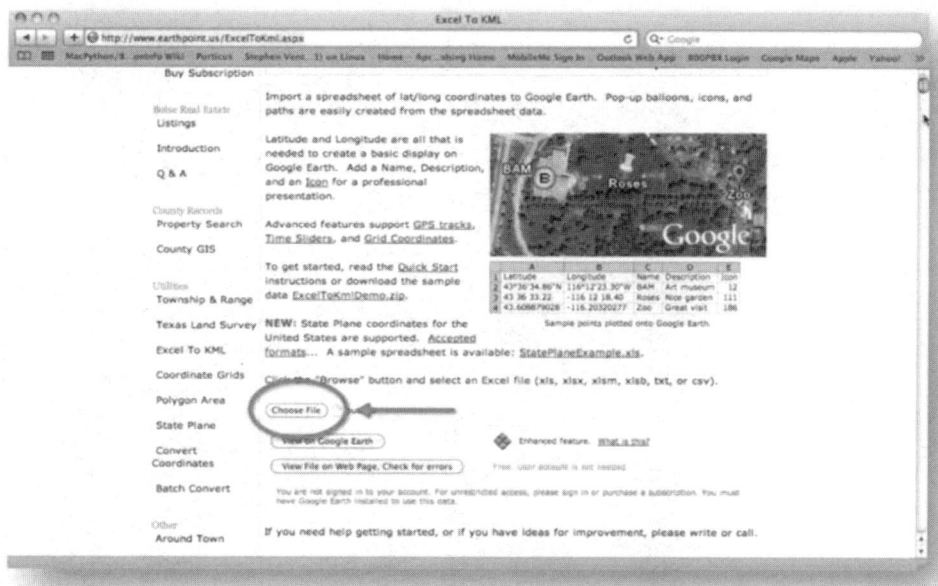

그림 7-34 Earthpoint의 웹 인터페이스

3. CSV나 XLS 파일의 위치를 찾는다. 이 사례에서는 GeoHunter의 결과물이 선택되었다.

4. Google Earth에서 보기(View)를 선택한다.
KML 파일이 생성되어 Mac의 downloads 디렉터리에 다운로드 된다.

5. KML 파일을 더블클릭 하면 그림 7-35와 같이 Google Earth가 열리고 포인트가 찍힐 것
이다.

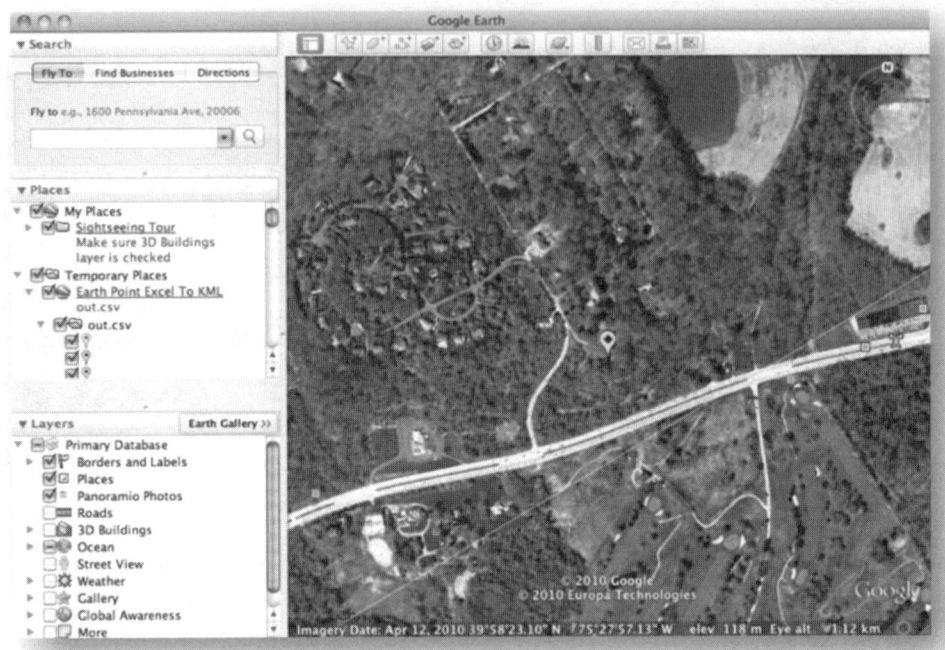

그림 7-35 Earthpoint 결과물

또 다른 훌륭한 사이트는 www.gpsvisualizer.com/map_input?form=googleearth의 GPS Visulizer 이다.

이 사이트는 전 세계를 지원하는 기능들로 더 강화되었고, 그림 7-36과 같이 주어진 위치와 관련된 모든 타워와 위치 데이터를 보여준다.

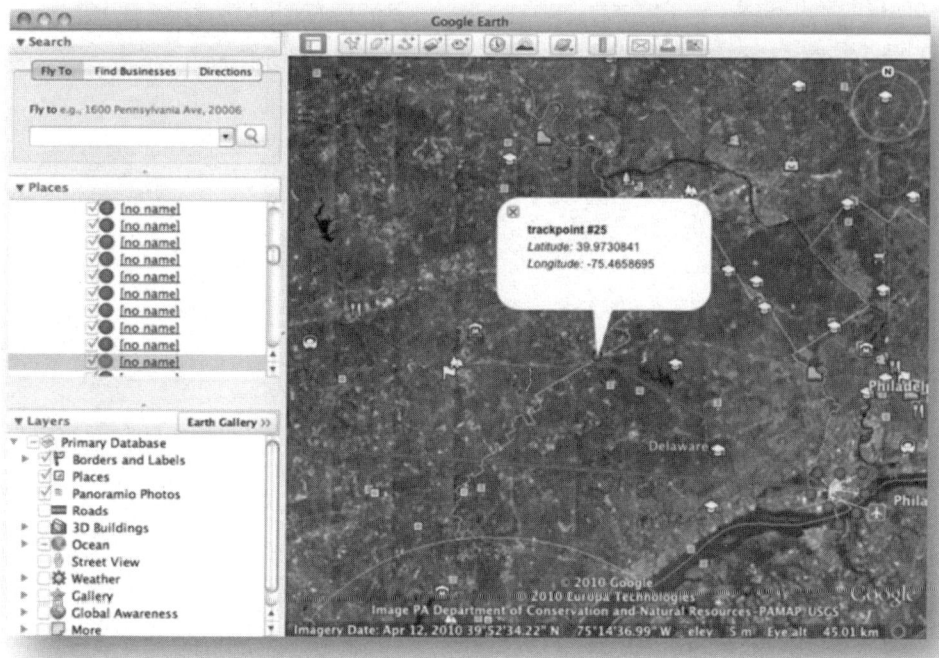

그림 7-36 GPS Visualizer

iPhone 4에 관하여 locationd 폴더 내에 있는 파일들에 대해 일찍이 논의해보았다. 맨 처음에는 consolidated.db이다. 이것은 표 7-1에 나열된 항목들을 포함하는 SQLite 데이터 베이스이다.

표 7-1 consolidated.db 표

테이블 명	내 용
Location Harvest	Usually empty table
WiFi Location Harvest	Usually empty table
WiFi	Usually empty table
Cell	Usually empty table
TableInfo	Table information, version, iDevice serial number
CompassCalibration	Calibration information
CellLocationLocal	Cell site geo-location information
CellLocationLocalCounts	Nonevidentiary
CellLocationLocalBoxes	Nonevidentiary
CellLocationLocalBoxes_node	Nonevidentiary
CellLocationLocalBoxes_rowid	Nonevidentiary
CellLocationLocaBoxes_parent	Nonevidentiary
WifiLocation	WiFi MAC address, geo location
CellLocationCounts	Cell provider, application access, geo-location information
CellLocationHarvestCounts	Cell towers connected to
WiFiLocationHarvestCounts	WiFi locations connected to
CellLocation	Cell site geo-location data
Fences	Nonevidentiary
Location	Nonevidentiary

cell 위치, WiFi 위치, cell 위치 지역 등과 관련된 목록들은 Froq 프로그램을 이용하여 열람할 수 있다. 그리고 열람 내용을 XLS, CSV, KML 파일로 저장할 수 있다. 저장 방법은 이 챕터의 앞부분에서 온라인 애플리케이션들을 이용했던 방법과 같다.

Locationd 폴더의 또 다른 증거물은 clients.plist이다. 이 property list는 기기의 GPS를 사용하는 모든 애플리케이션을 포함하고 있다.

내비게이션 애플리케이션

iPhone의 GPS 애플리케이션은 매우 많다. 가장 주목받는 것은 Tom Tom과 Navigon이다. 이 애플리케이션들은 모두 GPS 기능만 있는 경쟁작들과 같은 기능으로 설계된 GPS turn-by-turn 애플리케이션이다.

Navigon

Navigon은 App Store에서 다운 받을 수 있는 내비게이션 보조기 중의 하나이다. 이 애플리케이션은 논리적 추출을 할 많은 양의 데이터를 보유하고 있다. 증거물은 /private/var/com.navigon. NavigonMyRegionUSEast 폴더에 있다. 지역은 전 세계에 걸쳐 있을 정도로 다양하다. 아래에는 수집 가능한 몇몇 증거물들이 있다.

■ `Favorites.targets`: TextEdit나 `Strings` command를 이용하여 파일을 연다. 애플리케이션에 입력된 모든 즐겨찾기를 위치가 포함된 텍스트 데이터로 볼 수 있다.

■ `Recent.targets`: 또 다시 파일을 TextEdit나 `Strings` command를 이용해 연다. 이곳의 데이터는 애플리케이션에서 요청된 경로를 포함하고 있다.

■ `com.navigon.NavigonMyRegionUSEast.plist`: 마지막으로 위치했던 도시의 이름과 그 위치를 위도와 경도로 보여준다. 또한 날짜/시간 수치들과 추적 로그들이 주어진다(그림 7-37, 7-38 참조).

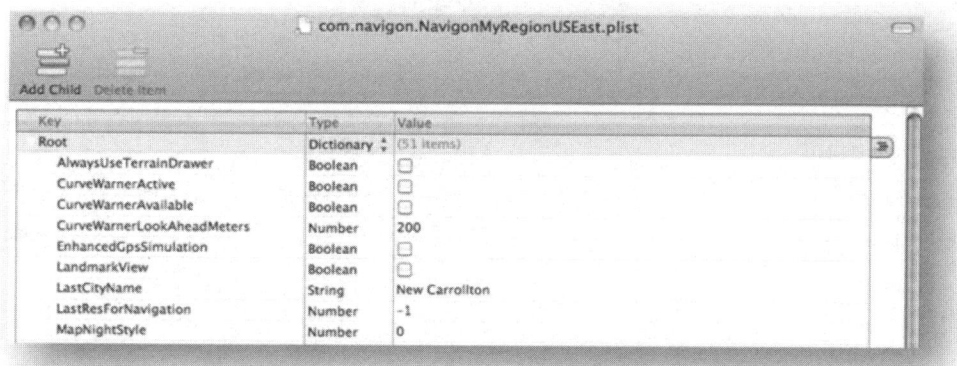

그림 7-37 com.navigon.NavigonMyRegionUSEast.plist

그림 7-38 com.navigon.NavigonMyRegionUSEast.plist continued

로그 파일은 GPSSimUS.log이고 TextEdit에서 열 수 있다. 이것은 몇 가지 타입의 데이터를 포함한다.

- $GPGGA: Global Positioning System fixed
- $GPRMC: Recommended minimum specific GPS/transit data

GPGGA 데이터의 예시:

`$GPGGA,090431,4229.8662,N,8325.9111,W,1,4,1.00,0.00,M,,M,,*47`

데이터는 아래와 같이 쪼갤 수 있다.

- 090431: 시간 (UTC 형식으로 받았으므로 09:04:31)
- 4229.8662, N: 위도
- 8325.9111, W: 경도
  - 1: Fix quality
  - 0: Invalid
  - 1: GPS fix
  - 2: DGPS fix
- 4: 위성의 개수
- 1.00,: Horizontal dilution of precision(수평 정확도)
- 0.00 M: 고도

- M: DGPS reference station ID
- *47: Checksum

GPRMC 수치들의 예시:

`$GPRMC,090430,A,4229.8730,N,8325.9141,W,27.00,166.19,580509,,,S*73`

이것은 아래와 같이 쪼갤 수 있다.

- 090430: 시간
- A: 내비게이션 경고: A = OK V = 경고
- 4229.8730, N: 위도
- 8325.9141, W: 경도
- 27.00: 노트의 속도
- 166.19: 나침반 방향
- 580509: Date of fix
- S: 자기 방향
- *73: Checksum

Google Earth에서 이러한 코드를 보기 위한 또 다른 무료 도구인 GPSBabel이 있고, 이것은 www.gpsbabel.org에 있다.

GPSBabel 애플리케이션의 인터페이스에서는 여러 개의 필드가 필요하다(그림 7-39 참조).

- Input Type: File
- Format: NMEA 0183 sentences
- File Name(s): Navigon 애플리케이션의 .log file
- Option: gprmc 또는 gpgga
- Translation Options: Waypoints and tracks
- Output: File
- Format: Google Earth (Keyhole) Markup Language
- File Name: KML file에 저장할 위치
- Options: Lines, points, track, track data, track direction, labels

그림 7-39 GPSBabel

1. 'Apply'를 선택하면 KML 파일이 만들어진다.
2. Google Earth를 연다.
3. Open ➤ File 선택. 저장된 KML 파일을 찾아 선택
4. 데이터 살펴본다.

그림 7-40은 Google Earth 결과물의 예시이다.

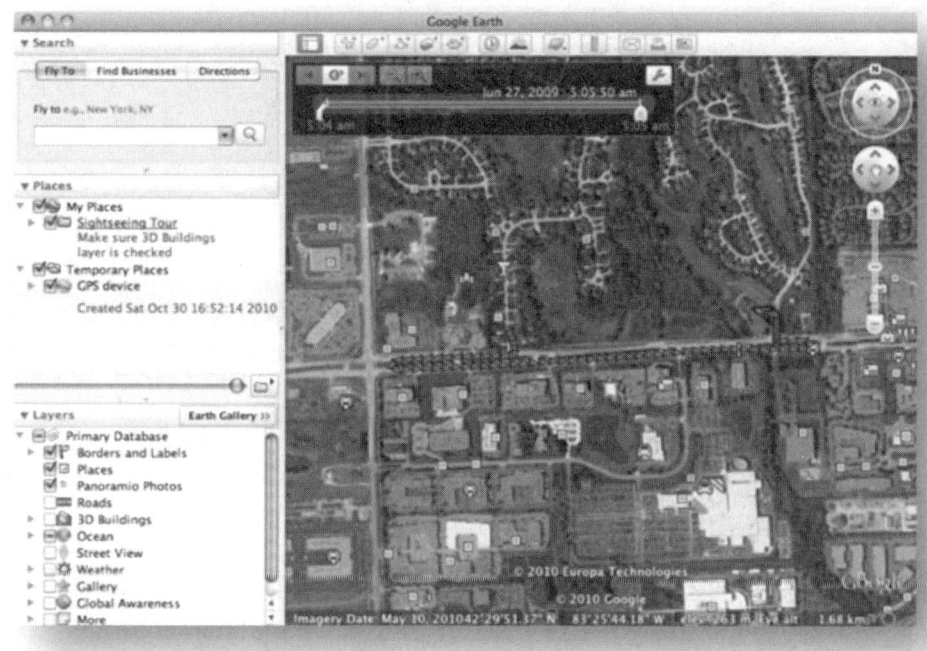

그림 7-40 GPSBabel의 Google 결과물

Tom Tom

또다른 인기의 애플리케이션은 Tom Tom이고 이것은 기능면에서 Navigon과 비슷하다. artifacts
는 /private/var/com.tomtom.USA2GB 폴더에 위치한다. Navigon과 다르게 Tom Tom은 논리적
추출에 많은 데이터를 저장하지 않는다. 데이터의 가장 주목할만한 부분은 그림 7-41과 같은 마지
막 경로의 스크린샷이다.

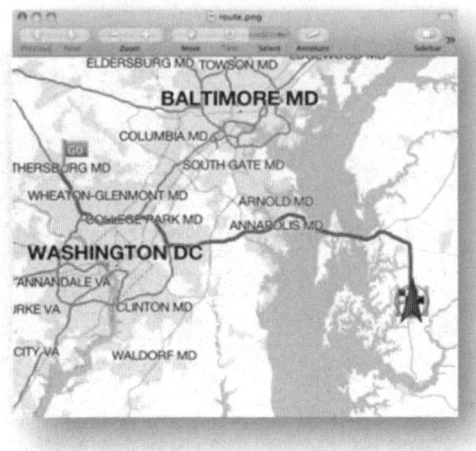

그림 7-41 Tom Tom의 내비게이션 artifact

Tom Tom과 Navigon은 App Store에서 다운받을 수 있는 내비게이션 애플리케이션들 중 두 가지일 뿐이다. 수사관이 내비게이션 목적의 모든 써드파티 애플리케이션을 검사하고 그것들 내에 포함된 데이터를 살펴보는 것은 유용한 작업일 것이다.

요약

이 장에서 살펴보았듯이 iDevice에는 지리 정보가 과다로 존재할 수 있다. 이 챕터에서 GPS의 기록, Maps 애플리케이션 그리고 그 응용 프로그램에 저장되는 데이터에 대해 논해 보았다.

이미지는 많은 데이터를 제공하며 그 기기가 특정한 날짜와 시간에 위치했던 장소를 조사하는 데에 굉장히 유용하다. 또한 우리는 어떻게 cell tower 데이터가 휴대폰에 저장되고 관찰될 수 있는지에 대해 논의했다. 이것은 그 어떤 증거물보다 확실하게 당신의 기기의 이동 경로를 보여주며 범죄에 관계된 지역을 알 수 있게 해준다.

마지막으로 우리는 두 가지의 내비게이션 애플리케이션, 기기에 상주하는 데이터, 그리고 데이터를 살펴보는 방법에 대해 논의해보았다. GPS는 우리의 삶에서 점점 더 중요해지고 있으며 그 어느 때보다 많이 사용되고 있다.

CHAPTER **8**

매체 추출

이전 챕터에서, 우리는 어떻게 논리적 데이터를 취득하고, 분석하는지 살펴보았다. Apple사에서 개발한 장치(iPhone, iPod Touch, iPad)들은 모두 Apple사의 보호 조치를 적용한 상태로 출시된다. 여기서 보호 조치의 의미는 일반적인 유닉스 시스템의 경우 운영체제 시스템의 파티션을 생성할 수 있는 권한이 주어지는 반면, Apple사의 장치들에서는 운영체제 시스템에 대한 접근 통제를 통해 보안성을 강화하였다. 이전 챕터에서도 살펴보았듯이, 운영체제 시스템 파티션에 대한 영역은 읽기 전용으로 되어 있다. 즉, 유닉스와 루트시스템이 결합하여 안정성을 제공하는 것처럼, Apple사에서 개발한 장치들의 모바일 사용자는 접근할 수 있는 iOS의 영역이 규정되고, 규정된 영역 이외의 접근은 제한된다.

최초의 iPhone이 출시된 이후, 어떤 사람들은 자신들의 기기를 이용하여 Apple사의 보호 조치를 우회할 수 있는 방법을 개발하였다. 이러한 시도는 iOS 버전이 새롭게 출시될 때마다 새로운 개발로 이어졌다. 미국 내 법 집행 기관에서 요구하는, 사용자가 장치에 대한 물리적 접근 권한이 있어야 한다는 전통적인 방식의 포렌식은 iPhone으로 인해 효력을 잃게 되었고, 디지털 저작권 관리 부분에서는 저작권 침해 등의 무수한 논쟁이 발생되었다. 이번 장에서는 관련된 판례뿐만 아니라, 탈옥하는 장치 및 도구에 대해서 알아보자.

디지털 저작권 관리는 무엇인가?

디지털 저작권 관리(이하 DRM, Digital rights management) 시스템은 저작권 보유자의 이익과 권리를 보호하는 방법이다. 사전적 의미로서는 간략하게, 저작권의 보호를 위한 일종의 규칙이나 잠금 장치 정도로 이해할 수 있다. 예를 들어 우리가 인터넷을 통해 다운로드 받은 파일들에 대한 열람이나 사용 등에도 때로는 저작권자의 승인이 필요하다고 이해하면 쉬울 것이다. 만약 당신이 저작권의 소유자에 대한 명시를 따를 경우, 당신은 그것을 열람하거나 즐길 수 있을 것이다.

오늘날 세계적으로, DRM은 디지털 콘텐츠에 대한 사용을 규제하거나 관리하기 위해 사용된다. 근본적으로, DRM은 디지털 미디어의 저작권을 지키기 위해 암호화를 하거나 비인가자의 무단 사용에 대한 접근을 차단한다(Labriola 2004). '저작권 관리 시스템을 실행하지 않는 미디어 플레이어에 대한 무단 사용 금지'에서 DRM은 암호화 방법으로도 사용된다(Labriola 2004). CD/DVD의 온라인 유료 보기 서비스를 가능하게 해주며, 특정 국가에서 재생되는 것을 차단하기도 한다(Groenenboom and Helberger 2006).

Labriola는 "DRM은 디지털 콘텐츠가 저작권 보유자에 의해 통제되도록 하는 기술에 대한 포괄적 용어로서, 모든 DRM 시스템은 오디오/비디오 콘텐츠와 라이선스 정보를 함께 저장할 수 있는 파일 형식을 필요로 하게 되는데, 이에 MP3 파일과 DivX 파일은 불법 파일 공유의 주된 원인이 된다."고 말했다. 예를 들어, DRM을 사용하게 되면 DVD의 소유자가 복사본을 만들지 못하게 되고, 모든 사용자들이 함께 이용할 수 없도록 디지털 파일의 일부 기능을 제한하여 유료 서비스를 이용하는 사용자에게만 접속을 허용할 수 있다(Elkin-Koren 2007).

DRM의 독특한 측면은 저작물의 소유자가 해당 콘텐츠를 구매한 후에, 콘텐츠의 사용 방법을 조절할 수 있다는 것이다(Elkin-Koren 2007). 디지털 저작권 관리 기술이 지속적으로 발전됨에 따라 음악이나 기타 디지털 저작물을 온라인으로 전송 가능하게 되었고, 이것은 지난 몇 년간 논쟁의 주제가 되어 왔다(Harwood 2009). 법정은 저작권 및 전자 매체를 보호하기 위한 DRM이 운영될 수 있도록 계속해서 노력하고 있다(Rosenblatt 2006).

DRM의 법적 요소

DRM의 개념에 대해서 자세히 이해하기 위해서는, DRM과 관련된 법의 배경을 이해하는 것이 도움이 된다.

미국의 헌법

DRM의 법률적 개념은 헌법에서 유래되었다. 미국의 헌법 제1조 규정에 따르면, 입안자들은 예술가들이 그들의 작품을 공유하는 데에 있어 힘을 가질 수 있도록 모색하고 있다. 설명한 것과 같이 미국 헌법에 따라 '과학과 예술의 진보를 촉진하기 위해, 예술가와 발명가들은 그들의 작품들에 있어서, 독점적인 권리를 갖는다(Harwood 2004)'. 따라서 자신의 작품에 대해 독점적인 보호 권리가 부여된다.

시간이 지남에 따라, 미 의회는 해당 법을 강화하기 위해 미국 헌법 제1조에 제정하였다(Harwood 2004). 1790년에 저작권법은 창조적인 작품을 보호하기 위해 최초로 제정되었는데, 초기의 저작권법은 오늘날의 것과 비교해볼 때 미미한 보호 기능을 제공해주는 매우 제한적인 법이었다(Harwood 2004). 예를 들면, 거의 모든 작품들이 자동적으로 저작권이 부여되는 오늘날과 반대로 미국의 저작권법 제정 이후 첫 10년간, 겨우 5%의 책만이 저작권 보호를 받고 출간되었다. 해당 기술이 발전됨에 따라 미 의회는 지속적으로 저작권법을 개정하고 있다.

저작권법 및 DRM 시스템은 디지털 매체를 보호하는 주된 역할로, 세계적으로 온라인으로 판매되는 정보들이 240억 달러에 이른다는 결과를, 미국의 선도적인 리서치 업체 SIMBA Information은 인터넷 사용의 초기 단계인 1998년에 발표했다.

디지털 밀레니엄 저작권 법

DRM의 개념을 더 자세히 이해하기 위해, 구체화된 디지털 보호 방법의 기본 법칙을 이해하는 것이 중요하다. 가장 기초적인 수준에서의 DRM의 법적 권한은 저작권법에서 유래한다(Rosenblatt 2006). DRM과 관련된 판례를 보자. 1995년, 미 의회는 인터넷을 통한 디지털 녹음을 통제하기 위해, 녹음물의 디지털 실연권에 대한 제한 요건(이하 DPRA, Digital Performance Right in Sound Recordings Act)을 통과시켰다.

DPRA는 저작권 소유자가 디지털 음원 전송을 위해 공개적으로 저작권을 가지는 것을 가능하게 해준다(Harwood 2004). DPRA에 따라 저작권 소유자에게 음원료를 지불하도록 요구된다(Harwood 2004).

1998년에 미 의회는 인터넷 규제를 강화하기 위한 노력으로, 음원 저작권 보유자에게 더 많은 힘을 줄 수 있는 디지털 밀레니엄 저작권 법(이하 DMCA, Digital Millennium Copyright Act)을 통과시켰다(Harwood 2004). DPRA와 DMCA의 가장 근본적인 차이는 인터넷 전송을 위한 라이선스 요구 사항과 음원료의 증가를 들 수 있다. 또한 DMCA가 DRM 시스템의 보호 조치를 불법적으로 회피하는 시도를 할 경우 민사 형사상의 처벌이 가해질 수 있다(Lyon 2007).

최초 판매 원칙

저작권법 109항에 정의된 것처럼, 최초 판매 원칙(First Sale Doctrine)의 목표는 작품이 처음으로 판매되기 전까지 저작권의 균형을 이루게 하는 것으로, 저작권의 악용을 막고 소유자의 배포 권리를 보장하는 것이다(Hinkes 2007). 따라서, 누군가 책 등의 저작물을 구입한 경우, 그 저작권자의 허가 없이 판매하거나 무료로 처분하는 것이 불가능하다.

최초 판매 원칙의 중요한 측면은, Hinkes가 지적한 미 헌법 17조 109항(a)(2000)에서 찾아볼 수 있는데, '저작물의 합법적인 소유권은 저작권을 소유하는 것과 동일시 되지 않는다(2007).' 따라서 저작물의 소유자는 저작물의 복사본을 만드는 것을 제외하고는, 저작물을 파괴하는 등의 모든 행위를 할 수 있다.

공정 사용 원칙

공정 사용 원칙(Fair Use Doctrine)도 역시 저작권법에 포함된 것으로(Hinkes 2007), 저작권법의한 저작권 소유자는 저작물에 대한 복제, 전시, 유통의 권한을 독점적으로 가지며, 이는 저작권법이 저작물 소유자에게 부여한 '재산권'에 대한 안전 밸브로서의 기능을 한다(Hinkes 2007).

Hinkes는 '이 법칙의 개념은 첫 번째 수정 헌법에 기록된 소유권 및 공공의 액세스에 대한 권리와 언론의 자유 사이에서 중재하는 역할을 하는 것이다.'라고 요약했고(2007), 이것은 소비자의 공정 사용 원칙의 결과로, 저작권법은 저작물의 상업적인 용도를 제외한 다운로드를 제한하지 않는다(Tang 1998).

간접 책임 이론

간접 책임 이론(Secondary Infringement Liability)은 DRM 및 저작권법과 관련이 있다. 누군가 저작권법을 침해하는 경우, 제 3자가 관련이 있을 수 있으며, 이 또한 법적 책임을 물을 수 있는데 이를 간접 책임이라 한다(Rosenblatt 2006).

1984년에, Sony Betamax 사건이(Sony Corp. of America v. Universal City Studios, Inc. 464 U.S. 417), 대법원에서 입증되며, '저작권을 침해하지 않는 사용'에 대해 다음과 같이 정의되었다. 만약 저작권을 침해하지 않는 범위 내에서 해당 기술이 사용되었다면, 저작권자는 이에 대해 보상 받지 않는다(Rosenblatt 2006).

사례 연구 : DMCA

DMCA에 저작권 분석의 소비자 담론에 대한 구체적인 판례로 Lexmark와 Chamberlain 사건을 들 수 있다(Elkin-Koren 2007). 소비자의 권리와 저작권법 사이의 균형이 여전히 법정을 통해 조정, 유지되고 있다는 것이 중요하며, 이 두 사건은 첫 번째로 저작물을 구매하는 합법적인 소비자의 상호작용이 무엇인지에 대해 다루고 있으며, 이에 대한 해답은 저작물의 사후 구입 제어에 있다. 저작권법은 사본 구매자의 저작물 사용을 제한하는 것을 허용하여 저작물의 사후 구입 제어를 돕지만, 저작권법에는 엄격한 제한이 있는데 이는 저작권의 범위를 정의하는 경계와 저작물의 독점성 사이의 균형의 한계 내에서 사후 구매 제한을 허용한다는 것이다(Elkin-Koren 2007).

이러한 균형은 새로운 저작물을 통해 지적 재산권에 대한 독점적인 권리를 제공하며 '미래의 창조에 투자할 동기 확보'를 시도하는 것이다(Elkin-Koren 2007). Lexmark 사례의 경우, 회사는 인증 시퀀스를 사용하여 프린터 카트리지에 대한 부품 시장의 활성화를 막기 위해 노력하였다. 저작물을 관리하기 위해 시도되었던 이 아이디어는 성공하지 못 했고, 피고인들은 저작권 침해를 방지하기 위해 만들어진 디지털 관리 시퀀스를 우회하였다(Elkin-Koren 2007).

주요 사례 : iPhone의 탈옥

Apple사의 iPhone은 2007년 첫 출시 이후 빠른 시간 내에 가장 인기 있는 스마트폰 중 하나가 되었다. iPhone을 활용하는 데 있어서 가장 큰 장점은, 사용자가 원하는 애플리케이션을 iPhone에 다운로드 할 수 있는 것이다. 특히 비주얼 음성 메일, 이메일, 아이팟 등의 내장 기술을 완벽하게 활용 가능한 웹브라우저는 소비자를 위한 획기적인 기술로 인식되었다. 그러나, Apple의 다른 제품에서와 마찬가지로 Apple의 공식적인 승인을 받지 않은 애플리케이션이 iPhone에 설치되는 것은 허용되지 않는다.

iPhone의 하나의 단점으로는 타사 애플리케이션과 상호 운용되지 않는다는 점이다. Apple사는 iPhone 전반에 대해 운영체제의 안정성과 보안을 위해 인증받지 않은 접근을 제한한다(Hayes 2009). 2008년 3월에 Apple사는 iPhone 애플리케이션을 설계하는 독립 소프트웨어 개발자들이 사용할 수 있도록 자사의 iPhone 개발자 프로그램(SDK)를 도입하였다. 앱스토어에 출시되자 마자, 처음 4일 간 SDK는 10만 건이 넘는 다운로드를 기록하였고, 이후 iPhone 앱스토어는 첫 주말에만 1,000만 건이 넘는 다운로드를 기록하며 큰 성공을 이뤘다.

모든 iPhone은 DRM 기술의 기술적 보호 조치를 내장하고 있고 있는데, 이는 부트로더와 운영체제, 두 개의 중요한 프로그램을 보호하게 된다(Hayes 2009). 부트로더의 주된 기능으로는 iPhone의 운영체제와 이에 따른 핵심 운영 소프트웨어를 로드하는 것이다. Apple사는 부트로더와 운영체제의 무결성을 보호하기 위해 암호화 키에 대해 보안 조치를 취하고 있다. 나아가 Apple의 저작권

이익을 보호하기 위해 DMCA에 의해 보호된다.

타사 애플리케이션의 필요성이 대두되면서, DRM으로 보호되는 iPhone 프로그램들의 불법 복제 행위를 통해 해당 저작권이나 기술을 침해하게 되었다. 이러한 인가되지 않은 iPhone 프로그램을 탈옥 프로그램(jailbreaking programs)이라 한다. 해당 프로그램을 설치함으로써 iPhone에 인가받지 않은 프로그램을 설치하는 것이 가능해진다. 탈옥 프로그램은 DRM으로 보호되는 DVD의 불법 복사본을 만들 수 있게 해주는 프로그램과 비슷하며, DMCA에 위반된다. Apple 역시 탈옥 프로그램에 대해 DMCA에 위반된다는 입장을 표명하였다.

지난 몇 년 동안, 탈옥 행위가 DMCA의 위반이 아님을 주장하는 논쟁의 세력이 커지고 있다. 저작권법 제 1201조 (a)(1)항에 따르면, 의회장이 매 3년마다 저작물에 대한 접근을 제어하는 기술을 우회하는 것에 대해, DMCA에 대한 위반이 면제될 수 있는 사항이 있는지를 결정하게 된다. 이러한 규칙에 따라 전자 프론티어 재단(이하 EFF, Electronic Frontier Foundation)은, 공식적으로 iPhone 탈옥 프로그램을 DMCA의 위반에 면제되도록 저작권 관리 부서에 요청하였다(Elkin-Koren 2007). EFF는 Apple사의 인증을 받은 애플리케이션에 대해서만 사용을 허용하는 기술에 대해 공개적인 반대 입장을 표명하였고, 그럼에도 불구하고 Apple사는 DRM을 우회하는 탈옥 행위에 대해 DMCA로 보호됨을 확실하게 주장하였다(Berka 2009). Apple사는 iPhone의 부트로더와 운영 시스템에 수정을 가하는 탈옥 행위에 대해 반대하는 입장을 표명하고, EFF는 Apple사가 자사의 비즈니스 모델을 보호하는 시도 이외에 저작권 이익을 보호하기 위한 아무런 시도도 하지 않았다고 주장했다. 또한 탈옥 행위는 저작권에 위반되는 것이 아니며, DMCA에도 위반되지 않음을 EFF는 확고히 주장하고 있다.

Apple은 또한 DMCA의 1201(a)(1)(B) 항에 따라, 사용자가 제품에 부정적인 영향을 미치지 않도록 '저작권을 침해하지 않는 사용'에 한해 면제를 허용하라고 주장했다(Hayes 2009). 그러나, Apple은 EFF가 제안한 면제는 iPhone의 보호 조치에 의해 보호되는 저작물의 저작권을 침해하는 내용이며, 이는 근본적인 DMCA법규에 어긋난다고 지적했다.

Apple사가 여전히 탈옥 행위는 불법이라고 주장하고 있음에도 불구하고, iPhone 소유자들은 그들의 장치를 탈옥하는 것을 선택하며, Apple사는 탈옥을 막기 위한 최소한의 조치만을 취하고 있다(Berka 2009).

2010년 7월 저작권 사무소에서는 iPhone 애플리케이션 개발자들과 탈옥 행위에 대해 DMCA의 면제를 요청한 일반 대중들로부터 제출된, iPhone의 탈옥을 허용하도록 결정지었다. 저작권청은 여섯 분야에 대해 면제 대상이 된다고 결정했다. 해당 분야는 다음과 같다. DVD 영화, 무선 장치의 컴퓨터 프로그램, 장치의 잠금 해제하고 사용자를 허용하는 프로그램, 테스트를 제공하는 프로그램, 비디오 게임의 결함을 수정하거나 오래된 동글을 필요로 하는 프로그램, 전자 도서 형식으로 문학 작품에 접속할 수 있는 프로그램이다. 저작권청은 제조사의 보호 수단에 위반되는 소프트웨어 프로그램의 사용을 허용하는 iPhone의 탈옥에 대해, DMCA에 위반되는 것을 면제했다. 해당 사항에 대한 더 자세한 내용은 아래의 주소에 나와있는 미 저작권청의 관련 조항 1201을 참고하라.

www.copyright.gov/1201/2010/Librarian-of-Congress-1201-Statement.html.

쉽게 말하자면, DMCA가 iPhone의 DRM에 대한 위반으로 탈옥 행위를 불법이라고 여겼지만, 최근 저작권청에 의한 탈옥 행위의 DMCA의 면제를 통해 저작권법을 침해하지 않고, 자신의 iPhone을 탈옥하여 사용할 수 있게 되었다. 하지만 사용자는 소프트웨어 사용자 라이선스 계약(이하 EULA, End User License Agreement)에 따른 의무가 있음을 기억해야 한다.

주요 사례 : Apple과 Psystar

탈옥 행위에 있어서 Apple은, 부트로더와 운영체제를 보호하는 DRM을 우회하는 모든 행위는 불법이며, DMCA에 위반된다고 확고히 주장하고 있다. 나아가 Apple은 타사의 컴퓨터 시스템에 Mac OS X 소프트웨어를 설치하는 것 또한 EULA에 대한 위반이라고 주장하고 있다(McDougall 2008). 2008년 7월 Apple은 'open computers'라는 이름으로 Apple의 Mac OS X Leopard가 설치되어 있는 제품을 판매한 마이애미의 회사 Psystar에 대해 미국 캘리포니아 북부 지구 지방 법원에 소송을 걸었다(Lawinski 2008).

Psystar사는 Apple의 승인을 받지 않고 Mac OS X Leopard 소프트웨어를 설치한 컴퓨터를 상업적으로 판매한 첫 번째 회사로, Rebel EFI로 알려진 Apple Mac OS X 운영체제의 수정된 부트로더와 다른 소프트웨어를 설치하여 PC 기반의 복제품을 판매하기도 하였다.

Apple은 계약되지 않은 컴퓨터나 기기에서 Mac OS X 운영체제의 설치를 허용하지 않기 때문에 Psystar사의 Mac 복제 시스템은 직접적으로 라이선스 계약을 위반하는 것이라고 주장했다(Lawinski 2008, McDougall 2008). 이에 Psystar사는 어떠한 불법 행위도 하지 않았다고 주장하며, 독점적, 반 경쟁적인 관행, 저작권의 오용에 대한 행위로 Apple을 맞고소했다(Evans 2008). 본래 Apple은 Psystar사가 Apple의 Mac OS X 시스템에 대해 DMCA의 보호 조치를 위반했다고 주장하였으나(Elmer-DeWitt 2009), 구체적으로 Apple은 Psystar사와 Apple의 명시적 허가 없이 자사의 부트로더와 운영체제의 기술적 보호 조치를 우회하는 코드를 만드는 행위에 대해서 비난하였다.

Psystar사는 Apple사와 소송이 진행 중인 기간에도 Mac 복제 시스템을 계속해서 판매하였고, 심지어는 Apple이 해당 시스템의 판매를 중단시키려는 시도에 대응하는 일환으로, 미 파산법에 의거하여 파산 보호를 신청하였다. 또한 Apple은 Mac OS X 운영체제를 미국 저작권에 등록하는 것에 실패하였다고 주장하였다(Lawinski 2008, McDougall 2008).

2009년 11월, 미국 캘리포니아 북부 지구 지방 법원은 Psystar사가 Apple사의 저작권을 위반하여 인증되지 않은 시스템에 Mac OS X 운영체제를 설치하여 판매, DMCA를 위반했다고 판결하였고(Elmer-DeWitt 2009), 2009년 12월, Psystar사는 Apple의 저작권 침해 및 DMCA의 위반 등의 행위로 2천7백만 달러의 배상 지불에 합의하였다(Huges 2009).

Psystar사는 막대한 벌금형에도 불구하고 Rebel EFI 제품의 판매에 주력하였지만, 2009년 12월, Apple은 Psystar사에 대해 Rebel EFI 제품과 기기 및 소프트웨어의 기술적 보호 조치를 포함하여 관련된 어떠한 것도 판매할 수 없도록 영구적인 금지령을 신청하였다(Foresman 2009). 이러한 법적인 공방이 계속되면서 Psystar사는 현재 이러한 영구 금지령에 선처해 줄 것을 호소하고 있지만, Mac OS X 운영체제와 기술을 포함한 어떠한 제품도 더 이상 판매할 수 없게 되었다.

Psystar사 사건은 앞서 말한 탈옥 행위와 관련된 논쟁과 관련하여 iPhone과 Apple사의 다른 제품들에 대한 기술적 보호 조치를 우회하는 어떠한 행위나, 승인되지 않은 다른 기기에서 Apple의 프로그램을 작동하게 하거나, Apple의 저작물을 변경하는 행위는 DMCA에 직접적으로 위반될 수 있음을 설명해준다.

Psystar사 사건으로 비추어 볼 때, 앞으로도 탈옥을 시도하여 저작물 보호 기술에 우회하려는 시도에 대해 처벌이 가해질 수 있는 확률이 높다. 그러나 최근 저작권청에 의해 탈옥이 DMCA에 면제되었으니, Apple이 계속해서 Mac OS X 운영제체의 사용을 제한할 수 있을지에 대해서는 장담할 수 없다. Apple은 아직까지 법에 근거하여 계약상으로나 묵시적인 동의를 통해서나 그들의 EULA를 통해 사용이 승인된 소프트웨어를 가지고 있지만, 앞으로 이러한 논쟁에 대해 법과 법원의 판결도 기술의 변화 추세에 맞춰 계속해서 발전해 나가야 한다.

주요 사례 : 온라인 음원 다운로드

온라인 디지털 음원 스트리밍은 최근 몇 년간 이슈의 중심이 되어 왔다. 이는 AM/FM 라디오 방송국과 달리 음악을 듣기 위해 웹캐스팅 수수료로 상당한 고정 금액을 지불한 사용자만 음악을 재생할 수 있는 권리를 갖는다(Harwood 2004). 저작권료의 요율은 미국 저작권요율조정위원회(이하 CARP, Copyright Arbitration Royalty Panel)에 의해 조정되며, 이는 미국음반산업협회(이하 RIAA, the Recording Industry Association of America)와 Yahoo 사이의 계약에 바탕에 근거한다. 불행하게도, 이 요율은 모든 인터넷 방송국에 적당하지 않을 수도 있는데, 많은 인터넷 방송 커뮤니티를 대표하여 대형으로 협상을 했기 때문이다(Harwood 2004). 저작권청이 요율은 감소시켰지만, 많은 수익 기반 로열티의 편의를 누리고 있는 인터넷 방송국들에게는 아직 큰 부담이 되고 있다.

DPRA에 따르면 의회는 모든 형태의 스트리밍 매체의 사운드 레코딩의 저작권을 확장하고자 하는 것에 찬성하지 않는다(Harwood 2004). 사실 의회는, DPRA를 통해 음악 커뮤니티 대표자가 우려한 대로, 대화형 음성 서비스가 특정 유형의 사운드 레코딩 판매에 부정적인 영향을 줄 수도 있으며, 이는 저작권자에게도 피해가 갈 수 있다고 명백하게 밝히고 있다(Harwood 2004). 이는 또한 S. Rep. No. 104-128, at 15 (1995); H.R. Rep. No. 104-274, at 13 (1995)에 인용되었다.

주요 사례 : Sony BMG 사건

DRM과 관련되어 DMCA에 위반되는 사건으로는 2005년의 Sony BMG 사건을 들 수가 있다 (Lyon 2007). 2003년에 Sony BMG사는 DRM 보호 수단으로 MediaMax를, 2005년 12월에는 XCP를 런칭하였다. 해당 프로그램들은 2천만 이상의 Sony BMG사의 디스크에 내장되어 판매되었다(Lyon 2007).

법원의 증명서 Lyon의 추가 설명에 따르면, 이 소프트웨어는 디스크에 있는 오디오 파일의 보호를 위한 것으로 해당 프로그램이 디스크에 있는 복제 방지 처리된 음악 파일들을 재생하는 데 필요한 뮤직 플레이어로 위징하였기 때문에, 소비자들은 자신의 컴퓨터에 해당 소프트웨어를 설치하였다 (Lyon 2007).

또한 이 소프트웨어는 사용자가 '동의하지 않음' 옵션을 선택한 경우에도 사용자의 컴퓨터에 설치되었다(Lyon 2007). 해당 프로그램을 제거하기 위해서 사용자는 Sony 웹사이트에 방문해 자신들의 개인 정보를 입력해야만 했다. 하지만 그렇게 한 후에도, 해당 프로그램은 삭제되지 않았다. "이 프로그램은 Sony BMG사에서 운영되는 인터넷 서버에 연결되어 있으며, 컴팩트디스크의 사용과 사용자들의 듣기 성향에 관해서는 기록되지 않는다." (Lyon 2007).

바이러스 백신 공급업체에서는 Sony DRM 프로그램의 존재를 알아차렸지만, 대중이나 자신의 고객에게 알리는 것을 주저하여 해당 패치를 발행하거나, 이 프로그램이 사용자들에게 발생하는 피해를 해결할 수 있도록 조치를 취하지 않았다(Lyon 2007). 본질적으로, 이러한 프로그램은 컴퓨터에서 바이러스처럼 동작하며, Sony사의 컴팩트디스크에 있는 저작물들만 보호하는 것이 아니라 사용자의 컴퓨터에 있는 다른 저작물까지 보호한다. 심지어는 이 결과를 Sony사에 보고하기까지 한다 (Lyon 2007).

법적으로, 바이러스 백신 공급 업체는 DMCA의 복제 금지 규정에 따라 사용자를 경고하거나, 해당 프로그램을 삭제하는 방법을 알릴 의무가 없다(Lyon 2007). Lyon은 이는 '컴퓨터 사기 및 남용법에 위반되며, 컴퓨터의 소유자가 부여한 권한의 위반, 불공정한 비즈니스 관행'이라고 칭했다. 2006년에 Sony는 결국 집단 소송에 휘말렸고, Lyon은 스스로가 설치한 DRM 보호 조치의 결과로, Sony BMG사는 캘리포니아, 텍사스 및 기타 39개의 주에서, 유죄를 선고 받았고, 약 425만 달러에 이르는 벌금형을 선고 받았다.

DRM의 미래

이전에 인용된 사례에서 볼 수 있는 것처럼, 최근의 저작권청의 결정은 지속되고 있고, 이것은 미래의 DRM 시스템 및 기술에 대해 우려하고 있는 것이 분명하다. 오늘날의 소비자들은 대부분 Sony BMG사 사건을 아직도 기억하고 있으며, Tang은, "비즈니스 관계에 위치한 생산자와 소유자, 지적 재산권과 기술의 사용자들에 대한 법이 지적재산권과 디지털 정보를 둘러싼 문제들을 규제하고 있다."고 설명했다(1998).

최근, Sony BMG사의 복제 방지 사건이 드러남에 따라, 소비자들은 오디오 디스크의 복제 방지 시스템에 대해 과민한 반응을 보이고 있다(Lyon 2007). 소비자들은 이러한 복제 방지 시스템이 자신들의 컴퓨터와 다른 미디어 장치에 해를 가하지는 않을지, 해당 DRM 시스템을 포함하는 컴팩트디스크를 구매하는 것은 아닌지에 대해 우려하고 있다. 하지만 DRM 시스템은 여전히 DVD 영화나 온라인 음악 등을 포함한 다른 매체에 여전히 존재한다(Groenenboom and Helberger 2006).

저작권 소유자에게는 공교롭게도, 인터넷에서 쉽게 찾을 수 있는 무료 프로그램을 이용하면 DVD의 DRM 시스템을 우회하는 것이 가능하다(Lyon 2007). 그러나 Blu-Ray와 같은 새로운 DVD 형식을 이용하면, 더 많은 데이터를 용량을 보장할 수 있고, 내장된 DRM 시스템의 기술적 보호 조치를 우회하여 복제하는 것이 불가능하다. 결국 모든 새로운 기술은 DRM의 보호 조치에 내장된 코드를 해킹할 수 있는 창조적인 프로그래머를 만들어낸다.

오늘날 일부 브랜드에서 판매되는 오디오 컴팩트 디스크에도 DRM과 유사한 복제 방지 시스템이 존재하지만, 소비자들로 강력한 항의와 Sony BMG 복제 방지 사건을 통해 단계적으로 폐지되고 있다(Lyon 2007). DRM이 직면한 중요한 문제는 더 많은 소비자들이 현재 DRM의 기술적 보호 시스템이 존재한다는 것을 알게 되었고, 소비자들은 자신의 컴퓨터가 바이러스에 감염된 것과 비슷한 피해를 볼 수 있다고 알고 있다(Lyon 2007). 이에 소비자는 저작권이 있는 디지털 매체를 구매하고 사용하는 데에 있어서 저작권 보호 조치에 직면하게 되면 Sony BMG 사건을 떠올리게 될 것이다. Lyon이 설명한 것처럼, 기업은 자신들의 매체의 DRM의 시스템에 대해 소비자들에게 알리기 위해 사전 조치를 취해야 한다며, '합법적인 사용' DRM 시스템의 사용을 가능하게 하고, 소비자들도 자신의 시스템에서 해당 보호 조치를 삭제하는 것이 허용된다.

이러한 법률이 재검토되고 구체화 되었지만, 기술과 법은 항상 동일시되지는 않는다. 법원은 기본 법률과 미국 헌법에 적용된 DRM과 같은 기술을 찾는다. 미래의 DRM 시스템은 저작권 보호가 있는 한 어떠한 형태로든 계속해서 발전할 것이다.

매체 추출

매체 추출이란, 포렌식 분석이나 아닌 경우에도 사용되는 것으로 장치에서 모든 정보를 수집하는 기술이다. 매체 추출은 일반적으로 수사 기관이나 반 테러 기관에서 사용이 요구될 수 있다. 정보의 대부분은 법정에서 보여지기가 어려우며, 해당 절차를 시작하기 전에 범죄의 환경, 증거의 규칙, 공판 전 신청 심리, 판사, 배심원 등의 요소를 고려해야 한다. 과거에 남용되거나 오용된 조사를 진행함에 있어, 탈옥 행위의 합법성을 입법의 수단으로 전환하거나, O.J 심슨 사건에서와 같이 향후 에 변호사들과 전문가들의 강력하고 부정적인 진술이 활용될 수도 있다. 이러한 부정 진술 중 하나 로 탈옥 행위가 장치에 쓰기를 차단하는 어떤 방법도 없으며, 장치의 연산에 100% 접근할 수 있는 기회를 준다는 것이다. 이는 분석가가 조사 과정에서 장치에 쓰는 행위를 비난할 수 있는 기회를 불러 일으킬 수 있으니, 탈옥 행위는 법적 권한의 승인과 함께 반드시 분별력 있게 사용되어야 한다. 미국 국립 표준 기술 연구소(NIST, The National Institute of Standards and Technology)는 조사를 실시하기 위해 파괴력이 약한 프로세스를 사용하는데, 이전 장에서 설명한 대로 정보의 송 수신과 필요한 증거는 논리적인 이미지로부터 얻을 수 있다. 대부분의 범죄는 AT&T 및 인터넷 서비스 제공 업체의 기지국에 통화 로그를 분석하여 해결할 수 있다. 기지국의 통화 로그들은 통화 시간과, 통화가 이루어진 위치와 같은 세부 정보를 제공하는데, 전화기의 call_history.db에 저장 된 통화 로그는 정보의 정확성을 제공할 수 없다. 인터넷 서비스 제공 업체는 분석가에게 iPhone에 있는 모든 이메일 계정을 제공할 수 있으며, 논리적 공간에서 발견된 삭제된 정보를 발견함으로 인 해, 사건을 기소하는 데 더욱 파괴적인 방법이 필요하게 될 것이다.

매체 추출 도구

초기의 iPhone 이미징 툴은 iLiberty와 Pwanage이다. 이러한 도구들은 해커들의 커뮤니티에 의 해 개발되어 현재까지 사용되고 있는데, 해당 도구들을 사용하면 iPhone의 전체 시스템 파티션을 덮어쓰게 된다. 탈옥 기술이 발전함에 따라, Apple과 탈옥 기술은 서로 쫓고 쫓기는 게임과 같이 되어가고 있으며, 수사관이 수사를 완료하기 위해서는 해킹 커뮤니티와 긴밀한 관계를 유지해야 한 다. 최근 탈옥 기술은 purplera1n, blackra1n, Greenp0ison과 같은 해커들에 의해 발전되어 가고 있다.

다른 이미징 기술로는 시스템 파티션에 위치한 파일을 탈옥된 시스템 파티션에 보여주는 것이다. 시스템에 가해지는 수정을 확인하기 위해서는 이러한 도구들의 절차를 이해하는 것이 중요한데, 배심원에게 증거가 무결성을 잃었다고 보여지는 것보다, 해당 절차를 이해하고 있는 것이 낫다. 일부 분석가는 탈옥하고, 무선으로 이미지를 생성하기 위해 해커들이 사용하는 도구인 redsn0w를 사용해 왔다. 이들은 도구를 개인적으로 소유하기 어렵거나, 법 집행 기관에 접속하기 어려운 민간인 분석가들이다. iPhone 이미징을 얻을 수 있는 상업 도구로는 iXAM이 있다.

iXAM

iXAM(http://www.ixam-forensics.com)은 iPhone의 전체 이미지를 얻기 위한 프로그램으로 다른 방법과 비교하여 볼 때 상당히 느리지만, 이 프로그램을 사용하면 시스템 파티션, 데이터 파티션과 전체 원시 디스크의 이미지를 얻을 수 있다. 과정을 살펴 보면, 다른 이미징 과정과 비슷할 수도 있지만 차이점으로는 이미지를 추출한 후 해시값을 얻는다는 것이다. 하지만 두 방법 모두 검증된 해시값을 얻을 수 있다. iXAM은 iPhone 2G와 3G만 호환 가능하며, iPhone 3GS와 4, 아이팟 터치 2G, 3G의 사용은 불가능하다. 다른 Windows 기반의 이미징 도구들(FTK Imager, Guidance Encase 등과 리눅스 기반의 명령 프롬프트를 사용하는 프로그램들은 모두 무료로 사용 가능)과 비교해볼 때, iXAM의 가격은 약 3,000달러로 비싼 편이다.

iXAM은 현재 1.9.1 버전이 사용되고 있으며, Windows 기반의 도구로 사용 시 동글이 필요하다. 해당 도구를 설치하고 설정을 완료하는 데 약간의 시간이 걸리며, 설치 과정에서 이미 설치되어 있는 iTunes를 삭제하게 된다

iXAM은 자체 드라이버를 설치하게 되며, Apple의 펌웨어를 삭제하므로, 포렌식 시스템이 인터넷에 반드시 연결되어 있어야 한다. 하지만 특정 펌웨어는 해시값에 의해 확인할 수 있고, 시스템에 다운로드 되어 설치 가능하다.

다음은 iXAM을 사용하여 성공적으로 장치의 이미지를 얻기 위한 방법이다.

1. 첫 번째로 그림 8-1에 나와 있는 것처럼, iPhone 2G나 3G, 또는 iPod Touch 1G의 전원을 종료한다.

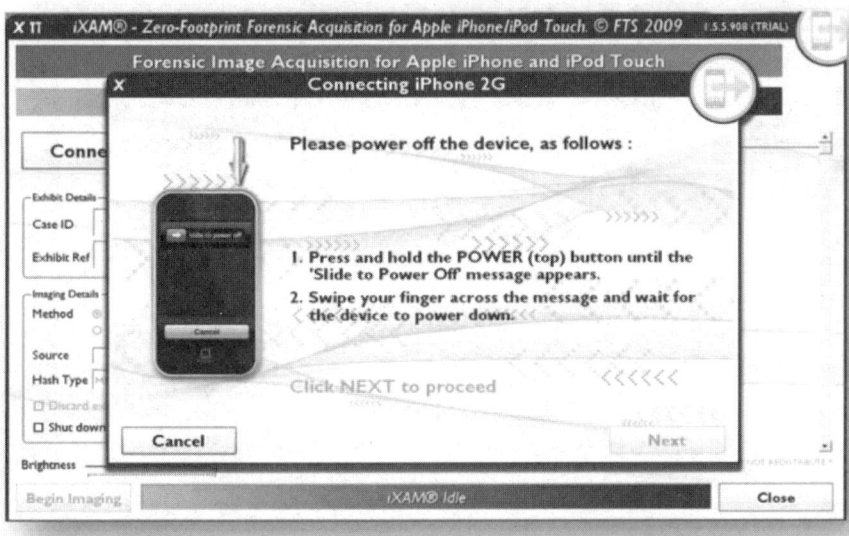

그림 8-1 iXAM을 사용하여 전화 이미징을 위한 첫 번째 단계

2. 장치의 전원을 종료한 후, 장치를 컴퓨터에 연결해야 하는데, 이것은 iXAM이 iPhone을
장치 펌웨어 업데이트(이하 DFU, Device Firmware Update) 모드로 변경시키기 때문
이며, 이 과정이 시작되면 iPhone은 iOS의 부팅 없이 작동하게 된다. 이것은 원래 장치의
운영을 진단하기 위한 방법으로 Apple사에 의해 고안된 것이다. 그림 8-2에서 보여지는
것처럼 iXAM은 장치를 연결할 준비가 되었다.

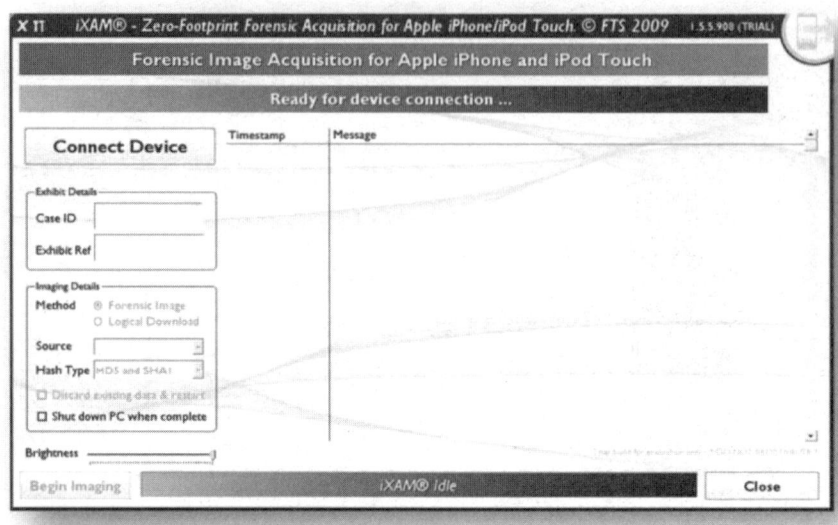

그림 8-2 iXAM이 장치와 연결됨

3. 장치가 연결된 이후에 iPhone이나 iPod Touch의 모델을 식별하는 화면이 나온다. 그림 8-3에서 보는 것처럼 iXAM은 iPod Touch 2G 및 3G를 지원하지 않으며, iPhone 3GS 와 4, iPad도 지원하지 않는다.

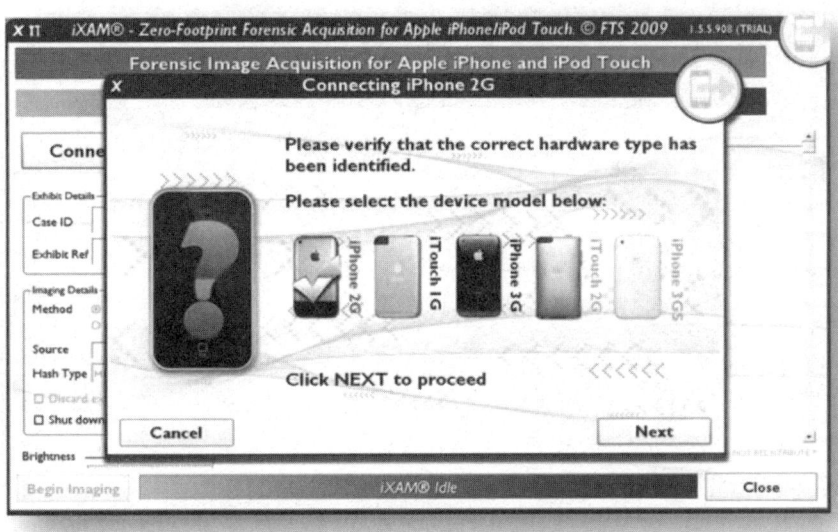

그림 8-3 iXAM이 장치의 모델을 확인한다.

4. 다음으로, DFU 모드로 기기를 설정하게 되는데, 이는 Pwanage 같은 도구에서 보여지는 단계와 비슷하게 보일 수 있다.

5. 장치가 DFU 모드로 설정되고 나면, 그림 8-4와 그림 8-5에 나와 있는 것처럼 iXAM의 부트 로더를 설치해야 한다.

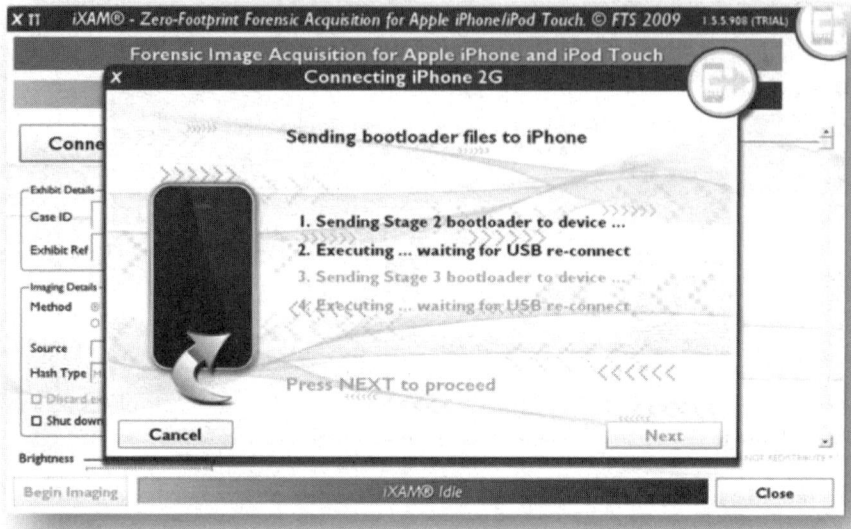

그림 8-4 iXAM이 기기를 DFU 모드로 설정한 후, 부트로더가 설치된다.

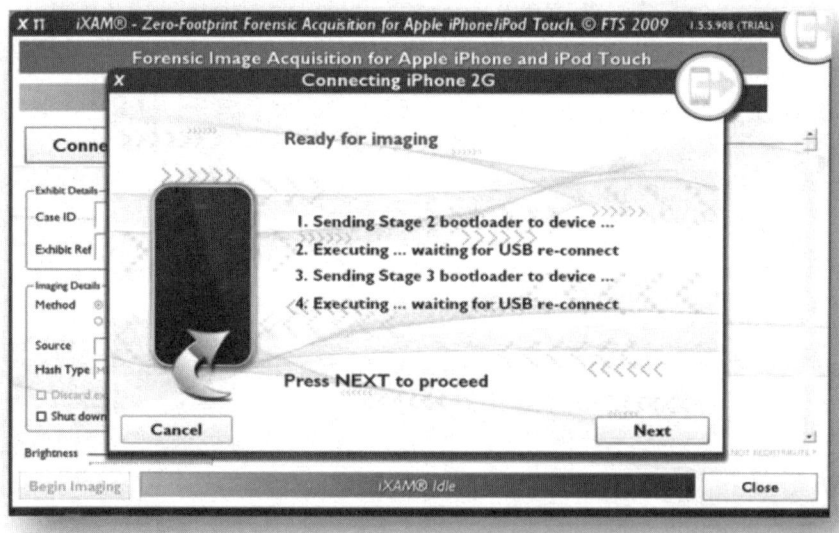

그림 8-5 세 번째 부트로더가 설치된다.

6. 부트로더가 설치 된 후, 장치는 그림 8-6에서 보는 것처럼 이미징을 위한 준비가 시작된다.

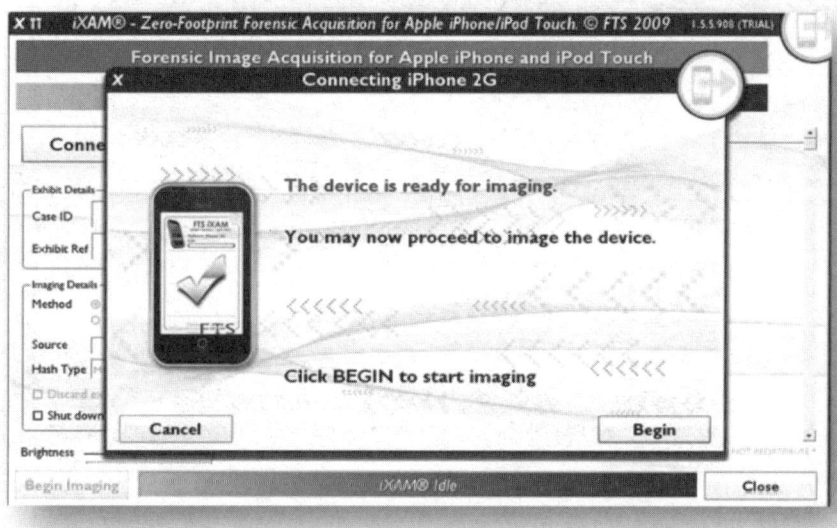

그림 8-6 iXAM과 장치의 화면은 이미징을 위한 준비가 완료되었음을 보여준다.

7. 다음 단계에서 Case ID 및 Exhibit Ref. 등 몇 가지 정보를 입력한다(그림 8-7 참고).

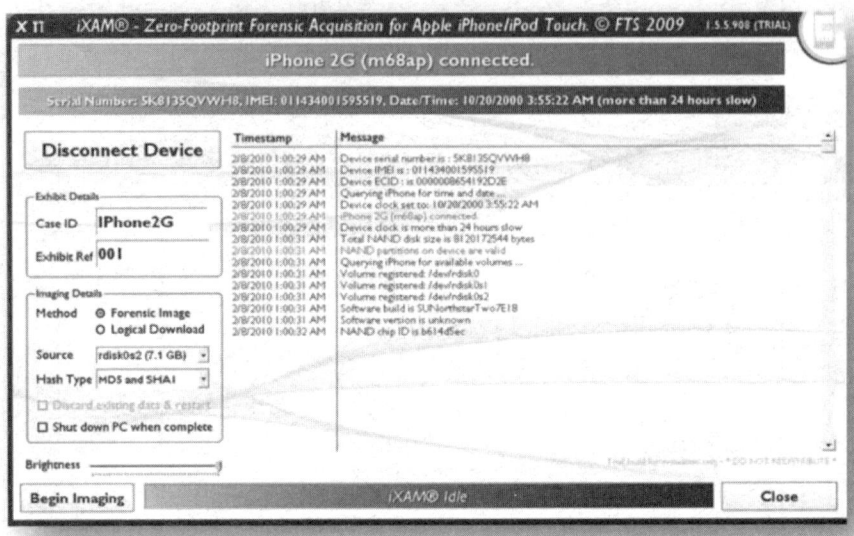

그림 8-7 Case 정보와 이미징 세부 정보 및 해시값 종류 등을 입력한다.

8. 이제 iXAM는 rdisk0에 전체 원본 디스크, rdisk0s1는 시스템 파티션, rdisk0s2은 데이터 파티션 순으로 이미지를 만든다. 출력할 데이터의 타입을 선택하고 iXAM은 그림 8-8에서 보는 것처럼 iPhone의 이미지로 시작된다. 특히 이 과정은 아주 느리게 진행되기 때문에 주의를 요한다. 8GB의 iPhone의 이미지를 얻기 위해서는 네 시간이 소요된다. iXAM 역시 다른 도구와 마찬가지로 실패할 가능성이 있는데, 저자가 첫 번째로 iPhone 2G 8GB의 이미징을 시도했을 때 68%의 이미지 얻기를 실패하였다.

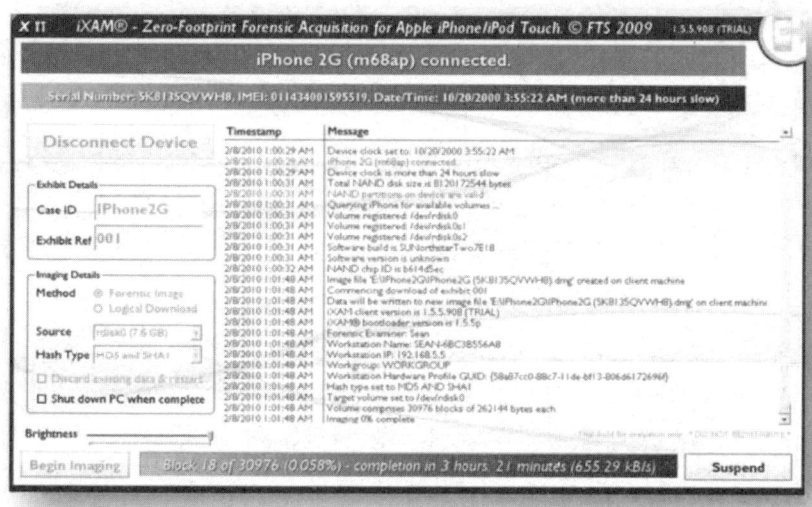

그림 8-8 프로세스가 진행됨에 따라 상태 표시줄과 로그가 업데이트 된다.

그림 8-9에서 보는 것처럼 iXAM은 생성된 이미지의 MD5나 SHA1(또는 둘 모두) 해시값을 생성한다. 해시값은 비교하기 위해 'acquisition hash'와 'verification hash'가 번갈아가며 생성된다.

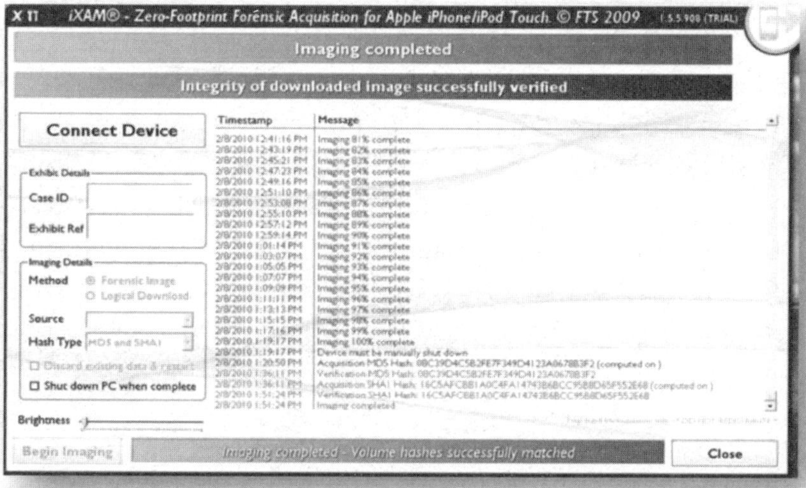

그림 8-9 이미징이 완성되면, 두 해시값이 비교된다.

기타 탈옥 방법들

iXAM은 iPhone에서 개발한 장치들만 지원하는 GUI 기반의 이미징 도구이다. 이에 분석가들은 다른 모든 장치와 모든 버전의 iOS를 물리적 레벨에서 검사할 수 있는 툴이 필요하다.

다른 방법으로는 해커들이 사용하는 도구로 알려진 것으로, 명령 프롬프트 상에서 커맨드를 입력하여 작업을 진행하는 것이다. 몇몇의 법 관련 커뮤니티와 해커 커뮤니티에서 해당 탈옥 프로그램을 이용하는 사람이 있다. 하지만 이런 도구들을 얻는 것은 쉬운 일이 아니며, 이러한 사실들이, 분석가의 분석 결과를 신뢰할 수 있게 만들어준다.

첫 번째 명령 프롬프트 도구는 시스템 파티션을 덮어 쓰지만, 이는 파티션을 깨는 일만 하고 두 개의 파일을 만들도록 개발되었다. 이러한 도구들의 형태는 무선에서 영상으로 고속 USB를 사용하는 형태이다. 이러한 방법들은 대체로 몇 가지 심각한 단점을 가지는데, 복잡하며 이를 실행하기 전에 훈련과 연습이 요구된다는 것이다. 또한 이러한 절차가 손상된 매체에 실행되었을 경우, 전체 데이터 파티션을 이미지로 얻는 데 실패하게 된다.

이런 명령 프롬프트 도구들은 장비의 패스코드[역주1]를 제거하게 만들어주지만 이렇게 함으로써 데이터의 파티션 또한 바뀌게 된다. 분석가가 장비를 이미 손에 넣었다면, 디스크의 이미지와 데이터 파티션의 무결성을 유지하는 것이 좋다. 법정에서 피고 측 변호사가 변론할 수 있는 기회를 주게 될 수도 있기 때문이다.

문서와 증거가 무결성을 유지할 때, 매체 추출 방법을 이용하는 것은 분석가의 신뢰를 위협할 수 있는 요건이 될 수 있기 때문에 가능하다면 최대한 줄여야 한다.

분석가가 법 집행에 활용할 수 있는 정보를 얻지 못한다면 iXAM의 비용 대비 효과는 볼 수 없기 때문에 해당 기기들의 원시 데이터를 얻기 위해 더욱 더 창조적인 방법을 모색해야 한다. 바꿔 말하면, 분석가들은 해커들이 사용하는 도구를 사용할 수밖에 없다. 몇몇 도구들은 전체 운영체제 파티션을 덮어쓰기도 한다. 해커들이 사용하는 redsn0w라는 도구는 장치에 추가적으로 데이터를 삽입하는 것을 막아 해킹 당하는 것을 막는데, 일단 redsn0w가 실행되고 나면, netcat이나 ssh, dd등을 사용할 때와 같은 단순한 명령 프롬프트가 나타나며, 무선으로 이미징이 완성된다. 이를 통해 포렌식 분석이 가능하다.

역주1 passcode: 디지털 장치의 인증에 사용되는 문자열

이미지 유효성 검사

만약 위와 같은 프로그램을 사용하여 장치의 어떤 파티션이 변경되었다고 가정할 때, 어떤 방법으로 확인할 수 있을까? 2장에서 설명했던 것처럼, Catalog ID는 HFS system의 모든 파일에 주어지게 되므로, 볼륨을 두 번 이미징 하여, Catalog ID 번호를 비교해본다면 변화를 확인하는 것이 가능하다. 명령 프롬프트에 커맨드를 입력하는 식의 프로그램은 기본적으로 원시 디스크의 모든 데이터를 이미징 하지 않기 때문에, 이를 통해 변화를 알아내는 것은 불가능하지만, iXAM을 이용하면 원시 디스크나 시스템, 데이터 파티션에 대해 전체 이미지를 얻을 수 있다. iPhone의 이미징을 얻고 난 후에, hfsdebug 같은 도구를 이용하여 Catalog ID가 어떤 식으로든 변경되었는지 확인할 수 있다. hfsdebug는 Amit Singh에 의해 개발된 도구로 아래의 주소에서 다운로드 받을 수 있다.

http://www.osxbook.com/software/hfsdebug.

> **노트**
> hfsdebug는 포렌식 분석을 용이하게 해주는 도구이지만 더 이상 업데이트 되지 않고 있다. 이에 대한 대안으로 fileXray라는 프로그램을 사용할 수 있는데, 이는 http://filexray.com에서 다운로드 받을 수 있다. 하지만 해당 작업은 hfsdebug를 통해서도 충분히 가능하다.

이 프로그램을 다운로드 받은 후 $PATH 디렉터리에 해당 파일을 복사해두고, 어떻게 HFSX 볼륨을 분석하고 Catalog ID번호를 기록하는지에 대해서는 다음 절차를 참고하라.

1. 선택한 도구로 iPhone을 이미징 한다.

2. 터미널 창을 연다.

3. 명령 프롬프트에 다음과 같은 커맨드를 입력한다.

hfsdebug -V [drag and drop the .dmg] -v

4. Enter를 누른다.

5. nextCatalogID번호를 확인한다(그림 8-10 참고).

```
# HFS Plus Volume
  Volume size          = 243862672 KB/238147.14 MB/232.57 GB
# HFS Plus Volume Header
  signature            = 0x482b (H+)
  version              = 0x4
  lastMountedVersion   = 0x4846534a (HFSJ)
  attributes           = 10000000000000000010000000000000
                       . kHFSVolumeJournaled (volume has a journal)
  journalInfoBlock     = 0x801
  createDate           = Sat Mar 27 22:21:21 2010
  modifyDate           = Sun Nov  7 09:11:19 2010
  backupDate           = 0
  checkedDate          = Sun Mar 28 01:21:21 2010
  fileCount            = 873308
  folderCount          = 220921 /* not including the root folder */
  blockSize            = 4096
  totalBlocks          = 60965668
  freeBlocks           = 3253108
  nextAllocation       = 6840349
  rsrcClumpSize        = 65536
  dataClumpSize        = 65536
  nextCatalogID        = 2923412  ←
  writeCount           = 182906403
  encodingsBitmap      = 00000000000000000000000000000000
                         00000010000000000000000010001011
                         . MacRoman
                         . MacJapanese
                         . MacKorean
                         . MacCyrillic
                         . MacChineseSimp
```

그림 8-10 hfsdebug 도구 사용 시 출력 결과

같은 장치를 두 번 이미징하여, hfsdebug 커맨드를 실행하여 결과를 살펴보면 nextCatalogID가 증가하지 않았음을 확인할 수 있을 것이다. 만약 nextCatalogID가 증가하였다면, 시스템에 변경이 가해졌다는 것을 알 수 있다. 이러한 절차는 데이터나 시스템 파티션 이미지에 사용될 수 있다.

다음 단계로는 이미지를 해시하는 것이다. iXAM로 이미지 수집 후 완전한 두 개의 해시값을 얻을 수 있는데, 명령 프롬프트를 사용하는 다른 도구들은 해시 값을 얻을 수 없다. 혹시 이와 같은 도구를 이용하고 있다면, 이미징 후 해시값을 얻는 것이 필요한데, md5deep이라는 도구를 이용하여 해시값을 얻을 수 있다. 해당 도구는 오픈소스 유틸리티로 아래의 주소에서 다운로드 받을 수 있다. http://sourceforge.net/ projects/md5deep/.

1. md5deep을 컴파일 하려면 다음의 절차를 따르라.

   a. cd(change directory) 명령을 사용하여 압축이 풀린 md5deep이 있는 폴더로 이동한다.

   b. 터미널 창을 연다.

   c. ./configuer 커맨드를 입력하고 Enter 누른다.

   d. make를 입력하고 Enter를 누른다.

   e. make install을 입력하고 Enter를 누른다.

    f. permission error가 난다면, `sude make install`을 입력, 관리자의 비밀번호를 입력하고 Enter를 누른다.

    g. md5deep를 컴파일에 성공하였다면, md5deep을 입력하였을 때, `md5deep`이 설치된 경로가 출력될 것이다.

2. md5deep을 설치한 후에 아래와 같은 커맨드를 입력하고, Enter를 누른다.

```
md5deep -e [drag and drop the .dmg image] | tee ~/Desktop/Imagehash.txt
```

이후 해싱이 진행되는 것을 볼 수 있으며, 작업이 완료되면 해시값이 출력되며, 그림 8-11에서 보는 것처럼 텍스트 파일이 생성된다.

그림 8-11 해시값 생성

요약

법 집행 기관에서 가장 큰 논쟁 중 하나는 탈옥의 여부이다. 또한 탈옥을 찬성하는 사람이, 공식적으로 확인되지 않았거나, 잠재적으로 위험성이 있는 프로그램의 사용을 지지하는 것이다.

이러한 도구들을 사용하다 보면 끊임 없는 질문에 휩싸이게 되는데, 예를 들자면, 이 도구는 어떻게 문제를 습득하고, 디지털 이미지의 무결성을 보장하는가? 등의 현재 디지털 포렌식 계에 종사하는 사람들이 대답해야 할 가장 기본적인 질문들이다. 당신은 포렌식 분석가이므로, 해당 도구가 어떻게 동작하는지에 대해서 알아야 한다.

저작권청의 판결에서도 포렌식 절차의 규칙을 변경하지 않는다. 과학적인 평판을 유지하기 위해, 분석가는 반드시 포렌식 절차를 따라야 하며, 해당 증거의 무결성을 증명해야 한다. 그러나 모바일 포렌식의 영역에서 이것은 결코 쉬운 일이 아니다. 이러한 것들로 미루어 볼 때, 모바일 포렌식을 과연 '과학 수사'라고 칭할 수 있을까? 아니면 단지 디지털 증거개시제[역주2]의 한 종류에 불과한가? 장치에서 데이터를 확보하기 위해 운영되는 매개변수들과 각종 제한적인 사항들로 인해 모바일 포렌식 수사는 전통적인 포렌식 분석 방법을 유지하기 어렵다. 이것이 탈옥을 옹호할 때 직시해야 하는 현실이다.

탈옥에 반대하는 사람들은 장기적으로 볼 때 모바일 포렌식 분석이 증거의 변화를 완화시킨다는 것을 알고 있다. 그럼에도 불구하고, 탈옥은 현재 허용되며, 데이터는 계속해서 변화하고 있기 때문에 이는 반드시 밝혀져야 한다. 탈옥에 반대하는 사람들은 더욱 파괴적인 방법을 채택하기 이전에 최소의 침입을 시도해야 한다는 입장을 표명한다. 탈옥 행위를 반대하는 사람들의 또 다른 논의점은 개발자가 불순한 동기나 충성심을 가졌는지의 여부다. 또한 분석가들도 편의상의 목적으로 취득된 증거들을 보고도 외면함으로써, 정상적으로 받아들여질 수 있는 업무를 삼간다.

iPhone을 크랙 하기엔 힘들지만, 이것이 iPhone의 크랙에 대해 조사하는 것조차 불가능하다는 의미는 아니다. 이 책에서 설명한 대로, 신속하게 증거를 복구하는 방법이 있으며, 시스템에 대해 어떤 다른 조사 방법보다 빠르게 정보를 얻을 수 있다. 사실은 셀 사이트[역주3]의 기록이 iPhone에서 찾은 어떤 로그보다도 더 정확하고 자세하다. Fernico의 ZRT 같은 도구는 전통적인 모바일 포렌식 툴로 수년간 사용되었다.

탈옥에 대한 마지막 논쟁은 이러한 방법들이 복잡하고 유용하지만, 혹시라도 면밀히 다뤄지지 않는다면 손상이 갈 수 있는 증거들을 얻기 위한 것이다. 요컨데, 탈옥에 대한 견해가 많지는 않지만 각각의 경우가 개별적이므로, 어떤 상황에서는 성공하지만 어떤 상황에서는 실패할 수도 있다. 대중들이 언제나 법 집행을 좋아하는 것은 아니며, 일반적이지 않은 매체 추출 방법이 사용된다면, 이는 포렌식 과정의 일부여야 한다. 처음에는 일반적인 방법을 처음으로 사용하고, 배심원들에게 모든 비 파괴적인 수단이 소진되어, 이것을 보여 주어야 할 필요가 있을 때에만 탈옥을 시도하라. 모든 탈옥 방법들은 구체적인 보호 체계를 가지고 있지 않기 때문에 하나의 파티션을 이미지하고, 그 이미지를 해시화 하지 말라. 실용적인 접근법을 이용하여 잘 문서화 한다면 증거에 의심을 품는 주장들을 저지할 수 있을 것이다.

역주2 e-discovery, 증거 제출 범위를 이메일과 전자문서 등 디지털 자료까지 확대한 것
역주3 이동 차량 전화와 무선 중앙 통제국 간에 유선망 처리를 할 수 있도록 신호를 변환시키며, 항상 자기 구역 내의 이동 차량 전화의 신호 강도를 감시하여 교환기에 정보를 제공하고 중앙 통제국에서 이동 차량 전화에 보내는 사이트

출처

Apple Inc. Apple iPhone Software License Agreement. Available at
    http://images.apple.com/legal/sla/docs/iphone.pdf.

Apple Inc. 2008. iPhone SDK downloads top 100,000 (press release), March 12,
    http://www.apple.com/pr/library/2008/03/12iphone.html.

Apple Inc. 2008. App Store downloads top 100 million worldwide (press release)
    September 9, http://apple.com/pr/library/2008/09/09appstore.html.

Berka, Justin. 2009. EFF Proposing DMCA exemption for iPhone 탈옥. ARS Technica,
    January 9, http://arstechnica.com/apple/news/2009/01/eff-proposing-dmca-
    exemption-for-iphone-jailbreaking.ars (accessed February 4, 2010).

Electronic Frontier Foundation. 2009 DMCA Rulemaking,
    http://eff.org/cases/2009-dmca-rulemaking (accessed February 4, 2010).

Elkin-Koren, N. 2007. Making room for consumers under the DMCA. Berkeley
    Technology Law Journal, 22, 1119-1155.

Elmer-DeWitt, Philip. 2009. Apple Wins Clone Suit. CNN Money, November 14,
    http://brainstormtech.blogs.fortune.cnn.com/2009/11/14/apple-wins-clone-suit/
    (accessed February 7, 2010).

Evans, Jonny. 2008. Psystar beats Apple to Blu-ray on OS X computer. IT World, October
    29, http://www.itworld.com/hardware/56947/psystar-beats-apple-blu-ray-os-x-
    computer (accessed February 7, 2010).

Foresman, Chris. 2009. Psystar gets permanent injunction, legal warning form judge. Ars
    Technica, December 16, http://arstechnica.com/apple/news/2009/12/psystar-gets-
    permanent-injunction-legal-warning-from-judge.ars (accessed February 7, 2010).

Groenenboom, M. and N. Helberger. 2006. Consumer's guide to digital rights
    management. The Indicare Project web site, http://www.indicare.org/consumer-guide
    (March 8, 2008).

Harwood, E. D. 2004. Staying afloat in the internet stream: Jow to keep web radio from
    drowning in digital copyright royalties. Federal Communications Law Journal, 56,
    673-696.

Hayes, David. 2009. Responsive comment of Apple Inc., in opposition to proposed exemption 5A and 11A (Class #1). U.S. Copyright Office, Library of Congress, In the Matter of Exemption to Prohibition on Circumvention of Copyright Protection Systems for Access Control Technologies, Docket No. RM-2008‒8.

Hinkes, E. M. 2007. Access controls in the digital era and the fair use/first sale doctrines. Santa Clara Computer and High ‒ Technology Law Journal, 23, 685‒726.

Hughes, Neil. 2009. Psystar agrees to pay Apple $2.7M in Settlement. AppleInsider, December 1, `http://www.appleinsider.com/articles/09/12/01/psystar _agrees_to_pay_apple_1_3m_in_settlement.html`(accessed February 7, 2010).

Keizer, Gregg. 2009. Apple adds DMCA charge to lawsuit against Psystar: It accuses clone maker of breaking Mac OS copy-protection scheme. Computer World, December 30, `http://www.computerworld.com/s/article/9121798/Apple_adds_DMCA_charge_ to_lawsuit_against_Psystar`(accessed February 7, 2010).

Labriola, D. (2004, May 4). Good-bye, MP3; hello, DRM!: What's on your digital music player? PC Magazine, 23, 104.

Lawinski, Jennifer. 2008. Psystar Releases Mac Clone, But Has Apple Shut Them Down? Channel Web, April 14, `http://www.crn.com/hardware/207200440; jsessionid=QBED0ZSLW2FG5QE1GHRSKHWATMY32JVN` (accessed February 7, 2010).

Lyon, M. H. 2007. Technical protection measures for digital audio and video: learning from the failure of audio compact disc protection. Santa Clara Computer and High ‒ Technology Law Journal, 23, 643-665.

McDougall, Paul. 2008a. Mac Clone Maker Psystar Vows To Challenge Apple EULA. InformationWeek Blog, April 14, `http://www.informationweek.com/blog/main/archives/2008/04/mac_clone_maker.html; jsessionid=1ZR3VLY3RJ3YTQE1GHPSKHWATMY32JVN` (accessed February 7, 2010).

McDougall, Paul. 2008b. Apple Failed to Copyright Mac OS X, Psystar Claims. Information Week, December 22, `http://www.informationweek.com/ news/hardware/mac/showArticle.jhtml?articleID=212501673`(accessed February 7, 2010)

Rosenblatt, B. 2006. DRM, law and technology: an American perspective. Online Information Review, 31, 73-84.

Tang, P. 1998. How electronic publishers are protecting against piracy: doubt

CHAPTER **9**

매체 추출 분석

매킨토시는 OS X과 iOS 볼륨에서 특정 정보를 조사하기 위한 최고의 플랫폼이다. 비록 MS Windows 시스템에서 사용할 수 있는 분석 도구들도 점차 좋아지고 있지만, HFS 파일 시스템에 대한 분석 부분에 있어서는 매킨토시의 사용이 아직까지는 조금 더 수월하다. 기본적으로 Windows 시스템은 HFS(계층적 파일 시스템)의 볼륨에 대한 지원이 미비하여 별도의 프로그램을 통해 확인하지만, 이러한 불편은 매킨토시를 사용하는 경우 문제가 되지 않는다.

이번 9장에서는 물리적 이미지 디스크 정보 분석을 위한 유용한 기법과 도구에 대해서 살펴볼 것이다. 우리는 먼저 매킨토시에서 사용할 수 있는 도구들에 대해서 파악할 것이며, 더 나아가 MacForensicsLab, EnCase 그리고 FTK와 같은 Windows 포렌식 툴을 살펴볼 것이다.

매킨토시를 이용한 분석

우리는 이미 5장에서, 논리적 분석 도구들로부터 가져온 유용한 정보를 살펴보고 분석하였다. 또한 8장에서는 Apple사의 기기로부터 물리적 디스크를 획득하는 부분을 살펴보았다. 이번 장에서는 획득한 물리적 디스크에서 추출할 수 있는 증거 자료가 무엇인지 확인하고, 데이터 파티션에 대해서 살펴볼 것이다. 그림 9-1은 iOS 디렉터리 구조를 나타낸다.

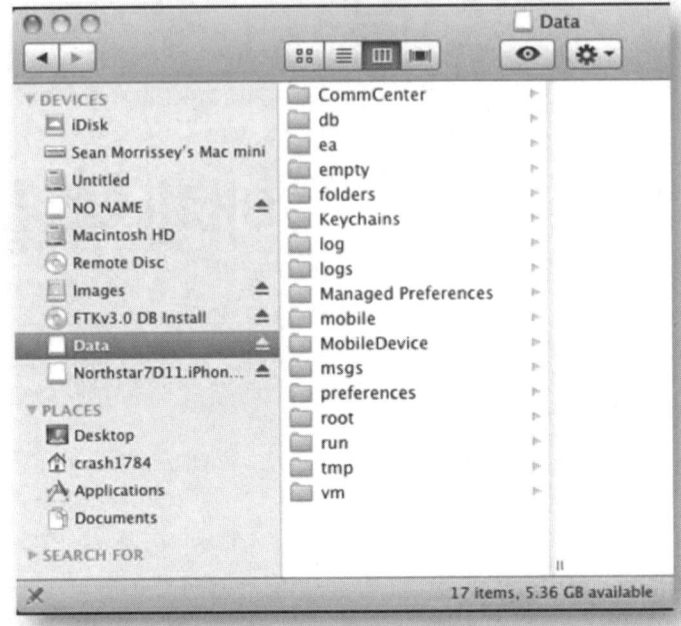

그림 9-1 iPhone 데이터 파티션의 디렉터리 구조

다음은 물리적 이미지로부터 확인할 수 있는 흥미로운 정보들이다.

- 일반 로그: 해당 파일은 `/Logs/Applesupport/general.log` 경로에 있으며, 해당 로그는 그림 9-2와 같이 운영체제의 버전명, 그리고 모델명, 일련 번호 및 운영체제의 생성 일시에 대한 정보를 포함한다.

그림 9-2 일반 로그

- Manifest property list: The manifest property list는 백업 시의 암호화와 관련된 중요한 정보를 포함하고 있다. 또한 매킨토시나 Windows 시스템의 컴퓨터의 백업 목록과 같은 속성 정보를 포함하고 있다. 해당 파일은 `/tmp/manifest.plist` 경로에 있으며, 암호화를 위한 키값과 백업 시 암호화 하기 위한 패스워드 정보를 포함한다.
- `/Mobile/Librarycom.apple.mobile.installation.plist`: 이것은 다음과 같은 정보를 다루고 있다.
  - 그림 9-3과 같이 시스템 정보, 메타 데이터의 키 그리고 설치된 응용 프로그램 목록 등의 정보를 포함하고 있다.

그림 9-3 come.apple.mobile.installation.plist 정보

- 시스템 목록은 초기 설치된 응용 프로그램에 대한 정보로 구성되어 있으며, 광범위한 응용 프로그램 정보를 포함하고 있다.
- 그림 9-4의 사용자 목록은 사용자가 설치한 응용 프로그램에 대한 정보로 구성되어 있으며, 이것 또한 응용프로그램 정보를 포함하고 있다.

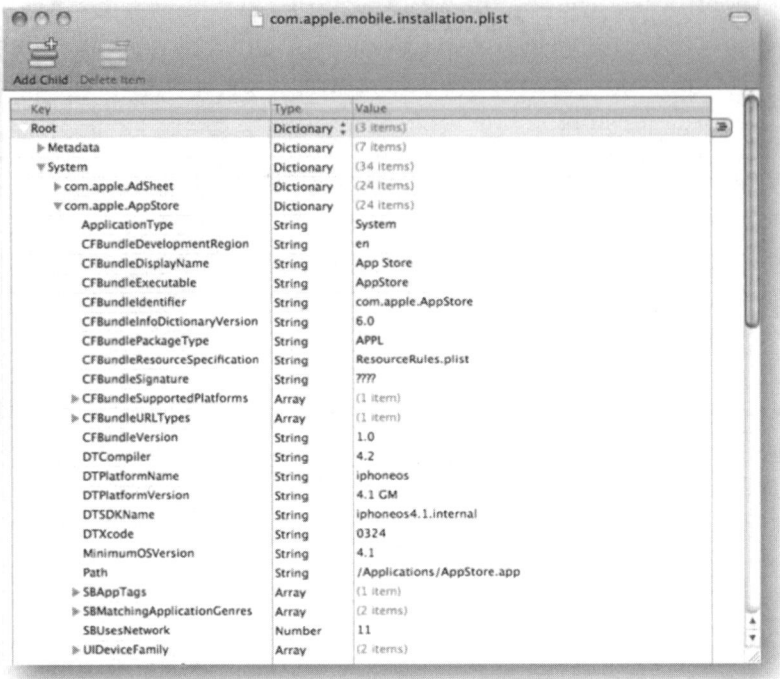

그림 9-4 mobile.installation.plist 파일의 응용 프로그램 정보

- Mobile/Library/Caches/Safari/Thumbnails: 이것은 웹페이지의 캡처 화면 정보를 포함하고 있다.
- Mobile/Library/Caches/snapshots: 이것은 다음 애플리케이션의 스크린샷을 포함하고 있다.
    - 앱스토어
    - 계산기
    - 나침반
    - 지도
    - 전화번호부
    - 캘린더
    - 메일
    - 전화

- 시계
- 설정

■ /library/configurationProfiles/Passwordhistory.plist: 해당 파일은 사용자가 입력한 비밀번호를 추적한다. 이 파일은 다른 비밀번호에 대해서 확인한다. 자체적으로 인코딩 된다. 그리고 비밀번호에 대해서는 장치에 남아 있지 않게 된다.

■ Maptiles: 데이터의 숨겨진 보물로서, 지도 관련 응용 프로그램의 스크린샷 정보를 저장한다. 그것은 구글 지도나 SQLite 데이타베이스에 포함되어 있다. 두 위치에 존재한다. 해당두 파일의 경로는 : /Library/Cache/Maps/MapTiles 그리고 /Library/Cache/MapTiles에 위치하고 있다. 전자의 파일은 후자보다 더욱 통용되고, 컸었다. 파일들 안의 데이터를 보다 효과적으로 처리하기 위해 데이터베이스에서 이미지를 추출한 것으로 필요하다. 이것은 터미널 프로그램을 통해 SQLite 명령 쿼리를 이용하여 달성할 수 있다. 일단 이미지가 추출되면, 완벽한 지도들을 살펴보고 사건을 재구성할 수 있다.

메일

논리적 추출을 통해 참조할 수 없는 주요한 것들 중 하나는 e-mail 관련 데이타이다. iPhone에는 수많은 종류의 메일을 구성할 수 있다. 예를 들어 마이크로소프트웨어사의 Exchange 계정이나 IMAP, POP 계정이 있다. 하지만, 당신도 이미 논리적 데이터를 살펴보았듯이 모든 이메일 설정 정보는 논리적 공간에 위치하고 있으며, 그것은 수사에 있어서 매우 유용하게 사용된다.

Apple사의 기기들은 그림 9-5와 같이 자동으로 Gmail, AOL, yahoo, MobileMe 그리고 Exchange 메일 계정을 설정할 수 있도록 지원한다. 사용자는 메일 프로그램을 이용하기 위해서 필요한 정보를 입력해야 한다. 또한 어떠한 IMAP, POP라도 사용이 가능하다. 우선 당신은 IMAP, POP 그리고 Exchange 등의 주요 설정 정보에 대한 차이를 이해해야 한다.

그림 9-5 메일 응용 프로그램 화면

IMAP

IMAP(Internet Message Access Protocol, 인터넷 메시지 접속 프로토콜)은 이메일 계정을 사용하기 위한 대표적인 두 가지 방법 중에 하나이다. IMAP 메일은 메일 확인을 위해 서버와 Apple 기기에 저장되어 있는 데이터에 접근한다. Apple기기로부터는 같은 메소드가 사용된다. 하지만, 내용이 장치에 저장되어 있지 않으면, 예를 들어, iPhone에 설정된 Gmail 계정 정보를 살펴 보면, 시스템에서 IMAP 계정이 자동적으로 세팅이 된다. 사용자들이 그들의 메일에 접근할 때, 사용자 화면은 미리 보기 및 주소 정보를 사용자에게 제공한다. 사용자가 메일을 클릭할 경우 서버로부터 다운 받은 후 사용자에게 보여준다. 하지만, 장치에 저장된 자료는 없다. 그림 9-6 Gmail 계정의 디렉터리 구조를 나타낸다.

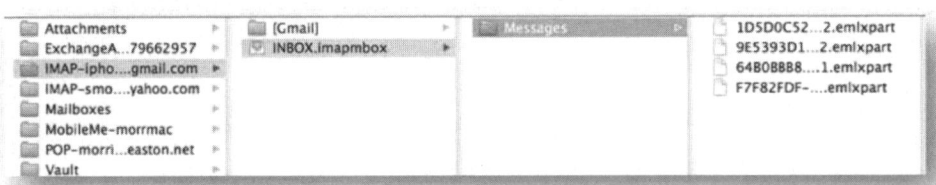

그림 9-6 Gmail IMAP 디렉터리 구조

그림 9-6에서 살펴보면, 어떤 메일도 존재하지 않는다. 하지만 단지 확장자가 '.emlxpart'인 Base64로 인코딩 된 몇몇 첨부 파일들만 존재한다. 해당 파일은 Yahoo에서도 확인할 수 있다. 사서함 내부에는 어떤 파일도 존재하지 않는다. MobileMe 계정은, 소수의 메일밖에 없으나, 첨부 파일은 존재한다.

POP 메일

POP(Post Office Protocol, 전자 메일 프로토콜)는 가장 널리 사용되는 이메일 프로토콜이다. POP는 세 가지의 버전의 프로토콜이 있으며, POP3는 가장 최신의 버전으로 대부분 사용하고 있다. IMAP과의 가장 큰 차이점은 POP3는 메일 서버로부터 수신 메일을 클라이언트로 다운로드 한다(IMAP은 서버에 메일 정보가 남아 있다). 따라서, POP 메일 계정으로부터 우리는 더욱 더 유용한 정보를 확인할 수 있다. 그림 9-7과 같이, 메일 내용 및 첨부 파일 정보를 포함한 다수의 '.emlx' 확장자의 파일을 볼 수 있으며 '.emlx' 파일의 경우 편집기를 통해 메일 헤더 및 내용을 확인할 수 있다. 그림 9-7은 POP 이메일 계정의 편지함의 파일을 보여준다.

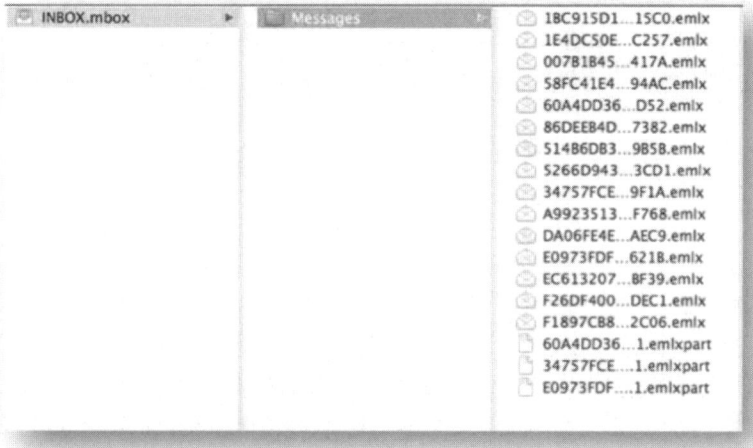

그림 9-7 POP 이메일 받은 편지함의 파일

그림 9-8는 텍스트 편집기를 통해 .emlx 확장자의 파일을 확인한 화면이다.

그림 9-8 .emlx 파일의 내용

Exchange

Exchange는 기업용 전자 메일 서비스로 가장 널리 사용된다. 또한 Windows 이메일 메세징 시스템으로 주로 큰 조직 내에서 서버와 클라이언트 환경으로 사용한다. iPhone 3GS 그리고 iOS 3.0 이후부터 Apple사의 기기들은 마이크로소프트사의 Exchange 기술을 지원하였다. Apple사 기기의 Exchange로부터 추출한 정보들은 .emlx 파일이나 다른 메일 응용 프로그램의 데이터보다 훨씬 규모가 크며, 첨부 파일을 포함한 방대한 데이터를 추출할 수 있다.

iPhone의 메일 관련 파일들의 경로는 'Mobile/Library/Mail'이며, 메일 계정마다 각각의 폴더를 통해서 관련 정보를 관리한다. 송/수신 메일 및 삭제한 메일에 대한 정보도 해당 위치에서 확인할 수 있다.

액세스 데이터의 포렌식 도구 세트(FTK)의 가장 큰 장점으로 이메일 처리 기능이 탁월하다는 점을 들수 있다. iPhone에서 사용하기에도 특별한 문제는 없으며, iPhone의 모든 이메일과 첨부 파일에 대한 처리가 가능하다. iPhone의 이메일은 '.emlx', '.emlxpart' 확장자의 파일 형식으로 저장되어 있다. FTK는 과거에 받았던 메일을 송/수신자 메일 주소, 날짜와 시간 그리고 이메일 본문 등의 텍스트를 추출한 후, 사용자가 보기 쉽게 자료를 처리하여 보여준다. FTK 3.2는 매월 혹은 년도에 따라서 자동으로 이메일의 정보를 추출한다. Apple 기기로부터 이메일에 대한 정보를 확인할 수 있는 가장 좋은 도구이다. 그림 9-9는 FTK를 통해 이메일을 확인하는 화면이다.

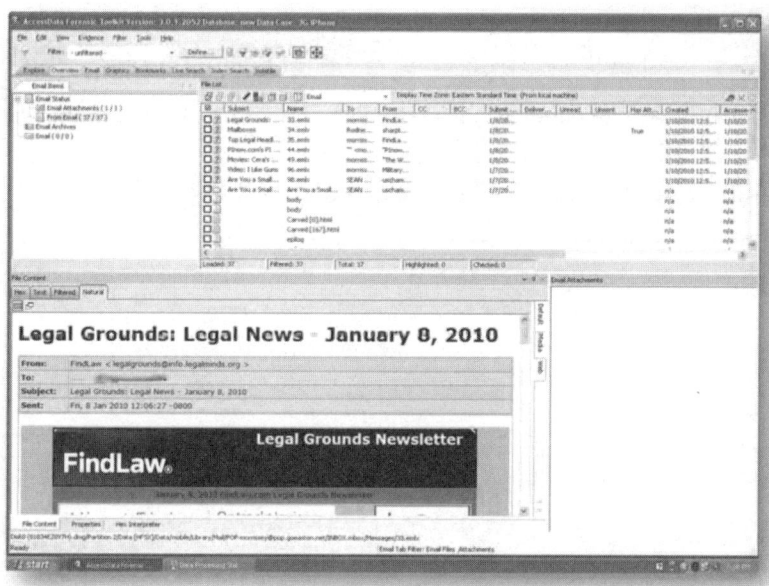

그림 9-9 FTK에서 이메일 분석

노트

FTK+를 이용하여 메일을 열람하는 부분은 9장에서 살펴보았던 해킹된 iPhone이나 iPod Touch 혹은 특정 메소드를 이용하였을 경우 가능하다. 당신이 추출을 위한 메소드 사용에 법적 권한이 있는지 확인해야 한다. 그리고 소환장과 수색 영장을 통한 일반적인 조사 방식이 이러한 종류의 이메일을 수집하는 데에 이용될 수 없다는 것도 확인해야 한다.

Carving

어느 시점부터 우리는 논리적인 공간에서 파일을 지우는 것이 불가능하다 생각했다. 하지만, 논리 이미지 내부의 특정 파일을 지우는 방법을 알게 되었다. 당신은 삭제된 데이터의 위치를 찾기 위해 일반적인 도구를 사용할 수 있다. 텍스트 편집기와 같은 응용 프로그램은 내부의 지워진 레코드를 찾을 수 있다. 예를 들어 문자 메시지와 관련한 데이터베이스의 경우 논리적 데이터베이스 내부에 삭제된 SMS 메시지가 존재한다. 삭제된 SMS 메시지의 위치를 찾는 유일한 방법은 당신의 가상 프로그램에서 Windows 도구를 사용하는 것이다. 이미지의 SMS.db 파일을 내보내고, 논리적 증거 파일을 수집하기 위해 EnCase를 불러올 수 있다. 다음 당신은 삭제된 SMS 영역을 확인할 수 있다. 삭제된 다양한 문자메세지로부터 알려진 전화번호를 가지고 문자열을 검색할 수 있다. 또한 개발을 위한 도구 중에 SQLite 데이터베이스에서 삭제된 데이터를 찾는 데 유용한 프로그램이 있다. normal carving을 위한, 매킨토시나 Windows 물리적 이미지 증거 도구도 사용할 수 있다.

MacForensicsLab

매킨토시 기반의 포렌식 프로그램으로 SubRosaSoft사의 MacForensicsLab 제품이 있다. 해당 프로그램은 iPhone에서 사용하는 HFS, HFSX 등의 볼륨을 분석할 수 있다. 이 도구는 매킨토시 기반의 툴이기 때문에 HFSX 분석을 원활하고 용이하게 진행할 수 있다. MacForensicsLab은 상용 프로그램으로 'www.macforensicslab.com' 사이트를 통해 구매할 수 있으며, 데이터 복구 기능을 Salvage라 명칭하였다. 매킨토시 파일 형식을 주로 복구하며, 방대한 파일 목록으로부터 파일 형식을 선택하여 복구할 수 있는 기능을 제공한다.

MacForensicsLab은 매킨토시 볼륨의 파일 시스템을 완벽하게 지원할 수 있으며, 데이터 북마크, 보고서 기능을 가지고 있다. 이것은 비사용 영역의 파일 복구에 있어서 매우 강력하며, 다음은 Apple 기기로부터 삭제된 파일을 복구하기 위해 MacForesicLab 솔루션을 이용하여 단계적으로 진행하는 과정이다.

1. MacForensicsLab을 실행한다.
2. 그림 9-10과 같이 분석 장치를 선택한다.
3. data volume을 선택한다.
4. Salvage를 선택한다.

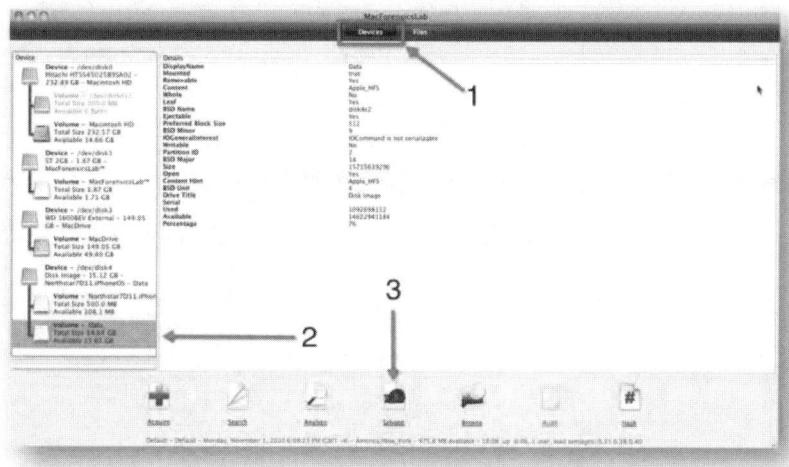

그림 9-10 MacForensicsLab 화면 구성

5. 다음 대화 상자가 나타나면, 비사용 영역을 선택한다(삭제된 파일).

6. 수행 속도에 대해서 block-by-block, byte-by-byte 선택이 가능하다.

7. 다음으로 새로운 점검을 클릭한다(그림 9-11).

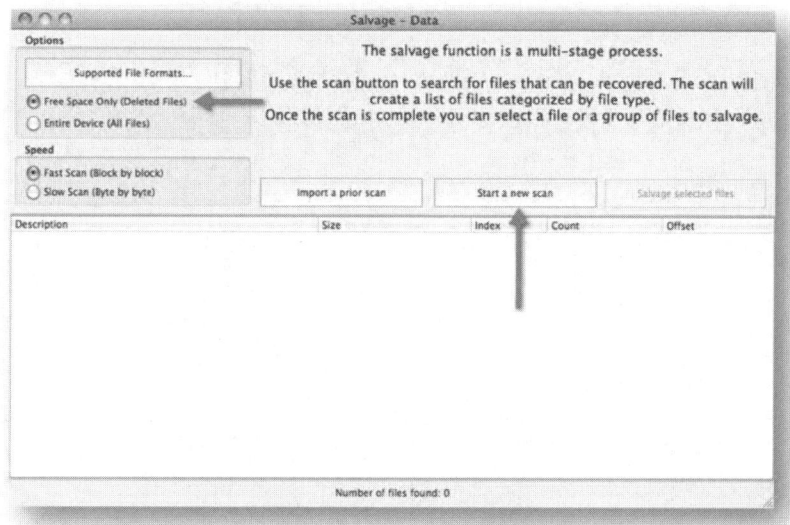

그림 9-11 Salvage 화면 구성

8. MacForensicsLab의 Salvage도구는 비할당 공간으로부터 증거 수집을 수행한다(그림 9-12).

그림 9-12 MacForensicsLab 삭제된 파일을 점검한다.

9. 점검이 끝나면, 사용자는 복구할 수 있는 파일 형식을 선택할 수 있다. 사용자는 복구 파일을 명령어와 트랙패드, 마우스를 이용하여 선택적 복구가 가능하고, 모든 파일을 선택하여 전체 복구도 가능하다(그림 9-13).

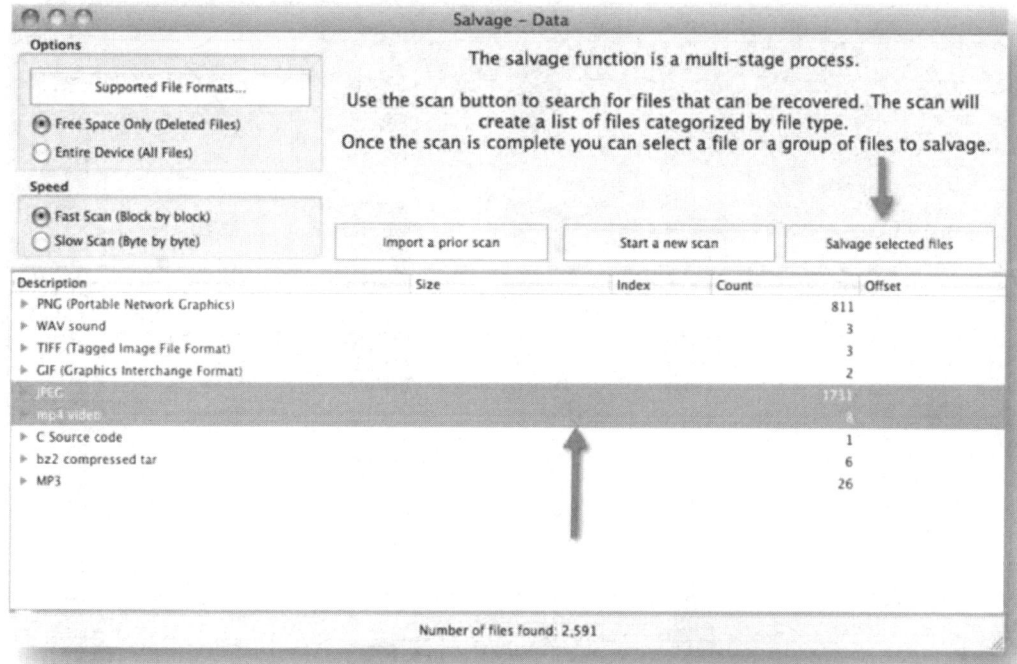

그림 9-13 점검 후 복구

10. 일단, 관심 있는 파일 형식을 모두 선택한 후 'Salvage Selected files' 버튼을 클릭한다.

11. 복구된 파일이 존재하는 위치를 입력한 후 파일 이름을 입력한다. 그러면 지정해놓은 위치로 복구되는 파일들이 저장된다.

12. 복구가 모두 완료된 이후 복구가 완료된 파일들은 새로운 파일명이 주어진다.

13. 당신이 저장 폴더로 지정한 곳의 정보들을 확인한다. 해당 폴더는 JPEG 파일, 이메일, 전화 기록, 문자 메시지, 비디오 등 Apple 장치에서 생성되는 모든 파일을 확인할 수 있으며, 복구 툴을 통해 그림 9-14와 같이 복구된 스크린샷이나 이미지 등도 확인할 수 있다.

그림 9-14 MacForensicsLab을 이용해 복구된 이미지들

Access Data사의 Forensic Toolkit

AccessData 회사의 FTK는 매킨토시 환경의 이미지를 지원하는 부분에 있어서 장족의 발전을 거듭하였다. FTK 3.2는 HFS, HFS+ 그리고 HFSX 등의 파일 시스템을 지원하며, iPhone 분석 시 유용하게 사용할 수 있다. FTK는 유일하게 Windows 환경에서도 전체 디스크 이미지를 식별하고 분석하는 기능을 제공하며 완벽한 파일 시스템을 만들어낼 수 있다.

FTK를 이용하여 이미지 파일을 불러온 즉시, iPhone의 파일 시스템 분석을 위한 준비가 되며, 완료가 되면, iPhone 분석을 시작할 수 있다. FTK는 Windows 기반의 도구로서 몇 가지 장단점을 가지고 있다. 그러므로, 매킨토시 플랫폼으로부터의 DMG 파일을 추출해야 조사를 완료할 수 있다. FTK 이미지들을 통한 분석에 매우 강력하지만, 3GS iPhone의 GPS 데이터 분석은 불가능하다. 모든 데이터 베이스를 확인할 수 있는 장점이 있는 반면, 해당 데이터 분석 시에는 데이터베이스를 추출하고 SQLite 프로그램을 통해서 분석이 가능하다. 속성 목록에 대한 분석이 가능하며,

복구를 위한 파일 형식을 미리 정의할 수 있는 기능을 통해 Apple 기기의 비사용 공간으로부터 다양한 종류의 파일 복구가 가능하다. 이 경우, 현재 FTK 3.2 버전에서 특정 파일 형식만 복구가 가능하지만, 전체적으로 iOS 이미지를 분석한 부분에 있어서 좋은 툴이라 생각한다.

iXAM를 통해 생성된 Raw 디스크 이미지에 대한 정보를 FTK에서 불러와 분석이 시작되면, 그림 9-15와 같이 iPhone의 파일 시스템 구조를 확인할 수 있다.

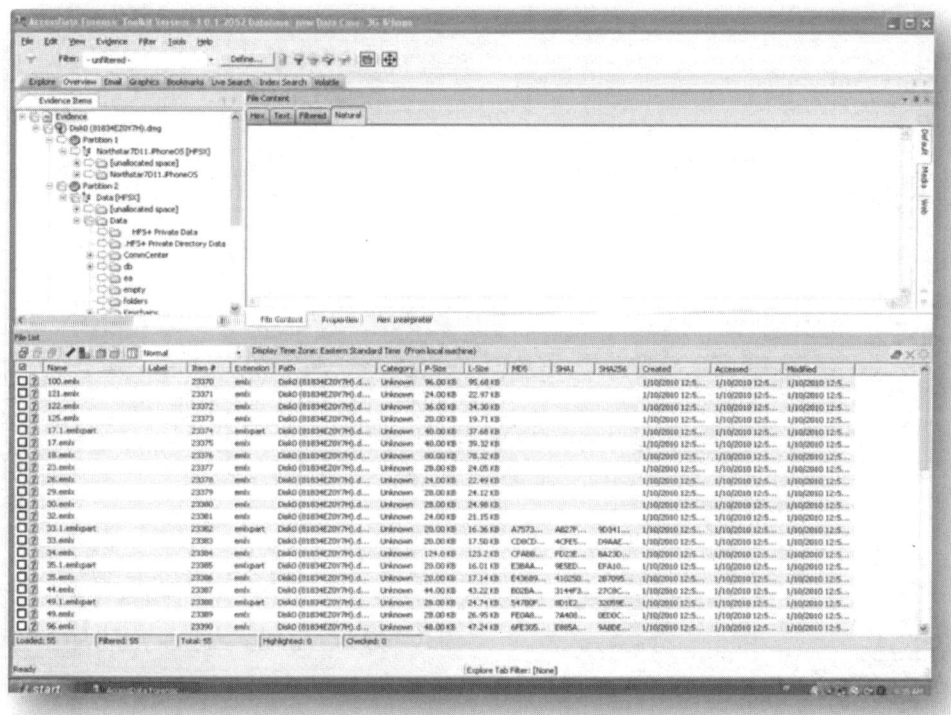

그림 9-15 FTK를 이용하여 iXAM 이미지를 불러오면 파일 구조를 볼 수 있다.

그림 9-16, 그림 9-17 그리고 그림 9-18은 복구된 이미지 파일과, HTML을 조사하는 화면이다. 복구된 일부 JPEG 파일들은 영화의 스크린 샷 화면이며, 이메일, 콘텐츠, 지도 그 외 다양한 자료들에 대한 복구도 가능하다. 아이폰에 저장된 다양한 이미지들을 빠르게 보여 줄 수 있도록 제공하는 미리 보기 기능으로 인하여, 일부 파일들은 JPEG 형식으로 용량이 작은 이미지를 생성하여 비할당 영역에 저장된다

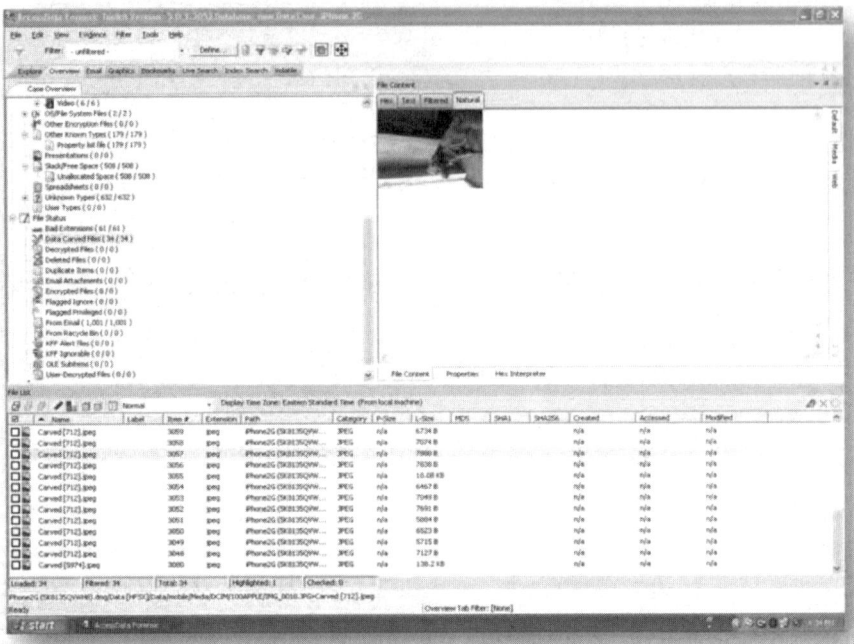

그림 9-16 FTK를 이용한 복구 이미지

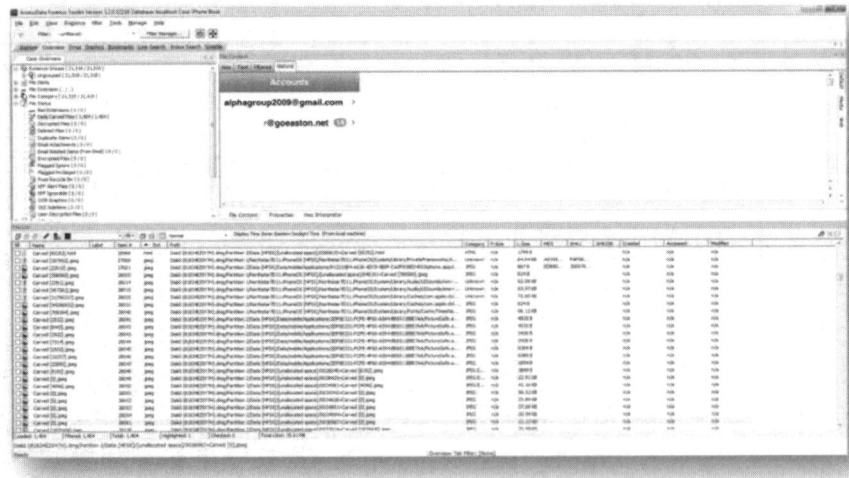

그림 9-17 FTK를 이용하여 삭제된 스크린샷 화면을 복구하였음

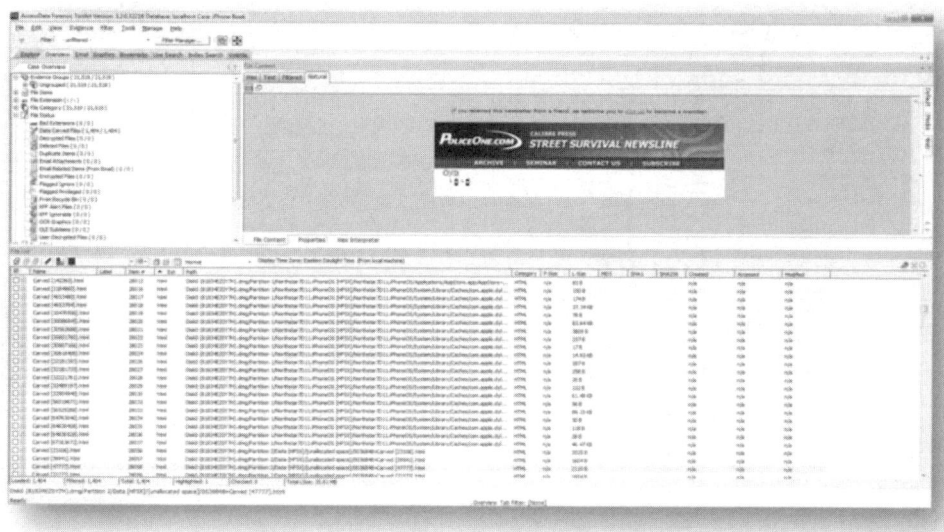

그림 9-18 FTK를 통한 HTML 페이지 확인

FTK 그리고 이미지

EXIF(Exchangeable image file format, 교환 이미지 파일 형식) 데이터 및 위치 정보에 대한 조사를 위해서는 FTK를 이용하는 것을 권고한다. FTK 3.2는 iPhone으로 촬영한 사진에 포함된 EXIF 데이터 분석에 용이하지만, 위치정보 분석 시 실패하는 경우가 있다.

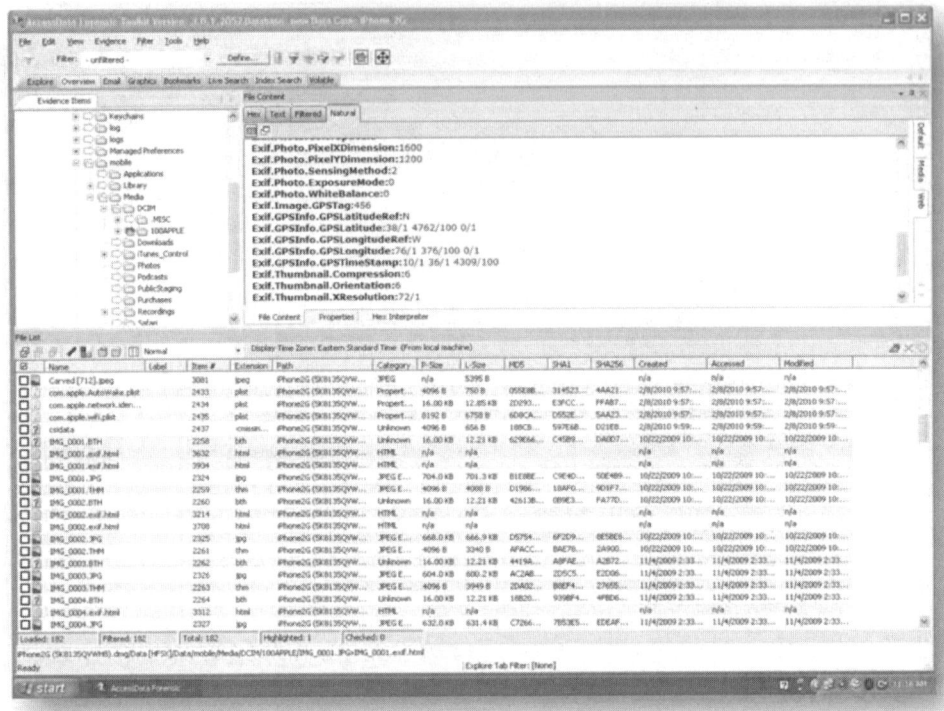

그림 9-19 이미지의 EXIF 및 위치 정보

FTK에서 GPS data에 대한 추출에 실패하였을 때, 비사용 도구인 Irfanview를 이용할 수 있다. 이 공개 소프트웨어는 www.irfanview.com에서 다운로드 받을 수 있으며, 플러그인을 설치하여 추출한 위치 정보 데이터를 구글 지도와 연동하여 확인할 수 있다. FTK로부터 사진 파일을 추출하고 Irfanview에서 분석하기 위한 절차는 다음과 같다.

1. 추출할 사진 이미지를 선택하고 마우스 오른쪽 버튼 클릭 후, 드롭 메뉴에서 Open With …를 선택한다. 그리고 External Program를 실행한다(그림 9-20).

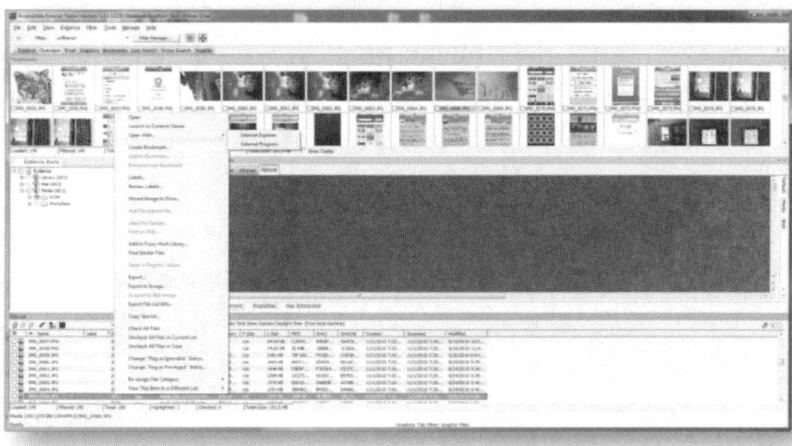

그림 9-20 별도 응용 프로그램에서 분석을 위한 내보내기

2. Open with대화 상자에서 Irfanview를 선택.

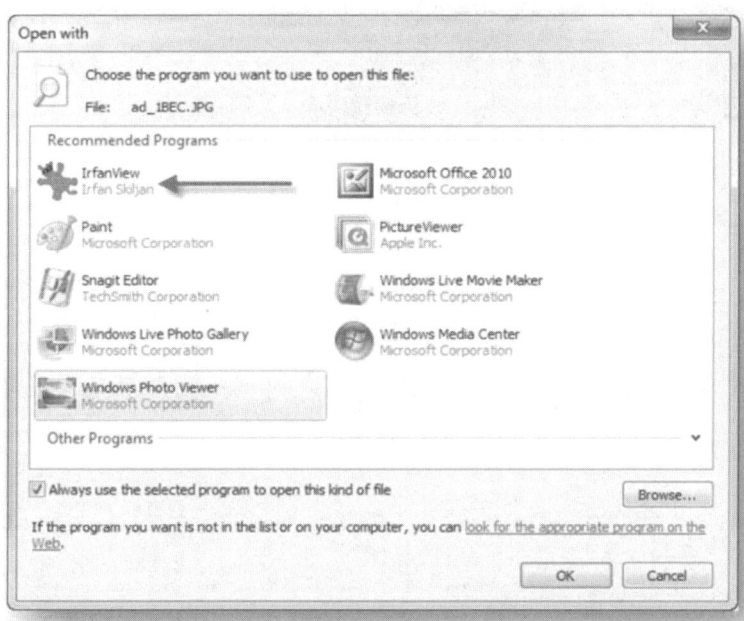

그림 9-21 이미지 열기를 위해 IrfraView 선택

2. Irfanview는 자동으로 실행될 것이다. 최상위 메뉴 바에서, 그림 9-22의 위쪽에 표시되어 있는 버튼을 클릭한다. 클릭한 이후 'Image properties' 창이 나타나면, EXIF 데이터를 볼 수 있으며, 그림 9-22와 같이 왼쪽 하단의 EXIF Info* 버튼을 클릭한다.

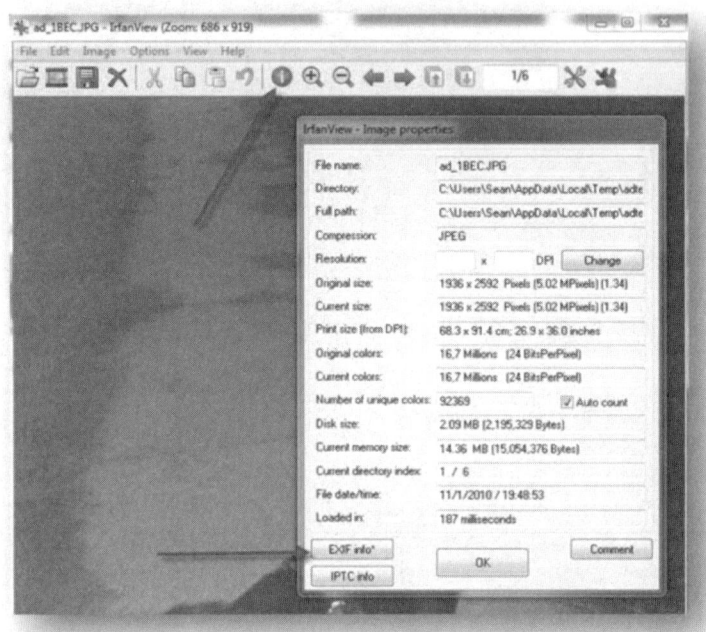

그림 9-22 Irfanview를 통해 이미지 파일 정보를 확인하고 EXIF data를 선택

3. EXIF Info Windows는 EXIF와 위치 정보를 보여준다. 또한, 구글어스를 통해서 이미지 파일을 열 수 있는 옵션이 있다. 그리고 촬영된 장소에 대한 위치를 함께 볼 수 있다(참고, 구글어스 프로그램은 컴퓨터에 별도로 설치되어 있어야 한다). 그림 9-23은 EXIF 데이터를 나타낸다.

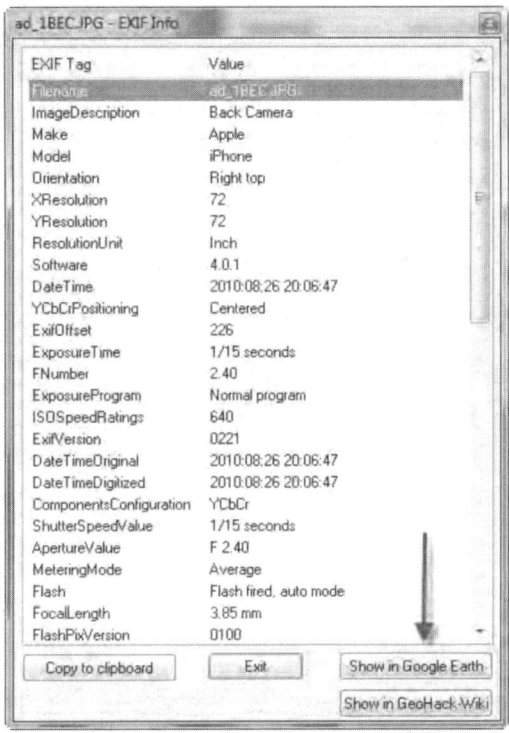

그림 9-23 EXIF 및 위치 정보 데이타.

우리가 이미 언급한 내용이지만, iTunes와 iPhoto등으로부터 동기화 된 이미지의 경우 '.ithmb' 확장자의 파일에 표시가 붙는다. FTK 3.2 이전 버전에서는 iTunes와 동기화가 완료된 iPhone 내부의 이미지들에는 Apple의 독점적인 파일 형식이 적용되었다. FTK는 그림 9-24와 같이 복구 이미지에 대해서 성공적인 분석이 가능하다.

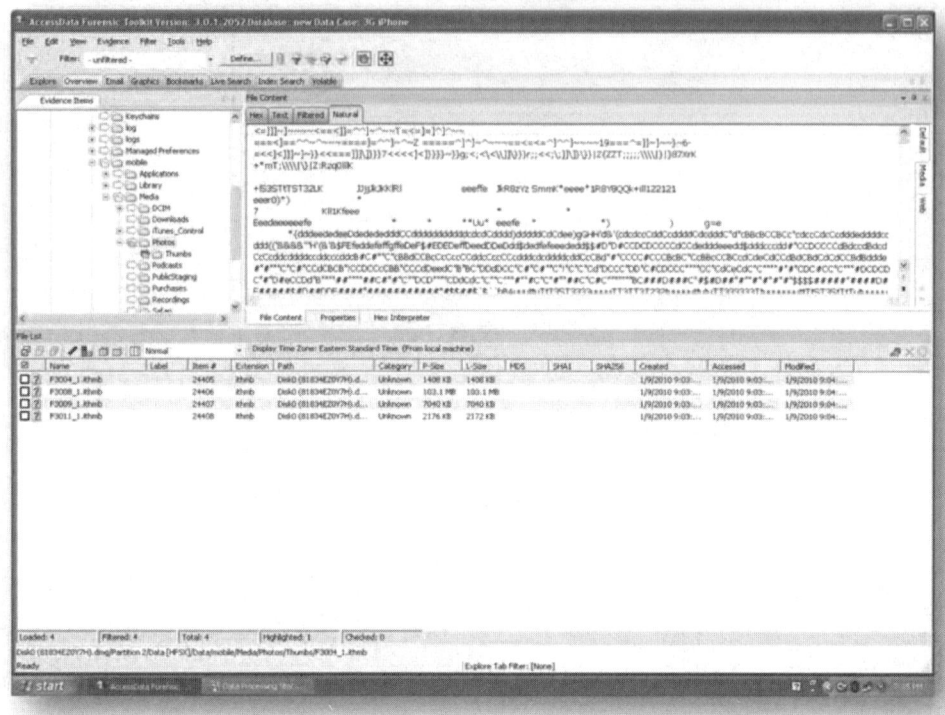

그림 9-24 FTK를 통해 '.ithmb' 파일 이미지 정보를 볼 수 있다.

매킨토시 기반의 도구로서 이러한 이미지를 볼 수 있는 File Juicer라는 프로그램이 있다. 이전에 언급했듯이 명령어 입력 기반의 도구임에도 불구하고 빠르고 효율적인 분석이 가능하다. 이미지를 동기화 한 이후에는 Exif 데이터를 수집할 수 없다. File Juicer는 `http://echoone.com/filejuicer/` 사이트에서 다운로드가 가능하며, 비용은 18$ 정도이다.

'`/mobile/Media/Photos/Thumbs`' 위치에서 `.ithmb`확장자를 가진 다수의 파일을 확인할 수 있다. 파일명의 첫 글자는 F로 시작하고 네 개의 숫자로 연결된다. `ithmb` 파일을 확인하는 방법은 다음과 같다.

1. File Juicer 프로그램을 연다.

2. 그림 9-25와 같이 탐색창에서, '`/mobile/Media/Photos/Thumbs`' 위치로 이동하고, 해당 디렉터리 안의 `.ithmb` 확장자 파일을 끌어다 놓는다.

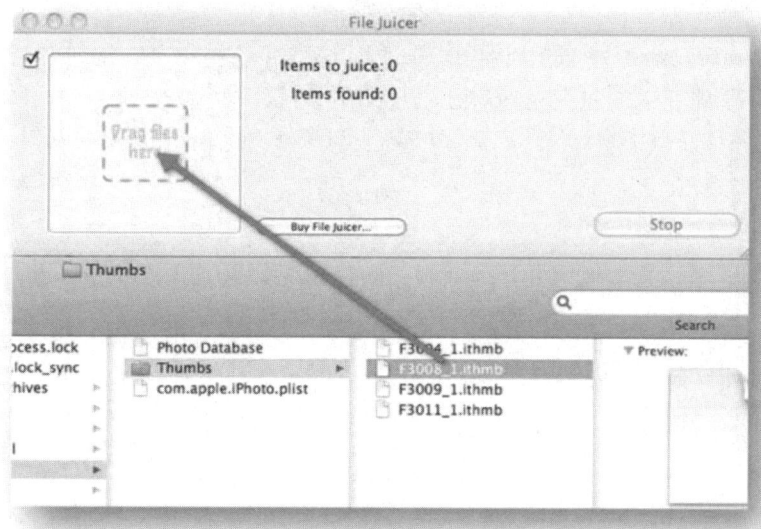

그림 9-25 File Juicer를 이용하여 .ithmb 확장자 파일을 끌어 놓음

3. File Juicer는 ithmb 파일명과 같은 디렉터리를 생성하게 되고, 해당 디렉터리에 이미지를 풀어 놓는다. 그림 9-26과 같이 이미지 파일을 조사할 수 있다.

그림 9-26 File Juicer 내보내기

SQLite 데이터베이스

FTK는 iPhone에 저장되어 있는 데이터베이스들을 분석할 때 사용하기도 한다. 문자 메시지나 노트 데이터베이스들에 대한 분석이 가능하지만, 전화 기록과 전화번호 등과 같은 정보들에 대한 분석은 제 3의 뷰어 프로그램이 필요하다. 그림 9-27은 FTK를 이용하여 문자 메시지 정보를 확인하는 화면이다.

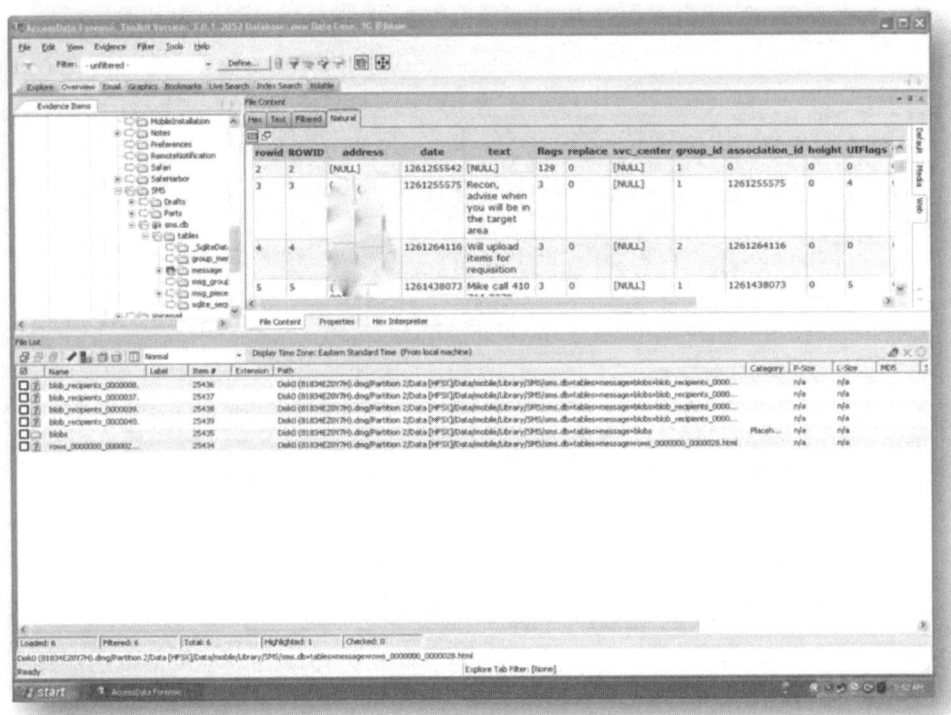

그림 9-27 FTK를 이용한 문자 메시지 데이터베이스 확인

데이터베이스는 해당 정보로 다른 형식의 파일로 내보내기가 가능하며, SQLite 응용 프로그램을 이용하여 내용을 확인할 수 있다. 유사한 방식으로 .ithmb 파일을 복제할 수 있다. SQLite Database Browsers나 유사한 프로그램을 통한 .thmb 파일 복제를 제외한다. SQLite Database Browser는 매킨토시 기반에서 정확한 사용이 가능하며, 보기과 옵션 등이 매우 좋다.

내보내기 작업을 마친 후에, 데이터의 날짜와 시간 그리고 플래그들은 수동으로 변환해주어야 한다. 이러한 작업은 Windows 프로그램 중 Timelord라는 프로그램을 통해서 손쉽게 할 수 있다. 공개 프로그램인 Timelord는 http://computerforensics.parsonage.co.uk/ timelord/timelord.htm에서 다운 받을 수 있다.

EnCase

Apple 기기의 장치로부터 완벽하게 추출한 디스크 이미지는, EnCase를 통하여 디스크의 출발 오프셋을 부여할 수 있다. 그림 9-28은 EnCase를 통해 두 개의 파티션이 있다는 것을 볼 수 있으며 디렉터리 구조는 나타나지 않았다.

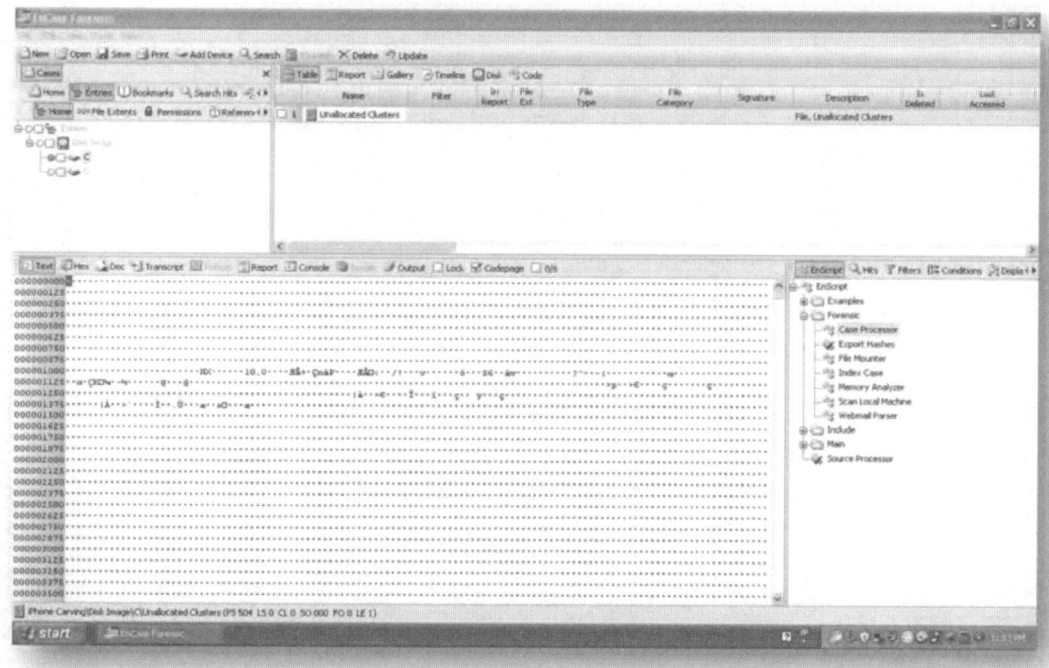

그림 9-28 EnCase를 통해 iPhone 디스크 이미지 확인

우리는 그림 9-28처럼 Encase로 iPhone 디스크 이미지를 불러올 경우, 어떠한 파일 시스템도 확인할 수 없다고 단념하지 않아도 된다. 첫째, 당신은 볼륨 헤더 정보를 HFS+에서 HFSX로 전환할 수 있다. 이러한 작업은 이미지의 해시 정보를 전환하거나 복구할 때 사용된다. EnCase는 iPhone 이미지 복구 작업에 있어서 뛰어나며, 사용자 정의 파일 생성이 가능하고, iPhone에 저장된 암호화된 파일을 찾을 수 있다. 실행 압축 파일 및 AMR, M4A, M4V, MVP 그리고 매킨토시 전용 파일들에 대한 분석도 가능하다. EnCase를 매킨토시 환경에서 운영하는 가장 좋은 방법은 Boot Camp를 이용한 방법이다. 가상 머신을 이용하여 EnCase를 실행하는 방법은 많은 시스템 리소스를 사용하게 되며, 많은 시간이 소요된다. iPhone 데이터 복구를 위해서 성능이 좋은 매킨토시 환경에 EnCase를 설치하는 것을 추천한다. 다음으로는 iPhone 이미지의 일부 파일을 복구하는 과정에 대해서 설명한다.

1. **Enscript** 창에서, Case Processor를 선택한다.
2. 다음으로 데이터 복구를 위한 작업명을 입력한다(그림 9-29).

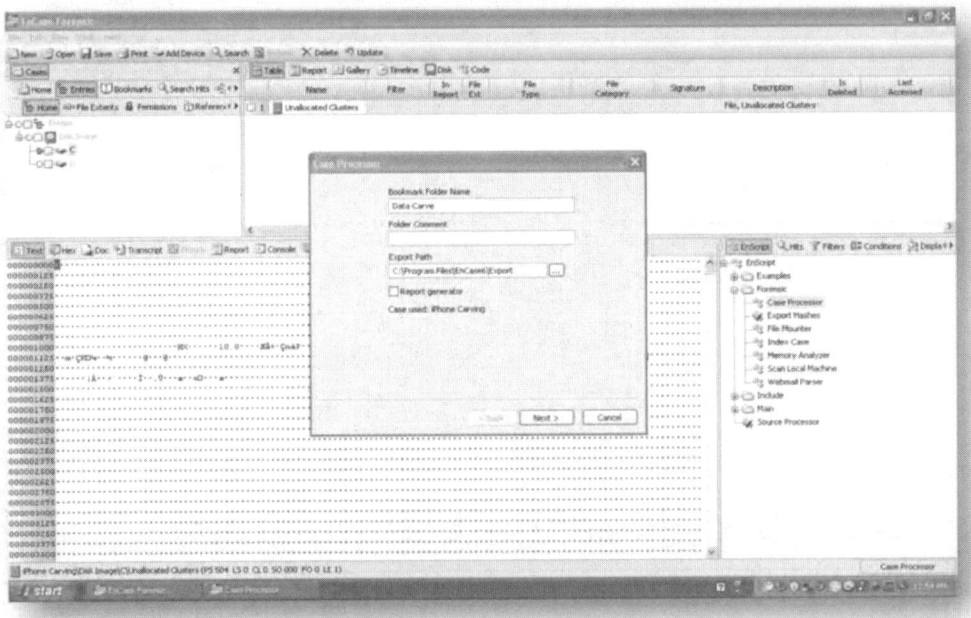

그림 9-29 EnCase를 이용한 복구

3. 다음 버튼을 클릭.

4. Case Processor 대화 상자에서 탐색창을 클릭한다(그림 9-30).

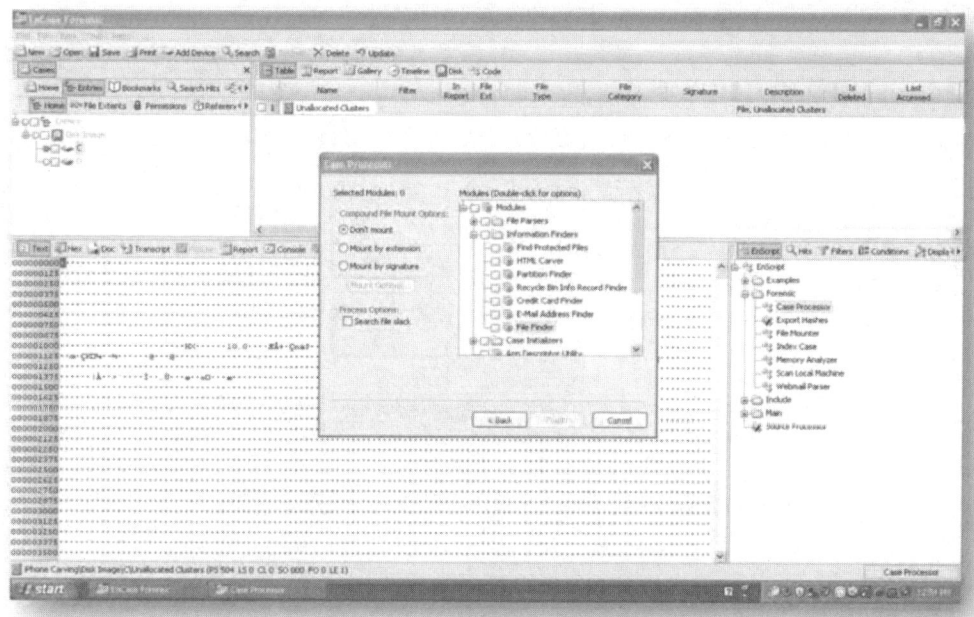

그림 9-30 enscript 탐색창

5. 탐색창에서, 복구를 위한 파일의 형식을 선택한다.

6. 만약, 당신이 원하는 파일 형식이 해당 리스트에 없으면, 두 가지의 방법이 있다. 하나는 원하는 파일을 그림 9-31과 같이 Encase Table에 불러오는 방법이고, 다른 한 가지는 그림 9-32처럼 사용자 임의 패턴을 생성하는 방법이 있다.

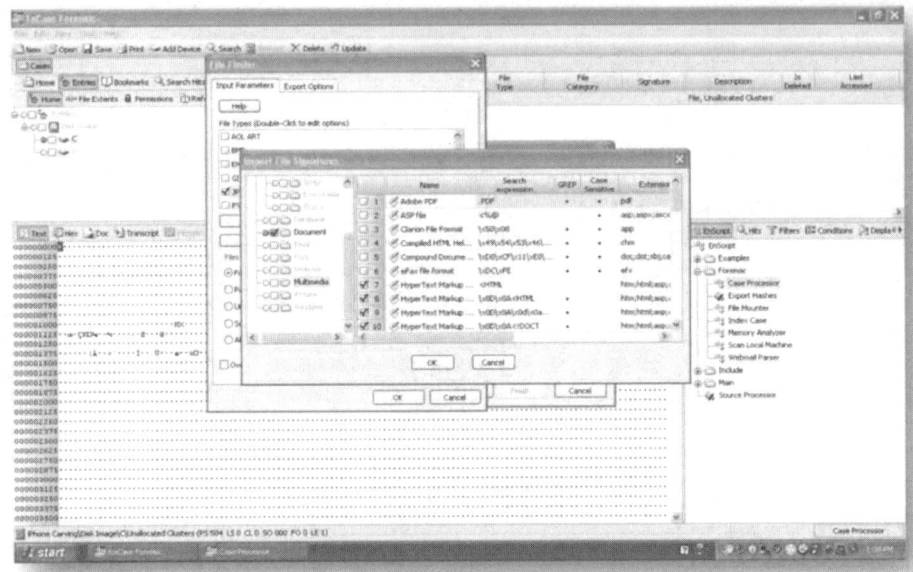

그림 9-31 탐색창의 enscript를 이용하여 파일 형식을 추가한다.

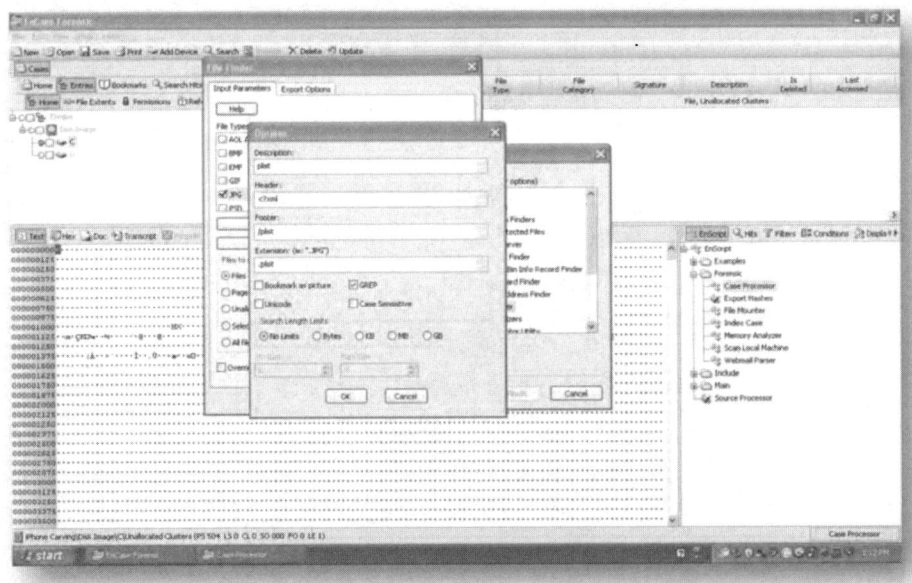

그림 9-32 enscript 탐색창을 통해 파일 형식을 생성할 수 있다.

7. 당신의 임의 패턴을 생성하거나, 불러오기 기능을 통해 파일 형식을 등록한 이후에 탐색창으로 다시 돌아와, 당신이 원하는 항목을 체크할 수 있다.

8. 체크가 끝나면, Case Processor Windows에서 Finish 버튼을 클릭 한다.

9. 데이터 복구가 끝나면, 결과물은 북마크 탭에서 생성된다.

10. 증거 자료를 검토할 수 있다.

EnCase는 경쟁 제품인 FTK와 비교하여 더욱 더 많은 항목을 복구할 수 있다. 사용자 임의 파일 형식을 쓸 수 있는 기능을 통해 더욱 유연하기 때문이다. 물론 하나 이상의 도구를 통해 작업하는 것이 좋을 것 같다. 모바일 포렌식을 위해서도 다수의 도구를 이용하는 것이 필요하다.

Spyware

가장 많이 쓰이는 스파이웨어 애플리케이션 중 두 가지를 꼽자면 Mobile Spy와 File Spy가 있다. 물론 다른 어플레이케이션들도 많지만 잘 쓰이지 않는다. 무엇을 찾아야 하는지, 응용 프로그램이 과장됐는가에 대한 부분은 몰라도 된다. 이러한 프로그램은 해킹된 폰에서만 사용할 수 있다. iPhone에 애플리케이션을 설치하기 위해 Cydia 애플리케이션을 사용해야 한다. 목표물은 이러한 프로그램이 설치되기 위해서 iPhone에 물리적인 접근을 포기해야 한다. 이러한 애플리케이션은 은밀하게 만들어진다. 그 이유는 모든 화면이 숨겨져 있거나 탈옥(JailBreak)과 관련된 모든 아이콘이 홈스크린에서 제거되기 때문이다. 스마트폰은 해킹폰으로 여겨지기 때문에, 그것은 검사자가 디렉터리 구조를 탐색하거나, 해당 애플리케이션을 위치시키는 것이 허용된다.

Mobile Spy

이 소프트웨어 패키지는 상용 소프트웨어로서 www.mobile-spy.com 주소에서 구매하여 설치할 수 있으며, 가격은 3개월 기간 동안 49불 정도 된다. 해당 애플리케이션은 다음과 같은 정보를 모니터링 할 수 있다.

- 전화 기록
- 문자 메세지
- 위치
- 내용

- 업무
- 메모
- 스마트폰 기기의 위치
- 이메일 로그
- 캘린더
- 웹 접속 기록
- 사진과 동영상

해당 프로그램의 실행 파일은 Mobilephone.app이며 /private/var/stash/Applications 디렉터리에 설치된다.

다음은 Mobile Spy 웨어 관련된 몇몇 파일들이다.

- Library/Preferences/com.rxs.smartphoneplist
    - Phone.app에 배치하는 엑세스 코드를 부여.
    - GPS 간격 시간
    - 사용자명과 패스워드
    - 접근할 수 있는 모든 데이터
- /System/Library/LaunchDaemons/com.rxs.ms.plist
- /Preferences/ com.rxs.msdaemon.plist
    - 접근 코드
    - 마지막 사진의 날짜와 시간
    - 웹 접속 기록
- /Msdeamon 디렉터리의, Contactlogs.dat: 데이터베이스에서 사용된 연락처 정보와 날짜와 시간에 대한 기록이 저장됨. 그림 9–33은 텍스트 편집기를 통해서 해당 파일을 확인한 화면이다.

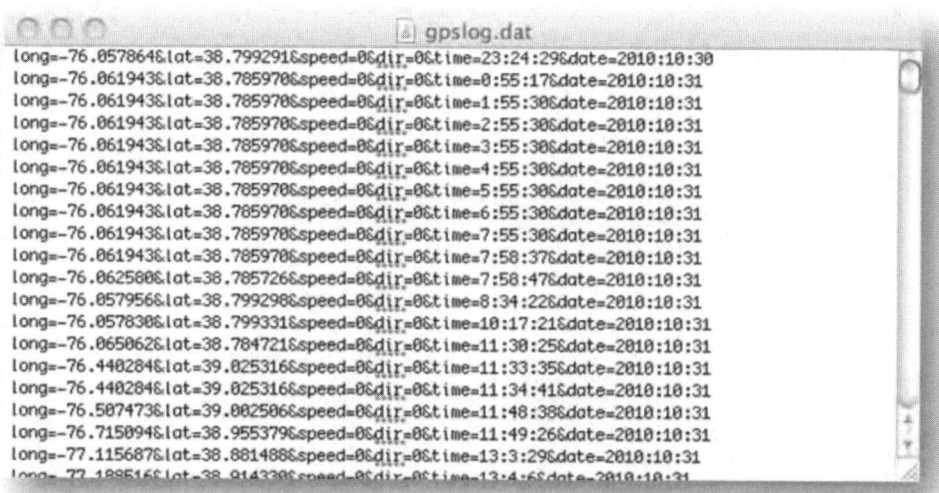

그림 9-33 Contactlogs.dat 파일 내용

■ Gpslog.dat: 위치 정보 시스템의 위도, 경도, 날짜와 시간 등의 기록(그림 9-34).

```
long=-76.057864&lat=38.799291&speed=0&dir=0&time=23:24:29&date=2010:10:30
long=-76.061943&lat=38.785970&speed=0&dir=0&time=0:55:17&date=2010:10:31
long=-76.061943&lat=38.785970&speed=0&dir=0&time=1:55:30&date=2010:10:31
long=-76.061943&lat=38.785970&speed=0&dir=0&time=2:55:30&date=2010:10:31
long=-76.061943&lat=38.785970&speed=0&dir=0&time=3:55:30&date=2010:10:31
long=-76.061943&lat=38.785970&speed=0&dir=0&time=4:55:30&date=2010:10:31
long=-76.061943&lat=38.785970&speed=0&dir=0&time=5:55:30&date=2010:10:31
long=-76.061943&lat=38.785970&speed=0&dir=0&time=6:55:30&date=2010:10:31
long=-76.061943&lat=38.785970&speed=0&dir=0&time=7:55:30&date=2010:10:31
long=-76.061943&lat=38.785970&speed=0&dir=0&time=7:58:37&date=2010:10:31
long=-76.062580&lat=38.785726&speed=0&dir=0&time=7:58:47&date=2010:10:31
long=-76.057956&lat=38.799298&speed=0&dir=0&time=8:34:22&date=2010:10:31
long=-76.057830&lat=38.799331&speed=0&dir=0&time=10:17:21&date=2010:10:31
long=-76.065062&lat=38.784721&speed=0&dir=0&time=11:30:25&date=2010:10:31
long=-76.440284&lat=39.025316&speed=0&dir=0&time=11:33:35&date=2010:10:31
long=-76.440284&lat=39.025316&speed=0&dir=0&time=11:34:41&date=2010:10:31
long=-76.507473&lat=39.002506&speed=0&dir=0&time=11:48:38&date=2010:10:31
long=-76.715094&lat=38.955379&speed=0&dir=0&time=11:49:26&date=2010:10:31
long=-77.115687&lat=38.881488&speed=0&dir=0&time=13:3:29&date=2010:10:31
long=-77.188516&lat=38.914339&speed=0&dir=0&time=13:4:6&date=2010:10:31
```

그림 9-34 GPSLog.day 파일 내용

■ Sms.dat: 몇몇 문자 메세지 관련 정보(전화번호, 날짜와 시간 그리고 문자 메시지 내용). 그림 9-35 참고.

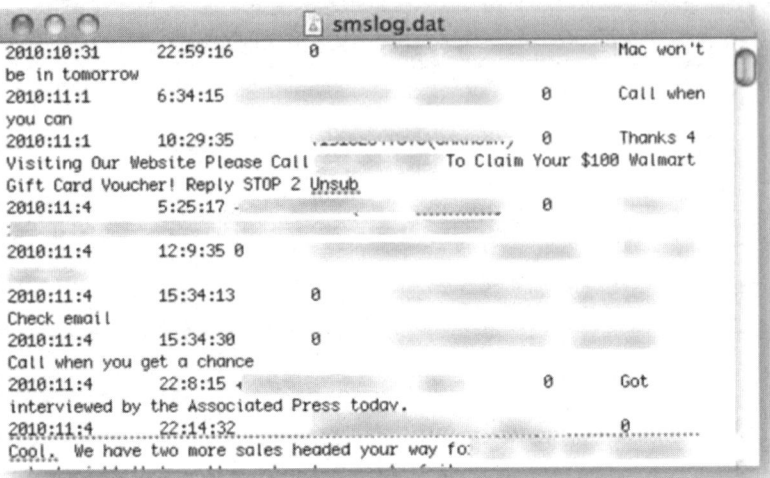

그림 9-35 The smslog.dat 파일

■ Email.db: iPhone 기기에 있는 이메일 계정 정보 및 관련 데이터가 저장되어 있다. 그림 9-36은 이 데이터베이스 세부 내용을 보여준다.

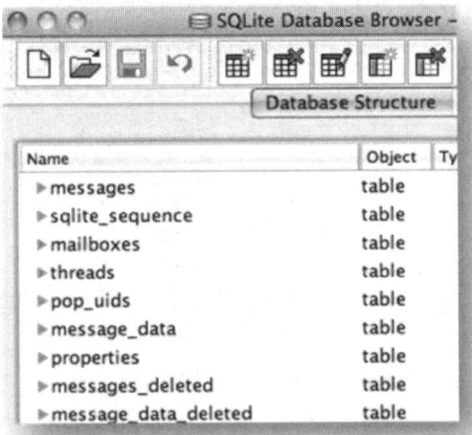

그림 9-36 Email.db 구조

그림 9-37의 화면에서 볼 수 있듯이 표시되어 있는 아이콘을 스마트폰 기기에서 볼 수 있다면, Mobile Spy 프로그램이 해당 기기에 설치되어 있는 것이다.

그림 9-37 Mobile Spy icon

FlexiSpy

해당 솔루션은 Mobile Spy와 유사한 솔루션이다. 하지만, 프로그램을 은닉시키는 부분에 있어서 Mobile Spy의 기능에 비하여 강점을 가지고 있으며, 가격 또한 조금 더 비싼 편이다. Flexispy 프로그램은 www.flexispy.com 사이트에서 구매 및 설치할 수 있으며, 비용은 1년에 $145 ~ $349 까지 있다. 본 프로그램 Mobile Spy와 동일한 경로에 설치되며 실행 파일은 Mobiefonex.app이다. 모든 것은 APP에 포함되어 있으며 logevents.db라는 로그 파일도 포함되어 있다. SMS, GPS 그리고 이메일과 같은 로그 기록을 SQLite 데이터 베이스 형식으로 저장하고 있다.

조사된 속성 목록 파일로 com.mobiefonex.Mobiefonex.launch.plist가 있다. 해당 파일은 /System/Library/LaunchDaemons 디렉터리에서 찾을 수 있으며, 프로그램에서 사용하는 모든 라이브러리가 포함되어 있다.

iPhone 화면에는, 해당 애플리케이션의 아이콘 명이 MBackup 표시되며 아이콘은 그림 9-38과 같다.

그림 9-38 FlexiSpy 아이콘

요약

이번 장에서는 Windows와 매킨토시 툴을 통하여 비할당 영역에 대한 파일 복구가 어떻게 가능한가에 대한 다양한 주제를 살펴보았다. 이제 이메일 정보는 FTK를 통해 확인할 수 있다. 또한 해킹 폰에서 당신은 스파이 웨어를 찾을 수 있고 언제 애플리케이션이 저장되었거나, 실행이 되었는지도 이해할 수 있다.

다시 한 번 기억할 것은, 매킨토시 기반의 도구들은 iPhone으로부터 모든 파일을 성공적으로 수집할 수 있으며, Windows 기반의 도구를 통해서도 깊이 있게 분석할 수 있다. 다만 전문가적인 자세로써 인내를 가지고 편안한 Windows 기반의 툴을 탈출해서 발굴을 위해 매킨토시 환경을 사용할 수 있어야 한다. 매킨토시 환경에서 조사가 진행되는 과제가 다가오면 많은 수사관은, "그것은 너무나 비용이 많이 드는 일일 것이다."라고 얘기한다. 하지만, 이 책에 있는 모든 절차와, 도구들 그리고 과정들을 십분 활용한다면 60만 원 정도면 분석이 가능하다. 우리는 항상 문제를 해결할 수 있는 방법을 찾을 수 있다. 가상 시스템과 Boot Camp를 통해서 100만 원 정도의 비용으로 Windows와 매킨토시 두 환경에 대한 분석이 가능하다.

CHAPTER 10

네트워크 분석

인간의 의사 소통의 방식이 어떻게 발전되었는지 살펴보면, 이동 통신 관련 부분을 빼놓을 수 없다. 개인을 위한 것이든, 상업적인 용도이든, 누군가와 연락을 취하기 위한 방법은 결코 쉬운 일이 아니었다. 사람들이 모바일 기기에 더욱 의존적으로 변해 갈수록, 사용자들에 대해 수집할 수 있는 정보의 양은 계속해서 증가하고 있다.

따라서, 포렌식 분석자가 모바일 기기로부터 데이터를 추출하고 정보를 이해하는 능력은 대단히 중요한 요소가 되었다. 또한 시간이 갈수록 거대한 데이터를 처리해야 하는 최신의 컴퓨팅 능력이 필요하게 되었다.

iOS 기기의 핵심적인 특성은 휴대가 가능하다는 것이다. 항상 켜져 있고, 언제나 세계와 접속 가능한 모바일 기기의 다양한 특성들을 통해 우리는 풍부한 포렌식 데이터를 수집할 수 있게 되었다. Apple 모바일 기기에서 생성되는 대화형 정보들은 위치 정보에 근거한 데이터베이스에 저장되고 있으며, 이러한 특성은 포렌식의 새로운 분야를 만들고 있다.

오늘날의 포렌식 분석자들은 사진이나 문자 메세지에 대한 분석뿐만 아니라, 실질적인 포렌식 분석을 가능하게 하는 영역으로 네트워킹을 염두해 두고 있다. iOS 기기를 통한 Wi-Fi 접속이나 인터넷 기반의 애플리케이션, 네트워크의 계층에서도 포렌식 데이터가 발견되고 있다.

증거 관리의 고려 사항

우리는 이러한 새로운 기기들의 증거 수집과 chain-of-custody[역주1] 절차를 위해 새로운 기술을 고려해야 한다. 이러한 기기들은 계속해서 접속이 유지되고 있는 상태이기 때문에, 다양한 포렌식 이슈들로 인해 기기 내의 특정 증거가 무효화 될 수도 있다. 예를 들어, 사용자는 Apple사에서 제공하는 MobileMe 서비스 중 원격 삭제 기능을 통해서 기기를 통하지 않고도 웹 포탈을 통해 인터넷에 접속되어 있는(3G 혹은 Wi-Fi) 기기의 정보를 지울 수 있다. 따라서, 기기를 손에 넣은 즉시 원격의 조작으로부터 데이터 손실을 차단하기 위한 조취를 취해야 한다.

만일 분석하는 기기의 설정에 접근이 가능하다면, 비행 모드로 설정하고, 시간 및 표준 시간대를 적어놓는 것을 잊지 말아야 한다. 이를 통해 사건이 발생한 시기에 어떤 작업들이 어떤 순서대로 진행되어 데이터가 생성되었는지 정확하게 파악할 수 있다. 만약 설정 정보에 접근이 불가능하다면, 패러데이 케이지[역주2]를 통해서 Wi-Fi와 GSM/3G 등의 통신을 차단해야 한다. 또한 차단된 기기를 안전하게 분석하기 위해서 EMI/RFI-sanitized room[역주3]까지 패러데이 케이지를 통해 안전하게 이동한 이후에 분석이 실시되어야 한다.

나아가, 네트워크 분석은 특별히 증거 수집이 필요한 범죄 주변 지역에서 수행되어야 한다. 의심되는 특정 위치는 빈번하게 나타나는 현장의 현상을 파악하기 위해 다양한 각도에서의 분석이 필요하며 다양한 접속 방법에 대해서 파악해야 한다. 이것은 후에 다른 물리적 공간의 기기에서 찾은 데이터와 상호 연관시킬 수 있는 중요한 가치를 가지고 있다. 물론, 이러한 일련의 작업을 수행하기 전에 수색 영장을 보유하고 있어야 한다.

역주1 증거의 무결성
역주2 Faraday cage: 도체로 둘러싸여 밀폐된 내부의 공간은 외부 전자기장으로부터 차단되어 그 영향을 받지 않고 고유의 전자기장을 유지할 수 있다. 이를 통해서 외부의 전자기적 접근을 차단할 수 있는 상자이다.
　　　 http://en.wikipedia.org/wiki/Faraday_cage참고.
역주3 전자파 방해 전파 간섭 기술을 통해 외부와의 통신이 차단된 분석 공간

네트워킹 101: 기초

Apple사의 모바일 기기 제품군은(iPod touch, iPhone, iPad) 네트워크 접속을 위한 몇 가지 방법이 있다. Apple 기기는 내부적으로 하나 또는 그 이상의 무선통신장치가 포함되어 있다. 보통 GSM cellular 통신이나 3G 데이터 통신을 포함하고 있으며, 무선 인터넷 연결을 위해 802.11 등의 통신을 이용하기도 하지만, 구형 모델의 경우(2G 기본 모델과 iPod 터치)는 802.11b/g 통신을 지원한다. 최신 모델의 경우(iPad 혹은 iPhone 4) 802.11/b/g/n의 통신을 지원한다. 802.11 뒤의 (b/g/n) 각각의 의미는 802.11 무선 통신 규약으로 개정 버전을 나타낸다.

통신 규약의 표준은 국제전기전자기술자협회(IEEE-Institute of Electrical and Electronics Engineers)를 통해 작업이 진행되며, 새로운 기술에 대한 적용이 가능한 해마다 표준화 작업을 통해 새로운 버전을 채택한다. IEEE 802 표준 규약은 네트워크 통신 분야에서 매우 잘 알려져 있으며, 이는 802 프로토콜이 네트워크 통신 기능의 중요 구성 요소이기 때문이며, 그 중 802.11이 대표적인 통신 프로토콜이다.

IEEE 802.11은 표 10-1과 같이 802.11(초기 버전), 802.11a, 802.11b, 802.11g, 그리고 802.11n 등 5가지의 종류가 있다. 각각은 주파수, 대역폭, 변조 유형에 따라 독특한 특징을 가지도록 구현되었다. 일반적으로 새로운 표준을 준수하는 기기와 이전 표준 기기에 연결되어 사용할 경우 구 표준과의 호환이 가능하여, 구 표준의 접속 프로토콜을 사용할 수 있다. 하지만 이 모든 것은 사용자가 볼 수 없는 부분이다.

표 10-1 802.11의 종류

Version	Release	Frequency (GHz)	Indoor (Ft)	Outdoor (Ft)	Max Data Rate
802.11	1997	2.4	60	300	2Mbps
802.11a	1999	5	100	350	54Mbps
802.11b	1999	2.4	120	450	11Mbps
802.11g	2003	2.4	120	450	54Mbps
802.11n	2009	2.4 / 5	230	800	150Mbps

iOS 기기는 네트워크 연결을 위해 다양한 통신 표준 중 하나인 802.11을 사용한다.

논리적 관점에서의 통신이 어떻게 일어나는가를 쉽게 이해하기 위해 RFC 1122(인터넷 규약 규정)를 참조하기 바란다. RFC 1122의 연혁과 개요는 네트워크 분석 수행에 있어 유용한 개념을 제공할 것이다.

미 국방부 연구기관, DARPA(Defense Advanced Research Projects Agency Defense Advanced Research Projects Agency)의 연구소에서 네트워킹의 개념이 생긴 이후, 논리적 네트워크 모델을 구성하는 방법에 대한 이슈가 있었다. 이러한 이슈는 1970년대에 형태를 갖추기 시작하여, 현재는 층(layer)에 대한 개념으로 인터넷 통신의 방법에 대해 명확히 정의되어 있다. 각 층은 프로토콜의 기능에서 따라 최상위부터 구분되어 있으며, 시스템의 광범위한 데이터가 최상위 층의 스택에서부터 인터넷에 해당하는 최하단까지 통신하게 된다.

RFC 1122는 네 개의 계층 모델을 통해 각각의 특징적이며 중요한 기능의 네트워크 통신에 대해서 설명한다. RFC 1122 아래에서부터 데이터링크, 네트워크, 전송, 애플리케이션 계층이다. 그림 10-1과 같이 각각을 캡슐화 하여 생각하는 것은 좋은 방법이다. 한 컴퓨터에서 실행되는 응용 프로그램이 인터넷을 통해 다른 컴퓨터의 응용 프로그램과 통신하기 위해, 두 컴퓨터의 운영체제는 데이터를 주고받을 수 있도록 지원해야 한다. 이러한 운영체제는 데이터전송을 하기 적합하도록 데이터를 분할하고, 인터넷 주소를 통해 목적지 시스템에 대한 접근 경로를 확인한 후, 물리적 링크를 이용하여 네트워크에 데이터를 전송한다. 데이터를 받는 시스템은 자체적인 링크를 통해서 전송된 데이터를 수신하기 때문에 인터넷 주소를 통해서 해당 파일의 수신자임을 확인하며, 분할된 각 데이터는 전송 계층에서 다시 합쳐져 애플리케이션 층에 전송된다.

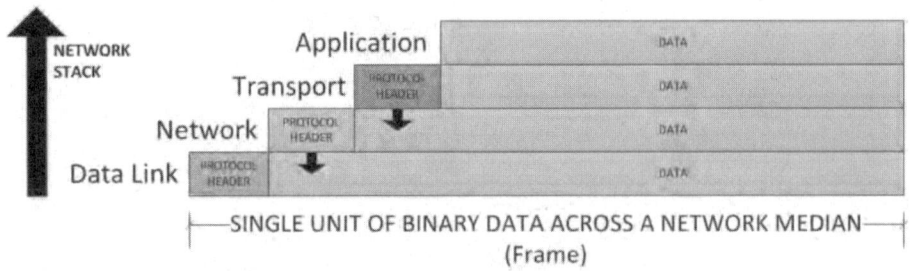

그림 10-1 네트워크 전송을 위한 캡슐화

이것은 이해하기에 다소 복잡한 개념이지만, 모든 기기에서 네트워크 통신을 하기 위해 사용하는 방식이다. 전 세계를 연결하는 네트워킹의 호환성은 인터넷을 통한 통신에 있어서 매우 중요한 부분으로 이 기종의 기기들이 서로 연동할 수 있어야 한다. 인터넷 프로토콜 규약을 통해 내부에서 정의된 표준을 구현함으로써, 아이폰은 전 세계의 다른 기기에게 메일을 보내는 것이 가능하다.

데이터 링크 계층에서는, 프로토콜이 주변의 즉각적인 네트워크 요청을 수용하여 접속할 수 있게 설계되어 있으며, 물리적 연결(유/무선 포함) 및 송수신을 위한 기본 프로토콜을 포함하고 있다. 반송파 감지 다중 접속 및 충돌 회피(CSMA/CA, Carrier Sense Multiple Access with Collision Avoidance)는 무선 기기가 다른 기기와 공중파를 공유하는 데 사용되는 프로토콜이다. CSMA/CA는 802.11에 정의되어 구현된 표준이다. 물리적인 비트(bit)가 전송되는 데이터링크 층이 게이트웨이 역할을 하며, 링크 계층은 일반적으로 MAC 주소로 알려진 기기의 물리적 하드웨어 주소를 정의하는 자체적 대응 방식을 가지고 있다. MAC 주소는 이더넷 2 프로토콜에서 사용되었으며, 802.11 표준으로 정의되어 있다. CSMA/CA와 이더넷 2는 뉴욕에서부터 캘리포니아에 이르는 정보를 얻기 어렵지만, 아이폰에서는 즉각적인 접속을 통해 정보를 얻는 것이 가능하다.

그림 10-2는 바이트가 조각나 프레임을 구성하는 방법에 대해 설명하고 있다. 발신 아이폰에서 목적지 아이폰의 MAC 주소에 이르는 라우터까지 전송된다. (발신지 아이폰 MAC주소를 얻기 위해 아이폰의 Wi-Fi와 블루투스를 사용한다. 그림 10-3 참고.) 프레임이 목적지 라우터에 도달하면 데이터링크 계층은 분리되며, IPv4의 IP 헤더는 (그림 10-4 참고) 라우터가 프레임을 어디로 보내야 하는지 결정하며, 다른 기기와 통신하기 위해 IPv4 패킷 내부에 새로운 데이터링크 층으로 다시 캡슐화한다.

Ethernet II Frame Header & Payload

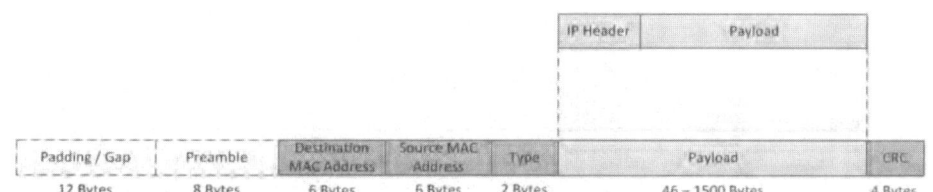

그림 10-2 이더넷 2(데이터링크 계층) 헤더에 포함된 데이터의 조각

인터넷 계층에서는 하나의 아이폰에서 데이터가 무선 접속 지점으로 전송되고 인터넷을 통해 또한 다른 기기로 전송되게 된다. 우선 접속 지점에서는 프레임(데이터 링크 계층의 데이터 조각)이 라우터에 전달된다. 라우터는 네트워크를 연결하여 일반적으로 인터넷 프로토콜(IP) 주소를 구성하고, 패킷이 목적지에 도착하기까지 다른 라우터로 보내는 데 사용되는 장치이다. 실제로 라우터가 데이터를 보내고 관리하는 알고리즘 및 표준이 있지만 이 책의 핵심 범위 밖에 있다. 인터넷에는 셀 수 없이 많은 라우터들이 인터넷의 핵심에서 크고 작은 수많은 네트워크를 연결하고 있다.

그림 10-3 Apple 모바일 기기의 Wi-Fi, 블루투스와 같은 중요한 하드웨어 네트워크 주소들은 여러 숫자가 개인적인 용도로 숨겨져 있다.

0   IP Header   31

each row is 32 bits

VERSION 4 BITS	HEADER LENGTH 4 BITS	TYPE OF SERVICE 8 BITS	TOTAL LENGTH 16 BITS
IDENTIFICATION 16 BITS		FLAGS 4 BITS	FRAGMENT OFFSET 12 BITS
TIME TO LIVE 8 BITS	PROTOCOL 8 BITS	HEADER CHECKSUM 16 BITS	
SOURCE IP ADDRESS 32 BITS			
DESTINATION IP ADDRESS 32 BITS			
IP OPTIONS OPTIONAL , VARIABLE LENGTH		PADDING OPTIONAL , VARIABLE LENGTH	
DATA PAYLOAD			

그림 10-4 IP 헤더 구성도

IP 주소는 0과 254 사이에 점으로 구별되는 네 개의 숫자 조합(Dotted-quad Notation)으로 구성 되어 있으며, 예를 들어 8.8.8.8은 구글의 인터넷 도메인 네임서버이다. IP 주소는 인터넷에 있는 정보를 다른 인터넷으로 전송하는 수단으로 Mac, PC, 아이폰 또는 기타 인터넷이 가능한 기기들 간에 정보를 주고 받는 데에 사용된다.

스택의 다음 계층은 전송 계층으로 (네트워크 스택의 전체적인 구성은 그림 10-5를 참고, 접속 지 점 간에 네트워크 흐름에 대한 정보는 그림 10-6을 참고) 이 계층은 사용자에게 보이지 않지만, 인터넷의 두 호스트 사이의 애플리케이션 트래픽에 있어서 중요한 역할을 한다. 전송 계층은 크게 전송 제어 프로토콜 (TCP, Transport Control Protocol)과 사용자 데이터그램 프로토콜 (UDP, User Datagram Protocol) 두 개로 구성된다. 이 두 프로토콜은 근본적으로 다르지만, 인터넷의 거의 모든 호스트가 연결되어 있는 동안에는 지속적으로 이 프로토콜을 사용한다. 예를 들어, 사용 자가 웹사이트(예: Google.com)에 접속할 때, 자신의 웹브라우저가 겉으로는 구글의 웹서버에 연 결되며, 그 뒤에서는 TCP, UDP 두 개의 중요한 과정이 함께 일어나고 있다. 네트워크 계층의 IP 프로토콜을 사용하여 유일한 IP 주소를 지정해야 하며, 도메인 네임 서비스(DNS, Domain Name Service)는 UDP 프로토콜을 사용하여 주어진 IP 주소(예: 72.14.204.103)와 상응하는 호스트네임 (예: Google.com)을 찾는 글로벌 시스템이다. 호스트 기기는 호스트 이름과 DNS 서버에게 곧 알 려지게 되며, DNS 서버는 해당 IP 주소로 응답한다. 호스트 애플리케이션과 운영체제는 효과적으 로 데이터를 구성하며 이는 RFC 1122 표준을 따른다.

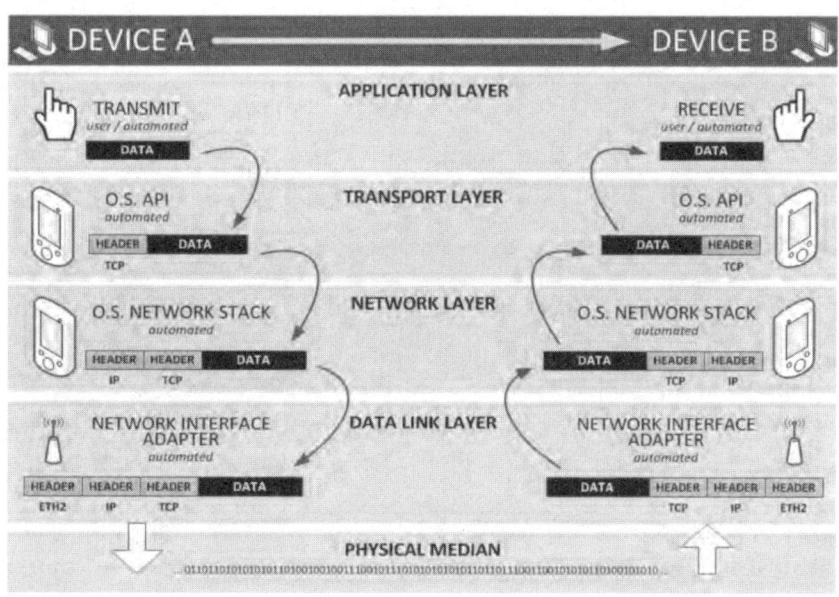

그림 10-5 네트워크 스택이 기기에 구현되는 설계도

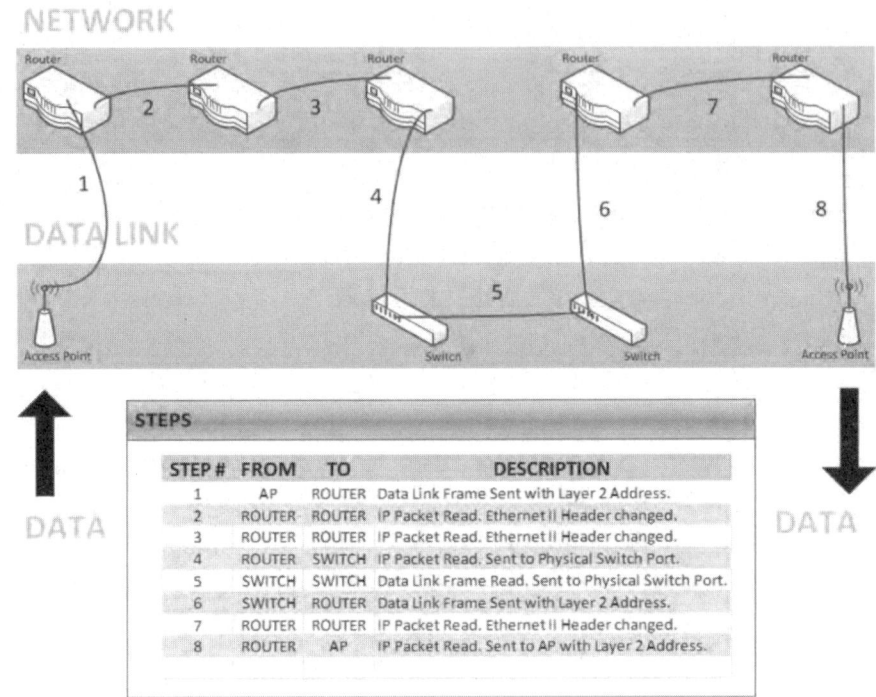

NETWORK FLOW

NETWORK

DATA LINK

DATA   DATA

STEP #	FROM	TO	DESCRIPTION
1	AP	ROUTER	Data Link Frame Sent with Layer 2 Address.
2	ROUTER	ROUTER	IP Packet Read. Ethernet II Header changed.
3	ROUTER	ROUTER	IP Packet Read. Ethernet II Header changed.
4	ROUTER	SWITCH	IP Packet Read. Sent to Physical Switch Port.
5	SWITCH	SWITCH	Data Link Frame Read. Sent to Physical Switch Port.
6	SWITCH	ROUTER	Data Link Frame Sent with Layer 2 Address.
7	ROUTER	ROUTER	IP Packet Read. Ethernet II Header changed.
8	ROUTER	AP	IP Packet Read. Sent to AP with Layer 2 Address.

그림 10-6 레이어 2와 3 사이의 트래픽 흐름

DNS 서비스는 IP 주소를 결정하며, 호스트 브라우저는 HTTP(Hypertext Transfer Protocol) 전송 프로토콜을 사용하여 웹페이지를 요청한다. 이러한 요청은 애플리케이션 계층에서 발생하며, HTTP에 관해서는 뒷부분에서 더 자세히 다룰 예정이다. 이러한 요청은 웹서버와 호스트 기기 사이의 논리적인 연결을 통해 이루어지게 되며, 전송 계층에서 TCP 프로토콜의 사용을 통해 유지된다.

TCP는 매우 복잡한 프로토콜로, 컴퓨터 시스템이 커뮤니케이션 할 수 있도록 도왔다. 이는 연결 지향 프로토콜로 다른 호스트에서 데이터를 유지하기 위해 많은 알고리즘과 함수를 사용한다. TCP 를 통하여 데이터 'ABCDEFG'가 호스트 A로부터 B에게 보내졌다고 간주하여 볼 때, TCP는 데이터의 전송 및 수신뿐만 아니라, 보내기로 한 데이터가 맞는지 확인하기 위해 커뮤니케이션을 한다. 이러한 기능은 TCP를 신뢰할 수 있는 통신 전송 프로토콜이라고 여겨지는 이유이다.

프로토콜 망을 사용하면(그림 10-7 참고), 효과적인 글로벌 커뮤니케이션이 가능하다. 이는 인터넷 상의 모든 모바일 기기와 모든 서버 간의 통신 방법으로 모든 애플리케이션은 사용자와 장치가 상호작용한다.

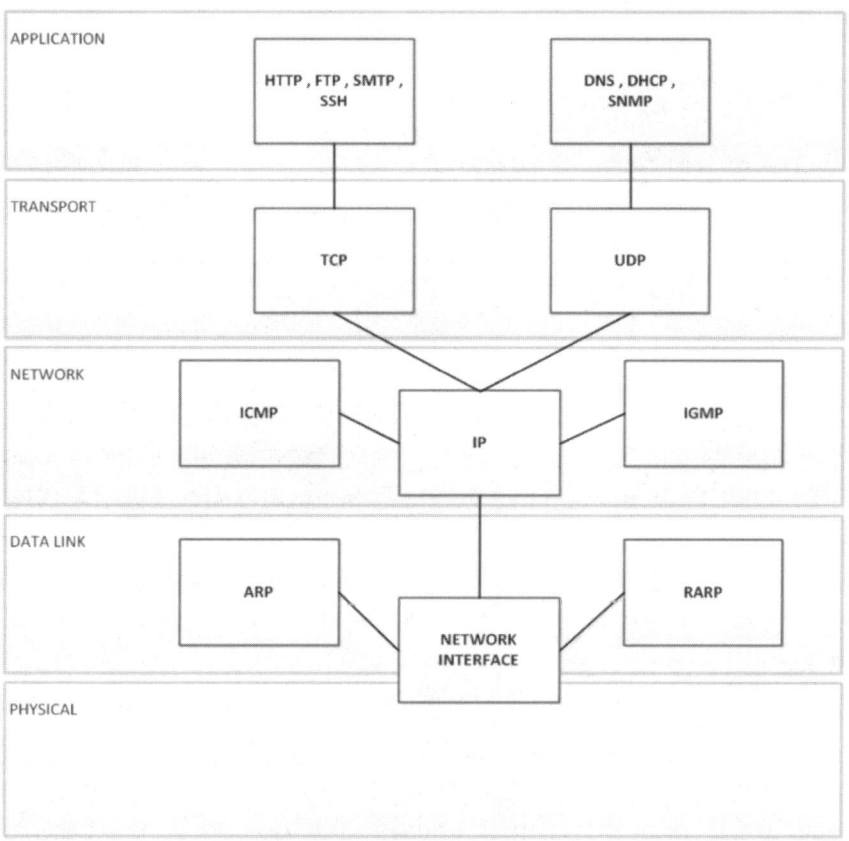

그림 10-7 각 계층에 의한 네트워크 프로토콜과 네트워크 스택이 상호 운용되는 방식

Networking 201: 고급 주제

이제 기본적인 네트워킹에 대해서 살펴보았으니 네트워킹 내부의 좀 더 전문적인 내용을 살펴볼 것이다. 포렌식을 위해 필요한 네트워킹 정보들은 모바일 기기에 뿔뿔이 흩어져 있지만, 네트워킹 관점에서 정보 수집을 시작해야 한다는 사실을 이해하는 것이 중요하다.

DHCP

인터넷 프로토콜을 살펴보면, 가장 중요한 기능은 어드레싱(addressing)이라고 말할 수 있다. 인터넷 통신의 두 개의 노드는, 다른 노드의 실질적인 주소의 정보가 있어야 한다. 이를 통해 동적 호스트 제어 프로토콜(DHCP, Dynamic Host Control Protocol)이 나오게 되었다. 인터넷의 대부분의 서버들과 기타 고정 기기들은 IANA와 같은 조직을 통해 그들의 주소를 부여 받을 수 있지만, 반면 작은 모바일 기기들은 DHCP 서비스 운영 시스템의 서비스를 통해서 내부적으로 IP 주소를 할당 받을 수 있다. 기기가 내부 Wi-Fi 네트워크에 접속할 때, 기기는 데이터링크 계층을 통해 '자신은 현재 처음 접속을 시도했고, IP 주소를 통해서 통신하고 싶다, 주소를 할당할 수 있는 DHCP 서버가 있는가?'라는 메시지를 전달하게 된다. 내부 네트워크에 있는 DHCP 서버(대부분의 가정에서 사용하는 라우터 및 SMB 장비)는 내부 네트워크에서 사용할 수 있는 IP 주소를 할당하게 된다. 이것은 보통 해당 네트워크의 전용 주소로, 사설 네트워크에서 사용하기 위해 지정되어 공개적으로 인터넷에 접속할 수 없는 특정 영역의 IP 주소이다. 이러한 사설 네트워크에서 사용되는 라우터는 라우터 주소 변환(NAT, Network Address Translation)을 수행하게 되는데, 이를 통해 라우터가 연결에 필요한 공용 IP 주소(보통 ISP에서 지정)를 가지게 되며 모든 연결에 대해 DHCP 서비스를 수행한다. 해당 망에 존재하는 호스트가 인터넷에 접속하려면 공인 IP를 통해 라우팅 된다. 라우터는 호스트가 연결을 취하여, 해당 망의 인터넷에서 정보를 주고받는 것을 돕는다. 그림 10-8에서 사설 네트워크의 NAT가 어떻게 동작하는지 볼 수 있다. 표 10-2는 사설 IP 주소들의 범위를 나타낸다(C 클래스의 사설 주소만 보는 것이 가능).

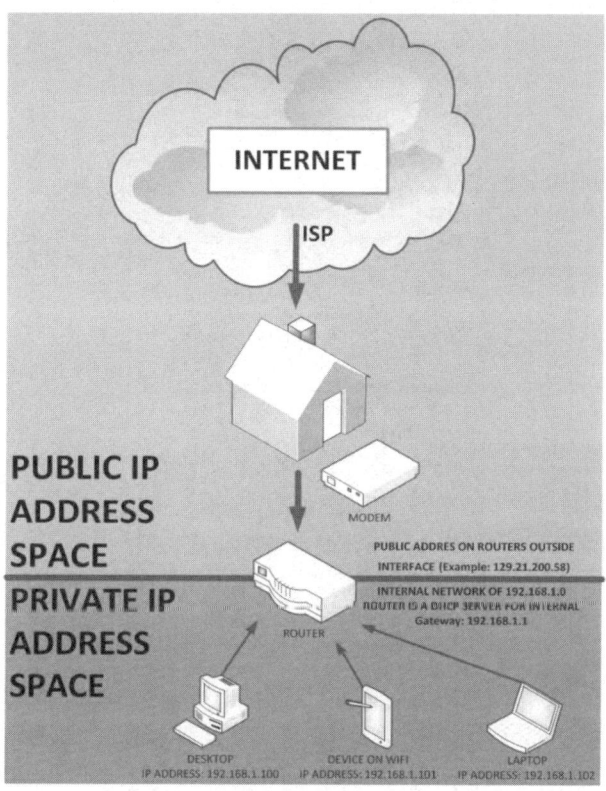

그림 10-8 NAT

표 10-2 사설 IP 주소 범위

Beginning Address	End Address	Class	# of Hosts Possible
10.0.0.0	10.255.255.255	A	16,777,216
172.16.0.0	172.31.255.255	B	1,048,576
192.168.0.0	192.168.255.255	C	65,536

기기에 IP 주소를 할당하는 것 이외에도 DHCP는 종종 내부 네트워크에 대한 추가적인 정보를 전달할 수 있다. 이러한 과정에서 가장 중요한 정보는 DNS 서버의 IP 주소이다. 호스트는 모든 주소들를 결정하기 위해 DNS에 쿼리하게 된다. 아이폰의 DHCP 서버에서 주소 정보를 확인하는 것이 가능하다(그림 10-9).

그림 10-9 아이폰 네트워크 설정 화면

무선 암호화 및 인증

모바일 네트워킹에 관하여 이야기하자면 802.11 Wi-Fi를 빼놓을 수 없다. 시간이 지남에 따라 여러 Wi-Fi 암호화 인증 표준이 등장하게 되었지만 주요 암호화 방식으로는 WEP와 WPA를 들 수 있는데, 이는 모든 Apple 기기에서 사용 가능하지만 일부 네트워크에서는 오늘날에도 이 기술을 사용하지 않는다.

WEP(Wired Equivalent Privacy)는 무선 보안 기술 중 가장 오래되고 약한 보안 방식으로 802.11 네트워크의 도청을 방해하기 위해 개발되었지만, 지난 몇 년간 여러 암호화 결함들이 발견되어 그 가치가 많이 상실되었다. 하지만 아직도 많은 네트워크에서 교체되지 않고 사용되고 있다. WEP의 키 길이는 40, 106 혹은 232비트이며, 보통 연결이 시도될 때 16진수로 입력되게 된다.

무선암호화의 표준은 WEP에서 WPA(Wi-Fi Protected Acces)로 교체되었다. WEP의 최신 버전은 WPA2로 불리며 WEP/WPA2는 WEP와 비교하여 훨씬 더 강력한 보안을 보장한다. 하지만 보안의 관점에서 볼 때 WPA/WPA2 암호화를 깨는 것이 가능하다. 이는 구현에 의존적이며 AES(Advanced Encryption Standard)와 강력한 패스프레이즈(passphrases)를 사용하여 대부분의 공격에 대응한다. 패스프레이즈는 암/복호화에 사용되는 문자열로, 길고 복잡한 하나의 문장이다. WPA는 엔터프라이즈 디렉터리에 사용자를 인증하기 위해 RADIUS나 EAP와 같은 엔터프라이즈 서비스와 결합되어 사용될 수 있다.

포렌식 분석

대부분의 포렌식 분석이 모바일기기 사용자의 활동을 파악하는 데 의존적이며, 네트워크 구조를 알아내는 것과는 꽤 거리가 멀다. 이 대부분은 사용자에게 보이지 않으며, 기기 내에서도 항상 볼 수 있는 것이 아니다. 이것은 사용자의 입력에 따라 사용자의 잘못으로 보일 수도 있지만, 네트워크 구조는 위치를 파악할 수 있는 가장 중요한 정보 중의 하나다. 모바일 기기에 저장된 네트워크 정보를 조사하는 데 있어서 포렌식 분석가는, 사용자가 해당 접속 지점 근처에 있지 않더라도, 의심되는 위치의 주변 네트워크와 기기 내의 정보를 상호 참조하여 기기의 위치를 증명하는 것이 가능하다. 이러한 발견을 가능하게 하는 여러 개의 파일들이 iOS 내에 존재하고 있다

com.apple.wifi.plist

plist 환경 설정 파일은 `/Library/Preferences/SystemPreferences/com.apple.wifi.plist` 디렉터리 내에 위치하고 있으며, 이것은 캐시 링크 계층과 802.11의 물리적인 네트워크 정보, WPA, WEP와 같은 프로토콜에서 사용된다. 이 파일은 어떤 Wi-Fi 망에 연결되었는지, 언제 이곳에 저장되었는지를 알아내는 것과 관련이 있으며, 접속 지점의 MAC 주소와 어떤 암호화 방식이 해당 Plist 내에서 사용되었는지를 알 수 있게 해준다. 모든 구조는 Apple plist라고 불리는 <key>/<data>에 저장되어 있다. 표 10-3은 이 파일의 내용을 파악하고자 할 때 참고할 수 있는 정보이다.

표 10-3 `com.apple.wifi.plist`의 주요 요소

Artifact Keys	Explanation
BSSID	연결된 접속 지점의 데이터링크 계층의 MAC 주소
SSID_STR	연결된 네트워크의 이름
Strength	연결 시 신호 강도
lastJoined	사용자가 네트워크에 접속한 날짜와 시간
lastAutoJoined	모바일 기기가 자동적으로 해당 네트워크에 접속한 날짜와 시간

네트워크가 WPA2 엔터프라이즈라면, `EAPClientConfiguration`을 포함하는 `EnterpriseProfile`이라는 XML 파일을 발견할 수 있다. 일반적으로 엔터프라이즈 레벨의 사용자가 이곳에서 발견되며, 이는 도난 계정 등의 경우에서 유용하게 사용될 수 있다.

com.apple.network.identification.plist

wifi.plist에 보존된 데이터와 마찬가지로 802.11은 데이터 링크 계층의 환결 설정과 관련이 있다. /Library/Preferences/com.apple.network.identification.plist에 위치하고 있는 network.identification.plist에는 IP 네트워크 구성에 대한 미러링 정보가 포함되어 있다. XML 트리 내에는 모바일 기기가 연결되었던 모든 네트워크의 정보가 기록되어 있으며, 각각의 네트워크 <dictionary> 내에서는 네트워크 게이트웨이와 DNS 서버 정보도 찾을 수 있다. 표 10-4는 해당 조사를 위해 문서화 되어야 할 구조를 나타낸다.

표 10-4 com.apple.network.identification.plist 내의 주요 정보

Artifact	Explanation
Identifier	기본 게이트웨이(라우터의 네트워크 주소)와 해당 인터페이스의 MAC 주소
DNS/server addresses	DNS 서버 주소
IPv4/addresses	연결 시 모바일 기기의 IP 주소
IPv4/router	연결 시 라우터의 IP 주소
IPv4/subnet masks	서브넷 마스크(네트워크 계층의 트래픽 라우팅에서 사용)
Time stamp	해당 정보가 생성되었을 때의 시간 정보

포렌식 분석가는 plists의 이러한 정보들을 분석에 이용하여, 의심되는 모바일 기기가 특정 시간에 해당 네트워크에 접속하였다는 것을 증명하는 것이 가능하다. 또한 인터넷 라우팅 로그를 이용하여 의심되는 범죄의 현장이나 의심되는 기기의 IP 주소와의 상관 관계를 알아낼 수 있다.

consolidated.db (iOS 4+)

/Library/Caches/locationd/consolidated.db에 위치하고 있는 consolidated.db 파일은 포렌식 분석가가 분석 시 사용할 수 있는 가장 풍부한 정보를 가지고 있는 파일 중 하나이다. 데이터를 보려면 터미널 창을 열고 CD(디렉터리 변경) 명령을 사용하여 consolidated.db 파일이 있는 디렉터리로 이동한다. 그 후 sqlite3 consolidated.db 명령을 실행하여 데이터베이스를 연다. sqlite 프롬프트에 .tables를 입력하면 다음과 같이 출력될 것이다.

```
OSForensics # ls
consolidated.db
iOSForensics # sqlite3 consolidated.db
SQLite version 3.6.12
Enter ".help" for instructions
Enter SQL statements terminated with a ";"
sqlite> .tables
Cell                         CellLocationLocalBoxes_rowid
CellLocation                 CellLocationLocalCounts
CellLocationBoxes            CompassCalibration
CellLocationBoxes_node       Fences
CellLocationBoxes_parent     Location
CellLocationBoxes_rowid      LocationHarvest
CellLocationCounts           LocationHarvestCounts
CellLocationHarvest          TableInfo
CellLocationHarvestCounts    Wifi
CellLocationLocal            WifiLocation
CellLocationLocalBoxes       WifiLocationCounts
CellLocationLocalBoxes_node  WifiLocationHarvest
CellLocationLocalBoxes_parent WifiLocationHarvestCounts
sqlite>
```

WifiLocation과 WifiLocationHarvest는 네트워킹과 관련된 중요 테이블로 두 테이블은 구조가 유사하며, 두 개의 데이터셋을 나타낸다. WifiLocation은 모바일 기기 접속 지점의 MAC 주소 데이터베이스이고, 무선 네트워크에서 접속 지점의 브로드캐스트 신호 프레임은 데이터링크 계층의 정보로, 접속 가능한 네트워크가 존재함을 나타내어 해당 범위 내에서 사용 가능한 Wi-Fi 네트워크를 발견할 수 있도록 돕는다. 이때 WifiLocation에는 MAC 주소, 시간 정보, 위도, 경도, 고도 및 기타 지리적인 정보에 대해 기록되게 된다. 이론적으로 볼 때, Wi-Fi 네트워크의 지도에 대한 정보가 있다면, 모바일 기기가 특정 지역에 걸쳐 이동할 때 해당 모바일 기기의 이동 경로를 파악할 수 있다. WifiLocation은 수십만 행에 이르는 데이터셋 정보를 가지고 있으며, Wifi LocationHarvest도 이와 유사하지만 이것은 모바일 기기가 실제로 연결된 접속 지점에 대한 정보가 기록된다.

간단한 SQL 쿼리를 통해 해당 데이터 테이블에 있는 데이터를 열람하는 것이 가능하다. 예를 들어 SELECT * FROM WifiLocation 명령을 통해, WifiLocation 테이블 내의 모든 데이터를 출력할 수 있다. 인터넷에 SQL 쿼리, 특히 SQLite 구문에 대해 많은 정보가 있다. .exit 명령을 통해서 sqlite 프롬프트를 종료할 수 있다. 이를 통해 consolidated.db 파일이 있는 디렉터리로 돌아갈 수 있다. 만일 더 자세한 정보를 얻기 원한다면 Perl이나 Bash로 작성된 간단한 스크립트를 사용하거나, 프로그램을 사용하여 테이블 전체를 HTML이나 CSV 파일로 변환하는 것이 가능하다.

네트워크 트래픽 분석

특별한 경우에 있어서는, 네트워크 트래픽 분석이 수행되어야 한다. 이는 악성 코드가 동작하고 있는 기기를 확인하거나 특정 정보가 평문으로 보내지는 프로토콜을 식별하는 데 사용될 수 있다. 이러한 작업을 진행하기 위해서 충족되어야 할 몇몇의 요구 사항이 있다.

포렌식 분석가는 포렌식 연구실 내에 다음과 같은 하드웨어 장비가 필요하다.

- 무선 접속 포인트(라우터 이외에)
- 유선 라우터
- 여러 CAT5/6 케이블
- 허브
- 컴퓨터
- 인터넷 연결(필수 사항은 아님)

이러한 하드웨어 장비 이외에 분석가는 목적을 수행하기 위해 해당 장치를 구성할 수 있어야 한다. 허브는 이 토폴로지 구성에 있어서 중요한 역할을 하며, 허브가 없다면 효과적인 트래픽 도청이 불가능하게 된다. 그림 10-10은 해당 토폴로지가 구성되는지를 나타낸다.

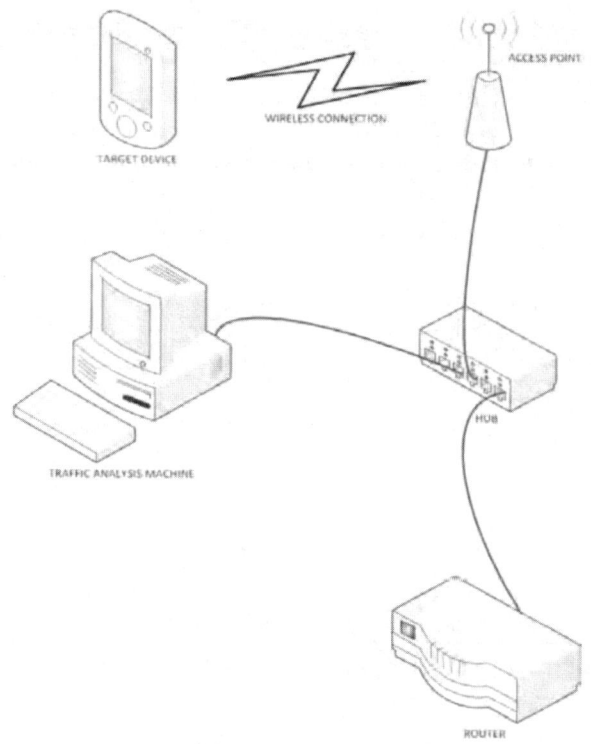

그림 10-10 포렌식 트래픽 분석 네트워크 구성

하드웨어 및 네트워크 구성(네트워크 트래픽 분석을 위한 기기들의 IP 주소 배정, 무선 네트워크를 생성, 해당 장치들을 연결, 라우터 설정 등)한 후에, Wireshark라는 분석 도구를 사용할 수 있다. Wireshark는 플랫폼에 독립적이며, 모든 네트워크 트래픽을 보여줄 수 있는 편리한 GUI 환경을 갖춘 네트워크 프로토콜 분석 도구이다. www.wireshark.org에서 해당 프로그램의 최신 버전을 다운로드 할 수 있다.

Wireshark를 설치하고 구성을 마치면, 네트워크 인터페이스의 트래픽 도청을 위한 Wireshark의 GUI를 통해 패킷 목록, 패킷 세부 정보, 패킷 바이트 등을 확인하는 것이 가능하다(그림 10-11 참고).

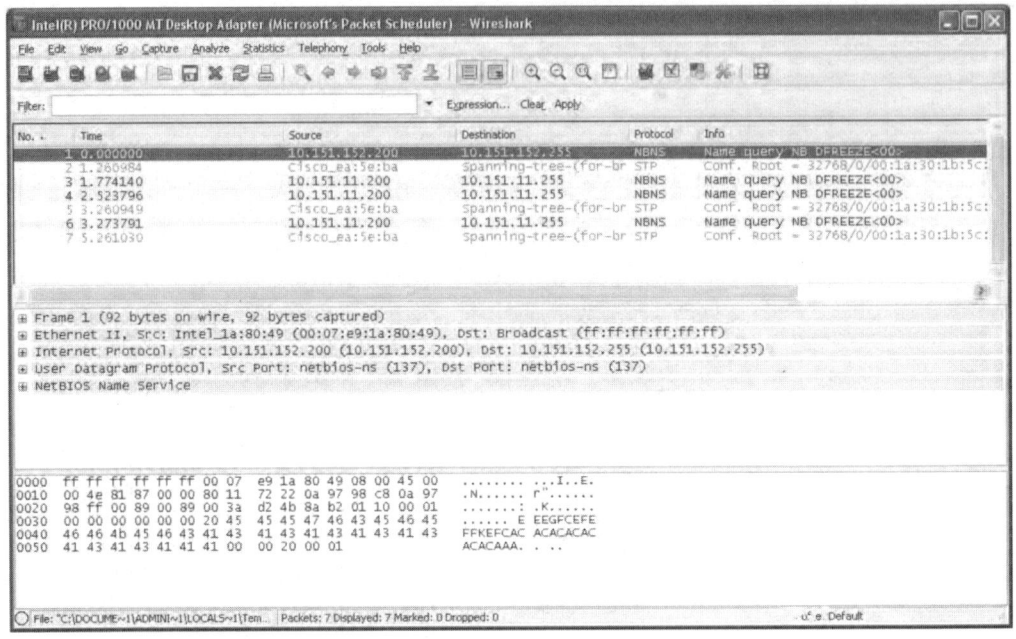

그림 10-11 패킷 목록, 패킷 세부 정보, 패킷 바이트(위에서부터)

패킷 세부 정보와 네크워크 계층 사이의 유사성에 대해서는 RFC 1122에서 확인할 수 있다. Wireshark를 통해 네트워크 계층의 프로토콜 이름에 옆에 있는 + 버튼을 클릭하여, 모든 계층에서 캡슐화 된 데이터를 효과적으로 확인할 수 있다.

포렌식의 관점에서, 기기 내에 설치된 악성 코드가 네트워크에 연결을 시도할 때, DNS 트래픽은 가장 좋은 지표가 될 수 있으며, 이를 통해 악성 코드에게 연결된 IP주소를 얻는 것이 가능하다. 만약 해당 IP주소를 사용할 수 없다면, 악성 코드는 단순히 다른 IP 주소에서 호스트 이름을 계속 해서 가리키게 된다. 이것이 악성 코드 운영을 지속하는 일반적인 방법이기 때문이다.

Wireshark에서 제공되는 기본 보기를 통해, 해당 패킷들을 보는 것이 가능하며, 필터 기능을 이용 하면 좀 더 구체적인 패킷 목록을 볼 수 있다. 또한 포렌식 분석가가 모바일 기기의 트래픽을 분석 하고자 할 때, DNS 트래픽을 찾기 위한 필터 기능은 Wireshark에서 제공되는 많은 탁월한 기능 들 중 하나이다. DNS 필터 기능을 이용하려면 필터 입력란에 DNS 타입을 입력하고, **Apply** 버튼 을 클릭한다. 그림 10-12에서 보여지는 것처럼 DNS 트래픽만 볼 수 있다.

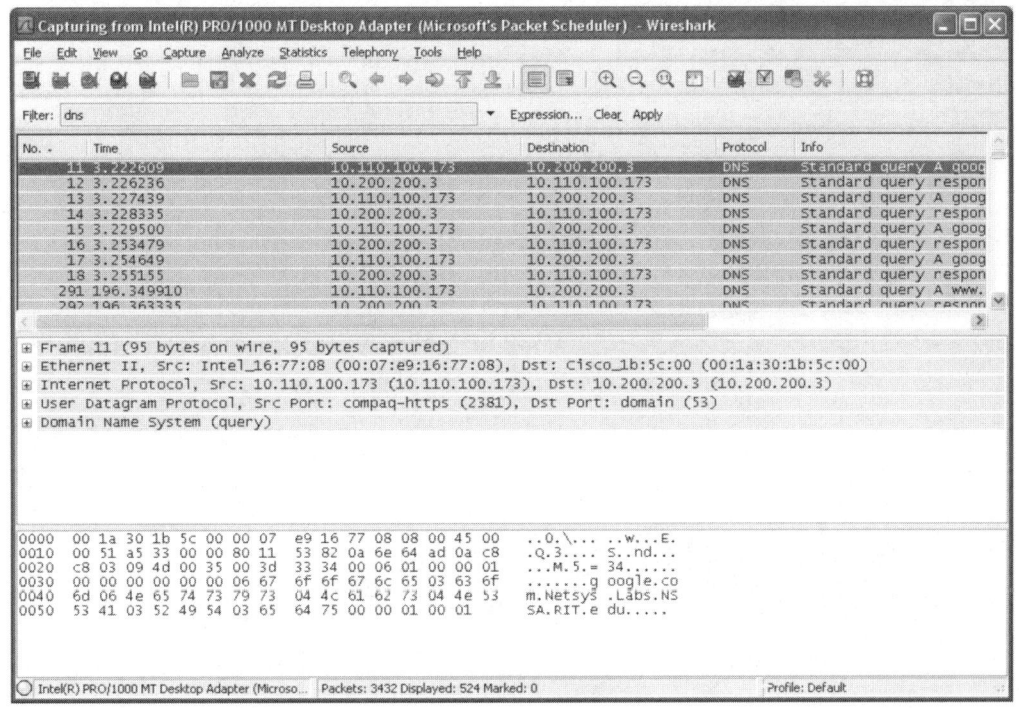

그림 10-12 Wireshark의 필터 기능을 이용하여 DNS 트래픽을 보는 것이 가능

필터 기능을 이용하여 많은 유용한 정보들을 찾아낼 수 있다. 예를 들어, `ip.addr == 10.200.200.17` 같은 명령을 통해 IP 주소 10.200.200.17과 관련된 모든 트래픽을 확인하는 것이 가능하다(그림 10-13 참고).

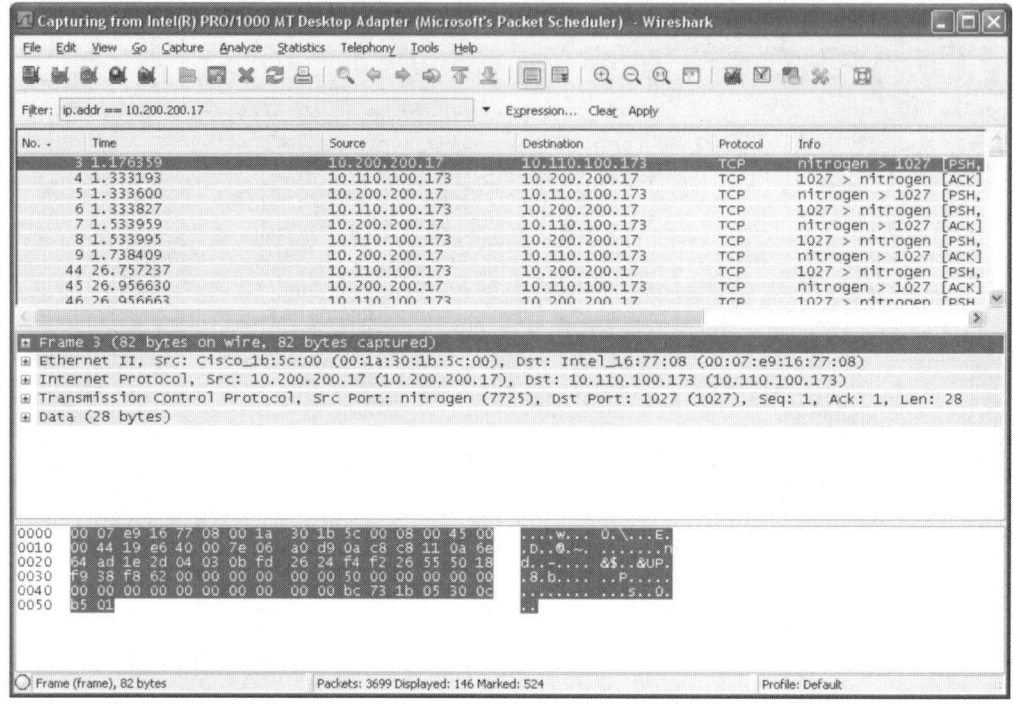

그림 10-13 Wireshark 필터 기능을 사용하여 특정 IP 주소에 관한 트래픽을 확인 가능

HTTP 트래픽을 확인하고 싶다면, 필터 필드에 'tcp.port == 80'을 입력하여 HTTP 프로토콜 정보와 패킷의 세부 정보, 목록에서 선택한 특정 HTTP 패킷에 관련된 정보를 얻을 수 있다(그림 10-14 참고).

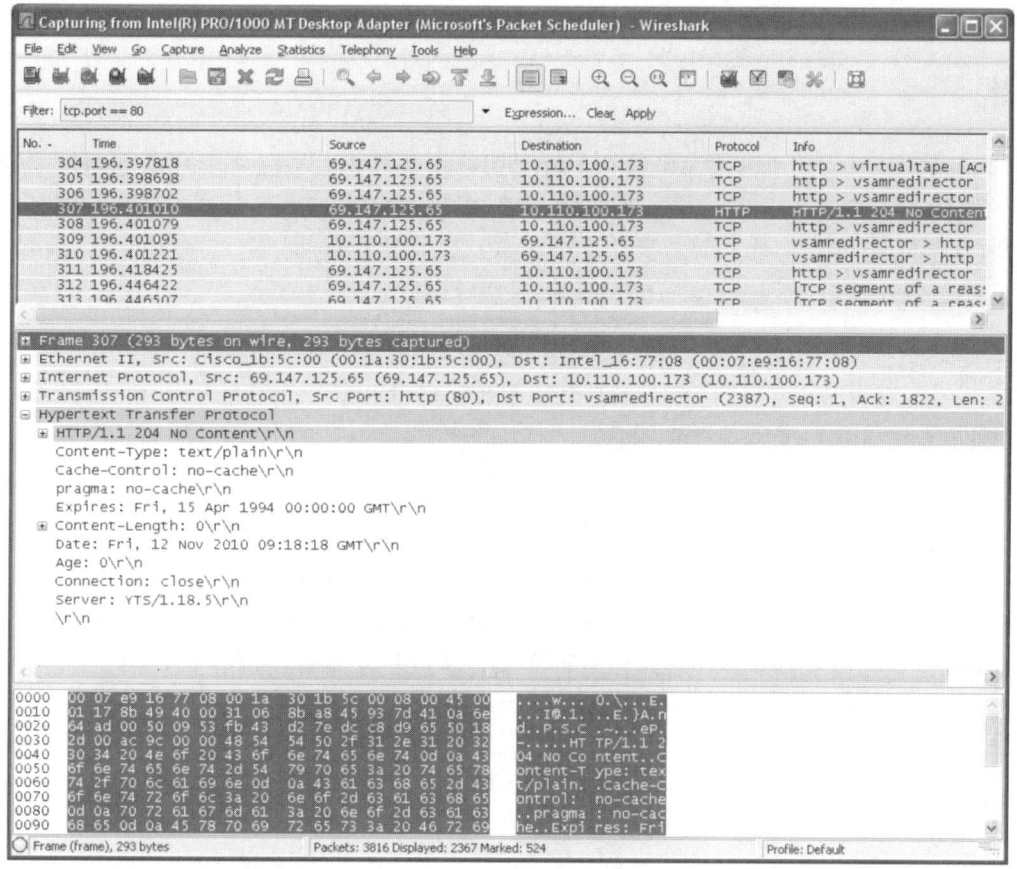

그림 10-14 Wireshark 필터 기능을 이용해 HTTP 트래픽의 세부 사항 확인 가능

Wireshark를 사용하면, 데이터를 주고받는 것이 가능할 뿐만 아니라, 포렌식 분석도 용이하게 해준다. 많은 애플리케이션에서는 암호화 되지 않은 HTTP 트래픽을 모바일 기기에 전송하게 되는데, 앞서 설명한 네트워크 포렌식 기술을 이용한다면, 포렌식 분석가는 모바일 기기들의 해당 데이터를 알아내는 것이 가능하다. 분석이 끝나면, 분석가는 PCAP 파일을 캡처하여 저장하기를 원할 것이다. PCAP 파일은 기록된 모든 데이터를 포함한 바이너리 파일로 Wireshark와 다른 많은 애플리케이션에서도 널리 사용된다. 이러한 작업을 진행하기 위해 Capture ➤ Stop Capture를 선택하고 다른 이름으로 저장한다. 이 캡처 파일은 File ➤ Save As 기능을 통해 저장될 수 있으며, 여러 목적을 위해 많은 다른 포맷으로 저장하는 것이 가능하다.

요약

기존의 포렌식 분석은 전형적인 모바일 기기의 데이터를 분석하는 동안, 네트워크 분석을 통해 올바른 데이터나, 그렇지 않은 데이터를 산출할 수도 있다. 발견되지 않은 연결 로그나, 경험에 근거한 증거를 통해 분석가는 사용자의 행위뿐만 아니라, 그들의 상관 관계를 지속할 수 있는 데이터, 포렌식 관점에서 적합한 시간 경과표를 얻을 수 있다.

포렌식 분석가는 모바일 기기의 네트워크 연결 정보를 통해 수색 영장을 발부 받을 수 있지만, 이 조사의 차이를 고려해야 한다. 네트워크 분석이 실행되지 않는다면, 영장은 발부 받을 수 없고, 해당 조사는 조사 내의 다른 목적으로 사용될 수 없게 된다. 실시간 트래픽 분석을 이용한다면, 포렌식 분석가는 악성 코드가 설치되어 있는 모바일 기기나 안전하지 않은 평문으로 전송되는 중요 정보를 발견할 수도 있다. 이러한 활동은 조사의 과정에서 차이를 만들 수 있다.

세계가 점점 더 통합되어짐에 따라, 모바일 기기의 서버 시스템은 계속해서 강화될 것이며, 포렌식 과정의 새로운 영역으로 발전해 나갈 것이다. 네트워킹에 대해 잘 안다는 것은 해당 데이터를 분석하고, 각종 표준에 맞지 않는 케이스, 또는 법정에서 협상될 수 없고 용의자에게 보이지 않는 프로토콜들의 포렌식 분석에 시작이 될 수 있다.

찾아보기

www.hauri.co.kr

꼼짝마라!

안전성검사
악성프로그램 감시 및 검사

스팸차단
전화 및 문자 스팸차단

네트워크감시
3G 데이터사용량 및
무선접속 관리

도난방지
원격 잠금 및 삭제
& 파일암호화

설정
ViRobot Mobile 환경설정

정밀검사
악성 코드 검사

App 행위 분석
Applications 행위 분석
및 취약환경 점검

엔진버전 : 1.0.9
최종검사일 : 2010-08-13

SSID : SMART_T5
BSSID : 00:1d:7c:9b:26:fa

당신의 스마트폰 안전은 바이로봇이 책임집니다!

스마트폰의 보안 업그레이드

바이로봇 Mobile for Android

바이로봇 모바일 1.0 은 안드로이드(android) OS지원 토탈 보안 솔루션으로 안전성 검사, 스팸차단, 네트워크 감시 및
도난방지 기능을 통해 스마트폰을 안전하게 보호하는 모바일용 차세대 통합 보안 솔루션입니다.

도난방지 기능
- 폰 분실이나 도난시 원격 잠금/삭제 기능
- SIM 카드 변경시 잠금 기능
- 파일 및 디렉터리 단위 파일암호화
- SDCard 영역에 대한 파일브라우저 기능
- 프로그램 실행시 인증 기능

안전성검사 기능
- 바이러스, 스파이웨어등 악성 코드 차단
- 행위기반 위협 애플리케이션 차단 및 취약환경 점검
- 업데이트 기능

네트워크감시 기능
- Wi-Fi의 AP(access Point) 접근제어
- 3G망의 데이터 통신량 감시 및 차단

스팸차단 기능
- SMS에 대한 빈호 및 텍스트 기반 차단
- white list/black list 를 이용한 전화 발신/수신 차단

 (주)하우리 서울시 종로구 충신동 60번지 예일빌딩 8층 　[제품구매문의]　TEL: 02-3676-1100 | FAX: 02-3676-8011 | E-mail: sales@hauri.co.kr

iOS 포렌식 분석

아이폰, 아이패드, 아이팟 터치에 대한 과학수사 기법

초판 1쇄 발행 2011년 8월 5일

지은이　　 Sean Morrissey
옮긴이　　 허영일, 박기남, 권혁찬
발행인　　 최규학

기획 · 진행　 고광노
본문디자인　 초심디자인
표지디자인　 Betty boo

발행처　　 도서출판 ITC
등록번호　 제8-399호
등록일자　 2003년 4월 15일
주소　　　 경기도 파주시 교하읍 문발리 파주출판단지 535-7 세종출판벤처타운 307호
전화　　　 031-955-4353(대표)
팩스　　　 031-955-4355
이메일　　 chaeon365@itcpub.co.kr

인쇄　　　 해외정판사
용지　　　 신승지류유통
제본　　　 춘산제본

ISBN-10　 89-6351-028-X
ISBN-13　 978-89-6351-028-6

값 25,000원

www.itcpub.co.kr